新中国气象事业
70周年纪念文集

中国气象局 ◎ 编

气象出版社
China Meteorological Press

图书在版编目（CIP）数据

新中国气象事业 70 周年纪念文集 / 中国气象局编
. -- 北京：气象出版社，2019.12（2020.8 重印）
　ISBN 978-7-5029-7086-4

　Ⅰ.①新… Ⅱ.①中… Ⅲ.①气象—工作—中国—纪
念文集 Ⅳ.①P4-53

　中国版本图书馆CIP数据核字（2019）第 242480 号

新中国气象事业 70 周年纪念文集
Xinzhongguo Qixiang Shiye Qishi Zhounian Jinian Wenji

中国气象局　编

出版发行：气象出版社

地　　址：北京市海淀区中关村南大街 46 号　邮政编码：100081

电　　话：010-68407112（总编室）　010-68408042（发行部）

网　　址：http://www.qxcbs.com　　　E-mail：qxcbs@cma.gov.cn

责任编辑：蔺学东　郭健华　周　露　　　终　审：吴晓鹏

责任校对：王丽梅　　　　　　　　　　　　责任技编：赵相宁

设　　计：郝　爽

印　　刷：北京地大彩印有限公司

开　　本：889 mm×1194 mm　1/16　　　印　张：22

字　　数：455 千字

版　　次：2019 年 12 月第 1 版　　　　　印　次：2020年 8 月第 2 次印刷

定　　价：168.00 元

《新中国气象事业 70 周年纪念文集》
编委会

主　任：刘雅鸣

副主任：矫梅燕

顾　问：刘英金　许小峰

委　员：陈振林　张祖强　毕宝贵　王劲松　于玉斌　谢　璞
　　　　黎　健　胡　鹏　周　恒　宋善允　黄　燕　李丽军

编写组：（按姓名拼音字母排序）

　　　　曹冀鲁　曹　颖　查　日　陈世清　戴随刚　冯　颖
　　　　顾杰图　官景得　郭淑颖　郭志武　蒋娇娇　蓝巧玲
　　　　李　晔　陆　铭　毛翠辉　裴顺强　王海亮　魏文华
　　　　谢江霞　胥　敬　徐丽娜　徐晓君　宣兆民　闫晓娜
　　　　杨　民　杨清军　余亚庆　袁长焕　曾　涛　曾　艳
　　　　张　兵　张　晖　张　妍　赵会强　赵小兰　周　雯

编者按

　　今年是中华人民共和国成立 70 周年，也是新中国气象事业 70 周年。新中国气象事业伴随着新中国成长的脚步，栉风沐雨，砥砺前行，走过了充满光荣和梦想的 70 年，创造了从小到大、从弱到强、从落后到先进的辉煌成就。我国成为气象服务体系最全、保障领域最广、服务效益最为突出的国家之一。

　　为庆祝新中国成立 70 周年、新中国气象事业 70 周年，突出反映在中国共产党的正确领导下，新中国气象事业走过的光辉历程和取得的伟大成就，中国气象局组织编写了《新中国气象事业 70 周年纪念文集》。

　　《新中国气象事业 70 周年纪念文集》由 1 篇新中国气象事业发展综述文章和 31 个省（区、市）气象事业发展纪念文章组成。新中国气象事业发展综述文章在参考史料的基础上，用发展的视角，从宏观角度对新中国气象事业 70 年来取得的辉煌成就进行了阐述；31 篇纪念文章由各省级气象部门结合当地特色，对本省（区、市）气象事业 70 年的发展历程、取得成就和发展经验进行了回顾和总结，从而全面、细致地展现神州大地 70 年来新中国气象事业发展的辉煌历程。

　　总结历史是为了更好地走向未来。编写本文集，旨在激励全国气象工作者更加紧密地团结在以习近平同志为核心的党中央周围，坚定气象人理想信念，不忘初心、牢记使命，积累和传播中国气象发展经验和智慧，凝聚推进气象事业改革发展的力量，更好满足人民美好生活气象服务需要，为实现"两个一百年"奋斗目标、实现中华民族伟大复兴的中国梦做出新的更大贡献。

目 录

七秩风雨辉煌路　气象强国新征程
——新中国气象事业 70 周年综述

中国气象局

在中华人民共和国成立 70 周年之际，回顾总结新中国气象事业 70 年来走过的光辉历程和取得的伟大成就，铭记历史、展望未来，庆祝新中国成立 70 周年，庆祝新中国气象事业 70 周年。

70 年来，在党中央的坚强领导和高度重视下，一代代气象人继往开来、顽强拼搏，气象事业始终以服务国家发展和人民安康为根本任务，为我国经济发展、社会进步、百姓生活、行业生产做出了积极贡献，成为党和人民的重要事业。70 年砥砺前行，气象事业实现了跨越式发展。面向决策、面向民生、面向生产的气象服务体系日趋完善，气象国际影响力日益增强，气象现代化整体水平迈入世界先进行列。

一、发展历程

新中国气象事业与国家建设发展同频共振、同行共进，国家建设发展为气象事业提供了强大的生机和动力，气象事业为国家建设发展提供了有力的服务和保障。在新中国 70 年极不平凡的发展过程中，气象事业也经历了从小到大、从弱到强、从落后到先进的发展历程，气象业务能力、服务水平、现代化程度、国际地位等都发生了根本性变化。新中国气象事业大体划分为艰苦奋斗、创业发展，改革开放、快速发展，创新理念、高质量发展三个时期。

1. 艰苦奋斗、创业发展时期

新中国成立之初，气象事业百废待兴、百业待举，探测网点十分稀疏，各级气象部门克服人员、物资、经费、技术等各种困难，大力进行台站网建设，大幅扩大台站网的规模。1953 年 4 月，毛泽东同志指示，气象部门要把天气常常告诉老百姓。随后气象部门从军队建制转为政府建制，气象工作既为国防建设服务，又为经济建设服务，天气预报也通过报纸、电台公开向人民群众发布。随

1

着全国农业合作化高潮的兴起，气象部门提出"依靠全党全民办气象，提高服务的质量，以农业服务为重点，组成全国气象服务网"的方针。进入 20 世纪 60 年代到 70 年代后期，受"文化大革命"影响，气象事业发展经历曲折，但广大气象人员排除干扰、坚守岗位，在一些领域仍然得到发展，如坚持加强天气雷达研制生产，全面开展研制我国极轨气象卫星风云一号等。到 80 年代初，初步建成全国天气雷达网。

气象事业这一时期的主要成就体现在基础业务建设和预报服务上，为后续发展奠定了坚实基础。

2. 改革开放、快速发展时期

进入改革开放时期，气象部门贯彻落实党的战略转移的部署，集中精力抓气象现代化建设，努力提高气象服务的经济、社会、生态效益。1981 年国务院批准气象部门实行"气象部门与地方政府双重领导，以气象部门领导为主"的领导管理体制。1992 年气象部门实行"双重计划体制和相应的财务渠道"，建立起更加符合部门实际和业务特点的管理体制。2000 年 1 月 1 日《中华人民共和国气象法》正式实施。2006 年国务院下发《关于加快气象事业发展的若干意见》，为气象事业指明了方向，提供了遵循。进入 21 世纪以来，气象部门坚持面向民生、面向生产、面向决策，积极推进一流装备、一流技术、一流人才、一流台站建设，大力提升气象预测预报能力、气象防灾减灾能力、应对气候变化能力、开发利用气候资源能力，为农服务"两个体系"建设不断丰富和拓展，防灾减灾工作机制取得历史性突破。

气象事业这一时期的主要成就体现在体制机制、政策环境的改善，以及业务服务能力的持续提升上，推动气象事业呈现出快速发展的良好态势。

3. 创新理念、高质量发展时期

党的十八大以来，气象部门认真落实中央重大决策部署和习近平总书记重要指示批示精神，实现理念更新和方式转变，推动气象事业由快速发展进入高质量发展阶段。2012 年国务院办公厅印发《国务院办公厅关于进一步加强人工影响天气工作的意见》，2014 年制定了《全国人工影响天气发展规划（2014—2020 年）》。2014 年中国气象局关于全面深化气象改革的意见印发。2015 年《全国气象现代化发展纲要（2015—2030 年）》印发。2017 年根据国家推进一系列重大战略的要求，开展了气象服务保障国家生态文明建设、军民融合发展、综合防灾减灾救灾、"一带一路"建设等四大专项设计，出台系列指导意见和规划计划。认真贯彻落实党的十九大精神，2018 年全国气象局长会议明确提出到 2020 年、2035 年，以及 21 世纪中叶全面建成现代化气象强国的三个阶段的奋斗目标。2018 年组织开展了涉及重点领域改革、核心技术攻关等内容的五大调研。2019 年研究启动业务技术体制重点改革等六大改革发展任务。

气象事业这一时期的主要成就体现在服务保障国家重大战略和气象改革创新上，推动气象事业在新时代实现了新发展。

二、主要成就

70 年来，中国气象事业深深植根于党和国家伟大事业的具体实践，融汇于实现中华民族伟大复兴的历史进程，服务于经济社会发展和人民安康福祉的全过程，取得了历史性成就、发生了历史性变化。

1. 建成了中国特色气象服务体系

70 年来，面向经济社会发展和人民生产生活全力做好气象服务保障，建成了具有中国特色的气象服务体系，服务效益惠及各方举世瞩目。

建立了比较完善的气象综合防灾减灾体系。落实党中央、国务院关于综合防灾减灾救灾工作的重大决策部署，切实发挥气象防灾减灾"第一道防线"的重要作用，建立了比较完善的"党委领导、政府主导、部门联动、社会参与"的气象综合防灾减灾体系。建成了全国一张网的突发事件预警信息发布系统，构建了广覆盖、融媒体的预警信息传播渠道，预警发布时效由 10 分钟缩短到 5 ~ 8 分钟，面向公众的预警信息覆盖率达 86.4%。高性能人工影响天气作业飞机建设取得突破性进展，初步建成了具有国际先进水平的国家级增雨飞机作业机群。目前已形成由 56 架飞机、6500 门高炮、8200 台火箭、973 部高山燃烧炉等组成的立体作业网。近五年全国人工影响天气作业累计增加降水 2300 多亿立方米，防雹保护面积 50 多万平方千米，有力保障了农业生产、环境治理和生态修复。暴雨洪涝灾害风险普查率达到 100%，气象灾害风险区划完成率达到 85%。强化监测预警，强化协同联动，坚持底线思维，重大自然灾害抢险救灾服务保障取得重大胜利，如 1998 年特大洪水、超强台风、低温雨雪冰冻、森林草原防火、汶川特大地震等。气象及其衍生灾害造成的人员死亡显著减少，气象灾害经济损失占 GDP 的比重从 20 世纪 80 年代的 3% ~ 6% 下降到近五年的 1% ~ 0.4%。

积极推进气象服务保障国家重大战略。服务保障生态文明建设，积极参与大气污染防治，推进气候资源开发利用，强化应对气候变化科技支撑，大力发展人工影响天气，强化生态保护恢复。服务保障区域协调发展，深化京津冀、长江经济带气象协同发展，长三角区域一体化发展，推进粤港澳大湾区、雄安新区气象发展。积极推动气象军民融合发展。服务保障乡村振兴战略和脱贫攻坚，着力推进农业气象服务和农村气象防灾减灾"两个体系"建设，推动智慧气象服务深入到村域经济发展，直通式气象服务联通近 100 万个新型农业经营主体，有力保障国家粮食安全和农业绿色发展。国家级贫困县乡镇自动气象观测站覆盖率达 92％，贫困村太阳能资源评估完成 14.5 万个。

做好重大突发事件、重大活动、重大工程的气象服务保障。面向重大突发事件，为"东方之星"沉船事件、天津港特别重大火灾爆炸事故等救援处置开展应急气象保障服务成效突出；面向重大活动，为国庆 70 周年庆典、北京奥运会等成功举行做出突出贡献；面向重大工程，为载人航天、三峡工程等服务保障水平大幅提升。

气象服务领域不断扩展，服务深度持续延伸。已经拓展到交通、水利、能源、环境、生态、旅游等数十个领域、几百个行业。气象服务质量逐年提升，经济社会效益逐步显现，气象投入产出比达到 1：50，人民群众气象获得感明显增强，全国公众气象满意度持续保持在 85 分以上。

2. 建成了功能先进的现代气象业务体系

70 年来，坚定不移推进气象现代化建设，气象现代化的先进性、协调性、可持续性愈益彰显。

以战略谋划和顶层设计引领现代化发展。实施了 13 个五年规划（计划）和 3 个气象发展纲要，气象事业纳入到国民经济和社会发展总体规划。中央预算基本建设投资规模由"九五"期间的年均 5 亿元增长到"十三五"期间的年均 33 亿元，有效提升了气象现代化水平。

建成世界上规模最大、覆盖最全的综合气象观测系统。迄今已建成 10747 个国家级地面气象观测站，全国业务布局的 32 项地面气象观测项目已全部实现仪器自动观测或自动综合判识。省级气象观测站近 6 万个，乡镇覆盖率达到 99.57％。成功发射 17 颗风云系列气象卫星，7 颗在轨运行，为全球 100 多个国家和地区提供服务。216 部新一代多普勒天气雷达组成了严密的气象灾害监测网，初步建立了生态、环境、农业、海洋、交通、旅游等专业气象监测网。

建成了精细化、无缝隙的现代气象预报预测系统。能够发布从分钟、小时到月、季、年预报预测产品，全球数值天气预报精细到 25 千米，可用预报时效达到 7.5 天，全国智能网格预报精细到 5 千米，区域数值天气预报精细到 3 千米，月降水气候预测准确率达到 69％ 以上，建立了台风、重污染天气、沙尘暴、山洪地质灾害等专业气象预报业务。

建成高速气象网络、海量气象数据库、气象高性能计算机系统。建立"天地一体化"气象通信网络系统，国家级气象广域网接入速率达 5 Gb/s，CMACast 系统数据服务能力覆盖"一带一路"沿线国家，日广播数据能力达 400 GB。建成标准规范的气象数据环境，国家级数据环境数据总量达到 27 PB。气象数值预报业务和科研全面使用国产高性能计算机，其峰值运算能力达 8189 万亿次。

初步建成国家、省级气象综合业务实时监控"天镜"系统，面向"全业务、全流程、全要素"监控目标，推动气象信息业务监控运维能力不断提升。国家气象科学数据中心共享服务在科技部 20 家国家级科学数据中心排名位居前列。

基层气象台站建设取得显著成效。2002—2018 年，中央财政连续加大投入，为 90% 的基层气象台站完成了综合改造，改善了基层气象台站的业务用房、观测场、通信、水电、供暖等基础设施。特别是极大地改善了艰苦气象台站的交通设施，西部和边远艰苦气象台站的综合业务能力大幅提升，职工工作生活环境得到明显改善。

风云气象卫星被世界气象组织纳入全球业务卫星序列。中国气象局承担着 20 个世界气象组织国际或区域中心，并被世界气象组织正式认定为世界气象中心，成为全球 9 个世界气象中心之一，标志着我国气象现代化的整体水平迈入世界先进行列。

3. 形成了充满活力的气象科技创新体系

70 年来，紧跟国家科技发展步伐和世界气象科技发展潮流，大力加强气象科技创新和人才队伍建设，气象科技综合实力实现历史跨越。

大力实施气象科技创新驱动战略，建立起了较完善的国家气象科技创新体系。形成由 9 个国家级气象科研院所、23 个省级气象科研所，28 个国家级、省级重点实验室，31 个野外科学试验基地以及中国科学院相关院所、25 所合作高等院校构成的气象科技创新格局。我国的气象科技创新发展水平从以跟踪为主步入了跟踪与并跑并存的新阶段，已成为具有重要国际影响力的气象科技大国。

始终将人才作为战略性资源和核心竞争力。从改革开放初期"大力加强高层次人才培养，大力加强在职人员培养"，到 20 世纪 90 年代"实施科教兴气象战略"，再到 21 世纪"全面实施人才强局战略"，出台了一系列强化人才队伍举措，不断深化人才发展体制机制改革，增强人才科技创新活力，队伍素质不断提升，人才结构持续优化。气象部门 2018 年大学本科以上人员比例由 1981 年的 8% 提升到 82.96%，高级职称人员比例由 1990 年的 1.5% 提升到 20.6%，现有两院院士 9 人，正高级职称专家逾 1000 人。行业部门、高等院校、科研机构的气象专业力量蓬勃发展，特别是进入新世纪后，兰州大学、南京大学、中山大学等多个高等院校均建立了大气科学学院。我国气象科学家叶笃正、秦大河、曾庆存先后获得国际气象领域最高奖，叶笃正获国家最高科学技术奖。

大力推进气象关键技术自主研发，重大科学研究和核心技术攻关取得突破。实施了一大批气象科学研究计划，开展一系列重大科学试验，取得了 9000 多项获奖科研成果，获国家级奖励 98 项，其中国家最高科学技术奖 1 项、国家自然科学奖 25 项、国家科学技术进步奖 71 项、国家技术发明奖 1 项。获国际气象组织奖 3 项。气象雷达、卫星、数值预报、气候变化、数据应用等气象核心和关键技术取得了重大突破。我国自主研发的 GRAPES 全球数值天气预报模式系统实现业务运行，台风路径和暴雨预报达到世界先进水平，气候系统模式跻身世界先进行列。

气象科技核心竞争力不断提高。全面参与国际气象科学研究计划，积极推进全球气象创新战略，推进我国气象科技核心竞争力不断提高。积极利用世界气象组织等国际组织平台和合作机制，重点与气象科技发达国家、"一带一路"沿线国家开展双边或多边气象科技合作。地球科学研究领域的学术影响力已进入全球研究机构排名前 1%，我国气象科技成果被世界各国广泛应用与借鉴。

4. 深化改革开放和管理创新，形成了全方位对外开放格局

70 年来，气象部门不断深化改革开放和管理创新，保持了发展的活力动力，形成了全方位对外开放格局，提升了科学发展的水平。

全面深化改革工作取得重要进展。党的十一届三中全会以后，积极推进气象部门领导管理体制改革。实行气象部门与地方政府管理双重领导、以气象部门领导为主的管理体制，并建立相应的双重计划体制和相应的财务渠道，充分发挥中央和地方政府的双重优势。建立起国家、省、地、县四级管理体制，强化业务、服务、政务、财务管理和行业管理，推进治理更加有效，管理更加科学，气象发展更加全面、更可持续。党的十八大以来，推进以智慧气象为重要标志的现代气象业务体系、服务体系、科技创新体系和气象治理体系建设，推进以气象服务体制、气象业务科技体制、气象管理体制、气象保障体制为重点的全面深化气象改革，为气象事业发展增添了活力。

不断扩大开放合作。从 20 世纪 50 年代开始，气象部门与中国科学院、北京大学、清华大学等科研机构和高校建立了联合工作机构和人员交流机制。进入新世纪，加大与地方政府、相关部委和大型企事业单位，以及高校等的合作，建立了多领域更加紧密的合作关系。率先实现气象数据共享，开创了共建共享共赢的国内合作新模式。积极融入国家对外开放大局，1979 年与美国签署中美大气科技合作议定书，开创了我国对外科技人员交流、培训和引进先进技术的先河，迄今已与 160 多个国家和地区开展了气象科技合作和交流，与 24 个国家签订了气象科技合作协议或意向书，为亚洲、非洲国家提供了气象科技援助。

气象全球影响力和话语权显著提升。积极推进全球监测、全球预报、全球服务、全球创新、全球治理能力建设，中国气象局原局长邹竞蒙自 1987 年起连续两届担任世界气象组织主席，成为我国担任国际组织主席的第一人，迄今 100 多位中国专家在世界气象组织、政府间气候变化专门委员会等国际组织中任职。积极参与全球应对气候变化外交谈判，为联合国气候变化公约谈判成果文件和政府间气候变化专门委员会六次评估报告提供了有力的科技支撑。我国已成为世界气象事业的深度参与者、积极贡献者，为全球应对气候变化和自然灾害防御不断贡献着中国智慧和中国方案。

加强气象法治建设。融入我国依法治国大局，建立起以《中华人民共和国气象法》为主体，3部行政法规、34部部门规章、110部地方性法规、132部地方政府规章组成的气象法律法规制度体系。已形成由187项国家标准、515项行业标准、570项地方标准、8项团体标准组成的气象标准体系。全国成立了13个全国标准化技术委员会和分技术委员会、1个行业标准化技术委员会及23个地方气象标准化技术委员会。深入推进依法行政，气象行政执法监督体系逐步完善，执法检查和案件查处力度不断加大，执法能力和水平逐步提升，普法宣传形式与时俱进，气象法治环境得到了根本性改善。

5. 全面加强了党的建设

70年来，气象部门深入贯彻马克思列宁主义、毛泽东思想、邓小平理论、"三个代表"重要思想、科学发展观、习近平新时代中国特色社会主义思想，坚持全面加强党的领导，坚持全面从严治党，立足部门实际全面推进党的政治建设、思想建设、组织建设、作风建设、纪律建设，把制度建设贯穿其中，深入推进反腐败斗争，为气象事业改革发展提供了坚强的政治保证。

把党的政治建设摆在首位。全国气象部门始终旗帜鲜明讲政治，把坚决服从党中央、坚持党中央权威和集中统一领导作为部门党的政治建设的首要任务，坚定执行党的政治路线，严格遵守政治纪律和政治规矩，在政治立场、政治方向、政治原则、政治道路上同党中央保持高度一致。

加强思想建设，强化理论武装。尤其近年来，组织全部门深入学习贯彻落实习近平新时代中国特色社会主义思想，在常学常新中加强理论修养，切实把学习成效体现到增强党性、提高能力、改进作风、推动工作上来。全面开展党的群众路线教育实践活动和"三严三实"专题教育，推进"两学一做"学习教育常态化制度化，深入开展"不忘初心、牢记使命"主题教育。

持续加强组织建设。全面落实党的组织路线，着力培养忠诚干净担当的气象干部队伍。坚持正确选人用人导向和新时代"好干部"标准，加强气象部门各级领导班子建设和领导干部培养，激励干部担当作为。深入开展学习型、服务型、创新型党组织建设。以提升组织力为重点，发挥好基层党支部直接教育党员、管理党员、监督党员和组织群众、宣传群众、凝聚群众、服务群众的职责，推动基层党建全面进步全面过硬。目前全国气象部门共有党支部4409个，基层气象台站建有独立党支部的比例达到97%，中共党员规模达到55307名。

持之以恒正风肃纪。落实党和国家监督体系建设要求，强化对部门权力运行的制约和监督。重点领域监督常态化，严格执纪问责。坚定不移深化政治巡视，强化巡视问题整改落实。大力加强防腐败体系建设，严厉惩治违法乱纪行为，持续提升党风廉政建设水平，建立良好政治生态。大力加强作风建设，加大对部门违反中央"八项规定"精神和"四风"问题的监督检查，坚决整治形式主义、官僚主义突出问题。全部门的党风政风作风得以根本好转，党员干部的党性意识和党性修养得以增强，为事业发展营造了良好环境。

此外，气象部门还非常重视文化建设，精神文明创建活动成为内强素质、外树形象的重要载体，再上新台阶。组织全国职业技能竞赛和开展多项体育文化活动，加强了部门凝聚力，丰富了气象文化建设；利用气象展览馆、气象科普基地和重大气象科技活动等有力地展示了气象事业发展成就，为公众认识气象、了解气象提供窗口；利用气象信息发布、气象出版、气象报纸、气象科技期刊等媒介，开展气象科普宣传，扩大气象文化阵地的影响力；扎实做好群团、青年、妇女、老干部等各项工作，扎实推进气象部门和谐进步。践行社会主义核心价值观，大力弘扬"准确、及时、创新、奉献"的气象精神，为气象事业发展提供了强大的精神动力，涌现出雷雨顺、陈金水、崔广等具有强烈时代感和震撼力的一批模范人物，锻造出拐子湖、长白山、珊瑚岛气象站等一批先进集体。

三、主要经验

70 年的奋斗历程，气象事业发展积累了丰富的经验，为推进新时代气象事业高质量发展提供了重要启示。

1. 必须坚持党的全面领导，这是气象事业发展的政治基石和根本前提

70 年来，气象事业所取得的巨大成就，都依靠和得益于党的领导。正是在党的领导下，气象事业的发展才更加适应时代发展和人民的要求。在气象事业艰辛起步而后发展遇到曲折的时期，是依靠党对气象事业发展的正确指引和政策上的及时调整才得以走上正轨；在气象事业发展遇到体制机制不顺和财政保障不足时，是依靠党的改革开放政策和对气象部门体制的改革，才使气象事业实现了快速发展；在气象事业进入新阶段面临新矛盾新问题时，是依靠党的新发展理念的指引和发展方式的转变，才推动气象事业由快速发展转入高质量发展阶段。正是在党的正确方针路线、发展方略和政策措施的指引和支持下，气象改革开放的进程才更为稳定顺畅，气象事业的活力才竞相迸发。只有坚持党的领导，才能克服一系列困难挑战，开启建设气象强国的新征程。

2. 必须坚持以人民为中心的思想，这是气象事业的根本宗旨和立业之本

70 年来，气象部门始终将满足人民生产生活对气象服务的需求作为根本任务，这是做好气象工作的不竭动力，也是气象事业的立业之本。气象部门始终把保护人民生命财产安全放在首位，切实做好气象防灾减灾救灾工作，建立了中国特色的气象服务体系；气象部门始终将老百姓的安危冷暖放在心上，着力提高天气预报准确率，拓宽服务领域，改进服务方式，气象受到广大人民群众高度关心；进入新的历史时期，气象部门围绕人民在经济、政治、文化、社会、生态等方面日益增长的需求，切实做好为现代经济体系、乡村振兴战略、生态文明建设，以及各行各业的气象服务，全心全意为人民服务的宗旨更加凸显，公共气象的根本方向更加坚定，基础性、公益性的根本属性更加深化。

3. 必须坚持气象现代化不动摇，这是气象事业发展的永恒目标和中心任务

70 年来，气象部门坚定不移、坚持不懈地加强气象现代化建设，以现代化引领和推动气象事业发展，成为气象事业发展最显著的特征。气象部门不断丰富气象现代化的内涵，深化对气象现代化的认识，体现气象现代化视野上的全球性、部署上的战略性、成果上的时代性。气象现代化始终与国家现代化同肩并进，紧跟国家现代化的战略部署和任务实施，制定实施了不同时期的气象现代化行动计划和施工图，把现代化贯穿于气象事业发展全过程，体现到气象业务服务各方面。我们兼容并蓄、多措并举，既加强新科学、新技术的自主攻关和集中研发，又加强创新成果的消化吸收和有效运用，推动实现气象设施装备、科技创新、人才队伍等的现代化。气象现代化已成为国家现代化的重要组成部分，成为气象业务服务发展的重要支撑，也成为我们参与国际气象交流与合作的重要保障。

4. 必须坚持科技创新驱动和人才优先，这是气象事业发展的重要支撑和有力保障

70 年来，气象部门大力实施科技创新战略，着力建设高素质干部和人才队伍，成为永葆事业发展活力和动力的不竭源泉。以科技创新驱动气象事业高质量发展，是贯彻落实新发展理念，破解当前气象核心技术短板弱项的关键。紧紧抓住每一次科技革命的新形势、新机遇、新动能，着力增强自主创新能力，营造出良好的科技创新发展环境，锻造优秀人才队伍，有力推动了气象事业的持续健康发展。在新时代新形势下，要坚定不移地大力发展气象科学技术，坚持创新引领发展，坚持人才优先发展的战略，夯实创新发展和人才队伍建设基础，为气象事业高质量发展注入强劲动能。

5. 必须坚持深化改革扩大开放，这是实现气象强国目标的必由之路和关键一招

70 年来，我们紧跟国家改革开放步伐，开拓出一条改革开放的发展道路，改革开放的认识不断深化、力度不断加大、领域不断拓展、成效不断显现。按照国家不断深化改革的要求和部署，适应气象事业发展的需求和实情，积极推进气象事业结构调整、气象"放管服"改革、气象业务技术体制改革、气象科技创新体制改革等，改革涉及气象工作各个领域、各个方面，成为清除体制机制阻碍、破解发展难题的关键举措。主动融入国家对外开放大局，率先开展对外科技合作，积极参与气象全球治理，全球影响力和话语权与日俱增，在实现自身发展的同时，也在让世界各国共享气象改革发展成果。改革开放已成为当代中国最鲜明的特色，气象改革开放成为国家改革开放历史性成就的重要组成部分。气象改革开放使得中国特色气象事业之路越走越宽、越走越远。

四、展望未来

新中国成立以来的 70 年是气象事业不断发展、欣欣向荣的 70 年。走进新时代，展现新作为。气象部门将深入贯彻落实党的十九大和十九届二中、三中、四中全会精神，认真落实习近平总书记重要指示批示精神和中央决策部署，传承老一辈气象人履职尽责、攻坚克难的奋斗精神，勠力同心，奋勇突破，为建成气象强国目标而不懈奋斗。

1. 要以习近平新时代中国特色社会主义思想为指导，在新的起点上谋划发展、推动发展、服务发展

进入新时代，气象部门必须树牢"四个意识"，坚定"四个自信"，做到"两个维护"，把党的领导贯穿和体现到气象事业发展各方面各环节。要不断加强气象部门党的建设，严格执行向党中央请示报告制度，健全和认真落实民主集中制的各项制度，不断提高把方向、谋大局、定政策、促改革的能力，确保气象改革发展和气象事业现代化建设始终沿着正确航线前行，始终保持坚如磐石的政治定力和战略定力。

2. 要以不断满足人民日益增长的美好生活需要为牵引，让气象服务更多更好惠及人民

进入新时代，我国社会主要矛盾已经转化为人民日益增长的美好生活需要和不平衡不充分的发展之间的矛盾，气象部门必须要以满足人民美好生活需要为气象工作的根本出发点和落脚点，着力解决好气象服务保障不平衡不充分的问题，进一步增强补短板、强弱项的能力。要主动融入国家发展大局，优化事业结构，完善体制机制，提高科技支撑水平，提升气象服务能力，促进气象更好地在公共服务、安全保障、资源利用、生态文明等领域取得突出成绩。

3. 要在开启全面建设现代化新征程中乘势推进气象现代化，使现代化水平实现新跨越

进入新时代，气象部门要按照新时代中国特色社会主义的战略安排，抓住机遇、超前布局，以更高的政治站位、更宽广的国际视野，更深邃的战略眼光，对加快推进气象现代化、建设气象强国做出部署决策。要强化顶层设计和行动安排，抓紧谋划实施现代化工程项目，使气象现代化同党和国家的发展要求相适应、同气象事业发展目标相契合、同气象综合实力和国际地位相匹配。要坚持全国一盘棋，统筹兼顾、整体推进，构建满足需求、技术领先、功能先进、保障有力、充满活力的气象现代化体系，努力开创气象现代化建设新局面。

4. 要更加突出科技型定位，坚持把科技创新作为引领气象事业发展的第一动力，全面提升气象业务的科技水平

进入新时代，气象部门要按照党中央关于科技创新的战略部署，面向国家重大战略发展需求，面向世界气象科技前沿，立足气象事业发展全局，对接国家科技总体布局，加强气象科技创新战略谋划，突出宏观性、战略性、前瞻性和针对性。坚持把科技创新摆在气象事业发展全局的核心位置，把科技创新作为气象事业发展的第一动力；坚持以改革驱动创新，不断完善气象科技体制机制，激发创新活力；坚持人才优先发展，协调推进"创新驱动发展""科技兴气象"和"人才强局"战略；坚持开放协同创新，不断拓展和深化国内国际气象科技合作。全方位提升气象科技实力和创新能力，为气象事业高质量发展提供坚实的科技支撑。

5. 要解放思想、实事求是深化改革开放，促进气象事业更高质量发展

进入新时代，气象部门要坚决贯彻落实新时代改革开放的重大战略部署，紧紧围绕国家改革方向和重点领域，坚持推动气象事业高质量发展为主线不动摇，系统谋划气象事业改革发展举措。要继续深化重点领域改革，着力清除体制机制梗阻，通过改革添活力增动力，推进气象事业在不断深化改革中波浪式前进。要继续实行更加积极主动的开放政策，加快形成全方位、多层次、宽领域的开放合作气象新格局，继续深化气象科技双边多边合作、区域气象合作，深度参与全球气候治理，进一步提升中国气象的国际话语权和影响力。

6. 要弘扬履职尽责担当有为的新时代奋斗精神，推动气象事业接续奋斗继往开来

进入新时代，气象部门要不断涵养奋斗精神、锤炼过硬本领，切实把奋斗精神贯穿到推进气象事业高质量发展、建设现代化气象强国的全过程，做新时代的奋斗者。要以高度的政治自觉和坚定的文化自信，传承好、发扬好新时代伟大奋斗精神，不断激励党员干部和广大气象职工奋进新征程、建功新时代、创造新业绩。要以功成不必在我的精神境界和功成必定有我的历史担当，接力奋斗、共同奋斗、顽强奋斗、艰苦奋斗，推动实现气象大国到现代化气象强国的历史性跨越。

70 年的实践证明，中国气象事业取得的成就，最重要的是得益于我们走出了一条中国特色气象事业发展道路。全体气象工作者将更加紧密地团结在以习近平同志为核心的党中央周围，高举中国特色社会主义伟大旗帜，服务新时代党和国家事业发展，以满足人民群众对美好生活的向往为目标，开启建设现代化气象强国新征程，为建设富强民主文明和谐美丽的社会主义现代化强国提供有力保障。

坚持首善标准　做好首都服务

北京市气象局

2019 年，首都北京的大事多、喜事多。第二届"一带一路"国际合作高峰论坛和亚洲文明对话大会春季在京召开，中国北京世界园艺博览会成功举办，首都庆祝中华人民共和国成立 70 周年活动圆满成功。首都气象工作者能够直接参与这些重大活动气象服务保障，倍感光荣。回顾与总结70 年来北京气象事业发展成就，心中充满豪情。

首都气象工作伴随新中国成立而生，最初由中央气象台（今国家气象中心）兼管北京地区气象预报业务工作。1959 年 11 月，北京市气象服务台成立，专门负责北京地区天气预报等工作。1960年 10 月，经国务院批准成立北京市气象局，承担北京市气象部门管理和业务、科研、服务等工作。20 世纪 60—70 年代，北京市气象机构和管理体制经历过多次变化。1978 年 6 月，恢复北京市气象局建制，健全了相关气象机构。

1983 年 12 月起，北京市气象局实行国家气象局（今中国气象局）与北京市双重领导、以气象部门领导为主的管理体制，首都气象事业自此在改革开放的伟大进程中蓬勃发展。

随着首都城市功能定位的转变，北京气象服务工作由 20 世纪 80 年代前以京郊农业气象服务为主，转为以城市气象服务为主，重点为首都防灾减灾和政治、经济、社会、文化等重大活动和人民生活提供气象保障服务。

多年来，北京市气象局坚定不移地贯彻落实中国气象局和北京市委、市政府决策部署，面对"国际一流和谐宜居之都"战略目标和"四个中心"战略定位对气象服务提出的更高要求，坚持创新驱动发展，努力提高首都公共气象服务能力，狠抓气象现代化建设，深化气象改革，加强气象法治建设、党的建设和精神文明建设，推动首都气象事业提质增效发展，各项工作都取得了新的突破，实现了历史性跨越。

一、市部合作，优化气象事业发展机制

多年来，中国气象局和北京市委、市政府十分关心和支持首都气象事业，合力推进首都气象现

代化高水平发展。2011 年 8 月，中国气象局与北京市政府签署合作协议，共同推进气象为首都经济社会发展服务。2012 年 10 月，中国气象局和北京市政府召开第一届市部合作联席会议，研究部署北京率先实现气象现代化试点和加快推进"十二五"时期气象事业发展重点项目等工作。2016 年 4 月，中国气象局和北京市政府联合召开第二届市部合作联席会议，并签署《共同推进"十三五"时期气象为首都经济社会发展服务合作协议》，进一步提升气象服务首都"四个中心"和"国际一流和谐宜居之都"建设的能力，推动落实"十三五"北京气象事业发展规划，确保北京到 2020 年实现"国际一流、国内领先、首都特色"的气象现代化。2019 年 6 月，中国气象局和北京市政府联合召开第三届市部合作联席会议，研究进一步提高气象科技创新水平，为 2022 年冬奥会提供优质气象服务保障，推进北京实现更高水平的气象现代化。

中国气象局"同城待遇"强力支持北京气象事业发展，中国气象局党组多次召开专题会议研究首都气象工作，加强对北京气象人才发展的指导和政策支持，加强国家级优势气象科技、业务、信息资源对北京的开放和共享，举全部门之力支持北京大型活动气象服务保障，北京市气象局的重大活动服务保障也成为全国各地大型活动气象服务的"标杆"。

北京市政府加速推动气象现代化发展，批准印发《北京市"十三五"时期气象事业发展规划》，并出台加快推进气象现代化、突发事件预警信息发布、做好建设工程防雷安全等工作的指导性文件。

二、深化改革，不断提高气象现代化水平

（一）探索首都气象改革之路

2013 年，北京市气象局在全国气象部门率先成立京津冀环境气象预报预警中心。2016 年，重组整合北京市气象探测中心和南郊观象台，优化探测手段，推动融合发展；同年，组建北京市气象灾害防御中心，积极开放防雷检测市场，完成防雷检测人员资格认定，受理社会企业防雷检测资质申请。防雷安全监管首次被纳入全市建设工程管理程序，推动建立以信用为核心的新型市场监管与服务机制。全面深化气象服务体制改革，2016 年成立气象服务管理处，出台信息服务单位备案等管理办法，与市网信办联合开展气象信息服务监管，与市工商局共同推进气象服务企业诚信体系建设，开展气象服务传播评价等。

伴随气象改革的深入，市一区两级气象部门发展不平衡的"二元结构"逐步消除。2013 年，14 个区气象局全部成立了党组，区气象部门工作重心逐渐从单一测报业务向测报、预报、预警、服务、社会管理等综合业务转变，基层气象综合实力大幅提升。各区局纳入当地网格化工作领导小组成员单位，实现了气象预报预警信息网格化覆盖。历经多轮升级改造，完成观象台、上甸子站生活区以

及海淀、大兴、门头沟、通州、密云等基层台站基础设施工程；丰台区气象局完成办公楼二楼家属搬迁和改造；全市气象台站面貌焕然一新。石景山区气象局业务用房建设开工，新建的北京市人工影响天气综合科学试验基地投入使用，市突发事件预警信息发布中心竣工即将使用。

（二）立体气象综合探测网基本形成

21 世纪以来，北京市综合立体气象站观测网逐步实现"密起来、动起来、立起来"。截至目前，自动站总数达到 532 个，全市平均站网间距缩小至 6.3 千米，城区平均间距达到 3.8 千米，实现北京乡镇自动气象站全覆盖；立体气象观测网初具规模，全市已布设 7 部风廓线雷达，55 个地基 GPS/MET 形成水汽观测网，2 部新一代多普勒天气雷达及覆盖北京重点区域的 5 部 X 波段雷达同步观测，同时在南郊观象台开展高空气象观测业务；专业气象观测网不断延伸，上甸子区域大气成分本底观测站获评"中国百年气象站"，该站开展了温室气体、大气成分、酸雨、通量、垂直大气、地面观测 6 大类 160 种要素观测，另有丰台、顺义等 9 个台站获评"中国百年气象站"。全市布设环境气象观测站 13 个，在全市主要公路干线布设交通气象站 36 个。实现华北区域气象站数据与津冀气象部门及北京市等部门双共享。共享华北区域分钟级气象观测信息，共享中国科学院大气物理研究所等研究机构的边界层大气监测信息和水务、路政、交管等专业气象监测信息，有效提高了局地突发性天气系统捕捉能力。

（三）精准化预报预警水平再上新台阶

2013 年以来，建立和完善"7+N"的预报定时发布与随时更新相结合预报预警业务流程，天气预报预警准确率稳步提升，24 小时晴雨预报准确率达 90% 以上，全国名列前茅。中长期预报预测业务更加精细，重大天气过程的预报时效延长至 30 天。建立智能化无缝隙网格分析预报系统（iGrAPS）2.0 版本，实现订正预报智能化处理。建成空间分辨率为"1 千米"，时间分辨率为"0 ～ 24 小时逐 1 小时、24 ～ 240 小时逐 3 小时"的智能网格预报产品体系。完成智能网格产品在存储、行业和公众服务中的应用布局。"睿图"覆盖北京及华北其他省市和东北、西北、华东、华中共 15 个省（区、市）气象部门，在多省智能网格预报系统构建和日常气象业务中发挥作用。创新预警服务新模式，深化"三维三进"预警服务理念。全市暴雨、雷电等突发气象灾害预警平均提前量超过 30 分钟。基本实现预警信息 10 分钟内发到全部渠道，社会媒体 10 分钟内发布高级别预警信息。气象"软实力"建设取得突破性进展，属地化分区预警带动各区业务能力提高。

（四）气象信息化支撑能力不断增强

21 世纪以来，北京市气象局信息基础资源的支撑能力进一步提升。基本实现信息化硬件资源百分百的集约化目标，互联网服务系统迁入北京市政务云。"睿图"子系统环境气象数值预报（CHEM）

成为中国气象局高性能计算机"派"首批用户。创新开展云视频技术解决重大活动现场服务人员与市气象局天气会商链接问题的研究。继续加强数据资源服务能力，局域网、政务网、互联网三网环境部署与数据同步，支撑全局21个业务系统运行。建立了8大类31种业务观测设备的数据流程档案，建立了12大类518子类气象数据的规范格式和数据样例文件。"睿图"华北区域数值预报系统的化学预报产品作为首个化学产品在"数值预报公有云"平台面向全国气象部门共享。转变对外服务模式，以标准化气象数据加工产品替代基础气象数据，向外部需求方提供有针对性的、价值较高的天气服务信息。积极探求以深度需求为导向的信息服务新方式。建成北京地区短时临近监测预警一体化平台（VIPS），并不断升级改造，一体化支撑区级分区预警制作发布功能，面向市委、市政府及相关部门提供高效的决策气象服务。

（五）政策法规保障发展机制更加完善

气象事业发展政策环境、法律法规和标准建设为气象现代化建设保驾护航。北京市政府印发《关于进一步推进首都气象事业发展率先实现气象现代化的意见》等有关气象现代化政策性文件十余个。北京市有关部门联合气象部门印发《关于进一步加强区县气象灾害防御保障能力建设的通知》《关于加强气象领域科技合作机制的通知》等专项文件，支持气象现代化基础设施、机构编制、科技创新等工作。2006年3月1日起，《北京市实施〈中华人民共和国气象法〉办法》施行，气象工作依法健康发展，2019年1月1日起《北京市气象灾害防御条例》实施。成立北京市气象标准化技术委员会，联合北京市质监局印发《北京市气象标准体系》，气象技术标准数量及应用能力大幅提升，累计25项标准发布或在编，怀柔区公共气象服务标准化试点为全国首个区级气象部门获国家标准委立项项目。

三、坚定不移提升首都气象服务水平

（一）服务城市安全运行和市民福祉安康成效显著

21世纪以来，随着北京城市扩大和发展，各种气象灾害给城市安全运行带来的隐患和威胁也相应增加。针对各种气象灾害，北京市气象局先后与市应急指挥中心、水务、市政、交管、路政及重大活动筹委会等部门建立了气象灾害预报预警联动、应急响应及信息共享机制；与市城市管理委、市环卫部门进一步完善了汛情预警、雪天道路扫雪铲冰等预警联动机制；与市交管局、路政局、市信息办等单位共享道路气象实时监测信息、道路视频监控信息，利用道路电子显示屏适时发布气象预报预警信息。实现与"国突平台"及北京专项预警系统的无缝隙对接，实现非气象类信息由预警中心权威统一发布。2003年起，北京人民广播电台城市交通广播在市气象台会商室设立了直播间，直接进行路况天气直播。2004 年市气象局开通利用电视滚动字幕、公交车电子显示屏、手机短信、互联网等媒体发布气象灾害预警信息，2005 年起每天在报刊和电视广播中发布空气质量报告和预报，2007 年起向社会公众发布霾天气预报。2007 年市气象局结合北京实际，编制了《北京市气象灾害预警信号与防御指南》，至今已经过 6 次修订，建立和完善了气象灾害预警信号发布标准和工作流程。

2008 年，在全国气象部门首家建设完成了突发公共事件预警信息发布平台，实现了基于区域短信发布功能的省级突发事件预警信息发布，在奥运气象服务期间成立了城市突发事件气象应急反恐处置队伍，建立了相应的运行机制，在城市运行、重大活动等应急保障中发挥了显著作用。同年，北京市应急委发布了《北京市气象应急保障预案》，进一步规范了气象预警信息的发布流程和应急联动机制。《北京气象》在气象频道开播，成为全国首家实现在本地插播声像气象服务节目的样板。

2008 年北京奥运会后，市气象局与各公共安全部门应急指挥与联动成为常态，防灾减灾应急通道昼夜畅通。每逢强对流天气、持续高温、暴雨、大雾、雨雪冰冻、霾、沙尘等危及城市安全运行的灾害性高影响天气，气象部门在首发预报预警服务信息后，全市应急工作单位均快速响应并进行紧急处置。各类气象信息和服务产品迅速传递，为城市交通及水、电、气、暖等保障城市生命线安全运行的专业部门及广大市民服务。2009—2010 年供暖季，市气象局与市城市管理委员会、市财政局建立了"看天供暖科学决策"的应急调整供暖期专题气象服务会商制度，使北京供暖初、终日均根据天气情况而定。这一举措，体现了政府科学决策的理念，得到了各级政府领导和人民群众的高度肯定，并纳入市政府规章，被推广到北方多省市。

党的十八大以后，北京市气象局开创了"分区域、分时段、分强度"分区预警工作新局面，切实推进"监测预报精细化、灾害防御属地化" 能力建设，允许各区气象部门根据即时的天气状况和灾害发生可能性，自主发布所属行政区的气象灾害预警信号，精细化到乡镇。

相较 2001 年"12·7"小雪致路面冰冻引发全市交通瘫痪、2012 年"7·21"暴雨造成重大灾害等影响，分区预警模式和"三维三进"工作理念，让"一遇降雨全市 30 万人要上岗待命"的撒网式防范工作机制成为历史，取而代之的是精准化、集约化、针对性的应对机制，更好地服务北京城市运行及防灾减灾。2013 年 7 月 15 日，北京出现强降雨，造成怀柔、密云道路塌方和山体滑坡。怀柔、密云率先发布暴雨橙色预警信号，两区政府当即采取行动，成功处理所有灾害点，安全转移险区群众 2015 人。在 2018 年房山"8·11 山体塌方"中，房山区气象台提前在事故发生前夜发布雷电、暴雨气象预警和滚动的雨情信息，第一时间传递至一线防汛人员手中，拉紧了群防群治巡山的"链条"，最终在塌方前的 10 分钟，阻止了一场灾难的发生。

市、区两级预警发布机制的建立，使气象信息从"消息树"逐渐转变为防灾减灾"指挥棒"。如今，北京气象预报预警与防汛、森林防火、雪天交通等指挥体系深度融合，成为首都30万防汛责任人、40万森林防火员以及数万扫雪铲冰应急人员上岗布防的"发令枪"。市气象局成为全市30多家政府指挥部门参与的议事协调工作小组成员单位。全市297个乡镇（街道）已全部成立气象灾害防御工作领导小组，6215个社区（村）建立了气象灾害防御责任人制度。气象防灾减灾全面融入基层网格化管理体系，气象预警信息已实现网格单元全覆盖。

气象防灾减灾联动机制形成的同时，气象服务的领域也不断延伸到百姓民生方方面面，并愈加精细。针对市民出行、旅游、健康、生态环境关注等个性化服务需求，不断创新气象服务产品、丰富服务内涵。从生活气象服务到"互联网＋体育赛事"气象服务，从休闲出行气象服务到赏花、赏叶、赏景、采摘气象服务，形成北京特色气象服务知名品牌。

至2018年年底，北京气象预报预警服务和天气实况信息等已可通过电台、电视、报纸、电话、手机短信、网站、微博、微信、电子显示屏及今日头条、抖音、企鹅直播等新媒体平台进行传播，为社会公众提供全天候、多层次、全方位的公众气象服务。"气象北京"官方微博、微信等荣获全国优秀政务新媒体民生飞跃奖，电视气象节目在全国电视气象节目评比中连续多次获奖。

为适应全市城乡一体化、都市型现代农业发展要求，北京气象部门初步建立起符合首都大城市特点的气象为农服务体系，建成全市智慧农业大数据平台、智慧农业气象服务业务平台和智慧农业手机App，为全市新型农业经营主体提供精细化"直通式"农业气象服务。各区气象局结合当地特色作物和当地农业生产经营主体需求，开展樱桃、板栗等10余种特色作物气候品质认证服务工作，助力农民脱贫增收。自2011年起，北京市气象局与农业、保险部门联合开展农业气象指数保险研究与服务工作。先后研发了包括蜂业干旱指数保险在内的7种不同的气象指数保险，覆盖了全市9个区和6种产业，每年为农户减少经济损失达百万元。同时为世界葡萄大会、世界马铃薯大会等成功举办提供气象技术支撑。针对2019年世园会，北京市气象局还建设了园艺气象服务系统，开展园区园艺植物生长气象服务。

（二）首都重大活动气象服务保障精彩纷呈

北京作为首都，重要会议多，重大活动多。每逢各类重大活动举办前后，北京市气象局都要精心部署，全力以赴完成服务保障任务。早在20世纪90年代，北京市气象局成功为第十一届亚运会、第七届全运会、远南残疾人运动会、联合国第四次世界妇女代表大会、首都纪念抗日战争和世界反法西斯战争胜利50周年、首都迎接香港回归祖国等重大活动提供出色服务，受到社会各界好评。

2000年以来，北京市气象局每年持续为全国"两会"、中央领导同志在京活动、重要外宾来访等及时、主动提供气象服务。特别是2001年北京取得第29届奥运会举办权后，市气象局把实现"有特色、高水平"的奥运气象服务目标与建设首都公共气象服务系统有机结合，在奥运筹备的7年间创新思路，通过申办、筹备、演练和实战各节点的实践考验，为北京奥运会开闭幕式、残奥会各项赛事和城市安全运行提供精细化和个性化服务，确保顺利举行并获得圆满成功，奥运气象服务受到国内外媒体及广大群众称赞，为国争光。2009 年，圆满完成了首都国庆 60 周年庆典活动气象保障服务，气象服务工作得到党中央和北京市领导的充分肯定，受到人民群众的普遍赞扬。

2010 年以来，北京地区承办的国内外重大活动越来越多，北京市气象局年均为 30 余场重大活动提供服务保障。首都气象部门发扬不怕疲劳和连续作战精神，重大活动气象服务更加精细化、规范化，建立大型活动气象服务标准。优质完成第九届中国园林国际博览会（2013）、APEC 峰会（2014）、冬奥申办和"九三阅兵"以及北京田径世锦赛（2015）、"一带一路"国际合作高峰论坛（2017、2019）、中国北京世界园艺博览会和亚洲文明对话大会（2019）等重大活动的气象服务保障。

为宣传"绿水青山就是金山银山"的理念，诠释气象在建设大美中国和大美世界中的作用，唤起共同呵护人类美好家园的生态意识和行动，建设了北京世园会生态气象展区——生态气象馆、世界气象组织园、生态气象观测示范站、世园气象台，形成"一馆一园一站一台"的格局，世界气象组织园荣获世园会组委会金奖。北京市气象局从 2015 年开始启动世园会气象服务筹备，研发管家式气象服务平台，制定智慧气象服务保障工作方案，为世园会历次演练、开幕式及展览期间正常运行提供精准的气象服务保障。在 2014—2015 年北京冬奥会申办过程中，气象部门克服重重困难，一个月内完成了延庆海坨山 4 个区域自动气象站的建设，气象专家多次前往海坨山进行实地考察，高质量完成气象条件评估，为成功申办冬奥会做出关键性贡献，受到北京冬奥申委的表彰。积极备战 2022 年北京冬奥会气象服务，依托国家重点研发计划"冬奥会气象条件预测保障关键技术"项目，加速冬季山地气象预报科研攻关，积极推进冬奥气象监测、预报、服务系统建设。组建冬奥气象中心，以及冬奥预报服务核心团队和现场服务团队。与韩国、俄罗斯、加拿大、美国、奥地利等国冬奥气象专家开展交流合作。开展多种气象团队赛事培训、实训。目前已基本完成冬奥赛区专用自动气象站网建设任务，冬奥气象业务服务系统正在抓紧研发。冬奥气象和雪务保障相关工作得到国际奥委会充分肯定。

（三）人工影响天气工作迈上新台阶

北京市人工影响天气事业的历史可以向前追溯到 1958 年。初期的人工影响天气研究和试验性工作，基本是在一穷二白的状况下开展起来的，在以人工消雹为主的同时，联合当时中央气象局观象台、北京大学地球物理系等单位进行人工增雨（雪）科学试验，为京郊人工影响天气作业保护区内的农业生产提供保障。1990 年 5 月，在北京市政府的高度关注和气象专家的积极建议下，北京市人工影响天气办公室（以下简称市人影办）成立后，市人影办的业务、科研、管理等各方面工作全面快速进步。

多年来，市人影办抓住一切有利降水天气过程，积极开展各种方式的蓄水型人工增雨作业，在一定程度上有效地缓解了北京地区的水资源紧缺形势。

2012年8月，"云降水物理研究与云水资源开发北京市重点实验室"成立，成为北京市人工影响天气科技发展的一个重要里程碑。如今北京市人工影响天气工作在抗旱增雨（雪）、防御冰雹灾害、保护城乡生态环境等防灾减灾工作中，不断提高科学作业质量，得到了各级领导和人民群众的充分肯定。

（四）服务首都生态文明建设迈出新步伐

早在20世纪80年代就开展了城市规划服务和大气环境质量评价工作。21世纪以来，北京市气象局在城市气候服务领域创新开展气候可行性论证，研发出"城市规划气候可行性论证系统"，论证技术现已应用到全国20多个省份60多个城市。

历经十余年来的探索和实践，市气象局将气象与城市规划研究相结合，在跨学科应用积淀基础上，走出一条"发掘气象优势—探索交汇点—整合热点问题—建立解决方案—应用融入实践—形成标准和政策"的路子；融合城市规划和气象学，在国内填补了通风廊道规划气候可行性论证技术空白；探索出一套可推广、可复制的工作思路和方法体系，得到中国气象局及北京市政府相关部门的高度认可。

北京市气象局参与编制了《北京城市总体规划》，参与了《京津冀环境生态一体化发展规划》制定、首都新机场建设气候评价、APEC会址局地气象和大气环境评估等工作；牵头编制完成中国气象局《城市通风廊道规划气候可行性论证技术指南》，参与编制《城市生态建设环境绩效评估导则》（试行），服务京津冀城市空间布局优化调整和北京城市总体规划修改等工作；与市规划部门共同提出城市规划"五条一级通风廊道"建议等，成果被北京市政府规划修建通风廊道、缓解城市热岛所采纳应用；利用气象模拟、卫星遥感等技术，开展北京城市副中心通风廊道规划气候可行性论证，为该地区预留有利局地气候的土地和营造通风环境向好的城市形态提供保障服务。开展空间精细到30米的城市热环境、风环境、大气环境遥感监测服务；2018年成立生态气象和卫星遥感中心。

为服务打赢大气污染防治攻坚战的战略决策，面对京津冀及周边地区大气污染必须联防联控的新形势，2013年市气象局成立了全国首个区域环境气象中心——京津冀环境气象预报预警中心，建立区域环境气象长、中、短期"无缝隙"预报服务体系。在市政府领导下，市气象局与相关部门联合开展北京市空气质量预报预警及决策支持平台建设，有力支持了京津冀大气污染防治工作。并作为独立于政府、环境部门的第三方，联合国家气象中心、中国气象科学研究院，创新开展环境气象评估工作，将机器学习、"睿图"化学模式以及中国沙尘暴大气化学环境系统

（CUACE）模式等定量评估技术进行融合，构建环境气象条件评估体系。首次将科技大数据挖掘算法引入环境气象条件评估领域，实现了"气象因素"和"减排因素"定量分离，强化气象条件评价在减排效果评估中的作用，得到市领导批示肯定。

四、创新"大科技"发展格局支撑业务服务

（一）搭平台，优化科研创新环境

市气象局多年来把科技兴气象放在重要的工作位置。早在 1974 年就成立了北京市气象科学研究所，开展天气预报、农业气象和城市气象等研究。1997 年中国气象局与北京市政府在该研究所的基础上共同组建"北京城市气象工程技术研究中心"。2002 年经国家公益类科研院所改革，成为国家级"一院八所"的专业研究所之一——中国气象局北京城市气象研究所，人才队伍不断壮大。2006 年获授牌博士后工作站，2011 年授牌城市气象研究—北京市国际科技合作基地，2013 年授牌城市气象研究—国家国际科技合作基地。2016 年 4 月起，着手组建"北京城市气象研究院"，2018 年 10 月获中国气象局批准，同年 12 月北京城市气象研究院挂牌成立，为全国气象部门所改院及科技改革提供了先行经验。作为国家级专业从事城市气象科学研究的科研机构，为提升城市气象防灾减灾能力、生态文明气象保障能力和应对气候变化能力等提供科技支撑。

（二）谋合作，形成联合科技攻关"大网络"

科学分析服务需求，发挥首都优势。20 世纪 80 年代以来，尤其是 21 世纪以来，市气象局与国内外相关部门和单位广泛开展科技合作。与中国科学院大气物理研究所、中国气象科学研究院开展云物理研究协同创新；与北京大学、中国科学院、北京大数据研究院共建气象大数据实验室，加强城市气候关键技术及影响评估研究；与中国科学院大气物理研究所以及国家级气象业务单位等建立合作机制，开展气象预报、气候预测等科研项目攻关，进行科技学术交流等活动。2016 年以来，组建完善了"大北方区域数值模式体系协同创新联盟"，基于北京城市气象研究所多年积累的模式研发经验和成果，聚焦区域共性关键技术，搭建区域协同创新团队，组织联合攻关，提升区域创新整体效能。截至 2019 年 6 月，联盟成员已扩充至 15 省（区、市）气象局，得到中国气象局领导的充分肯定。

国际合作注重"为我所用"，围绕核心技术问题和业务迫切需求，开展有针对性的中长期持续合作。加强城市气象国际联合研究中心（JUMP）建设，重点推进与美国大学大气研究联盟／美国国家大气研究中心（UCAR/NCAR）在卫星资料同化及污染—气象反馈机制、人工智能新应用等方面的深入合作。执行中韩双边气象科技合作计划。深入推进与奥地利气象局、韩国气象局

及美国俄克拉荷马大学的合作，在区域数值模式、X波段雷达资料应用、冬奥气象保障等关键技术研发领域开展务实合作。

（三）聚人才，培养高素质人才队伍

以城市气象研究院为研究核心，以城市工程技术中心为技术开发和成果业务转化主体，通过引进、在职培养和国内外培训，加强人才队伍建设。2018年聘请3名国际一流首席科学家指导创新团队，聘请18名国内一流专家一对一指导业务科技骨干，以联合承担项目为纽带，形成局地性强对流天气规律研究团队、区域数值预报模式研发团队、临近预报技术研发团队、城市边界层观测分析与精细模式研发团队、气象业务服务信息平台建设团队、城市气候评估研究团队6个科技创新团队，共同攻关气象现代化关键技术问题。城市气象研究院客座专家获北京市政府"长城友谊奖"。国内外专家讲学年均60余人次，与军队16个气象台手拉手实施人才提升工程，培养百名优秀人才。出国培训、交流年均20余人次。加大人才培养力度，气象队伍趋向年轻化、知识化和专业化，领军人才和骨干力量不断成长汇聚，新增中国气象局科技领军人才2人、首席专家3人、青年英才2人；获北京市有突出贡献的科学技术管理人才1人，百千万人才工程1人，高层次创新创业人才支持计划青年拔尖人才1人，引进国外技术管理人才项目计划1人，在全国气象部门人才评估中连续多年获得第一名。

（四）显实力，多项科研成果取得突破

聚焦0～12小时短时临近预报预警准确率提升、大气污染防治气象服务需求、城市生命线气象服务需求和水资源利用气象服务需求4个重点领域，强化科技攻关；联合市科委实施"首都气象0～12小时短时临近预报准确率提升工程"，持续推进"睿图"模式体系建设。加强冬奥科技攻关，在复杂地形冬季综合气象观测试验、冬奥气象服务技术和京北山区冬季降雪人工影响保障技术等方面开展研究，做好项目申报储备工作。城市对降水和雾／霾影响（SURF）国际观测试验纳入世界气象组织多个工作组的联合研究示范项目，项目论文登上美国气象学会公报封面。国家重点研发计划"科技冬奥"重点专项在《世界气象组织公报》上介绍。近三年（2016—2018年），中国气象局及北京市政府共支持科研经费投入增长154%，助力科技实力逐年提升。三年来，主持国家重点研发计划项目4项。2017、2018年，国家自然科学基金项目和发表SCI研究论文均列省级气象部门第一位。

五、坚持从严治党抓党建和精神文明建设

北京气象事业的发展与坚持从严治党密不可分。近年来，北京市气象局党组带领全市气象干

部职工，深入学习贯彻党的十八大、十九大精神，扎实开展党的群众路线教育实践活动、"三严三实"专题教育、"两学一做"学习教育活动、"不忘初心、牢记使命"主题教育活动，用习近平新时代中国特色社会主义思想武装头脑、指导实践。深入落实《中国共产党支部工作条例（试行）》，推进全面从严治党向纵深发展。14个区气象局全部成立党组、纪检组。全市气象部门全面落实党风廉政建设"两个责任"，强化党建和党风廉政建设，不断提高党员干部队伍拒腐防变和服务气象事业改革发展的能力，党组织的凝聚力和战斗力显著增强。

北京市气象局党建工作始终坚持以政治建设为统领，持续探索融入业务抓党建的创新方法路径。积极发挥支部战斗堡垒和党员先锋模范作用，干部职工精神面貌昂扬向上，北京市气象局（机关）实现"全国文明单位"五连创，海淀、昌平、平谷三个区气象局被评为"全国文明单位"。

1997年市气象局在首都文明办、市直机关文明委的精心指导下，带领全体职工积极开展精神文明创建活动，受到中央文明委和首都文明委的高度认可。2012年以来，气象部门结合培育践行社会主义核心价值观、"中国梦"等主题，围绕气象部门中心工作，提振精气神、凝聚正能量，开展了一系列精神文明创建活动。

将道德讲堂作为气象职业道德教育的重要阵地，2013年至今，全市气象部门共开展道德讲堂活动32场，其经验得到市委宣传部、市直机关工委领导高度赞扬。在市直机关工委组织的宣讲交流会上，气象宣讲团取得第三名的好成绩。2018年建立党建课堂、业务学堂和道德讲堂"三堂课"体系，加强党员干部政治思想建设、业务人员能力建设和干部职工道德建设。

通过加强学习型部门建设，在各业务单位广泛开展以素质教育为核心、知识更新为重点、岗位技能培训为基础的"创建学习型组织，争做知识型职工"活动。相继成立了多个"创新工作室"，并获得"北京市职工创新工作室"命名，培养近40名科研业务青年人才，取得一批重要业务科研成果。

回顾历史，总结经验和教训，不忘昔日成长的艰辛，更激励今后的守正创新。首都气象部门将在习近平新时代中国特色社会主义思想指引下，以首善标准做好气象工作，努力服务首都经济社会发展和城市运行、市民福祉，为增强人民群众获得感不懈努力。

（撰稿人：曹冀鲁　冯子晏　叶芳璐）

七十载守望海河两岸铸辉煌
新气象逐梦津沽大地展宏图

天津市气象局

天津作为我国四大直辖市之一、中国北方最大的沿海开放城市，新中国成立以来，70 年间的变化日新月异，气象事业也得到了快速发展，取得了显著成就。目前，天津已初步建成适应需求、结构完善、功能先进、保障有力、以智慧气象为气象现代化重要标志的现代气象业务体系、服务体系、科技创新体系，气象业务能力快速增强，气象服务效益显著提升，气象整体实力达到国内先进水平。

一、70 年砥砺前行，天津气象事业历经非凡

1949 年 1 月天津解放，当时全市仅有机场、市区、塘沽三个气象站。新中国成立以后，气象主要为军事服务，机构为中国人民解放军建制。1952 年 10 月，华北军区气象处测政科接收天津测候所，并改建为天津气象站。1954 年，中央气象局天津海洋气象台成立。1956 年，天津人民广播电台、天津日报开始每日播送、刊发本市短期天气预报。1958 年至 1966 年，天津作为河北省省会，天津海洋气象台更名为河北省气象台，原中央气象局规定的海洋气象台的相关业务划转到辽宁大连。

1966 年，天津市气象局正式成立，下辖 4 个气象站。1967 年，天津恢复直辖市。1973 年，随着武清等 5 个县划入天津，全市气象站达 14 个（含 1 个机场气象站、2 个盐场气象站）。同年，正式成立市气象局人工降雨领导小组并下设办公室，组织开展农业县（区）防雹增雨工作，市气象台开始使用 711 型天气雷达监测天气。1974 年，开始接收美国极轨气象卫星云图和日本静止气象卫星云图。1976 年，市气象局由县处级升格为地厅级。

1978 年，建立了天津市气象科学研究所，积极开展天气、气候、农业气象、大气环境等方面的研究。1982 年，在全国气象部门率先建成省市级甚高频无线电话辅助通信网。1986 年，建成全国气象部门首座高达 255 米的超高大气边界层气象观测铁塔并开始观测，引进的美国 WSR-81S 数字化雷达在西青气象站正式运行。1983 年，完成中央与地方双重管理体制的区县气象站的体制

上收工作，市气象局共有机关处室 6 个，直属单位 4 个。随着海洋气象业务发展，从 1975 年至 1988 年，陆续在渤海六号、七号、八号采油平台以及大沽灯塔、A 平台设立了人工气象观测站。塘沽气象站也在 1984 年扩建为塘沽气象台，制作发布当地天气预报业务。1989 年 10 月，天津市电视台开始播发市气象台制作的天气预报节目。

1982 年，以 TRS-80 微型计算机的引进应用为标志，微机在气象预报、数据通信、资料分析、科学研究等方面应用日益广泛。1990 年，开展省级实时业务系统建设，在市气象台组建了气象业务 3+ 局域网，完成极轨气象卫星接收系统数字化改造，形成了当时比较现代化的市级气象综合探测系统和网络通信系统，建成了以数字化天气雷达和 MOS 预报技术应用、全市及周边站点危险天气实时预警显示和预报产品视频显示终端为特征的天气监测预报系统。1992 年，在引进的美国 MIPS-3230 小型机上，开展了中尺度数值预报 MM4 的科研和业务。

1993 年至 2003 年，天津市气象局党组坚持依靠科技进步推进气象事业，确立了"立足城市、面向农村、开拓滨海、服务全市"的发展思路。通过实施市级"9210"工程和"天津市重大气象灾害监测预警服务系统"项目，于 2003 年建成天津气象新业务大楼，建成区县局 Vsat 小站及光纤联网，推动区县气象局预报服务进入微机化时代，全市气象业务现代化上了一个新台阶。紧紧围绕滨海新区开发开放，天津市气象局与开发区政府于 1997 年合作组建了天津市滨海新区气象预警中心，并实施天津市新一代天气雷达系统建设。各区县气象局全部建成本地业务计算机局域网，并利用公众互联网和卫星数据接收装备建立区县气象综合服务系统，初步实现了气象信息传输、分析处理和网上服务一体化的新工作方式，社会经济效益及自我发展能力显著增强。全市除了市内 6 区之外的 10 个区全部开展人工影响天气工作，初步建立了各级政府领导、气象部门主管、多部门协调联动的管理体系。

进入 21 世纪，天津气象部门提出了"立足天津、面向区域、突出滨海、城乡一体"的事业发展思路，气象事业步入了一个快速发展的新时期，气象现代化建设步伐大幅迈进。与中国水利水电科学研究院减灾中心合作研制了天津城市沥涝仿真模型，在全国率先实现了对城市积水情况的动态模拟，极大地提高了内涝预报和预警能力。在天津滨海新区建成我国北方首部新一代多普勒天气雷达，极大地提高了对环渤海区域灾害性天气和极端天气的监测和预警能力。在全国率先使用卫星遥感技术开展冬小麦产量预报。中国气象局先后将两个区域业务中心布局天津，2006 年批准成立海河流域气象中心，并作为全国七大流域气象中心之一；2010 年，组建天津海洋中心气象台，成为继广州、上海之后的第三个国家布设的区域海洋气象中心，天津气象工作的区域地位和影响力不断提升。

随着《天津市气象事业发展"十二五"规划》的稳步实施，基本形成了海洋气象、城市气象、流域气象、现代农业气象等特色业务服务领域，晴雨预报、暴雨预报、设施农业气象服务技术等业务位居全国先进行列。建成了"政府主导、部门联动、社会参与"的气象防灾减灾机制，基本建立覆盖市—区—乡（镇、街）—行政村（社区）四级的气象防灾减灾组织管理体系和应急预案体系，灾害损失占 GDP 比重保持在 1% 以下。借助天津超算中心"天河一号"，区域数值预报等所需高性能计算能力提升到 36 万亿次，存储能力达 150 TB。在 2016 年年底中国气象局组织的全国省级率先基本实现气象现代化评估中，天津在非试点省市中名列第一，提前一年达到基本实现气象现代化的目标。

二、70 年奋发图强，天津气象现代化建设稳步前行

（一）气象综合观测能力不断提升

70 年风雨兼程，天津气象观测业务发生了翻天覆地的变化。目前，全市建成由 13 个地面气象台站、280 余个区域自动气象站、新一代天气雷达、卫星资料接收装备、组网大气电场仪、大气成分观测站、海上观测站、GPS/MET 水汽探测网等组成的现代化综合气象探测网络，城区自动气象站间距达到 3 千米，实现了 10 分钟加密数据及时上传，并初步建成地面观测为主、高空观测为辅、特种观测和移动观测并存的观测体系，国家级气象台站全部实现新型自动气象站的升级换代。

近年来，天津气象部门以《天津市气象事业发展"十三五"规划》为引领，通过实施《天津"智慧气象"建设工程》《京津冀协同发展（天津）气象保障工程》等重大项目建设，气象观测业务实现更大突破。天津国家级气象台站全部实现视程障碍类天气现象、日照自动化观测；交通气象站增加到 16 个，覆盖 4 条常规高速公路；全市区域自动气象站全部从 2 要素升级到 4 要素以上，观测时效从 10 分钟一次提升至 5 分钟一次；海上气象站在渤海埕北 A 平台、渤中 28 号平台和绥中 36 号平台的基础上，新建了 15 个 7 要素（含能见度）海上石油平台自动气象站，初步形成海洋气象观测站网；全市共有 5 辆车载移动气象观测系统（市气象局、宝坻、滨海、武清、津南各 1 辆），能够开展移动应急气象保障工作；2018 年，在气象铁塔新增微波辐射计、边界层风廓线雷达和气溶胶激光雷达等地基遥感设备，自主研发无人机机载自动气象探测系统，有效提高了近地面气象观测能力、大气边界层结构特征及污染物时空分布观测能力。

（二）气象预报预测能力迅速发展

1. 天气预报能力取得突破性进展

伴随数值预报技术的深入发展、现代探测技术的广泛应用和计算条件的不断改善，天津气象部

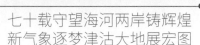

门预报业务经历了从传统手工绘制天气图、以预报员经验为主的定性分析方式，向以自动化、客观化和定量化分析为主导、以人机交互气象信息加工处理系统为平台的数值天气预报方式的重大变革。在这一发展进程中，天津气象部门建立了区域中尺度数值天气预报模式，建立了包括空气质量、大气污染、渤海风暴潮和风浪预报等数值预报业务系统，建立和完善了短时、中短期、乡镇（街道）天气、城市暴雨沥涝、海雾、风暴潮、森林火险等级、地质灾害气象预警、城市环境气象、交通（高速公路）气象等数值天气预报业务系统，各类气象灾害的监测预报预警能力和准确率获得显著提升。

近年来，随着数值天气预报技术的发展以及大数据、人工智能等新技术的应用，天津气象部门建立了基于人工智能和大数据的精细化客观预报技术支撑体系，建成天津一体化气象业务平台（TIP-TOP），实现了从传统的站点预报向格点预报的转变。大力发展网格化智能预报技术，建立了三维时空网格客观要素预报及逐时滚动系统，在全国率先发布了基于位置的1千米网格的高时空分辨率精细化气象预报。

目前，天津气象部门天气预报的时空分辨率更加精细，0～3天预报可达到1小时和1千米，4～10天预报可达3小时和5千米。预报要素更加丰富和精细，能给出包括降水、气温、云量、能见度等8种气象要素的定点、定时、定量的预报。2018年，2～5天晴雨预报准确率在全国气象部门排名第一，冰雹、雷雨大风、短时强降水、雷电等强对流天气预警时间提前量均超过50分钟，雷雨大风、短时暴雨和雷电的预警命中率超过85%。

2. 气候预测服务面逐步扩大

从20世纪90年代开始，天津气象部门短期气候预测业务在过去统计分析方法的基础上，开始注重对前期强信号因子的分析，采用应用动力和统计预报相结合的方法，预测产品逐步从单一提供天津市月季年度气温、降水气候趋势，发展到提供天津市月季年短期气候趋势、海河流域夏季气候趋势、森林火险等级等多种预测服务产品，气候预测实现了逐旬滚动。

随着服务需求的进一步提升，天津气象部门建成了功能较为完善的天津市及海河流域气候监测预测业务系统、气候监测与影响定量评估系统以及延伸期天气过程预测业务系统，实现了天气与气候业务的有机融合，气候产品的精细化、无缝隙、可视化程度明显提升。研发了基于多模式集合、动力—统计误差订正、概率预报等技术的天津市和海河流域延伸期多尺度智能网格预测业务系统，有效提升了全时空尺度气象预报预测的客观化、智能化水平。开展了精细到区的气温和降水趋势逐旬滚动更新预测业务，建立完善了天津市强降水、强降温、高温、雾和霾等天气过程延伸期预测业务体系，为防汛抗旱、重大活动等气象保障，以及面向盐业、电力、海洋、供暖等行业的专项服务提供了有力的决策支撑。

（三）气象服务能力持续增强

1. 决策气象服务助力城市防灾减灾

多年来，天津气象部门致力于做好重大灾害性、关键性和转折性天气预报和服务，最大限度减轻灾害损失。尤其是在春季干旱、夏季强降水、短时大风和冰雹、夏季高温、秋冬季雾和霾等灾害性天气的预报服务中，力争做到精细监测、精准预报、精确预警、精心服务。1992年，提前72小时准确预报特大风暴潮，避免了重大经济损失。1996年，河北省多地遭遇洪水，为开闸分洪决策提供了准确的天气预报服务，70亿立方米洪水流经天津入海，为缓解华北洪水灾害做出了贡献。2004年，为天津盛汛期解决城市缺水难题的"引黄济津"工程决策提供了气象依据。2018年，北上台风"安比"影响天津，第一时间发布暴雨预报预警信息，并持续为政府和相关部门做好服务，为防御城市内涝决策发挥了"第一道防线"作用。

多年来，天津气象部门紧密围绕生态文明建设气象保障这个中心，大力加强环境气象服务能力。2013年，与环保部门签署框架协议，紧密围绕京津冀大气污染联防联控，加强空气质量预报和重污染天气预警工作。2019年，建立了无缝隙环境气象预报业务体系，开展了小时—月尺度的霾、污染气象条件和空气质量预报，联合环保部门开展了空气质量预报和重污染天气预警，开发了天津突发环境事件应急模拟系统，实现了30分钟危险化学品泄漏扩散方向和浓度的快速模拟，为重大事件应急处置提供科学依据。

海河流域东临渤海，西倚太行山，北接内蒙古高原和燕山山脉，海河流经北京、天津、河北、山西、山东、河南、内蒙古和辽宁8个省（自治区、直辖市）。作为"九河下梢"的天津，承担着"九河"汇总入海的压力。2006年，中国气象局批准天津成立海河流域气象业务服务协调委员会和海河流域气象中心，全面承担面向海河防总办公室的气象决策服务任务。天津气象部门与水利部海河水利委员会紧密合作，确立联合会商机制，实现雨情水情共享，将气象产品接入水文部门洪水预报系统，并联合开展科研攻关，流域监测预报预警能力显著提升，在2012年"7·21"、2016年"7·19"等极端降水天气事件应对中发挥了重要作用。2019年5月，双方签署战略合作协议，进一步提升海河流域水旱灾害决策服务能力。

重大活动保障是气象部门决策气象服务的重要内容之一，天津气象部门依托气象"十一五"规划"天津气象灾害监测预警与应急（奥运保障）系统工程"项目，配备气象应急保障车，建成移动气象保障平台，成立重大活动气象服务领导小组，先后圆满完成纪念中国人民抗日战争暨反法西斯战争胜利70周年活动、天津夏季达沃斯论坛、第十三届全国运动会等30余项大型活动气象保障任务，气象防灾减灾和气象服务效益大幅提高。

2017 年 8 月，第十三届全国运动会（以下简称"全运会"）在天津成功举办，这是党的十九大前夕举办的一次全国性重要体育赛事。天津气象部门秉承"智慧气象、全民共享"的理念，围绕全运会运行全环节和气象保障业务运行全流程，大力提升业务服务精细化水平，并提前一年将现代化建设成果应用到全运会服务保障中。利用天津气象一体化业务平台，有效保证了多个赛事的不同场馆同时获取精细到场地的逐小时气象预报产品；建成的全运会决策气象服务保障平台，为市委、市政府、赛事各方决策部署提供"秒级"监测、预报、预警等综合气象信息。据统计，天津气象部门共完成 31 个大项、341 个小项比赛的气象服务工作，参与全运会气象服务 4532 人次，参与现场气象服务 768 人次，发布服务产品 3778 期，圆满完成开（闭）幕式、圣火采集、火炬传递、彩排演练及比赛项目等气象服务工作。

2. 公众气象服务助力百姓安居乐业

随着气象现代化建设的不断推进，天津气象部门积极打造广覆盖的公众服务网络。服务手段更加多样化，已实现利用电台、电视台、互联网、移动通信、固定电话、微信、微博等 10 余种手段快速、广泛发布各类气象信息。服务内容不断丰富，增加了大气洁净度预报、医疗气象预报、花粉浓度实况分析、紫外线强度预报、公休日天气预报、上下班天气预报、旅游景区天气预报等多种服务产品，气象服务实现了从单一天气预报向综合性、多种保障服务为一体的转变。天津气象部门已建立起以新技术惠民服务手段为载体、部门协作为支撑、气象科普宣传业务为核心的公众气象服务模式，先后建成天津市公众气象服务网、"天津气象"手机 App、"天津气象"微信公众号等，全年服务受众超过百万人次。

多年来，天津气象部门大力铸造广延伸的预警发布手段。已建立覆盖全市的公众天气预报预警服务体系，建立气象灾害预警信息发布绿色通道，预警信息覆盖率达到 95%，并实现精准靶向发布。在农村，2890 套预警高音喇叭实现有需求的村落全覆盖，保证了预警信息送到田间地头。在城区，"天津天气"微信服务号覆盖全市 2500 余个社区，向用户主动推送所在区域的预警信息，并开展城市积水自动监测预警推送服务。在全市建成 5 个校园气象站、5 个社区气象科普基地，构筑数字化气象科普展览馆，打造"应急之星""小小减灾官"等科普品牌活动，联合多部门形成常态化科普宣教新模式，推进气象科普进学校、进社区、进企业，提高全社会防灾减灾能力。2014 年，成立天津市突发公共事件预警信息发布中心，建成突发事件预警信息发布系统，在市级 17 个、区级116 个委办局及全市 16 个区 239 个镇（乡、街）完成布设，并应用 13 种手段发布预警信息。

天津气象部门致力于打造广联动的灾害防御体系，同应急、环保、国土房管、卫生、林业、公安交管等十多个部门实现气象灾害联防联动，在全市各街镇建立了应急联系人和气象信息员队伍。

"政府主导、部门联动、社会参与"的气象防灾减灾体系日臻完善。2016年年底，在全国防雷体制改革的背景下，成立了气象灾害防御技术中心，实现单一雷电灾害防御向多灾种气象灾害防御的拓展，为进一步健全气象灾害防御体系夯实基础。

3. 现代农业气象服务助力乡村振兴

天津气象部门始终重视做好为农业的气象服务，针对各种灾害、农事关键季节和农村经济发展需求，大力开展农业气象情报、预报服务；积极开展农业气候资源开发利用、农业气候区划和农业气象适用技术推广工作；提供农作物长势和产量预报等服务，为农业稳产增产做出了贡献。

2018年，天津气象部门紧密围绕乡村振兴战略出台实施方案，与市农业农村委共建中国气象局—农业农村部都市农业气象服务中心，并将其融入市蔬菜技术产业技术体系，加强智慧农业气象应用服务技术攻关，建成智慧农业气象大数据平台。特别是以设施农业气象技术应用研究为重点科研方向，组建了一支"产、研、用"一体化的都市农业气象技术应用研究科技创新团队，突出解决低温寡照和大风降温等制约日光温室安全生产的主要气象灾害的监测预警等技术难题，先后建成日光温室小气候环境自动监测网、设施农业物联网试验平台和多个设施农业气象技术野外综合试验基地，开发了智慧农业气象业务服务平台、移动农情速报反演技术平台和基于园区智慧气象物联网的服务平台，构建和完善了都市农业气象业务服务体系，建成了多元化的设施农业气象服务发布网络，为天津都市型现代农业发展撑起"气象防灾减灾保护伞"。

4. 专业气象服务助力经济稳步发展

1991年，天津气象部门成立专业气象服务中心，为工程建筑、石油勘探、交通运输等行业开展专业气象服务。历经近30年发展，专业气象服务领域已覆盖工业、农业、能源、电力、环保、交通运输、纺织、石化、建筑、仓储、保险、旅游、商业、文化、体育等各个领域，气象服务的针对性大幅增强。特别是近几年来，天津气象部门紧密围绕城市发展和经济社会建设需要，致力于打造海洋、能源、交通、健康等专业气象服务团队，加速科研成果转化应用，逐步形成以城市气象公共惠民服务为主干的大城市智慧气象服务框架体系，为各行发展提供更加精细的气象服务。

海洋气象服务为黄渤海航运和工程作业保驾护航。天津气象部门自20世纪50年代开始开展海洋天气预报业务，80年代初期设立海洋预报室，专门制作发布海洋预报服务产品，成立了由气象预报员组成的海上现场气象服务队伍，为天津港及近海海域用户提供28个海区风浪预报，提供不同海区拖航预报服务及定点作业区预报，并通过电话、短信、传真方式进行精细化服务。2010年，天津气象部门成立海洋中心气象台，承担渤海、渤海海峡和黄海北部海域海洋气象监测预报预警业务，以现代化建设为契机，着力打造集监测分析、格点智能订正、产品一键制作分发、预报检验于一体的海洋一体化平台。天津海洋预报的网格分辨率大幅提升，渤海和黄海北部、中部空间分辨率达1千米×1千米，0~3天预报时间分辨率可达逐1小时，4~10天预报时间分辨率可达逐3小时；西北太平洋范围内空间分辨率可达10千米×10千米，时间分辨率可达逐6小时。通过海洋一体化平台的不断完善，实现地理信息、船舶信息、潮位信息与海洋气象信息相融合。天津气象部门黄渤海海域大风、近海海雾、强对流等海洋灾害性天气精细化监测能力进一步提高，海洋气象数值产品释用技术进一步完善，海域精细化预报预警能力显著提升，为远洋运输可提供点到点的远洋航线预报产品，为海洋工程可提供精确到所在位置的逐小时预报服务产品，为引航拖航船只可提供随船24小时现场保障服务。

建筑节能气象服务为生态文明建设加油助力。在天津大力推动绿色发展、低碳发展的背景下，天津气象部门发挥专业优势，致力于开展气候变化对城市建筑能耗的影响及节能对策研究，为建筑节能设计、暖通空调运行和建筑节能技术应用等提供参考依据，进而实现降低建筑能耗的最终目的。近年来，天津气象部门将建筑节能气象服务与智慧供热调控技术相融合，依托基于综合气象要素影响的供热动态调控技术研究出一套"按需供热"的动态前馈调控方法，搭建了一组集中供热调控平台，为供热部门提供个性化调控策略，最终实现在保证室内舒适度的前提下最大限度节能降耗。该项服务技术获得全国气象部门气象服务创新大赛三等奖。基于综合气象要素影响的供热动态调控技术和气象服务产品已在多个企业应用，连续2年指导天津市1.2亿平方米居民住宅和企事业单位供热，保障了天津市热源安全稳定供应和合理调配，为天津市科学供热做出贡献。

与此同时，天津气象部门承担了京津城际高铁、天津地铁、天津轻轨、天津百万吨乙烯等重大项目防雷检测任务，为全市人民生命财产安全和经济发展做出贡献。建立了智慧电力气象信息综合服务平台，基于数据挖掘技术评估气象条件对电网负荷的影响，建立了基于人工智能技术的预测模型，为电力部门提供电力气象综合风险预报服务产品。开发了高速公路气象信息服务系统，实现发布精细到逐小时的天气预报信息及实况信息，为交管部门、高速公路管理部门提供路况保障服务依据。针对铁路外部环境安全隐患管控需求，开展高铁安全运行气象风险防控与预警服务。

（四）信息化建设为气象核心业务提供有力保障

1982年，天津气象部门引进TRS-80微机，从此，计算机被广泛应用于气象探测、预报、通信、服务、运算处理、资料存储等各个领域。1992年，引进美国MIPS-3230小型机图形和计算工作站系统，开展了中尺度数值预报MM4的科研和业务。2000年，引进了运行速度达到160亿次/秒的清华同方并行计算机系统，提高了信息加工处理能力。2004年，开始使用"南开之星"计算机系统，信息计算能力再次提升。2008年，引进了运算速度达1.88万亿次/秒的IBM高性能计算机系统，气象资料存储实现信息化处理，各种数值预报模式运行速度和处理能力显著改善。2015 年，数值预报业务系统正式迁移至天津超算中心"天河一号"，数值预报系统的计算能力和运行速度大幅提升。

历经"三报一话"有线线路、甚高频无线通讯网、3+ 网、Novell 网、气象卫星综合应用业务系统等不同时期的更迭换代，天津气象部门信息网络技术实现了网络化、数字化和多元化。21 世纪初，气象数据在局域网和广域网实现了全面共享和高效互通，气象业务流程基本实现了自动化。2008 年开始，天津气象部门先后完成了局域网核心设备双机热备、高清视频会商系统升级，建成应急移动气象服务系统、信息化安全保障系统，进行了服务器虚拟化平台和局域网存储系统扩容，实现了服务器虚拟化平台和气象综合信息共享平台（CIMISS）的业务化运行。天津气象部门集约化基础设施资源池基本成型，形成了国省统一架构的数据环境，对关键业务实现了直接数据支撑。2016 年至今，天津气象部门不断提升气象信息化水平，逐步构建了具有海量信息存储能力和可弹性扩展能力的私有"云"（雏形），信息化建设成果在第十三届全国运动会中得到了检验，为全运会的成功举办提供了有力的支撑。

（五）人工影响天气保障工作扎实推进

一直以来，天津市人工影响天气工作始终把为经济社会发展尤其是为"三农"服务作为立业之本，人工影响天气事业得到全面、快速、健康发展。目前，有在用人工影响天气炮站 47 个、高炮 50 余门、火箭发射装备 53 部、地基碘化银焰炉 11 部、防雹增雨空气燃气炮 4 部，租用人工增雨作业飞机 1 架，形成了集多种作业手段于一体的空地结合作业格局，为城市防灾减灾、农业趋利避害发挥了至关重要的作用。

随着人工影响天气工作现代化建设的不断推进，依托《天津市气象事业发展"十二五"规划》重点工程"云水资源开发与服务系统"和《天津市气象事业发展"十三五"规划》重点工程"天津市人影弹药物联网监控管理系统"，引进了世界先进的机载探测设备，先后完成了人工影响天气业务平台升级改造、作业站点安防监控和高炮远程控制发射系统以及人工影响天气弹药装备物联网管理等项目建设，达到了现代人工影响天气业务体系提出的"横向到边、纵向到底"的任务要求，实现了人工影响天气作业条件监测、作业条件预报、综合分析、作业指挥、作业效果评估以及科技支撑等综合能力的全面提升。

随着科技创新水平和人才队伍建设的不断加强，天津人工影响天气工作提出了"以课题促科研，以科研促发展"的工作目标，深入推进与国家级科研院所和高等院校的合作，并在天津市政府大力开展生态文明建设的背景下，确立了以生态环境修复工作为重点的人工影响天气作业重点任务，将林区、生态湿地、地下水涵养区等区域列入人工增雨作业重点区域，围绕生态环境修复开展增雨作业。为进一步提升飞机增雨作业的现代化水平，在原有北斗空地通信系统的基础上新增海事卫星通信系统，增雨作业飞机接入互联网，实现了增雨作业飞机探测数据和地面探测数据的实时交互，有效提升了增雨作业效率，在助力防灾减灾、乡村建设、重大活动保障、生态文明建设等方面发挥了重要作用。

三、70 年开拓创新，天津气象事业发展环境逐步优化

（一）党建工作持续发力，为事业发展筑牢政治根基

多年来，天津气象部门坚持党建与业务工作"两手抓，两手都要硬"，充分发挥了党组织的政治核心作用，完善了党建和党风廉政建设工作体系，加强了服务型党组织建设，提高了党建科学化水平。特别是党的十八大以来，通过开展各项主题教育，进一步增强了各基层党组织的生机活力，增强了气象部门广大党员领导干部的党性修养，营造了部门干事创业的工作氛围、风清气正的政治生态环境，为实现天津气象事业持续健康科学发展提供了坚强保证。多年来，在重大气象服务保障中、在防灾减灾服务中涌现出一批又一批优秀党员干部，受到了各级领导的肯定及表彰。

天津气象部门始终坚持结合部门特色、结合业务和服务工作开展文明创建活动，先后与市级机关工会联合会、市总工会联合举办天津气象行业预报技能竞赛、防雷行业检测技能竞赛和天津市人工影响天气高炮作业技能竞赛，为获奖者同时颁发天津市五一劳动奖章，引导全市气象业务工作者爱岗敬业、刻苦钻研，营造了良好的学技术、比技能、钻业务的氛围。市气象部门以党建带群团建设，以培育和践行社会主义核心价值观为根本，大力推进社会主义精神文明建设，弘扬以"准确、及时、创新、奉献"为核心内容的气象精神，因地制宜开展群众性精神文明创建活动，有力推动气象部门两个文明建设不断提升，得到中国气象局和天津市委、市政府的充分肯定，多个部门和个人荣获省部级以上荣誉称号。天津市气象局连续多年保持省级文明单位称号，全市 10 个区气象局省级文明单位比例也达到 100%。

（二）部市合作稳步推进，为事业发展夯实基础

2012 年 3 月，天津市政府与中国气象局签署《共建国际性现代化宜居城市气象保障体系合作协议》和《共建天津滨海新区宜居城市气象保障体系合作协议》，为天津气象现代化建设服务美丽天津建设明确了新目标。双方携手推动天津气象部门综合探测能力、预报能力、服务能力和业务科研能力达到国内领先水平，并提出共建国家气象科技园工程。2013 年，滨海新区政府批复了约 270 亩土地建设气象科技园项目，将科技园定位为集气象业务、科技创新、人才培养、科普教育等

功能于一体的高水平、高科技、高品位现代化国家级气象科技园区。2014年，中国气象局和天津市政府召开第一次部市合作会议，确定天津在2017年基本实现气象现代化的工作目标。天津市政府办公厅印发了《关于加快推进气象现代化的意见》，落实部市合作部署。2016年，天津气象部门提前一年实现了现代化阶段目标。2017，中国气象局和天津市政府召开第二次部市合作会议，明确更高水平气象现代化建设目标。天津市政府办公厅印发推进天津更高水平气象现代化工作方案，天津气象部门出台更高水平气象现代化指标体系和评估办法。

部市合作开展以来，天津市政府及各部门对气象事业发展给予了大力支持。《天津市气象灾害防御条例》《天津市人工影响天气管理条例》相继颁布实施。市政府组织召开全市气象现代化建设工作会议，整体部署推进气象现代化工作，明确市政府办公厅督察督办、各委办局共同落实。各区级政府印发推进气象现代化的实施意见，将气象防灾减灾、气象为农服务等多个方面工作纳入区级政府对各街镇的绩效考核，扎实促进基层气象现代化工作的开展。市政府组建了天津市综合应急救援总队"一队八组"的气象保障组。批准成立了天津市突发公共事件预警信息发布中心，出台《天津市突发事件预警信息发布管理办法》，各涉农区均成立区级突发事件预警信息发布中心。市气象局作为首批驻津单位试点纳入全市政府部门绩效考评。积极协调落实气象部门地方津贴补贴资金。《天津市气象事业发展"十三五"规划》纳入全市重点专项规划并实施。气象服务被纳入天津市政府《向社会力量购买服务指导性目录》，利用政府购买服务资金在国家超级计算天津中心建立高性能计算平台，支撑数值预报业务。区域自动气象站保障任务通过政府招标交由社会企业承担，大大提高了业务保障能力。

按照《京津冀协同发展气象保障规划》，天津气象部门强化区域协同业务分工、错位发展，重点推进天津海洋气象中心、水文气象中心及高性能计算中心发展。建设津冀专线网络，共享实时气象数据。通过省际CMANet实时共享周边省市雷达、自动气象站数据。与北京市气象局签署数值预报业务发展合作协议，移植快速更新多尺度分析和预报系统（RMAPS）核心框架的数值预报系统。与河北省气象局开展水文气象合作研究。建立了两年一次的环渤海区域海洋气象防灾减灾学术研讨会和每年一次的环渤海区域海洋气象业务工作会机制，环渤海区域海洋气象业务协同交流工作机制日趋完善，成果逐步显现。

（三）全面深化改革，为事业发展提供无限动力

天津气象部门坚持改革创新，大胆地试、勇敢地改，干出了气象发展的一片新天地。从以地面人工观测为主到一体化综合气象观测网，从手填手绘天气图和人工分析到今天的客观、定量、智能、精细化分析预报，从单一天气预报业务到多领域全面发展，从气象领导管理体制改革到全面深化气

象改革，从部门自我发展为主到局校合作、部门合作、局区合作、区域合作、国际合作等多方位推进，天津气象事业蓬勃发展，蒸蒸日上。

总结 70 年发展经验，全面深化气象改革是实现天津气象现代化的强大动力。面对国家全面深化改革的新形势和全面提升气象服务保障能力的新要求，天津气象部门直面问题、找准方向、坚定信心、真抓实干、抢抓机遇、攻坚克难，着力解决影响和制约天津气象事业发展的体制机制弊端，以推进供给侧结构性改革为主线，气象服务质量和效益明显提升，以智慧气象建设为抓手，大力推动科技创新和人才队伍建设，创新动力不断释放，坚持全面改革开放，气象事业发展活力不断增强，天津气象现代化建设向更高水平迈进。

（四）气象法治建设，为事业发展夯实制度保障

70 年来，天津气象法治建设全面推进，为保障和推动天津气象事业全面协调可持续发展、全面推进气象现代化建设提供了法治保障。天津气象部门在贯彻落实国家基本法及气象法律、法规的过程中，逐步形成了保障气象事业发展的天津地方气象法律规范标准体系。天津市先后颁布实施了《天津市气象条例》（2003 年）、《天津市气象灾害防御条例》（2012 年）、《天津市人工影响天气管理条例》（2017 年）等三部气象地方法规；市政府先后出台了气象相关地方性、规范性文件近 20 个；天津气象部门先后制定了气象规范性文件 3 个，发布实施气象行业标准 1 个、气象地方标准 10 个。天津气象部门坚持以法治思维和法治方式推进各项工作，积极完善重大事项合法性审查机制和专家咨询机制，落实法律顾问制度。自 2015 年以来，长期聘用职业律师作法律顾问，发挥法律顾问在制定重大行政决策、推进依法行政中的积极作用，有效提升了天津市气象部门工作人员的依法行政能力。

天津气象部门建立和完善各级气象部门权责清单、行政处罚事项清单和行政检查事项清单并及时更新。坚持融入地方推进气象社会管理工作，气象行政审批事项集中至市、区政务服务中心办理，并实现在天津网上办事大厅受理。气象行政执法部分事项纳入了政府有关部门联合检查目录，各区气象局积极联合地方部门开展联合执法。2016 年与市建委等七部门联合印发《关于贯彻落实〈国务院关于优化建设工程防雷许可的决定〉的通知》，落实防雷工作监管责任，开放防雷检测服务市场。总结 70 年历程，天津气象部门依法履职的能力和水平不断提升，天津气象事业在法治轨道上顺利推进。

（五）科技进步，为事业发展提供有力支撑

几十年来，天津气象科研和科技开发项目不断取得新突破，初步形成省部级、司局级和业务岗位开发三个层次的科研格局。针对农村、城市、海洋、港口等对气象服务的需求，天津气象部门重

点开展了城市暴雨内涝、渤海风暴潮、渤海海冰、港口大风、地质灾害气象预警等研究工作,注重气象科技的自主创新和气象科技基础平台建设。开展了针对环保、航空、海洋、林业、公共卫生、水文、旅游、交通、地质、盐业以及决策服务的科学研究,研发了新一代天气、气候系统数值天气预报模式,为天气预警预报、气候预测预估、公共气象服务、重大工程和区域发展等提供了基础性和前瞻性的科技支撑。在尊重知识、尊重人才、尊重创造和以人为本的指导思想下,将科技创新与业务工作、与人才培养等紧密结合,打造一流的科技创新和人才培养平台。

为了更好地服务经济建设和业务发展,天津气象部门大力加强科研开发。从 20 世纪 90 年代初开始,积极发展数值天气预报技术,先后开发了 RMAPS-Ocean 区域海气耦合数值预报系统、TJ-WRF 中短期天气数值预报系统、RMAPS-ST 中尺度短期数值预报系统、TJ-WRFChem 中短期环境气象预报系统、WaveWatch III 海浪模式以及 ECOMSED 风暴潮模式等,逐步构建起涵盖天气、海洋、大气环境的数值预报业务体系,为天津气象预报预测和气象服务提供客观化、定量化、精细化的支撑技术,数值预报水平不断提高。

天津气象部门积极开展研究型业务建设,致力于通过科研促进业务服务水平。针对农业生产,开展了农业气候资源调查与农业气候区划、农业估产遥感技术研究、农业气象综合应用研究等,并开发了天津市旱涝短期气候预测及服务系统。针对预报能力提升,大力加强气象灾害预警、数值天气预报等关键技术攻关,其中天津市短期气候预测业务工作平台在华北地区推广使用。针对城市暴雨,开发了城市暴雨内涝预报业务系统,并在全国气象部门推广应用。2017 年第一届全国气象服务创新大赛中,天津市气象局荣获团体一等奖,"城市内涝实时监测预警推送服务"项目获得公众气象服务组一等奖,"基于综合气象要素和热网动态特性的供暖气象服务"项目获得专业气象服务组三等奖。2019 年第二届智慧气象服务创新大赛中,天津城市暴雨内涝团队获得大数据算法与应用竞赛应用组一等奖,"基于 5G 技术的气象灾害预警信息精准靶向发布技术"项目获得气象服务技术创新奖三等奖。近十年来,天津市气象部门共获得省部级及以上科研项目 60 项,发表科技论文 491 篇,其中 SCI 论文 34 篇;获得省部级科技奖励 8 项,其中天津市科技进步奖 4 项。

(六)加强对外合作和人才体系建设,为事业发展筑牢智慧基础

天津气象部门始终注重加强对外合作,坚持采取走出去、请进来的方式,广泛开展国际、国内业务,科研和学术交流合作;先后组织出国学习、参加国际学术会议和全国学术会议、专家讲学、科技座谈等活动,与几十个国家、数百人次开展了气象学术交流;努力学习国内外的先进经验,通过开放合作、科研攻关,增强了科技创新能力,加快了科技进步与人才成长。

进入新世纪以来,天津气象部门更加广泛地开展对外合作,先后与天津大学、中国气象科学研

究院等开展科技合作，与南开大学共建"城市与区域大气环境联合实验室"，实现资源共享，提升气象科技创新能力；与中国海洋大学签署战略合作协议，联合提升黄渤海海洋气象灾害防御科技支撑。目前，天津气象部门已经与20个地方部门和单位、10余个科研机构和大学院校、兄弟省市气象部门以及多家新闻媒体开展了近百个项目合作，形成了部门、局地、局校、军民合作的新格局。

气象事业发展，人才是基础。天津气象部门紧紧围绕激发人才活力和推进事业单位改革的目标，积极贯彻落实国家、中国气象局和天津市人才工作政策，选拔优秀人才争取纳入中国气象局高层次人才计划和天津市人才工程，加强国内外高层次人才引进；制定了《天津市气象局特聘专家聘用与管理办法（暂行）》和《天津市气象局重大业务工程总设计师管理办法》，聘任重大业务工程总设计师，进一步加强对重大业务工程的技术把关，并实行一项一策、清单式管理，借助外力谋发展；大力实施《天津气象科技人才高地建设实施办法》等重点人才工程，选拔出一批领军人才、骨干人才、青年英才及气象新苗，加强人才梯队选拔培养；制定天津气象部门干部教育培训五年规划，丰富培训内容和形式，多渠道、高质量统筹做好人才分层分类培训；优化岗位设置管理，强化用人单位在岗位设置工作中的主体责任，建立完善事业单位高级专业技术岗位考核管理制度，充分发挥岗位管理对激励科技人员积极性的基础性作用。

目前，天津气象人才总体素质程度居全国前列，硕士、博士学历人员分别占人员队伍总数的31.7%和4.8%，正研级高级工程师达到21人，3人入选中国气象局首席气象专家，12人纳入中国气象局海外培养计划，天津市"131创新型人才工程"1人入选第一层次人选、6人入选第二层次人选，1人入选天津市突出贡献专家，高层次人才占比稳步增长。

四、整装再出发，推动天津气象事业再上新水平

70年风雨同舟，在中国气象局和天津市委、市政府的正确领导下，天津气象事业发生了翻天覆地的变化。回首过往，我们站上了一个新的高度，同时也跨入了未来的一个新的起点。天津气象部门将以习近平新时代中国特色社会主义思想为指导，深入贯彻落实习近平总书记对气象工作的重要指示批示精神、"三个着力"重要要求、视察天津时的重要指示和在京津冀协同发展座谈会上重要讲话精神，紧紧围绕"五个现代化天津"建设对气象服务保障的要求和"一基地三区"的城市定位，坚持融入国家发展战略、融入区域协同发展、融入智慧城市建设，从更大格局上谋划天津气象事业高质量发展。以科技创新为主线，大力发展智慧气象，建设更高质量的气象现代化体系；坚持面向两个服务，服务天津地方经济社会发展，服务京津冀协同发展等国家发展战略；坚持聚焦三个重点，

即智慧气象、海洋气象、生态文明气象；坚持实施四大工程，即"智慧气象"建设工程、海洋气象中心建设工程、生态文明气象保障工程和国家气象科技园建设工程。坚持为天津经济社会发展发挥好五个方面的重要作用。

（一）注重人工智能等新技术与气象业务的深度融合，发挥气象部门在自然灾害防治中的"第一道防线"作用

天津气象部门将融入智慧城市建设，大力推进"智慧气象"建设工程和突发事件预警信息发布能力提升工程建设，推进"天河"高性能计算、人工智能等新技术在气象行业中的应用，推动建设国家智慧气象创新中心，实现精细监测、精准预报、精确预警和精心服务，提升气象灾害预报预警服务的精准化和智能化水平，提高自然灾害预警信息发布能力，助力智慧城市建设。

（二）注重趋利避害并举，发挥气象部门服务生态文明建设和乡村振兴战略中的科技支撑作用

天津气象部门将融入生态文明建设国家发展战略，按照天津市委关于推进生态环境联建联防联治的要求，大力推进生态文明气象保障服务工程。围绕协同打好污染防治攻坚战，加强重污染天气监测预报预警，开展人工增雨消霾试验；围绕保护好京津冀的"肺"和"肾"，加强全市"1+4"湿地自然保护区生态气象综合监测，加强生态修复型人工影响天气作业；围绕推动乡村全面振兴，加强都市农业气象服务中心建设，开展小站稻、沙窝萝卜、茶淀葡萄等特色优势农产品气候品质评估及现代农业特色气象服务。

（三）注重天津港口航运气象服务能力提升，发挥气象部门在落实京津冀协同发展战略中的承接辐射作用

天津气象部门将融入京津冀协同发展战略，按照"一基地三区"的城市定位，以推进滨海新区国家气象科技园建设为抓手，推动国家海洋气象工程（二期）、军民融合工程等项目落地天津，建设国家海洋气象综合观测试验和装备保障基地、北方海洋气象中心和港航气象服务中心，服务于北方国际航运核心区和"一带一路"建设，提升我市气象部门辐射京津冀和面向"三北"地区的港口海洋气象服务能力水平。

（四）注重气象预报服务核心技术攻关，发挥科技创新在气象事业中的驱动引领作用

天津气象部门制定并实施天津市气象科技创新工作三年行动计划，加快海—气—浪耦合的数值预报模式核心技术研发，推进人工智能订正预报、专业气象服务、智能观测和大数据融合应用等关键技术攻关；深入推进"云大物智移"等新信息技术在气象业务服务中的应用，加快发展研究型业务，建设科技创新大平台，引导业务人员加强科学研究和技术开发；不断完善适应技术攻关的考核激励、经费投入、开放合作和协同创新的运行机制。

（五）注重加强天津气象部门党的建设，发挥党组织的"战斗堡垒"作用

天津气象部门全面落实新时代党的建设总要求，切实强化政治责任、保持政治定力、把准政治方向、提升政治能力，深入推进全市气象部门全面从严治党向纵深发展。扎实推进党的政治建设，把落实党中央、中国气象局党组和天津市委、市政府的重要决策部署作为首要任务；深入学习贯彻落实习近平新时代中国特色社会主义思想；持续推进"两学一做"学习教育常态化制度化。持之以恒正风肃纪，持续落实中央"八项规定"精神，坚持不懈反对"四风"；将大调研工作常态化制度化，大兴求真务实之风、调查研究之风；继续深入开展不作为不担当问题专项治理；推进集中整治形式主义、官僚主义，为基层减负；规范纪律审查，实践好监督执纪"四种形态"，加大问责力度。着力培养忠诚干净担当的高素质干部，贯彻落实《党政领导干部选拔任用工作条例》，坚持好干部标准，把政治标准放在第一位，坚持事业为上、以事择人、人岗相适。

上下同心开新局，击鼓催征再出发。未来，天津气象人将不忘初心、牢记使命，更加紧密地团结在以习近平同志为核心的党中央周围，以习近平新时代中国特色社会主义思想为指导，坚定必胜信心，凝聚实干力量，为深入推进京津冀协同发展等重大国家战略、高水平建设"一基地三区"、全面建成高质量小康社会、建设社会主义现代化大都市提供更优质的气象服务保障。

（撰稿人：张妍　庄海雄）

阔步前进的河北气象事业

河北省气象局

70 年砥砺奋进，70 载风雨同舟。伴随着新中国成立、改革开放和新时代伟大征程，河北气象事业在艰难中起步、在探索中前进、在创新中发展，谱写出服务人民、服务发展、服务新时代的壮丽篇章。70 年来，河北气象事业在党的路线、方针、政策的指引下，在中国气象局和河北省委、省政府的领导下，科研业务、人才队伍、技术装备、基础设施、精神文明等各个方面都取得了长足进步，探索出了一条具有河北特色的气象现代化之路，造就了一支基本适应气象事业发展需要的高素质人才队伍，初步建成了以先进科学技术为支撑的现代气象业务体系、供给普惠化的气象服务体系、宽领域广覆盖的综合气象探测体系、防抗结合的新型气象灾害防御体系、功能完善的气象技术保障体系，气象服务领域日益扩大，服务手段不断改善，气象服务的经济效益、社会效益和生态效益显著增强。同时，在保障经济发展、促进生态文明和增进人民福祉中所凝成的"准确、及时、创新、奉献"的气象精神，成为推动气象事业发展的宝贵精神财富。

一、发展历程

70 年来，河北气象事业发展经历了创建和发展时期、大力建设和调整巩固时期、经受干扰和曲折发展时期、改革开放和蓬勃发展时期、铸梦强基和高质量发展时期。

（一）创建和发展时期（1950—1957 年）

气象事业初建时期，探测网点十分稀疏，专业人才奇缺，预报业务极其薄弱，气象服务单一。这一时期的首要任务是以台站网建设和人才培养为重点，迅速进行恢复和建设。执行中央气象局制定的"大力建设气象台站网，统一业务规章制度、技术规范，开展气象服务"的方针，提出了"积极建设，保证质量，提高技术，扩大服务"的口号，迅速在全省建立了一批气象台站，有力地促进了气象业务和服务工作的开展。

（二）大力建设和调整巩固时期（1957—1966 年）

这一时期，河北省气象部门贯彻执行中央气象局制定的"依靠全党全民办气象，提高服务质量，以农业服务为重点，组成全国气象服务网"的方针，基本建成全省气象台站网，并根据"自愿、自建、自管、自用"的原则，在农村建立了大批气象哨组。县气象站普遍开展了补充天气预报业务，省地气象台进行了短期天气预报改革，省气象局和部分专区气象局开展了人工降雨、人工抑雹等试验作业，气象事业发展较为迅速。

（三）经受干扰和曲折发展时期（1966—1976 年）

这一时期，河北气象事业发展受到严重干扰，但广大气象工作者以强烈的事业心和责任感，千方百计坚守工作岗位，基本保持了气象资料的完整和连续，气象站的日常业务工作继续进行。后期在业务、科研和技术装备上也有一定发展，特别是 1973 年以后，省气象台配备了天气雷达、卫星云图接收和传真天气图接收等设备，使重大灾害性天气预报服务得到较大发展。

（四）改革开放和蓬勃发展时期（1976—2017 年）

1976 年以后，河北省气象工作全面恢复。特别是党的十一届三中全会以来，全省气象工作的重点转移到气象现代化建设和提高气象服务的效益上来，取得了气象事业发展的巨大成功。这一时期，分为以下五个阶段。

开始恢复调整发展阶段（1976—1985 年）。这一阶段，实现了气象管理体制的转变，推动气象工作的重心转移到以提高气象服务的经济效益和气象现代化建设上来，机构设置与气象事业发展逐步适应，气象队伍不断壮大，结构不断优化，为气象现代化建设的全面起步做了比较充分的思想和组织准备。

推动改革全面发展阶段（1985—1990 年）。制定了河北省实施气象现代化建设发展纲要，大力推进气象现代化，组建了地对县甚高频电话和微机控制通信网络，建立了以数值预报与地方天气相结合的多种预报手段和暴雨、大风等天气预报"专家系统"，实现了预报的客观化、定量化、自动化。大力开展有偿专业服务和综合经营，加快推进气象事业结构调整和业务技术体制改革，全省气象站网进行了较大调整。为适应业务发展需要，1989 年 5 月开始动工建造 713 雷达资料业务楼，全省气象事业呈现出良好的发展势头。

深化改革加快发展阶段（1990—2000 年）。进一步解放思想，深化改革，建立了双重计划体制和相应的财务渠道，省政府下发了贯彻落实国发〔1992〕25 号文件的通知。谋划实施了"五大工程"，即县市强局建设工程、"9210"卫星通信河北分系统工程、河北省防灾减灾工程、科技产业工程、跨世纪人才工程。气象事业结构向基本业务、科技服务、经营实体的"三大块"转变，新型事业结构框架基本形成，基本业务系统初步实现精干高效、业务质量稳步提高，气象事业发展充满活力。这是河北气象事业发展最快的历史阶段之一。

抢抓机遇快速发展阶段(2000—2012 年)。贯彻《 中华人民共和国气象法 》，出台了河北省实施《 气象法 》办法，制定完善了地方气象法律法规体系，气象事业发展步入法制化轨道。以石家庄新一代天气雷达建设为标志，气象现代化建设加快推进。加强气象事业发展战略研究成果的应用，树立"公共气象、安全气象、资源气象"的发展理念。大力加强气象为农服务"两个体系"建设，省政府下发了《 关于推进气象为农服务体系建设的意见 》。积极推进基层气象机构综合改革，取得明显成效。气象科技服务健康发展，气象科技创新和人才队伍建设取得新突破，河北省气象与生态环境重点实验室被评为省级优秀重点实验室。通过深入贯彻落实科学发展观，推动河北气象事业实现了又好又快发展。

统筹协调持续发展阶段（2012—2017 年 ）。这一阶段，始终坚持谋发展、勇创新、争跨越，综合实力跃上新台阶。围绕防灾减灾、民生建设、经济转型发展、生态文明建设需要，着力发挥安全气象、民生气象、经济气象、生态环境气象 "四个作用"。不断完善气象为农服务"两个体系"，大力推进气象灾害防御体系建设。深化气象改革，加快构建新型气象事业结构。着眼于质量和效益，推进以气象服务现代化、气象业务现代化、气象科技和人的现代化、气象管理现代化为重点的全面气象现代化建设。加快"十二五"重点项目落实，实施了河北省农村气象灾害防御与农业气象服务工程等六大工程，补短板、重质效，多项工作取得历史性突破，推动河北气象事业实现了可持续快速发展。

（五）铸梦强基和高质量发展时期（2017 年至今）

在中国特色社会主义进入新时代的历史方位下，气象事业发展进入了新的历史阶段。这一时期，随着京津冀协同发展、雄安新区规划建设等国家重大战略的实施，河北气象事业发展迎来了前所未有的历史机遇，站在了新的起点上。更加注重质量和效益，加快转变发展方式，强化需求拉动、创新驱动新引擎，开创信息化、智能化新路径，推进智慧业务、智能服务建设。在全国气象部门率先制定实施了"十三五"气象事业发展专项规划。更加注重开放合作和协同融入发展，着力强化防灾减灾、生态文明建设、乡村振兴气象服务保障，持续推进气象现代化"四大体系"建设。更加注重使命担当、展现历史新作为，全面深化气象改革，强化气象治理，奋力推进河北气象事业实现高质量发展。

二、主要成就

70 年来，河北省气象部门始终坚持气象现代化建设这条兴业之路，坚持需求牵引和服务品牌战略，通过不懈努力，气象现代化水平、气象服务保障国家重大战略和服务经济社会发展能力大幅提升。

（一）气象服务体系日臻完善，气象服务迈向普惠化、智慧化

始终坚持把做好气象服务作为根本宗旨，为国防和国民经济建设以及保障人民生命财产安全进行全方位的服务，服务领域不断拓宽，服务手段不断改善，服务的总体效益显著提高。建立了包括决策气象服务、公众气象服务、专业专项气象服务、气象科技服务在内的较为完善的气象服务体系。面向公众差异化的需求，不断推进交通、旅游、康养等领域公众气象服务，开展精细化服务对象画像，区分针对不同行业、不同区域、不同行为人群的服务产品，实现气象信息主动、精准推送。紧跟互联网背景下新传播方式的变化，建设公众气象服务 App，打造公众气象服务云平台，激励社会组织、公众参与公共气象服务，发展普惠化、智慧化公众气象服务品牌，提升基本公共气象服务有效供给。始终把为农业服务作为重点，不断完善现代气象为农服务体系，依托 11 个省级农业气象分中心，建立了"一中心、一团队、一基地、一体系"的服务模式，建立了面向河北省优势特色农产品的精细化、专业化为农气象服务，打造贫困地区"气候好产品"，为质量兴农、品牌强农提供优质气象服务。围绕雄安新区规划建设等国家重大战略实施，加强气象服务保障。启动了雄安新区智慧气象示范区建设，打造智慧气象观测体系、建立智能气象预报体系、发展智慧气象服务，创造"雄安气象质量"。围绕雪务保障、赛事服务、"绿色办奥"等需求，全力做好冬奥气象服务保障工作。长期以来，气象服务为防灾抗灾和重大工程建设、社会活动保障、美丽河北建设做出了突出贡献，受到河北省委、省政府和社会公众的充分肯定。

（二）现代气象业务体系基本形成，气象预报预测水平明显提升

预报预测是气象工作的生命线，始终把预报工作放在突出位置，探索建立完善的气象预报预测业务体系，提升精细化气象预报预测水平。经过 70 年的发展，天气预报方式实现了重大变革，基本建成比较完善的数值预报预测业务系统，形成了以数值预报产品为基础、以集约化人机交互处理系统为平台、综合应用多种技术方法的预报业务技术体系，预报内容不断丰富，产品的针对性和时效性不断提高，气象预报预测准确率稳步提升，构建了 0 ～ 10 天精细化无缝隙智能网格预报业务体系，智能网格预报产品 0 ～ 72 小时时空分辨率达 1 小时 /1 千米，0 ～ 2 小时内逐 10 分钟滚动

更新,24 小时晴雨预报准确率稳定在 90% 以上,灾害性天气预警信号准确率超过 85%,突发灾害性天气预警提前量达到 43.7 分钟,气象业务服务整体水平保持全国第一梯队位置。开展了暴雨、寒潮、大风等重大灾害性天气中短期预报,突发气象灾害的临近和短时预报业务能力形成。气候业务建设快速发展,月、季、年时间尺度的气候系统监测、诊断、预测和影响评估等服务产品制作发布,气候变化研究和开发工作迈出重要步伐。在 2018 年举办的第十三届全国气象行业职业技能竞赛中,河北省代表队获得团体第一名,包揽装备技术保障、监测预警服务和观测数据处理三个单项团体第一,继 2016 年斩获团体第一之后蝉联冠军。

(三)宽领域广覆盖的综合气象探测体系建立,气象观测迈向自动化

气象探测是整个气象业务的基础。经过 70 年的不懈努力,基本建成了地基、空基和天基相结合,门类比较齐全、布局基本合理的综合气象探测体系。气象观测站网逐步完善,自动化程度不断提高,全省 142 个国家级台站全部实现了新型自动站的升级换代,能见度、视程障碍类、降水类天气现象实现了自动化观测。经过省、市、县三级气象部门的共同努力,全省已建成常规区域自动气象观测站 3129 个,自动气象站乡镇覆盖率达到 99%,4 要素以上常规区域自动气象观测站数量达到 1693 个,占全省常规区域自动气象观测站总数的 54%,有效弥补了常规气象观测能力的不足,为预报、预警及防灾减灾提供了强有力支撑。天气雷达增加到 10 部(组网运行 6 部),站网空间分辨率达 5.2 千米。专业气象观测能力明显增强。自动土壤水分站增加到 179 个,自动土壤水分观测代替了人工测墒任务。 共建交通气象观测站 223 个,为保障交通运输安全、畅通、高效提供了气象保障。海洋气象观测能力显著提升。在沿海建成岸基无人自动气象站 7 个、海上气象浮标观测站 2 个、100 米测风塔 2 座、70 米测风塔 2 座、L 波段探空站 1 个、新一代天气雷达站 2 个、地波雷达站 1 个、船舶站 3 个,初步形成了全省沿海海洋气象立体监测网,基本保证了现阶段预报服务业务的开展,为河北海洋灾害性天气精细化预报预警及科研提供了基本保障和技术支撑。大气环境监测网初具规模。根据环境监测业务需要,新建气溶胶观测站 12 个、气溶胶激光雷达 4 部、反应性气体观测站 3 个、微波辐射计 9 个、灰霾监测站 1 个,实现对雾、霾和大气成分的实时监测分析。

(四)生态气象服务业务形成,气象保障生态文明建设能力提升

建立了卫星遥感、飞机探测、高空和地面观测相结合的天空地一体化生态气象监测业务,林草面积、水源涵养、防沙固沙绿化带等生态气象预测评估业务深入开展。建成全国首个环境气象智能评估系统,开展减排效果评估、气象条件贡献定量评估。雾、霾识别与区域演变、臭氧预报、污染气象条件评估、减排效果智能气象评估等业务建立发展,生态气象灾害风险监测预警评估能力提升。

积极开展生态气象灾害对生态保护红线、重点生态功能区和各类自然保护地等区域的影响评估，为生态保护监管提供技术支撑。发展气候变化对植被、水资源、农业生产等的影响评估业务，确定不同生态功能区生态安全的气候承载指标，建立不同生态系统生态安全的气候承载力评价业务。围场获评河北省首家"中国天然氧吧"，邢台打造"太行山最绿的地方"生态名片。积极开展生态修复型人工影响天气工作，以白洋淀、衡水湖、塞罕坝等生态功能区、水源涵养区、草原林区为重点，常态化、规模化实施生态修复型人工影响天气作业，实施华北地下水超采区域人工增雨雪行动方案，以太行山生态修复和衡水湖水生态修复为重点，持续改善水资源生态环境，服务生态修复和保护。经过多年的发展，目前河北省人工影响天气已初步具备年增加降水30亿～35亿立方米的作业能力，人工增雨由单纯的抗旱拓展到增加水资源、改善生态环境、森林草原灭火、大气污染防治以及保障重大社会活动的人工消（减）雨作业试验等领域，人工影响天气的综合效益显现。

（五）气象技术保障体系逐步完善，信息网络大数据功能凸显

通信系统是气象业务的血脉和神经。多年来，气象通信建设始终走在现代化建设前列，为气象业务服务的开展提供了强有力的支撑。确立了"一网"（智能泛在感知网）"两池"（气象大数据资源池、信息化基础设施资源池）"四平台"（集约化综合气象业务平台、公众气象服务云平台、气象综合业务实时监控平台、气象灾害防御决策指挥平台）和"多应用"（云＋端业务系统）的业务总体布局。全省气象广域网实现通信线路和网络设备的"热冗余"，依托联通地面宽带建设的 MSTP 网络，省—市带宽达到 20 Mb/s，市—县达到 2 Mb/s，多普勒雷达站带宽达到 8 Mb/s；依托移动地面宽带建设的 MPLS VPN"扁平化网状网"，省级出口带宽达到 500 Mb/s，市级出口带宽达到 40 ～ 200 Mb/s，县级出口带宽达到 8 ～ 40 Mb/s。与中国气象局和北京市气象局建立了 MPLS VPN、MSTP 通信专线，网络带宽分别为 40 Mb/s、50 Mb/s，实现观测资料、预报服务产品快速传输。建成主干万兆、千兆到桌面的省气象局局域网，互联网出口带宽达到 300 Mb/s。初步建成省级基础设施资源池，其中虚拟化资源池规模达到 CPU 784 核、14 TB 内存、120 TB 存储，超融合资源池规模 CPU 144 核、1536 GB 内存、192 TB 存储，分布式存储系统可用容量达到 600 TB。高性能计算峰值运算能力达到 120 万亿次 / 秒，数据平均访问速度提高 1 倍，接口年访问量 4.5 亿次。气象数据共享应用取得历史性突破，近 5600 个外部门气象探测设施数据实现共商、共建、共享，气象大数据中心、省市县综合业务平台和内部信息共享平台、公众服务云平台相继投入使用，通信保障能力明显提升。

（六）新型气象灾害防御体系建立，气象防灾减灾效益显著

防灾减灾是党和人民赋予气象工作的使命，是法律法规确立的气象工作职责。河北省气象部门立足新时期气象防灾减灾工作大局，将气象灾害防御体系建设纳入重要的社会基础设施和民生工程，探索推进"政府主导、部门联动、社会参与"的气象灾害防御体系建设，在全国率先建立了变"后"为"先"、防抗结合的新型气象灾害防御体系。以政府绩效考核为抓手，不断完善以气象灾害防御指挥部为主导、以防御中心为支撑、以基层服务站和信息员为载体的组织体系，河北省政府连续8年对市县政府开展气象防灾减灾绩效管理，并将考评结果作为评判工作实绩、追责问责的依据。各级政府常态化印发《公共气象服务白皮书》，将气象防灾减灾纳入《部门职责和工作活动清单》，形成明确的专项投入长效机制。以现代信息技术和资源统筹为支撑，持续深化气象灾害监测预报预警体系建设。统筹气象、水利、环保、交通、应急等部门9500多个监测站点数据，建立社会气象监测数据统一管理、海量提取的大数据中心和公众气象服务云平台，为气象灾害监测预警提供强力支撑。以新技术新媒体应用为手段，持续深化气象灾害预警信息发布体系建设。初步建成以省突发事件预警信息发布系统为核心的综合预警信息发布体系，建立了由各市气象部门直连省级移动通信运营商的预警手机短信全网发送"绿色通道"。以风险普查和风险转移为重点，持续深化气象灾害风险防范体系建设。省政府印发《气象灾害普查办法》，动员地理信息、民政、高校、墨迹公司等部门和社会力量，开展以村（社区）为单位的气象灾害信息普查。以机制固化和强制性标准为引导，持续深化气象灾害防御法规标准体系建设，明确了各级政府、部门、社会公众的具体防御责任和追责机制，强化了政府主导、部门联动、社会参与的气象灾害防御机制。2018年全省因灾死亡人数、直接经济损失较2000年分别减少89%、84%，为历史新低。

（七）科研技术和创新体系建立，气象科研取得丰硕成果

气象科学技术在推进气象事业发展及气象现代化建设中发挥了关键作用。经过70年的发展，尤其是改革开放的40年，河北省气象科研体系不断完善，气象研究与气象业务紧密结合，研究型业务逐步建立，取得了一大批重要成果，推动了气象科技不断进步。1979—2018年，河北省气象部门共计获得省部级及以上科学技术进步奖励50项，其中二等奖及以上成果23项。全省气象科研工作者在大气科学、农业气象、卫星遥感、人工影响天气等诸多领域展开了一系列重大课题和项目研究，在基础研究和应用研究方面都取得了重大进展，促进了气象科研业务发展。目前，河北省气象部门拥有省部级重点实验室1个，建立了省级农业气象中心和11个农业气象分中心，组建了生态气象和卫星遥感中心，建立了暴雨创新团队、强对流创新团队、环境气象省级创新团队、交通气

象服务技术研发及应用省级创新团队、精细化预报技术研发省级创新团队、暴雨洪涝灾害风险评估省级创新团队 6 个创新团队，创建了大气环境、海洋气象、森林草原、人工影响天气、农业气象等科学试验基地和院士工作站、飞机遥感与气溶胶观测等平台，依托于生态环境重点实验室，发挥创新平台和试验基地的技术转移、技术研发、资源共享、孵化企业等功能，育项目、出成果、出人才，促进了气象核心竞争力和科技创新能力的显著提升。

（八）气象人才培养和教育体系不断完善，队伍建设不断加强

大力实施人才战略，不断完善人才培养体系，大规模培训干部，队伍整体素质逐步提高，专业结构得到优化，知识层次明显提升，造就了一支高素质的基本适应气象事业发展的人才队伍。截至 2018 年年底，河北省气象部门从业人员 2816 人，其中中央编制职工 2021 人，地方编制职工 190 人，编制外用工 614 人。中央编制职工中具有博士研究生学历的 11 人，具有硕士研究生学历的 210 人，具有本科学历的 1453 人（其中 101 人有硕士学位），本科以上学历人数占 83.2%。地方编制职工中具有博士研究生学历的 1 人，具有硕士研究生学历的 48 人，具有本科学历的 124 人（其中 6 人有硕士学位），本科以上学历人数占 91.1%。形成了一支以大气科学为主体、多种专业有机融合的气象人才队伍。按照干部"四化"的要求，大力选拔优秀年轻干部，一大批德才兼备的优秀年轻干部脱颖而出，走上各级领导岗位，使各级领导班子的年龄结构、知识结构、专业结构更加优化。发挥中国气象局气象干部培训学院河北分院（党校分校）教育培训基地作用，强化行政管理、党性教育、综合业务、新知识新技术等培训。2010—2018 年，河北分院承担国家级、区域级、省级等各类培训计 364 期、16648 人次、246154 人天。加大领军人才、骨干人才、青年英才培养和选拔力度，通过实施"五类人才"建设工程和教育培训、岗位锻炼、参与重大科研与项目建设等多种手段措施，强化人才培养和队伍建设，为气象事业的快速发展奠定了坚实的人才基础。

（九）气象治理体系和治理能力初步形成，为高质量发展提供了保障

积极破解改革难题，厚植发展优势，坚持在法治的框架内推进改革、在改革中完善法治。气象改革全面推进，在气象服务、业务科技和管理体制机制等领域多点突破，影响和制约事业发展的体制机制弊端正在逐步消除。落实国家改革要求，防雷减灾、"放管服"等重要领域和关键环节改革取得突破性进展和决定性成果。公布了气象灾害重点单位名单、防雷安全重点单位责任清单、防雷安全监管责任清单等，安全生产责任体系逐步完善。法治环境明显改善，颁布实施了《河北省气候资源保护和开发利用条例》《河北省气象灾害普查办法》，修订了《河北省防雷减灾管理办法》《河北省人工影响天气管理规定》《河北省重大气象灾害应急预案》，由 3 部法规、5 部政府规章、10

余个规范性文件、3个国家标准、8个行业标准、12个地方标准形成的法律法规和标准体系日臻完善；全面实施"双随机一公开"执法检查，配合各级人大开展专项执法检查，推动了气象法律法规的全面实施。法治思维、气象治理能力初步形成，气象依法行政、气象管理工作的现代化整体水平有了较大提升。

（十）党的建设不断加强，气象文化和基层台站建设彰显魅力

始终坚持以政治建设为统领、以思想建设为根基、以组织建设为基础、以正风肃纪为戒尺、以责任体系为保证，全面加强党对气象事业的领导，组织体系更加健全，管党治党责任不断压实。先后开展了党的群众路线教育实践、"三严三实""两学一做"学习教育和"不忘初心、牢记使命"主题教育，强化了党的理论学习、教育、武装工作，推动了各级党组织的思想、组织、制度、作风和反腐倡廉建设，增强了"四个意识"，坚定了"四个自信"，坚决做到"两个维护"。充分发挥党组织的战斗堡垒和党员先锋模范作用。截至2019年9月1日，河北省气象部门共有党员2230人，各级党组织228个，其中党委13个，党支部215个。大力推进学习型党组织建设，被评为河北省直机关"学习型党组织建设十佳单位"。省气象局2个党支部荣获"省直机关五好红旗党支部"称号，1名同志被评为"河北省千名好支书"。坚持融入业务抓党建，强化"围绕业务抓党建，抓好业务强党建"工作理念。建成6个创新工作室（天气预报预警、交通气象、农业气象、环境气象、气象影视、暴雨灾害风险评估）。坚持将精神文明建设和文明创建活动作为推动全局工作的重要抓手，联合多部门开展劳动技能竞赛、文明台站标兵和巾帼建功创建活动，工青妇迸发活力、群团工作成绩斐然。目前，河北省气象部门建成全国文明单位6个，省级文明单位44个。先后有2人获评"全国劳动模范"，10人获评"河北省劳动模范"，4人获得全国五一劳动奖章，9人获得河北省五一劳动奖章。河北省环境气象职工创新工作室被中华全国总工会授予"全国工人先锋号"称号。自2011年以来，全省气象部门有11个单位获评"河北省文明台站标兵"（总数达到44个），2个单位获评"河北省工人先锋号"，1个单位获评"全国五一巾帼标兵岗"，4个单位获评"全国巾帼文明岗"，10个单位获评"河北省巾帼文明岗"；两位职工家庭分别获评首届"全国文明家庭"和"全国最美家庭"，20名同志获"河北省巾帼建功标兵"荣誉称号。省气象局机关工会建成"全国模范职工之家"。基层台站建设取得显著成绩，业务现代化、队伍建设、工作环境、生活待遇等都得到加强和改善。全省气象部门1600多名离退休干部继续发扬优良传统，为气象事业发展发挥余热，为构建和谐部门、和谐社会做出重要贡献。

三、基本经验

70 年来，气象事业建立发展的过程，是在党的领导下进行的波澜壮阔的伟大探索和伟大实践的一部分，是无数气象工作者拼搏进取的奋斗史诗。回顾气象事业发展历程，有以下几条经验值得总结，并在今后的气象工作实践中坚持和发展。

一是必须始终坚持为经济建设和社会发展服务、为人民福祉安康服务的根本宗旨，不断扩大服务领域，提高服务质量和效益，在为各行各业的服务中把为农业服务作为重点，在各类服务中把决策气象服务放在优先位置，在各项服务内容中把灾害性天气预报服务放在突出位置。这是"立业之本"。

二是必须始终坚持依靠科技进步，应用先进科学技术，大力推进气象现代化建设。要以骨干工程为龙头，不断提高气象业务、服务和科技创新能力。在气象现代化建设中要瞄准世界先进科学技术前沿，正确处理好引进消化和自主创新、硬件和软件、质量和效益的关系，统筹兼顾、协调发展。这是"兴业之路"。

三是必须始终坚持改革开放，着力创新体制、机制，不断增强气象事业发展的活力。坚持实行以部门为主的双重领导管理体制，发挥中央和地方两个积极性，推进气象事业高质量发展。这是"强业之举"。

四是必须始终坚持以人为本，不断加强高素质人才队伍建设。抓好学科带头人的培养，加强各级领导班子建设，采取教育培训、岗位锻炼、参与重大科研与业务项目实践等措施，不断提高气象队伍的整体素质，保证气象事业发展人才辈出。这是"固业之基"。

五是必须始终坚持科学管理和推进气象法治建设。明确发展思路，制定发展战略和规划，加强顶层设计，注重统筹协调和扎实实践。树立法治思维，坚持在法治的框架内推进改革发展，完善气象治理体系和治理能力。这是"护业之箭"。

六是必须始终坚持"两手抓、两手硬"，加强精神文明建设和气象文化建设，以生动的实践践行气象人的初心。气象事业在建设初期、改革开放的长期探索实践中，形成了艰苦奋斗、无私奉献的创业精神，勇于开拓、奋勇争先的拼搏精神，"准确、及时、创新、奉献"的气象精神，积淀了丰富的气象文化，成为推动气象事业不断发展的强大精神动力。这是"活业之源"。

（撰稿人：毛翠辉）

七十载谱气象华章　新时代书三晋新篇

山西省气象局

2019 年是中华人民共和国成立 70 周年，也是山西气象事业发展 70 周年。从 1949 年 6 月人民解放军在太原成立航空气象站到如今，山西气象事业已走过了 70 年光辉历程。70 年砥砺奋进，70 年春华秋实，在时光的隧道里，山西气象人留下了数不清的印记，记录着走过的这 70 年。

一、筚路蓝缕 70 年

（一）拉开帷幕（1949—1978 年）

1949 年 5 月 1 日山西全境解放，6 月，人民解放军在太原成立航空气象站。1952 年 9 月，山西省军区司令部设立气象科。1953 年，首批建成崞县、长治、介休、临汾气象站。1953 年 9 月 23 日，山西省人民政府、中国人民解放军山西省军区发布《关于气象机构转移建制领导关系的决定》，原属省军区建制的气象科及其所辖气象站于同年 9 月 30 日移交省人民政府建制领导。1953 年 10 月 9 日，山西省人民政府气象局正式成立。1955 年 2 月 18 日，山西省人民政府气象局更名为山西省气象局。1953—1957 年集中力量进行了基本气象台站网的建设。全省建成气象台站 67 个，包括气象台 5 个、气象站 13 个、气候站 49 个。1958 年，为贯彻第三次全国气象工作会议提出的"依靠全党全民办气象，提高服务的质量，以农业服务为重点，组成全国气象服务网"的部署，按照"专专有台，县县有站，社社有哨，队队有组"的气象服务网建设原则，全省上下掀起"全党全民办气象"的热潮，当年全省新建气象台 1 个、气候站 11 个，扩建气象站 4 个，建立农业气象试验站 5 个，将太原气象台与省气象局天气处合并成立山西省气象科学研究所。1960 年年底，山西省共有气象台站 88 个，包括气象台 6 个、气象站 15 个、气候站 67 个。

1961—1963 年，山西省气象部门贯彻中共中央"调整、巩固、充实、提高"的方针，对部分台站进行了调整。1961 年 1 月，省气象局将太原民航气象台移交给山西省民航管理局。1962 年 5 月，撤销晋中气象台和 23 个气候站，撤销晋北、晋中、晋南、晋东南等 4 个农业气象试验站，将太原（许坦）农业气象试验站移交农科部门。1965 年年底，全省共有气象台站 66 个，包括省气象台 1 个、省观象台 1 个、专区气象台 4 个、县气象站 14 个、县气候站 46 个。

"文革"期间，山西气象事业在曲折中发展。全省气象工作者怀着强烈的事业心和责任感自觉坚守岗位，坚持日常业务工作，气象观测记录资料保持了连续完整，天气预报、气象服务工作正常开展。至 1978 年年底，全省共有气象台站 115 个，包括省气象台 1 个、省观象台 1 个、地市气象台 9 个、县气象站 104 个。

（二）加快发展（1978—2012 年）

1978 年，恢复成立山西省气象学校和山西省人工降雨办公室。1980 年 5 月，山西省气象部门开始执行双重计划财务体制和以省气象局管理为主的管理体制。1984 年，省气象局印发《山西省气象事业现代化建设发展纲要》，气象现代化建设正式启动。1985 年 5 月，推行了以岗位责任制为主要内容的"三制一体"，普遍开展了气象专业有偿服务。1987 年，开始推进全省气象业务技术体制改革。1988 年，太原市气象管理处改为太原市气象局，阳泉市气象台改为阳泉市气象局，标志着山西省气象部门机构和业务建制逐步完善，改革进一步深入。1990 年，省气象台和国家气象局卫星气象中心协作开发的极轨气象卫星资料处理子系统开始投入使用；山西省气象部门开始在全省开展避雷检测。1994 年 6 月，省气象台开通气象警报寻呼台，带动了气象科技服务和气象产业发展。1994—1995 年，完成了 9210 工程（气象卫星综合应用业务系统）建设，山西省在全国气象部门首批建成卫星小数据站（VSAT）1 个省级站和 10 个地（市）级站，气象现代化建设跃上一个新台阶。

1997 年，提出"深化改革，抢抓机遇，自加压力，超常发展"十六字方针，抢抓"9210"工程延伸到县气象局的建设和基层气象台站综合改善工程，狠抓以防灾减灾体系建设为龙头的五大工程建设。1998 年，《山西省气象条例》正式施行。1999 年，圆满完成风云一号气象卫星发射保障任务；省政府印发《山西省防御雷电灾害管理办法》。2000 年，山西省农业综合信息卫星服务网站建设完成。2001—2005 年，重点开展了山西省扩展开发利用空中水资源工程计划第一期工程和太原新一代多普勒天气雷达系统建设，为山西气象事业快速发展奠定了基础。2002 年开始，全省国家气象台站陆续开展自动气象站建设，至 2008 年年底，全部实现地面常规气象要素观测自动化。2003 年，太原多普勒雷达完成业务化验收。2004 年，山西省气象局与省国土资源厅开始联合开展全省地质灾害预测预警工作；与中国气象科学研究院的合作全面启动。2005 年，开始推进全省气象业务技术体制改革。2007 年，《山西省防雷减灾管理办法》公布施行。

2009年，提出"重服务、强能力、优环境、促发展"的工作方针。同年，《山西省气象灾害防御条例》正式施行。2010年，山西省人民政府与中国气象局签署共同推进新基地新山西"三个发展"公共气象服务合作协议；省气象科学研究所被省发改委指定为山西温室气体测算项目主要技术支撑单位。2011年，全省已建成1128个区域气象观测站，乡镇覆盖率100%；《山西省应对气候变化办法》出台，明确气象部门是应对气候变化主体部门；太原、大同和临汾3个温室气体监测站建设任务基本完成。2012年，《山西省人民政府办公厅关于加强气象灾害监测预警及信息发布工作的实施意见》印发执行；新一代天气雷达系统实现了每6分钟进行一次本省及周边省份14部天气雷达的组网拼图；推进旅游气象服务体系建设，一期建设了28个监测站；在汾河、桑干河、漳河等重要河流及流域面积200平方千米以上的中小河流建设了25个自动监测站，在山洪易发区、泥石流沟、滑坡点建设了221个山洪地质灾害监测站；建设了3个温室气体观测站和4个气溶胶观测站，与省环保厅共建共享54个环境监测站；与省农业厅共建共享30个病虫害测报站，建立了山西13种病虫害预测模型；在晋中市寿阳县和运城市试点建设气象预警调频接收系统和北斗卫星气象预警信息发布系统；《山西省气候资源开发利用和保护条例》公布施行。

（三）攻坚跨越（2012—2019年）

党的十八大以来，山西气象事业进入全面深化改革、跨越发展的新阶段。

2015年，山西省气象局提出"重基础、强服务，转作风、善管理，增能效、求发展"的工作方针。同年，省预警信息发布中心正式运行；开始开展面向新型农业经营主体"直通式"气象服务；开展城市内涝气象风险预警业务和暴雨强度公式编制工作；14项气象行政审批事项列入省级行政审批目录；初步建立了省级指导，市、县两级应用的集约化气象业务布局。

2016年，建立气象灾害预警信息实时通报制度；突发事件预警信息发布系统与国土、林业、环保等9个部门实现对接；由气象部门牵头，安监、国土、水利、交通、煤炭、地震、测绘等部门参与的预警信息"一张图"第一期建设任务完成；加强军地合作，为太原卫星发射中心提供航天气象服务保障；与省旅游局合作建设山西省山岳型景区旅游气象服务系统；与地方海事局共同开发山西省地方海事局服务系统；与太原铁路局共同开发铁路气象服务系统；为国家电网山西分公司提供全网输电线精细化数值预报产品；太原、大同、运城农业气象试验站建设纳入《山西省加快转变农业发展方式实施意见》重点任务；全省40余个县开展玉米和冬小麦政策性农业保险气象服务；109个国家气象站均实现双套自动站运行；CIMISS系统投入业务运行；推进防雷减灾体制改革，成立省、市两级气象灾害防御技术中心；省气象科学研究所成为全国气象部门2个省级科研所改革试点；建立了法律顾问制度。

2017 年，山西省人民政府与中国气象局举行省部联席会议，双方签署新一轮省部合作协议；"三农"气象服务专项实现国家级贫困县全覆盖，"直通式"气象服务覆盖 82% 的新型农业经营主体；山西省突发事件应急决策支持系统实现 29 个部门应急基础信息的融合；围绕地方经济发展需求，建立 11 个市级专业气象服务台；综合气象观测业务一体化平台投入业务使用，建设完成 153 个国家地面天气站；智能网格气象预报业务正式运行，暴雨预警准确率、强对流天气预警时间提前量同比明显提高；全省气象部门积极推进"易燃易爆等特定场所防雷装置设计审核"和"新建、扩建、改建建设工程避免危害气象探测环境审批"2 项审批事项改革；省人工降雨防雹办公室与中航太原航空仪表有限公司合作研发的人工影响天气飞机大气参数采集处理系统，填补了该领域国内空白。

2018 年，国家地面观测站基本实现自动化观测；风云四号气象卫星省级接收站建设完成；《山西省气象设施和气象探测环境保护办法》发布施行；山西省气象标准化技术委员会正式成立。2019 年《山西省气象灾害预警信息发布与传播管理办法》正式施行。

二、砥砺奋进 70 年

70 年来，在中国气象局和山西省委、省政府的正确领导下，省气象局历届党组带领全省气象干部职工，艰苦创业，克难奋进，开拓创新，在服务国家战略和保障山西经济社会发展进程中，谱写了一曲使命担当、奋斗奉献的气象篇章。

（一）砥砺奋进 70 年，建成地基、空基、天基相结合的立体化综合气象监测体系

目前，山西省已建成 109 个国家级气象台站、1 个国家级无人自动观测站、153 个国家级地面天气站、1549 个区域气象观测站，满足了气象服务需求；建成 31 个国家级农业气象观测站、89 个自动土壤水分监测站，在农业抗旱减灾方面发挥重要作用；建成 2 个沙尘暴监测站、6 个温室气体监测站、14 个气溶胶质量浓度观测站、13 个酸雨观测站，推动了山西省大气成分、环境气象业务的开展；建成 7 个二维闪电定位观测站、11 个三维闪电定位观测站、24 个大气电场观测站，形成覆盖山西全省的雷电监测网；建成 4 个 713 数字化天气雷达站、6 个新一代天气雷达站、28 部小型数字化雷达、1 部中频雷达、1 部 FPI 光学成像干涉仪、1 部移动 X 波段天气雷达，天气雷达观测覆盖率达 85%，实现了重点地区主要灾害性天气的连续监测；建成 1 部微波辐射计、1 个 L 波段高空探测站、1 部风廓线雷达、96 个 GNSS/MET 水汽观测站，加强了大气垂直探测能力；建成 2 个极轨卫星接收站、14 个静止气象卫星接收站和 115 个省、市、县级新一代气象卫星数据广播接收系统，为天气预报、森林火情监测、农作物长势监测等服务工作的顺利开展提供了大量资料情报。

（二）砥砺奋进 70 年，气象业务能力和信息化水平全面提升

现代气象业务体系逐步完善。大力发展天气、气候、生态与农业气象、大气成分、人工影响天气、雷电等业务，初步开发了具有山西特色的业务产品，建成集多种业务产品于一身的业务网站，成为逐级业务指导的专业平台；建成从分钟到年的无缝隙、集约化气象预报业务体系和以高分辨率数值模式为核心的客观化、精准化技术体系。建成以睿图模式为核心的山西多源资料变分同化和快速循环预报模式体系。省、市、县三级同步开展灾害性天气短时临近预报，开发冰雹、短时强降水、雷暴大风等灾害性天气的客观预报产品，空间分辨率达到 5 千米，时间分辨率达到 1 小时。研发推广应用精细化监测预报预警业务系统和县级综合业务平台，开展精细到乡镇的气象要素预报和短时灾害性天气落区预报预警等业务；加强暴雨、强对流天气预报方法研究，在地级以上城市开展城市内涝气象风险预警业务。利用全省智能网格预报产品制作了高速公路沿线、铁路沿线、林业风险点、海事及旅游景区预报产品。

气候业务能力显著增强。建立了高性能计算机业务数据库系统。改进气候监测预测业务基础平台，开展短期气候预测新技术、新方法的省级业务化应用，开展延伸期天气气候预测，提高月、季、年气候趋势预测能力。开展气候变化影响评估业务，针对气候变化敏感行业，建立了气候变化影响评估指标数据集。加大气象灾害风险评估工作力度，根据影响山西省的主要灾害性天气，开展了暴雨、干旱、大雾、高温、冰雹等灾害风险区划工作。

气象卫星遥感业务快速发展。在全省多地建设了卫星地面接收站。建立了多种卫星遥感应用系统。利用卫星遥感技术和相关资料开展森林草原火情、干旱、沙尘暴等灾害监测分析，以及农作物长势、土壤墒情、植被变化、气溶胶和水体变化监测以及地表亮温和地物分类等生态环境监测与评估，并结合航空遥感监测项目开展灾害遥感监测预警服务和市域航空遥感综合调查等工作，可提供针对不同需求的分析产品和数据计算，在防灾减灾、应对气候变化、保障生态文明建设等方面发挥了重要作用。

气象信息化快速推进。形成了由卫星通信、地面有线、无线辅助通信组成的气象广域网络。建成了集合地面宽带、移动通信和卫星广播的"天地一体化"通信网络系统。地面宽带网国—省带宽达 48 Mb/s，省—市带宽达 24 Mb/s，市—县带宽达 8 Mb/s。配备了省级局域网万兆核心交换机，交换速率达万兆，终端接入达千兆，省级互联网出口带宽达 160 Mb/s。开展了省级基础设施资源池建设，初步构建集约化发展的信息网络框架。建成运算速率达 41.5 万亿次的高性能计算机系统，为中尺度数值天气模式业务运行和研发提供了基本计算资源。建成分布式气象科学数据共享平台，针对部门内外用户提供数据共享服务能力不断提高。建成省—市—县高清视频会商系统。建成国、

省统一标准的综合气象信息共享系统。完成了 MICAPS 4 分布式数据环境和华为分布式存储系统部署。2019 年开始，山西省气象局紧跟中国气象局气象大数据和信息化建设步伐，全面推进以信息化为核心的气象现代化建设。

（三）砥砺奋进 70 年，人工影响天气工作卓有成效

建成以北斗导航卫星为支撑的空地通信系统和飞机人工增雨指挥系统。人工影响天气作业从季节性作业扩展到全年不间断作业，作业飞机从 1 架发展到 4 架。近十年，年均组织飞机增雨作业 150 架次，年均增雨量 30 亿立方米；全省地面布设人工影响天气作业高炮 183 门、新型火箭发射系统 156 部，地面作业烟炉 90 套，管理和作业人员千余人，全省 96% 以上的县开展了高炮、火箭增雨防雹作业，年均作业四百余次，防雹有效保护面积 3000 多万亩。人工影响天气工作在缓解水资源紧缺和干旱、减轻冰雹灾害、森林防火、水库蓄水、生态修复、突发事件应急保障等方面发挥了显著作用。

（四）砥砺奋进 70 年，气象防灾减灾和服务能力全面发展

健全气象灾害防御体系。省、市、县政府全部出台气象灾害应急预案，成立了气象防灾减灾领导组和工作机构。建立完善了多部门气象灾害应急防御和预测预警研判专家联席会议及气象灾害预警信息实时通报制度。与 20 多个政府部门签署合作协议，联合开展气象防灾减灾工作。气象信息员实现乡村全覆盖。实现气象灾害预警服务全覆盖。完成省、市、县一体化预警短信发布平台与国家突发事件预警信息发布平台的对接，服务对象涵盖全省气象应急决策人员和气象信息员等 7 万余人。实现 29 个部门应急基础信息融合。在太原、大同、运城、五台山等地建成 20 多个大气电场监测站。

气象服务领域进一步拓展。气象服务已涵盖农业、交通、水利、林业、国土、卫生、旅游、安全生产、应急保障、国防建设等经济社会发展的多个方面。公共气象服务从单纯的天气预报逐步拓展为干旱、暴雨（雪）、连阴雨、高温、大风、寒潮、冰冻、沙尘暴、雷电、大雾、霾等重大气象灾害的监测预报预警服务，实现气象信息进农村、进学校、进社区、进企（事）业。

决策气象服务为党政部门组织防灾减灾救灾发挥重要作用。"横向到边、纵向到底"的气象应急管理工作格局基本形成。针对每次严重气象灾害，气象部门准确预报，及时预警，适时启动应急预案，为抗灾救灾提供了有力的决策信息支持。针对襄汾重大溃坝事故、王家岭煤矿透水事故、和顺县吕鑫煤业滑坡事故等突发事件应急气象保障措施得力、服务高效，受到国务院、中国气象局、山西省领导的充分肯定。圆满完成"风云三号"系列气象卫星发射、奥运圣火三晋"和谐之旅"、

国庆 60 周年"护城河"计划、纪念中国人民抗日战争暨世界反法西斯战争胜利 70 周年大会、杭州 G20 峰会、"一带一路"国际合作高峰论坛、全国第二届青年运动会、中华人民共和国成立 70 周年庆祝活动等重大活动气象保障任务，获得各级政府和活动主办方的表彰和好评。

气象为农服务成效显著。启动全省农村气象预警及农业信息服务系统建设，持续推进农业气象服务和农村气象灾害防御"两个体系"建设。通过手机短信、广播、电视等多种途径，为政府部门、农机手、农业生产大户、农民合作社、新型农业经营主体以及广大农民提供天气预报预警信息和直通式专业服务。在昔阳县和洪洞县率先推出玉米种植区天气指数农业保险业务。将传统农险未涉足的旱灾纳入政策性农业保险范围，开发了集风灾、低温、暴雨、洪涝、干旱等灾害的综合型天气指数保险业务。全省建成 65 套农业(农田)小气候观测站和温室小气候观测站、22 个农田实景观测系统，为农业气象业务开展提供基础支撑。建立农村综合信息服务网络，实现了气象灾害预警信息和农村综合服务信息乡村全覆盖。

生态文明建设气象保障服务取得新进展。集观测、分析、预报、预警、评估、服务于一体的气象业务体系初步建立。建有 13 个酸雨站、14 个气溶胶站、7 个大气成分站、2 个沙尘暴站、12 个 5A 级景区的负氧离子和紫外线站，与布设在 56 个景区和 50 个林区的自动气象观测站及地面、雷达、卫星组成生态气象观测系统，大幅提升了生态监测能力。与各级环保部门建立重污染天气过程联合会商、信息通报、协同应急工作机制，实现了环境监测和气象资料的实时共享。开展了大气成分监测评估业务。在全国率先开展环境温室气体浓度布网监测工作，分两期建成山西省环境温室气体中心站和 6 个温室气体观测站，实现了环境温室气体浓度的在线监测、实时传输。编制完成全省农业、土地利用变化和林业领域 2005 年、2010 年温室气体清单，为分析研究山西省温室气体变化和实现单位生产总值温室气体减排提供科学依据。开展气候应用服务，完成 11 个地市和 14 个县的暴雨强度公式编制工作。开展应对气候变化可行性论证，完成风电、太阳能电站等气候可行性论证、全省风能资源详查评价和太阳能资源评估工作。围绕汾河流域水生态修复、太行山吕梁山林业生态修复、海河流域水源涵养区修复，积极开展生态修复型人工影响天气服务。

（五）砥砺奋进 70 年，气象科技研究硕果累累

山西省气象部门获得全国科学大会奖 2 项、国家科技进步奖 2 项、省级科技成果奖 67 项。2013 年以来获批国家自然科学基金项目 3 项、国家清洁发展机制赠款项目 1 项、国家人社部和省留学人员项目 3 项，中国气象局关键技术项目 5 项、气候变化专项 4 项、预报员专项 16 项、气象行业专项 1 项，省科技厅项目 20 项，参加 973 项目、行业专项 3 项；在核心期刊发表科技论文

200 多篇，部分论文被 SCI、EI 期刊采用。建成 20 多个气象科普馆和大型公共场所中的气象科普展区、7 个国家级科普基地、45 个省级科普基地、105 个校园气象站、140 多个基层气象防灾减灾社区（乡镇）科普场所。

三、薪火相传 70 年

（一）薪火相传 70 年，党的建设不断加强，气象文化建设不断取得新进展

截至 2019 年 4 月，山西省气象部门成立党支部 155 个，有党员 1771 人，占职工总数的 54.5%。山西省气象局在 2007 年、2009 年两次被中共山西省直机关工作委员会授予"党风廉政建设先进集体"称号，2010 年被山西省纪委、省监察厅授予"2006—2010 年度全省纪检监察系统先进集体"称号。近年来，全省气象部门 127 个应创建文明单位，全部建成文明单位，包括全国文明单位 3 个、省级文明单位标兵 1 个、省级文明单位 20 个、市级文明单位 102 个、县级文明单位 1 个。省气象局机关获得第五届"全国文明单位"称号和"全国五一劳动奖状"，被中国气象局授予"文明系统"称号，被山西省精神文明建设指导委员会授予"省级文明行业"称号，被山西省委、省政府授予"山西省模范单位""安全生产先进单位"称号。大同市气象局被评为第五届全国文明单位，大同、阳泉市气象局被评为"全国精神文明建设先进单位"。省气象局财务核算中心获"全国五一巾帼标兵岗"。省人工降雨防雹办公室被中华全国总工会评为"模范职工之家"。省气候中心和省气象台获"省五一劳动奖状"。省气象学会被山西省劳动竞赛委员会荣记一等功。

（二）薪火相传 70 年，气象干部人才队伍不断优化

截至 2019 年 4 月，全省气象部门共有职工 3248 人，其中在职职工 1834 人（国家编制 1733 人，地方编制 101 人）、聘用人员 254 人、离退休职工 1160 人。有博士 8 人、硕士 302 人、本科 1229 人、专科 192 人，专科及以上占在职职工总数的 94.38%。有正研级高工 19 人、高工 321 人、工程师 777 人，工程师及以上占在职职工总数的 60.91%。全省气象部门高层次人才队伍的选拔培养力度不断加大，有 1 人享受国务院政府特殊津贴，1 人入选省委直接联系专家，2 人入选中国气象局首席预报员，14 人评为省气象局首席专家，34 人评为省气象局县级综合气象业务技术带头人，各层次人才得到较快发展。

（三）薪火相传 70 年，气象法治能力不断强化

山西省人大先后出台《山西省气象条例》《山西省气象灾害防御条例》《山西省气候资源开发

利用和保护条例》，审议通过《大同市气象设施和探测环境保护条例》；山西省政府先后出台《山西省人工影响天气管理办法》《山西省防雷减灾管理办法》《山西省气象设施和探测环境保护办法》。《太原市防雷减灾条例》2016 年 5 月颁布实施，《山西省气象设施和探测环境保护办法》2018 年 6 月颁布实施。建立了法律顾问制度。14 项气象行政审批事项进驻政务大厅，气象行政审批及时办结率 100%。

（四）薪火相传 70 年，基层台站面貌全面改善

实施基层气象台站改造工程，全省基层气象台站面貌发生翻天覆地的变化。全省 109 个基层气象台站中，71 个基层台站已接入当地城市用电网络，85 个台站接入当地自来水管网，44 个台站接入当地集中供暖，33 个台站采用空调、空气能、电热水等新型取暖方式供暖。2015—2017 年对全省基层台站旱厕进行了集中改造。2017 年组织对基层台站不符合环保要求的燃煤锅炉进行集中改造。所有改造后的台站都配备了现代化设备和观测仪器，建设了标准的观测场、观测室、综合业务室及道德讲堂等，解决了饮水、供电、通信、采暖、道路、围墙、护坡、防雷设施等问题，基层气象台站工作和生活条件明显改善。

四、不忘初心，继往开来

成就来之不易，经验弥足珍贵。山西气象事业 70 年创业发展的经验，对开启新时代气象改革发展新征程具有重要指导意义。

坚持党的领导是气象事业发展的坚强政治保证。加强气象部门各级党组织的先进性和纯洁性建设，推进党风廉政建设和气象文化建设，对处理好改革、发展、稳定的关系有着不可替代的作用，为山西气象事业持续健康发展提供了根本保证。

解放思想是气象事业发展的内在要求和强大动力。必须坚持解放思想、实事求是、与时俱进、求真务实，客观分析和把握气象事业发展的形势和环境，科学制定和谋划气象事业发展的方针战略，积极探索和把握气象科技发展规律，全面推进气象现代化，精细监测、精准预报、精确预警、精心服务，守好防灾减灾第一道防线，更好地服务于经济社会发展和人民安康福祉。

改革开放是气象事业发展的动力源泉。只有坚持深化改革、扩大开放，才能解决气象事业发展中的各种矛盾和问题，才能解决影响和制约气象事业发展的体制机制障碍，使气象事业焕发生机活力，向着气象现代化奋勇迈进。

气象服务是立业之本，必须坚持把做好气象服务作为气象工作的出发点和归宿。气象事业是

科技型、基础性社会公益事业。必须坚持气象服务宗旨不动摇，打牢"以人为本，无微不至、无所不在"的思想基础，力求服务更加主动及时、全面高效；坚持"一年四季不放松，每个过程不放过"，力求预报预测更加准确、精细；坚持"公共气象、安全气象、资源气象、智慧气象"，面向民生、面向生产、面向决策，不断丰富气象服务产品，改善气象服务手段，发展普慧智能的气象服务，全面提升气象服务水平和效益，气象事业才能实现高质量发展。

气象现代化是兴业之路。必须立足山西社会经济发展实际，立足业务发展需求，面向科学技术前沿，遵循事业发展规律，坚持创新驱动、科技引领，全面推进气象现代化，气象综合实力才能大幅提升，更好地为全面建成小康社会提供保障。

高素质专业化干部人才队伍是推动气象事业发展、现代化建设的中坚力量和重要支撑。必须坚持党管干部、党管人才的原则，坚持实施人才强局战略，坚持正确选人用人导向，坚持培养锻炼和引进并重，积极营造人人渴望成才、人人努力成才、人人皆可成才、人人尽展其才的良好氛围，立足用好现有人员，加快高素质高层次干部人才队伍建设，更好地支撑气象现代化和气象改革发展。

气象法制建设是气象事业发展的重要保障。气象法制建设是依法行政、实施科学管理、切实履行气象服务和社会监管职能，在社会主义市场经济条件下发展气象事业的重要保障。必须进一步健全气象法律法规和标准体系，不断推动气象事业法治化、标准化、规范化发展，不断强化气象部门的社会管理职能。

规划先行是气象事业科学发展的前提。规划对于气象事业全面发展和重点工程建设具有战略指导作用。科学编制气象发展规划，将气象现代化建设的内在要求与经济社会发展的外部需求紧密结合，注重规划目标和建设任务的全面性和可操作性，确保规划落地，做到补短板、强弱项，才能保障气象事业科学发展。

历史车轮滚滚向前，时代潮流浩浩荡荡。面向新时代，我们信心满怀。新起点，新作为，山西气象干部职工将紧密团结在以习近平同志为核心的党中央周围，高举中国特色社会主义伟大旗帜，锐意进取，埋头苦干，保持艰苦奋斗、戒骄戒躁的作风，以时不我待、只争朝夕的精神，加快推进气象现代化，奋力走好新时代的长征路，为全面建成小康社会、谱写新时代中国特色社会主义山西篇章做出新的更大贡献。

（撰稿人：胥敬　王少俊　孙爱华　张向峰）

亮丽内蒙古　气象同守望

内蒙古自治区气象局

70 年来，内蒙古自治区气象局在中国气象局和自治区党委、政府的正确领导下，紧紧围绕自治区经济社会发展需求，牢牢把握构建气象现代化体系的奋斗目标，抢抓机遇，改革创新，破解难题，扎实推进。通过不懈努力，全区气象事业科学发展的思路更加清晰，现代气象业务体系建设的任务更加明确，气象事业发展的体制机制更加完善、法制环境更加优化，实现内蒙古气象事业更大发展的基础更加牢固、信心更加坚定。

一、流金岁月，回看历史发展进程

中华人民共和国成立后，在中国共产党的领导下，内蒙古自治区气象事业得以迅速发展，气象科学技术水平不断提高。气象部门坚持为经济社会发展提供支撑，为人民群众福祉安康提供服务的宗旨，不断拓展服务领域，将气象科技转化为生产力。气象工作者在长期的实践中逐步形成了公共气象、安全气象、资源气象新理念，为趋利避害、防灾减灾做出了重要贡献，取得明显经济效益、生态效益和社会效益。

中国共产党在各个历史时期的路线方针政策指引了自治区气象事业建设和发展的道路，1952年内蒙古军区气象科成立后，根据军事需要，采取边建设边发展的方针，在充实加强原有几个气象站的同时，派出大批干部到全区各地大力建设气象站点。在交通和生活条件极为困难的情况下，气象工作者在草原、戈壁、沙漠地区，利用几间破旧土房，因陋就简，开展了气象观测，先后建起了16 个气象站，在创建和发展中为军事需要服务，配合诸军兵种的建设和作战，特别是抗美援朝战争，做出了积极贡献。

1954 年，国家大规模经济建设开始，气象部门除为国防建设服务外，逐渐扩大了为经济建设服务的范围，广泛开展为农业、畜牧业、工业、防汛、交通运输等部门的气象服务。1956 年 6 月起，各级气象站拍发的天气电报取消密码。8 月 1 日起天气预报公开在报纸、广播电台、有线广播站发布，同时还承担为民航飞行提供气象保障服务。气象在为生产的服务中，努力探索了多种服务途径，1958 年，自治区气象部门坚持以农业服务为重点，在"预报下乡、宣传气象、大搞服务"的号召下，组织近百人的工作组到重点农村牧区开展防风霜、抗灾保畜气象服务，同时开展了土火箭、土炮人工增雨、人工防雹的试验工作，建成了全区性的气象科学与群众相结合的气象台站网和服务网。气象人员在农牧业、林业服务和科学调查中，撰写了近百篇调查和实验总结。时任中央气象局局长涂长望在检查内蒙古气象工作时指出，"畜牧气象和森林气象内蒙古一直是走在其他省区前面的。"1959 年内蒙古地区各旗县气象站广泛开展了补充天气预报服务工作，改变了历史上气象站不做天气预报的局面。这一时期，气象部门从内蒙古生产建设的特点出发，贯彻以农业服务为重点的方针，气象人员的生产、服务、群众观点逐步建立，并积累了为社会主义建设多方面服务的经验，使自治区气象事业得到迅速的发展。但也出现站网建设发展速度过快、仪器设备、业务人员管理工作跟不上的现象，使业务质量一度下降。

1962 年以后，自治区气象工作贯彻中共中央提出的"调整、巩固、充实、提高"方针，从而走向稳定发展，各项业务质量逐步提高，气象服务出现勃勃生机。1966 年"文化大革命"开始，正常的工作秩序受到影响，基础业务质量大幅度下降。1969 年 10 月，自治区气象局被撤销，全区气象业务管理工作仅留下十几名干部归入内蒙古气象台。但受党长期培养教育的各民族气象工作者，绝大多数仍然怀着强烈的革命事业心和工作责任感，克服重重困难，坚守岗位，开展日常业务工作，积极为军民航提供气象情报，基本上保持了气象资料的完整、连续，各地气象信息仍源源不断地传向自治区首府呼和浩特和首都北京，天气预报仍不间断地发布。"文化大革命"后期，在业务、科研、技术装备上也有一定发展，逐步增添了卫星云图接收、测风雷达和测雨雷达等新的技术设备。加强了探测手段，开展了在 5 个盟（市）、23 个旗（县）范围的飞机人工增雨作业，缓解了这些地方的旱情，有力地支援了农牧业生产建设。

"文革"结束后，全区气象部门认真贯彻中共十一届三中全会以来的路线方针政策。从实际出发，大力进行思想上、组织上、业务上的拨乱反正，气象事业重新走上了健康发展的道路。

1978 年，在全区气象部门开展了气象测报人员"连续百班无错情"和"业务质量高、服务质量优"等竞赛活动，并举办了全区测报技术比赛。1979 年以后，实行了"内蒙古自治区气象业务建设评比奖励办法"。开展了包括各类人员、各项业务的综合性评比竞赛活动。

1980 年 5 月开始，旗（县）气象站陆续配备了天气图传真机，定时接收气象传真广播，摆脱了用手工绘制天气图的繁重劳动。1981 年 3 月，在全区 36 个重点气象台站开始使用遥测雨量计，在气象探测技术上开始向遥测化方向迈进。1983 年，自治区气象局提出统筹规划、分头实施、引进为主，坚持应用集中力量，重点突破总体不落后，局部要领先的指导方针。1984 年制定了全区气象现代化建设方案，勾画出 20 世纪 90 年代自治区气象业务现代化建设的蓝图，气象现代化建设得到了自治区各级地方政府的支持，1984—1987 年，各级地方政府拨款 130 万元，主要用于气象通信、计算机等设备购置。1985 年 6 月开通了呼和浩特到北京气象中心的"三报一话"线路，自治区气象台至各盟（市）气象台的单边带辅助通信网也于 1986 年 6 月建成。盟（市）到旗（县）也积极进行通信组网，用于天气会商、传递指导预报情报以及指挥人工防雹作业，气象信息更趋现代化。1985 年，内蒙古自治区开始引进天气预报专家系统，全区已拥有 713、711 测雨天气雷达，微机雷达拼图技术已在河套地区联网应用，高分辨率极轨卫星云图彩色显示和数字化处理系统投入业务使用。

1988 年，历时三年建成的"自治区气象台准自动化业务系统"投入运行，初步实现了气象资料的收集、处理、传输、存储、检索、图形显示及部分分析项目和服务产品加工、生成、输出的一整套自动化业务流程。1993 年，开始建设"气象卫星综合应用业务系统"即 9210 工程，于 1998年建成并投入运行，使气象信息网络的整体水平和处理、传输及交换能力得到提高。自治区农牧业气象综合服务系统即 9410 工程部分项目亦于同年建成并投入业务。2000 年，基层气象站配齐计算机，完成 PC-1500 机的换型工作。随后，建成自治区气象系统广域网。2003 年，自治区第一部新一代天气雷达在赤峰市建成。到 2007 年，又有呼和浩特市、鄂尔多斯市、呼伦贝尔市、通辽市相继建成 4 部，新一代天气雷达拥有量居全国前列。

2007 年至今，内蒙古气象部门率先在全国开展了生态与农牧业自动化观测试验。面向三级业务需求的气象综合数据库逐步完善，气象历史资料数字化提取技术居全国领先水平。初步建成自治区级虚拟化资源池并投入业务运行。政府购买的高性能计算机系统投入业务运行。全区首创的"以工代培""就近保障"模式在全国进行经验交流，观测系统全网运行监控平台实现业务化，"地面探测设备维修测试仪"在全区推广应用

70 年间，内蒙古自治区广大气象工作者同心协力，顽强拼搏，为气象事业又好又快的发展做出了贡献。70 年的发展也为内蒙古自治区从"气象大区"向"气象强区"的跨越，奠定了坚实的基础。

二、继往开来，全面实现自治区气象事业发展的新跨越

（一）更加注重发展理念与思路的指引，气象事业发展目标和发展方向愈加明确

立足内蒙古实际，相继提出了"五个明显""四个转变"和"强化基础、体现特色、培育优势、全面提升"的发展思路，使内蒙古气象部门建设"四个一流"的奋斗目标更加明确、提高"四个能

力"的行动方向更加具体、实现气象现代化的发展蓝图更加清晰。实践证明，内蒙古气象部门的发展思路符合中国气象局和自治区党委、政府要求，符合自治区经济社会发展需求，符合内蒙古气象部门自身发展实际，符合广大职工的愿望。

（二）更加注重落实以人为本的思想，公共气象服务保障经济社会发展和人民群众安全福祉的作用愈加明显

始终把保障经济社会发展和人民生命财产安全放在气象工作的首位，积极主动融入经济社会发展大局。"政府主导、部门联动、社会参与"的气象防灾减灾格局初步形成并日臻完善。在干旱、霜冻、黄河凌汛、森林草原火灾、暴雨洪涝等重大气象灾害防御中避免和减轻了财产损失与人员伤亡。"神舟"系列飞船发射与回收、军事演习、反恐演习、国家领导人视察等重大活动气象保障服务效益显著，受到各界广泛赞誉。"两个体系"建设成效显著，气象服务有效延伸到广大农村牧区，在保障粮食安全、增加农牧民收入、减少农牧业损失方面发挥了重要作用。首创了气象助理员制度，气象助理员、气象信息员总数达1.6万余人，覆盖了全区所有苏木（乡镇）和80%以上的嘎查（村）。全区气象部门有增雨作业飞机11架、地面火箭421部、地面增雨催化烟炉76部、防雹高炮402门，形成了全国规模最大的人工影响天气作业体系，年均增雨量17亿吨以上，防雹保护面积2980万亩，人工影响天气工作已经成为气象防灾减灾、农牧业抗旱和粮食安全、生态环境改善、森林草原防扑火、重大活动保障的重要科技措施。

建立了全国最大规模、最为规范的生态气象业务，对呼伦湖、浑善达克沙地、额济纳绿洲等生态监测评估工作得到国家、自治区各级党政领导的高度关注，为生态建设与保护提供了重要依据。气候变化应对研究不断深入，自治区气候变化的事实分析、应对方案的出台和对农牧业种植结构、生态环境变化、采暖指数等的研究，对太阳能的普查、风能的详查与开发利用的服务，对自治区应对气候变化决策、发展新能源产业起到了积极作用。气象服务领域已从农牧业为主扩展到生态、能源、航空、航天、国土、环境、水利、林业、交通、旅游等众多领域。

（三）更加注重现代气象业务体系建设，业务服务能力显著提升

公共气象服务能力明显提高。大力推进被动服务向主动服务、单一服务向综合服务、粗放服务向精细服务、传统服务向现代服务转变。建立并优化了公共气象服务组织体系，完善气象服务管理运行机制，制定服务标准，规范了涵盖农业、牧业、生态等的气象服务流程。自治区、盟（市）、旗（县）三级公共气象服务平台和预警信息发布平台初步建立，成为气象服务的有效支撑。广播、电视、报纸、网站、短信等媒体和大喇叭、气象信息服务站及电子显示屏、预警收音机、"草原110"等众多手段有机结合，构成独具特色的气象信息发布网络，信息覆盖面和传播效率大幅提升。

气象预报预测能力明显提升。一批实用性强的短时临近、短期气候预测业务平台投入运行。预报范围涵盖了自治区、盟（市）、旗（县）并精细到苏木（乡镇），时效由几天、旬、月、季、年精细到短时临近（0～12小时）。现代预测预报业务体系基本形成。暴雨、雷电和冰雹等突发性灾害天气预警提前量达到52分钟，高于全国平均水平。24小时天气预报准确率达91.38%。公众气象服务满意度稳定在88分以上。

气象综合观测能力明显增强。观测领域不断拓展，部分观测项目从无到有，自动化水平稳步提高。初步建成门类比较齐全、布局基本合理的综合气象观测网，区域自动气象观测站2154个，实现苏木（乡镇）全覆盖。天气雷达18部，监测覆盖全区70%以上地区。215个自动土壤水分站基本覆盖重点粮食生产区及生态脆弱区。39个闪电定位仪组成的雷电自动观测网覆盖全区大部分地区。"四站一中心"气象卫星遥感业务布局形成，成立了高分辨率对地观测系统内蒙古数据与应用中心，卫星遥感对地观测系统实现多领域应用。

（四）更加注重科技创新和人才队伍建设，支撑保障能力显著增强

形成了需求牵引、服务引领，面向业务服务的任务式科研管理体制。构成了以科研所为核心，以开放式研究平台和各直属业务单位为主体，辐射各盟（市）气象局，外联各科研机构及高等院校的开放式科技创新体系。开发了公共服务、防扑火、综合业务平台等一批三级业务应用系统。大力实施人才战略，气象队伍学历层次、职称结构、专业分布逐步优化，队伍整体素质显著提高。先后与兰州大学、南京信息工程大学、成都信息工程大学等高校合作，实施了"3+1""4+1""7+1"等人才引进、培养模式，与内蒙古大学共建了大气科学专业，有效地缓解了专业人才引进难的问题，开拓了欠发达地区人才队伍建设的新途径。仅2018年，全区科研经费投入2434.66万元，开展了190项科研项目研发工作，取得成果136项，发表论文411篇，其中SCI、EI收录4篇，参与科研人员1077人，高级职称科研人员261名。内蒙古气象部门部分人才指标已居全国省级气象部门前列，其中，本科和研究生学历占比分别居第1位、第2位，正研级居第4位。

（五）更加注重加强社会管理，气象事业发展环境不断优化

自治区先后出台3部地方性法规、4部政府规章、4项地方标准、114个配套文件，与《中华人民共和国气象法》等共同构成了自治区气象法律法规政策体系，为依法发展气象事业，为自治区经济社会发展服务奠定了良好的法律基础。

进一步强化了气象社会管理职能，区、盟（市）、旗（县）三级组建了人工影响天气与气象灾害防御指挥部，部分苏木（乡镇）健全了气象防灾减灾组织体系。气象灾害防御纳入自治区政府安全生产考核，纳入部分盟（市）、旗（县）政府实绩考核。全国人大、自治区人大和部分盟（市）

人大进行了气象法律法规专题执法调研，加强台站及气象设施建设和迁移审批管理，建立资料共享平台和资料汇交制度，发布气象仪器检定、气象灾害公报和防雷检测公告，加强了对环保、水利、农业、林业、民航等行业气象的管理。局校合作、局企合作的力度进一步加大，成效显著，开拓了气象事业发展的空间，优化了气象事业发展的环境，有力地促进了部门气象向社会气象转变、部门管理向社会管理转变。

（六）更加注重加强基层基础工作，事业发展基础不断夯实

明确了"基层优先"的发展战略，通过"分类指导、统筹发展、三级联动、试点先行"，加大了基层基础设施建设和资金倾斜力度。强化基层人才培养与引进，提前实现了每个基层台站至少有1名本科生的目标。强化自治区、盟（市）对下业务指导，基层台站服务意识明显增强，服务能力明显提高。探索推广了派出制、托管制、轮休制、轮换制等运行管理模式并取得较好成效。建立和完善覆盖业务、服务、管理等多领域的职责清晰、上下衔接、运行有序的管理制度体系，自主开发的三级信息共享、相互支撑的综合信息系统，促进了综合管理的科学化、规范化、信息化。

（七）更加注重党的建设和气象文化建设，和谐稳定发展大局愈加巩固

始终把党的建设融入气象事业发展之中，严格按照中国气象局党组和自治区党委的要求，大兴学习之风、创新之风、务实之风和廉洁之风，不断推进党的思想、组织、制度、作风和反腐倡廉建设，不断加强学习型党组织建设，通过党组中心组学习会、支部学习会、机关干部学习会等形式，增强了党员干部的经常性教育，引导基层党组织和广大党员"履职尽责创先进、立足岗位争优秀"，促进了全区气象事业的又好又快发展。深入推进党风廉政建设和反腐败工作，切实落实党风廉政建设责任制，大力推进惩治和预防腐败体系建设，反腐倡廉宣传教育和廉政文化建设取得明显成效。在全国率先实行基层局站"三人决策"制度，首创了旗（县）气象局站配备纪检监察书记的组织体制。推行了一把手不分管财务、不直接参与工程招投标和科技服务资金预算报批制、地方预算资金备案制等措施及制度。

重视和加强气象文化建设，大力弘扬内蒙古气象人精神，逐步改进基层局站"三室一所"等文化设施建设，不断完善基层局站的文化阵地，广泛组织开展文体活动，不断丰富广大职工的文化生活。拐子湖气象站被中华全国总工会授予"全国工人先锋号"荣誉称号。4个单位获全国精神文明建设工作先进集体称号、9个单位获全国气象部门文明台站标兵称号等国家级表彰。

总结气象工作70年所取得辉煌成就，得益于中国气象局党组和各级党委、政府对内蒙古气象工作的高度重视，得益于内蒙古气象部门从区情和局情出发更加主动将气象工作放在经济社会发展大局中的科学谋划，得益于全区广大干部职工的凝心聚力和团结拼搏。

三、深入分析，为气象事业新发展积累实践经验

内蒙古气象部门在取得气象事业发展有目共睹成就的同时，也形成和积累了推动气象事业科学发展的宝贵实践经验。

（一）始终坚持解放思想和改革开放，为自治区气象事业科学发展指明方向

实践充分证明，只有坚持解放思想，坚持改革开放，才能实事求是地消除影响事业发展的体制和机制性障碍，才能创造性地解决气象事业发展中的各种矛盾和困难，才能深入推进气象业务现代化、气象工作法制化、气象服务社会化。

（二）始终坚持科学发展，为自治区气象事业发展提供强大的生命力

实践充分证明，只有坚持发展是第一要务，坚持以人为本，注重提高事业发展的全面、协调和可持续性，才能抓住事业发展机遇，应对挑战，才能统筹兼顾东西部地区和区、盟（市）、旗（县）发展差异，才能培育优势、体现特色、协调发展。

（三）始终坚持公共气象服务引领，为自治区气象事业发展提供不竭动力

实践充分证明，只有坚持服务为立业之本，坚持面向民生、面向生产、面向决策，才能把握自治区经济社会发展需求，才能融入和服务自治区经济社会发展大局，才能使各级党政部门更加重视气象工作，社会各界更加关注气象事业，人民群众更加满意气象服务。

（四）始终坚持不断推进气象现代化建设，为自治区气象事业发展提供有力支撑

实践充分证明，只有坚持气象现代化建设为兴业之路，坚持气象现代化建设不动摇，才能推动以公共气象服务业务为引领、以气象预测预报业务为核心、以综合气象观测业务为基础的现代气象业务体系迈上新台阶，才能从根本上提升气象服务能力和水平，才能实现气象社会管理的科学、优质、高效。

（五）始终坚持发挥科技和人才的作用，为自治区气象事业发展提供有力保障

实践充分证明，只有坚持科技兴业和人才强局，坚持把科技和人才战略贯穿于气象事业发展始终，才能依靠科技创新驱动事业发展，才能充分发挥人才队伍的关键性和基础性作用，才能使气象事业发展充满生命力。

（六）始终坚持大力发展地方气象事业，为自治区气象事业发展提供生机和活力

实践充分证明，只有坚持统筹国家气象事业与地方气象事业的同步发展，坚持把发展地方气象事业摆在更加突出的位置，才能更好地发挥以部门为主的双重管理体制和双重计划财务体制优势，

才能更好地满足地方经济社会发展的现实需求，才能更好地开展有针对性的气象服务。

（七）始终坚持党的建设和精神文明建设两手抓，为自治区气象事业发展提供强有力的组织保证和精神动力

实践充分证明，只有坚持加强党的建设、党风廉政建设和气象文化建设，坚持两手抓，两手都要硬，才能构筑事业发展的坚强堡垒，才能凝聚推动事业发展的智慧与力量，才能创造事业发展的良好氛围。

四、统筹规划，开启新时代现代化气象强区建设新征程

回首来时路，内蒙古气象部门攻坚克难、硕果累累。全区气象部门锐意进取、开拓创新，深入贯彻落实全面推进气象现代化的战略部署，基本完成了气象现代化的既定目标，气象改革发展的质量越来越好，气象事业发展的环境越来越优，对社会各界的影响力越来越大，助力自治区经济社会发展的能力越来越强。同时，也要清醒地认识到，内蒙古气象部门的工作还存在许多不足和挑战。主要表现在：建设新时代现代化气象强区的思路须进一步谋划；与自治区经济社会发展的融合度须进一步提升；气象服务供给的质量和效益须进一步提高；与气象事业发展要求不相适应的体制机制须进一步改革；"东中西""区盟旗""业务服务管理"和软硬实力等发展不平衡不充分问题须加快解决。这些决定了内蒙古气象部门必须下更大力气，抢抓发展机遇，谋划发展和提高。

展望新征程，内蒙古气象部门砥砺奋进、前景美好。70 年的发展历程说明，气象现代化是内蒙古气象事业发展壮大的必由之路。内蒙古气象部门必须树牢"四个意识"，坚定"四个自信"，做到"两个维护"，把习近平新时代中国特色社会主义思想贯彻到气象发展事业全过程、体现到气象现代化建设各方面。坚决贯彻落实中国气象局和自治区党委、政府各项决策部署，继续发扬蒙古马精神和气象精神，着力解决发展不平衡不充分问题，坚定信心、保持定力，把气象现代化不断向前推进，为建设现代化内蒙古贡献智慧和力量。认真分析经济社会发展对气象工作的新要求和新需求，紧密围绕防灾减灾救灾、生态屏障建设、乡村振兴、军民融合等发展战略，主动融入、主动作为。充分认识"紧跟时代发展、从更大格局上谋划、在更高质量上发展"的新时代气象现代化新内涵和新高度，深入研究新时代现代化气象强区建设的总目标、总任务、总布局，进一步完善发展思路，丰富发展内涵，谋划事业发展新战略，绘制好现代化气象强区建设的新蓝图。

从现在起到 2020 年，是自治区与全国同步全面建成小康社会的决胜期。与此相适应，全区各级气象部门要以气象现代化为主线，主动融入国家和自治区重大发展战略，建成适应需求、结构完

善、功能先进、保障有力的以智慧气象为重要标志的现代气象业务体系、服务体系、科技创新体系、治理体系。卫星遥感应用、生态气象服务、人工影响天气等领域达到全国领先水平。

到 2035 年，自治区基本实现社会主义现代化。与此相适应，继续奋斗，全面建成满足需求、特色鲜明、技术先进、充满活力的气象现代化体系，气象保障亮丽内蒙古建设的能力、服务自治区经济社会发展的能力、软硬实力平衡发展的能力、区域协调发展的能力显著增强。整体实力进入全国先进行列。

到本世纪中叶，自治区将全面实现现代化，建成现代化内蒙古，与全国一道共圆伟大中国梦。与此相适应，紧跟自治区发展进程，全面发挥气象职能作用，全面提升气象保障能力，全面建成现代化气象强区，全面服务现代化内蒙古。

实现气象大区向现代化气象强区迈进，是气象事业发展的必然要求，也是建设亮丽内蒙古、共圆伟大中国梦的现实需求，需要切实增强责任感和使命感，坚忍不拔、锲而不舍，以更坚定的信心、更坚强的决心、更有力的举措，奋力谱写现代化气象强区新征程的壮丽篇章！

成绩和机遇激励着内蒙古气象部门，困难和挑战考验着内蒙古气象部门，责任和使命召唤着内蒙古气象部门。内蒙古气象部门将以高度负责的精神、奋发有为的状态、脚踏实地的作风，扎扎实实地做好内蒙古气象事业改革发展各项工作，努力开创自治区气象事业科学发展新局面，为自治区全面建成小康社会做出新贡献！

（撰稿人：余亚庆）

砥砺奋进创辉煌　天辽地宁谱华章

辽宁省气象局

新中国成立以来，辽宁气象事业在党的路线、方针、政策指引下，在中国气象局和辽宁省委、省政府的领导下，经过全省气象工作者的共同努力，不断取得新的进步和发展。党的十一届三中全会后，坚定不移地实行改革开放，大力推进气象现代化建设，积极开拓气象服务领域，全省气象工作形成了前所未有的良好发展局面。党的十八大以来，坚决落实党中央关于全面深化改革的战略部署，以气象服务体制改革、气象业务科技体制改革、气象管理体制改革为重点，强力推进改革深入，不断扩大开放合作，气象现代化的内涵进一步丰富、水平进一步提高，开创了辽宁气象事业发展的新局面。

一、辽宁气象事业发展历程

（一）创建和成长时期

新中国成立初期，在中央军委气象局"分区建设、集中领导"原则指导下，一批气象专家、学者，受中央军委气象局的委派，从全国各地会聚沈阳，同长期在东北地区工作的气象科技人员一起，开启了创建辽宁气象事业的新征程。为全力做好抗美援朝战争的气象保障工作，又有一大批朝气蓬勃的知识青年来到东北，投身气象事业，使辽宁省气象队伍得到进一步壮大。

随着我国进入大规模国民经济建设形势的发展，气象部门于1953年由军队建制转归地方政府建制，气象工作重点开始转移到为经济建设服务。按照"建设、统一、服务"的方针，全国各级气象部门大力建设气象台站网，统一业务规章制度。1952年，全省有气象台站18处、气象人员148人。1954年成立沈阳中心气象台。1957年，全省气象台站总数已达到51处，台站网初具规模，气象人员达到506人。这段时期在大风、暴雨等灾害性天气预报方面总结出一批成果，并在实践中发现了"东北冷涡""倒暖锋"等有东北特色的天气系统，为地方性天气系统预报方法研制奠定了重要基础。

1958 年到 1965 年，辽宁省气象事业进入大力建设和调整、巩固时期。全省新建了一批为农业服务的气候站和农业气象试验站，建立了市地级气象台，气象台站总数发展到 62 处，气象人员达到 746 人。在此期间，辽宁省气象工作者继承和发扬人民军队的光荣传统，自力更生，艰苦创业，努力探索为地方经济建设服务途径，全省气象事业实现了稳定健康发展。

（二）"文化大革命"时期

"文化大革命"期间，辽宁气象部门技术人员流失，管理机构削弱，仪器设备失修，业务发展受阻。但广大气象科技人员依然怀着强烈的事业心和责任感，坚守工作岗位，维持日常运转，从未中断过观测预报业务。辽宁省气象工作者在历史非常时期，以较强的工作作风和良好的职业素养，经受住了严峻的考验。

（三）快速发展时期

党的十一届三中全会后，辽宁气象部门迅速实现工作着重点转移，解放思想，抢抓机遇，优化业务科技体系，拓宽服务领域，扩大开放合作，气象事业进入了全面发展时期。

1980 年，辽宁气象部门开始实行"气象部门与地方政府双重领导、以气象部门领导为主"的管理体制。1984 年，依据国家气象局制定的《气象现代化建设发展纲要》，辽宁省气象局制定了气象事业发展规划、计划，从普及计算机应用和改进气象通信入手，把全省气象台站现代化建设与沈阳区域气象中心现代化建设结合起来，并以实时业务系统建设推动全省气象现代化的发展，吹响了气象现代化建设的进军号。1984 年，《辽宁省和沈阳区域气象中心气象现代化建设发展纲要》印发实施，以此为契机，持续探索气象业务技术体制改革，并根据辽宁省实际，明确提出了以建立新型天气预报业务技术体系为重点的改革思路，陆续新建、恢复一批气象台站，逐步形成了分工明确、相互配套的业务技术体系，增强了业务服务能力。

1992 年，根据《国务院关于进一步加强气象工作的通知》，辽宁省建立了双重计划体制和相应财务渠道，地方气象事业实现了快速发展。本着深化改革的要求，开始实施气象事业结构调整，形成了由基本业务、科技服务、产业经营组成的基本结构。1999 年，继续实施事业结构战略性调整，逐步形成了由气象行政管理、基本气象系统、气象科技服务与产业组成的事业格局，初步建立公益和有偿气象服务并存，以农业为重点、面向国民经济各行各业的气象服务体系。到 20 世纪末期，初步建成了综合探测系统、信息通信系统，建立了数值预报方法、统计预报方法及多种数理模式的预报业务系统，建立了以小型机和小型机工作站为骨干的计算机开发应用系统。2006 年，辽宁省政府出台了《辽宁省人民政府关于加快气象事业发展的实施意见》，推动辽宁省气象事业快速发展。

（四）新的历史发展时期

党的十八大以来，辽宁省气象事业进入了新的历史发展时期。为贯彻落实中国气象局关于加快推进气象现代化建设、开展率先基本实现气象现代化试点工作的决策部署，辽宁省成立率先基本实现气象现代化试点工作领导小组。沈阳、大连、盘锦市气象局为全省率先基本实现气象现代化试点单位。

中国气象局与辽宁省政府共同召开 2 次联席会议，签署省部合作协议，共同推进辽宁气象现代化战略的实施，从政策、项目、资金等方面为辽宁气象事业发展提供了强有力的保障。经过上下共同努力，辽宁省已基本建成结构完善、布局合理、能够基本满足需求的现代气象业务体系，基本实现气象现代化。

党的十九大以来，辽宁气象部门坚持以习近平新时代中国特色社会主义思想为指导，全面深化改革，推动气象现代化建设，不断提高现代气象业务能力、服务能力、科技创新能力和科学管理能力，为辽宁省经济社会发展和重大战略实施提供了强有力的保障。辽宁气象事业主动融入地方经济社会发展，特别是在推进气象服务供给侧结构性改革过程中，通过建立适应不同需求、分类运行的多元气象服务发展模式，有力提升了气象服务产品的科技含量和实用价值。

二、辽宁气象事业发展成就

（一）气象服务体系功能凸显

新中国成立后，特别是改革开放以来，为了更好地适应经济社会发展，辽宁省公共气象服务逐步实现了从单一天气预报到决策、公众、专业等多元气象服务并举全新模式的转变，紧密围绕辽宁经济社会发展和人民生产生活，不断深化气象服务内涵，建立了由决策气象服务、公众气象服务、农业气象服务、专业气象服务构成的现代公共气象服务体系。

气象防灾减灾能力显著增强。按照"政府主导、部门联动、社会参与"的要求，辽宁省气象防灾减灾体系逐步完善。组织实施突发海洋自然灾害、地震、危险化学品事故、突发地质灾害、海洋突发事件、公路水路特大突发事件、通信保障应急等气象保障工作细则。建成了广覆盖、快速度的预警信息发布渠道，气象防灾减灾责任人达 5 万人，特别是农村应急广播系统实现行政村全覆盖，解决了气象预报预警信息进村入户难题。

人工增雨作用突出。1991 年以来，全省累计增加降水 560 多亿立方米，年均超过 20 亿立方米，直接产生经济效益 280 亿元。2004 年以来,组织开展大规模人工增雨作业 300 余次,出动火箭发射系统 1 万余套次,发射火箭弹 6 万余枚,出动飞机 600 余架次。圆满完成第十二届全国运动会开幕式、朱日和阅兵、内蒙古自治区成立 70 周年、宁夏回族自治区成立 60 周年、上海中国国际进口博览会等重大活动的人工影响天气服务保障任务。2018 年,辽宁在全国人工影响天气业务现代化评估中跨进优秀行列。

公众气象服务普惠民众。公众气象服务从 20 世纪 80 年代广播、电视、报纸方式发布天气预报,发展到网站、手机短信、App、微信、微博以及广播电视、报纸等多渠道广发布,从城市预报到乡镇预报,从晴雨气温风常规预报到各类生活指数预报,形成了现代化公众气象服务模式新格局。"辽宁气象服务"微信公众号每日推送近期天气解读,自动更新发布天气监测预报预警信息。

气象助力乡村振兴战略实施和精准脱贫成效明显。20 世纪 50 年代农业气象科技人员开展一系列农业气象试验研究,为指导农业生产提供了气象依据。改革开放以来,以气象为农服务"两个体系"建设为抓手,致力于研究农业气象科学,不断探索为农气象服务方式。目前全省有 9 个县 52 个乡镇被中国气象局认定为标准化气象为农服务县和标准化气象灾害防御乡镇。有特色地开发了针对关键农时的专项预测方法("1234"和"2580")。"智慧农气"App 实现直通式气象服务。贫困县自动气象站乡镇覆盖率达到 100%。为贫困地区提供农业气候资源开发利用和农业气象灾害风险评估。推进气象扶贫技术研发,加大气象精准扶贫力度。选派优秀年轻干部驻村扶贫,引领对口帮扶村因地制宜发展实体经济,在实现脱贫摘帽的基础上,不断壮大村集体经济。

生态文明建设气象保障工作扎实推进。制定草地、林地、沙地、陆地水体高分卫星监测评价生态环境变化方法等地方、国家及行业标准。连续 13 年在《辽宁日报》发布《辽宁省生态质量气象评价报告》。深入分析全球变暖对辽宁的影响并提出对策建议,认真践行"绿水青山就是金山银山、冰天雪地也是金山银山"的发展理念,通过建设高分辨率对地观测系统辽宁数据与应用中心、发展生态修复型人工影响天气业务、参与生态保护红线划定、保障打赢蓝天保卫战、编制冰雪气候特征分析专题报告等举措,为全省生态文明建设提供有力支撑。

专业气象服务全面提升。新中国成立后,辽宁省逐步开展海洋、盐业、森林防火等预报,为民航、煤矿、电厂建设等提供气象保障,到 20 世纪 60 年代初,海洋水文气象站、流动气象台逐步建立,但服务模式较为单一。进入 80 年代,辽宁省开始开展针对行业的专业气象服务工作。经过多年的努力,面向石油、交通、电力、供暖等行业形成专业气象服务体系,研发了"高速公路气象服务手机客户端",量化了石油、交通、电力、供暖等行业安全生产影响指标,研发了全省 4A 级以上旅游景点精细化预报，设计发布了观鸟、避暑、枫红和冰雪旅游气象指数产品，形成了"一级制作、一级订正、分级发布"的专业气象服务业务布局。

决策气象服务屡建新功。经过多年探索实践，辽宁气象部门建立了小实体、大网络的决策气象服务工作格局。"辽宁决策气象"App 的决策用户达到 2900 余个，实现决策服务实时在线运行，用户依需取用，针对性和有效性大幅提高。在 1995 年洪水、2005 年暴雨、2006 年"麦莎"台风、2007 年百年一遇暴风雪等防灾抗灾气象服务和第十二届全运会、沈阳世博会、大连达沃斯论坛等重大活动气象保障中，决策气象服务发挥了重要作用，服务效果十分显著。

（二）气象业务体系日趋完善

70 年来，辽宁气象人把提高预报预警准确率、减轻气象灾害危害、实现人与自然和谐共生、促进经济社会与资源环境协调发展作为工作的不竭动力与奋斗目标。特别是改革开放以来，始终坚持气象现代化建设目标不动摇，锐意推进改革，全面扩大开放，以自动观测、智能网格预报、信息化为代表的现代气象业务体系日趋完善。

综合气象观测系统功能完备。新中国成立初期，全省仅有 2 处气象台、16 处气象站。随着国民经济的迅速恢复，开始有计划地建设基本气象台站网。到 20 世纪 70 年代末，建成了 61 个国家气象观测站、8 部 713 天气雷达站和 2 个高空气象站。改革开放以来，辽宁省气象现代化建设步伐加快，通过实施"辽宁沿海经济带预警工程""十二运气象保障工程""地质灾害防护气象保障工程"等项目，建成了地面自动气象站、探空站、多普勒雷达、闪电定位仪、GNSS/MET、风廓线仪以及地面卫星接收站为一体的天基、地基、空基高时空分辨率气象信息监测网，气象灾害立体化监测网络日趋完善。目前，全省已建成由 62 个国家级地面气象观测站、236 个国家地面天气站、1302个区域气象观测站、9 个雷电定位监测站构成的地面气象观测网；由 2 个高空气象观测站、3 个风廓线雷达、63 个全球定位系统气象观测站（GPS/MET）构成的高空气象观测网；由 14 个气溶胶质量浓度观测站、60 个酸雨观测站、57 个大气降尘观测站构成的环境气象观测网；由 5 个天气雷达站构成的新一代天气雷达网；由 25 个农业气象观测站、52 个自动土壤水分观测站构成的农业气象观测网；由 132 个海岛及沿海自动气象站、6 个船舶自动站、2 个浮标站和 3 部地波雷达构成的海洋气象观测网；由 36 个高速公路自动气象站构成的交通观测网；由 10 个测风塔构成的风能观测网。建立了辽宁高分辨率对地观测系统数据与应用中心，在气象防灾减灾、应对气候变化和生态文明建设中发挥重要作用。经世界气象组织认定，沈阳、大连、营口国家基本气象站为世界百年气象站，辽宁成为现今我国拥有世界百年气象站最多的省份。建成覆盖全省业务宽带，全省统一数据环境，扩充集约化基础设施资源池，为大数据云平台建设夯实了基础。

气象信息系统建设快速发展。辽宁省气象通信自新中国成立之初就承担东北区的气象通信任务，是全国六大区域气象通信中心之一。20 世纪 50 年代初期，气象通信主要靠手工操作。1956 年开通沈阳气象通信中心至北京气象通信中心的有线电传电路，标志着辽宁进入了气象通信的半自动化阶段。从 20 世纪 80 年代的"三报一话"，到 90 年代的有线传真通信、甚高频辅助通信网、电话拨号联网，到"9210"卫星通信工程和 21 世纪初的 SDH 气象数字电路专线，直至目前的全省气象地面宽带网络系统，网络设备不断更新，数据传输能力不断加强，气象通信逐步向现代化迈进。2012 年以来，辽宁省先后完成了三次较大规模的网络系统改造和带宽升速建设工作，使辽宁省气象广域网络带宽得到很大提高。气象数据处理也从 20 世纪 80 年代的长城 PC 机到 VAX 小型机、高性能服务器，发展到现在统一的全国综合气象信息共享平台（CIMISS），以及用于数值预报的高性能计算机。目前已建成集约化硬件设施资源池，迁移进资源池运行的业务系统有 40 多个，实现硬件资源高度集约。全国综合气象信息共享平台（CIMISS）系统已业务化运行，基本建立起集约、标准的全省统一数据环境。

气象预报预测能力显著提升。辽宁省短期天气预报技术经历了新中国成立初期的单一的天气图外延方法、20 世纪 70 年代的数理统计方法、80 年代的天气动力学和应用数值预报产品多种预报方法，逐步提升到以数值产品为基础、多种方法综合运用、客观定量的现代气象预报技术。由"凭经验"到"看图形"再到"算数值"的发展历程，是辽宁天气预报发展的一个缩影。随着气象现代化发展，无论是预报的精准度、精细化还是时效性、准确率都有显著提升。目前已建立 0 小时到 30 天无缝隙智能网格预报业务，实现了 8 种气象要素、13 类灾害性天气、最小时间分辨率 1 小时、空间分辨率 5 千米的智能网格预报业务化运行。短中期预报空间分辨率达 5 千米，实现从传统的大城市预报发展到县、乡镇甚至村，到现在的任意点位预报。时间间隔最短达 1 小时，从原来的只区分白天夜间，发展为逐 3 小时、逐 1 小时，预报时效延长至未来 10 天，实现即时更新、滚动订正。与 10 年前相比，辽宁省晴雨（雪）预报准确率提升了 6%，温度预报准确率提升了近 20%，位居全国前列。区域性暴雨预报 24 小时落区误差稳定小于 50 千米。

（三）气象科技创新体系初具规模

辽宁省气象部门坚持把科技创新作为实现气象现代化的内生动力，实施创新驱动和人才优先发展战略，不断加大科技投入，壮大人才队伍，持续推进气象科技创新体系建设，形成了具有辽宁特色的气象科技创新体系和与之相适应的气象人才队伍。

气象科技支撑水平不断增强。大力实施科技兴气象战略，强化气象科技管理，增加气象科技投入。气象科学研究和技术开发取得明显进步，自主创新能力进一步增强，组建了 7 个省级专家型预报员团队和 2 个创新团队，1 人参加了中国气象局国家级专家型预报员创新团队，通过团队建设和团队合作实现了科研与业务的交流和合作，有效地实现了科研向业务转化。1979—2018 年，114 项成果获省部级科技进步奖，其中"辽宁省森林火险预报预防方法及效益评价""水稻优化栽培生育调控技术大面积推广"获辽宁省政府科技进步一等奖。多项成果为全省灾害性天气预报预警、气候变化评估、人工影响天气作业、农业生产减灾方面提供了科技支撑。"十三五"以来，全省气象科研经费投入达 8300 多万元。辽宁省气象部门各类科技项目立项 485 项，其中获批国家自然科学基金项目 17 项，省部级项目 26 项，参与国家重点研发计划项目 2 项。聚焦气象现代化"四大体系"，坚持需求牵引，实施创新驱动，围绕东北亚天气和数值预报、东北区域灾害性天气对农业和生态环境的影响评估等重点领域开展关键技术研发和联合攻关。充分发挥区域气象中心职能作用，引领区域气象科研力量围绕气象大数据平台建设、智能预报技术、智慧气象服务、科研业务融合发展等共性问题联合申报科研项目。通过学术交流、人才交流、专题培训、数值模式共享备份等，区域中心交流共享机制日趋完善。

气象科技人才队伍不断壮大。大力实施"222"人才工程，以谢义炳青年科技奖获得者为代表的青年科技人才群体正逐步成为辽宁气象科技创新的中坚力量。目前，全省气象部门在职享受国务院政府特殊津贴人员 1 人，在聘专业技术二级岗位人员 2 人，在聘中国气象局"双百"人选 3 人，在聘辽宁省优秀专家 1 人，获谢义炳青年气象科技奖 1 人，入选辽宁省"兴辽计划"人才工程 1 人，入选辽宁省"百千万人才工程"17 人，入选辽宁省"兴辽英才计划"青年拔尖人才、辽宁省"优秀科技工作者""全省粮食生产先进工作者"各 1 人，入选"全国气象工作先进工作者"1 人。全省气象部门在职国家编制人才队伍中，大学本科以上学历比例从 2000 年的 17.3%，增加到 87.9%，高级以上职称比例从 2000 年的 7.1%，增加到 26.3%。

气象科学普及不断强化。辽宁省气象部门坚持以防灾减灾和应对气候变化为重点，把气象科普送进学校、社区、企业、农村、机关，初步形成了社会化气象科普大协作机制，在气象行业、辽宁省科学技术协会系统乃至社会上产生了积极的影响。2012 年辽宁省大洼县气象局被中国气象局、中国气象学会评为综合类全国气象科普教育基地。2013 年鞍山钢都小学、2014 年沈阳市浑南第一小学被中国气象局、中国气象学会评为全国气象科普教育基地和校园示范气象站。

（四）气象管理体系逐步完善

双重领导管理体制趋于完善。1980年，按照辽宁省政府批转的《关于改革全省气象部门管理体制的报告》，辽宁气象部门开始实行"气象部门与地方政府双重领导、以气象部门领导为主"的管理体制。1983年，全省双重领导体制全面完成，并对省、市两级气象部门进行了全面调整，使领导班子年龄、知识、专业、群体结构趋于合理。1992年，根据《国务院关于进一步加强气象工作的通知》，辽宁省建立了双重计划体制和相应财务渠道，地方气象事业实现了快速发展。近年来，辽宁省气象部门充分调动中央和地方两个积极性，积极争取中央和地方对气象事业的政策倾斜和资金投入，国家气象事业和地方气象事业相互促进、相得益彰、协调发展。

良好的发展环境基本形成。70年来，辽宁省气象部门全心全意服务辽宁经济社会发展和人民福祉安康，优质的气象服务不仅赢得了地方各级党委政府和辽宁人民的认可，也为气象事业发展赢得了良好的外部环境。一是辽宁省政府于1998年、2006年先后批转了《省气象局关于加快地方气象事业意见》，出台了《辽宁省人民政府关于加快气象事业发展的实施意见》，进一步明确各级政府在气象事业发展、气象现代化建设中的职责和任务，有力推动了气象事业融入辽宁经济社会发展。二是出台了以《辽宁省实施〈中华人民共和国气象法〉办法》《辽宁省气象灾害防御条例》为代表的地方性法规，进一步规范全社会的气象行为。三是通过成立人工影响天气办公室、突发事件预警信息发布中心、气象灾害监测预警中心、防雷技术服务中心等地方事业机构，核定财政全额补助地方事业编制等方式，支持辽宁气象事业发展壮大，推动气象服务效益得到发挥。四是通过将气象事业发展规划纳入地方经济社会发展规划，将气象部门为地方服务运行维护经费、人工影响天气作业经费纳入财政预算等方式，为辽宁气象事业发展提供项目支持和资金保障。五是中国气象局党组印发了《中共中国气象局党组关于为东北全面振兴全方位振兴提供高质量气象保障服务的实施意见》，气象工作全方位融入东北区域经济社会发展。

（五）开放合作持续拓展

改革开放以来，辽宁气象部门国际交流合作逐步展开。全省先后有多名气象科技人员赴美国、加拿大、日本、韩国、朝鲜、英国、法国、德国、意大利、土耳其、澳大利亚、新西兰等国交流访问，邀请美国、加拿大、俄罗斯、日本、韩国、朝鲜、蒙古、约旦、芬兰等多国专家来辽宁气象部门交流、讲学，并与韩国光州气象厅建立了稳定的双边交流互访机制。党的十八大以来，开放合作力度进一步深化，围绕数值天气预报、资料同化等核心技术，与美国国家大气研究中心、美国俄克拉荷马大学风暴分析预报中心合作，派送留美访问学者，共同开展卫星水汽通道辐射资料处理和同化应用研究。围绕水文气象、环境气象等重点服务领域，与朝鲜、韩国气象部门联合执行观测项目。同时，全面深化国内合作，强化科研合作，探索形成科技创新合力，与南京信息工程大学、成都信息工程大学、沈阳农业大学等多所高校完善局校合作机制，共同申请科研项目，共同培养气象科技人才，与中科院东北地理与农业生态研究所联合攻关国家重点研发计划。

（六）精神文明建设硕果累累

辽宁气象部门大力实施辽宁气象文化建设"三五"工程。加强对社会主义核心价值观、辽宁精神、气象精神、先进典型的宣传教育，开展多种形式的文化活动，不断推进气象文化建设。2001年7月，中国气象局和辽宁省文明委联合授予辽宁省气象部门 "文明系统"称号。辽宁省气象局2005年被中央文明委评为全国精神文明建设先进单位，2008年起连续三届被评为全国文明单位。2009年辽宁省气象局机关党委被辽宁省委授予"辽宁省先进基层党组织"荣誉称号。2008年全省气象部门文明单位建成率达到100%，截至2018年年底，全省气象部门已获文明单位称号的有45个，其中全国文明单位6个、省文明单位标兵4个、省文明单位15个。2011年辽宁省气象局工会被中国农林水利工会评为"模范职工之家"。辽宁省气象局机关团委先后获得省直机关先进团委、五四红旗团委、青年工作先进单位、标兵单位、省直机关青年岗位建功竞赛活动先进单位等多项荣誉。70年来，广大气象工作者默默奉献着自己的青春和力量，涌现出无数先进典型，以崔广等同志为代表的先进模范人物，他们不忘初心、牢记使命，为气象现代化建设和气象事业高质量发展做出了不可磨灭的贡献。

（七）党的建设全面加强

近年来，辽宁气象部门深入学习贯彻习近平总书记关于加强党的政治建设的重要论述和党中央相关会议、文件精神，认真落实全面从严治党工作要求，加强新时代思想政治和意识形态工作，开展政治巡察并实现全覆盖。结合开展"党建＋营商环境建设""党建＋汛期气象服务"活动和"重实干、强执行、抓落实"专项行动，实现党的政治建设与业务工作有效融合。2005年在全国气象部门率先制定了《辽宁省气象局机关和直属单位党支部落实保持共产党员先进性长效机制考核办法》，并在辽宁省直机关进行借鉴推广。党的十八大以来，全省气象部门各级党组织新建反腐倡廉制度394个，规范了权力运行，对218个（次）单位落实中央"八项规定"精神进行了监督检查，举办主体责任和监督责任、纪检监察审计业务培训班6期，培训1174人（次），组织党员干部观看警示片334场（次），开展正面典型和廉政文化宣传活动787次。截至2018年年底，全省气象部门共有党员1779人，其中在编在职党员1316人。成立各级党组织153个，其中基层党委3个、党总支 9 个、党支部 141 个，县级气象局全部独立设立了党支部，实现了基层党组织全覆盖。连续 18 年组织开展全省气象部门党风廉政宣传教育月活动。据不完全统计，近 15 年间全省气象部门有 554 个（次）党组织被评为先进基层党组织，1395 人（次）被评为优秀党员和党务工作者。

三、辽宁气象事业发展经验

70 年来，辽宁气象事业经历了由曲折发展到快速发展的过程，发生了历史性变革。从横向看，辽宁气象的综合实力与发达省份的差距明显缩小；从纵向看，通过不遗余力地发展建设，基本实现气象现代化。

（一）必须始终坚持党对气象工作的全面领导，不断加强党组织和党员队伍建设

70 年来，辽宁省气象部门坚决贯彻党的路线方针政策，充分发挥党把方向、谋大局、定政策、促改革的作用。辽宁省气象部门党建工作始终围绕服务中心、建设队伍，加强党的政治、思想、组织、作风、纪律建设，特别是党的十八大以来，认真落实新时代党的建设总要求，与地方各级党委一道，着力加强党组织和党员队伍建设，增强"四个意识"，坚定"四个自信"，做到"两个维护"，带领广大党员投身气象现代化建设和气象改革发展，为辽宁气象事业再上新台阶提供了坚强的思想政治保证。

实践证明，只有在党的正确领导下，坚持在贯彻落实上级重大决策部署和重大战略中发展辽宁气象事业，气象工作才能始终沿着正确的方向前进。

（二）必须始终坚持以气象服务为核心，不断提升保护人民和为地方经济社会发展服务的能力

70 年来，辽宁省气象部门扎实践行全心全意为人民服务的宗旨，推动传统媒介与新媒体在公众气象服务领域的深度融合，竭力为全省人民提供准确及时的气象服务，千方百计地把灾害性天气预报预警及时送到千家万户，最大限度地保障了人民群众的生命财产安全。通过优质、高效的气象服务，特别是重大灾害、重大活动的气象服务保障，得到了当地党委、政府和社会各界的好评。

实践证明，只有将气象服务摆在首位，不断提升气象服务能力，才能实现气象事业不断深化发展。

（三）必须始终坚持气象现代化建设目标不动摇，不断推进气象业务技术更快更好发展

辽宁省气象现代化建设积极对接和融入省政府的经济建设顶层设计，辽宁省政府将"十三五"规划中部分气象工作内容纳入《辽宁省国民经济和社会发展第十三个五年（2016—2020 年）规划

纲要》，并出台一系列文件推进辽宁气象现代化建设。辽宁省气象部门积极作为，重点加强生态保护，做好应对气候变化工作，健全生态文明建设考核评价和责任追究制度，增强生态文明建设气象保障能力。提高气象服务的针对性，改变初字号原字号产品状况，将气象信息转化为生产力，推动气象为农服务转型升级。深化气象业务科技体制改革，以"八定"为抓手推进标准化气象业务管理制度建设，建立并完善了集约化业务流程布局。

实践证明，只有不断深化气象改革，大力推进气象现代化建设，才能实现气象事业更快更好发展。

（四）必须始终坚持以人为本、创新驱动，不断增强人力资源和科技创新活力

气象工作是知识技术密集的领域。气象事业发展不仅要依靠气象科学本身，更要依赖科技人员和科技创新。人才是事业发展的源动力和主导力量。近年来，辽宁省气象部门聚焦东北亚天气与区域数值预报、生态与农业气象、环境气象三个优势领域，激发创新活力，增强科研实力，极大提升了科研效益。强化党管人才的领导机制，做好人才发展整体规划，逐步形成高层次人才和骨干人才衔接有序、梯次配备的人才培养机制，并加大干部公开选拔、竞争上岗、交流轮岗的力度，充分调动各级、各类人员的积极性，力求给每个职工提供一个创业、敬业舞台。

实践证明，只有以科技为先导，依靠科技进步，通过提高人的素质，充分调动科技人员的积极性和创造性，才能实现气象事业创新发展。

（五）必须始终坚持科学管理、依法管理，不断以法治理念、法治方式促进气象事业健康发展

依法行政、依法发展是气象事业发展的必由之路。辽宁省气象部门紧密围绕中国特色社会主义法治体系建设总体要求和国务院"简政放权"总体部署，加强气象法制建设，推动防雷减灾体制改革，优化营商环境，形成了气象地方性法规体系和标准化体系，进一步规范全社会的气象行为。防雷业务从无到有、从小到大，曾经是全省气象科技服务的支柱。近些年，全面推进防雷减灾体制改革，实现了防雷减灾工作"事企分开""管办分离"，不断优化气象行政审批流程，使气象部门社会管理职能更加科学、规范。

实践证明，只有通过法律保障，才能不断提高气象公共服务水平，强化社会管理职能，推动辽宁气象事业在法制的轨道上健康有序的发展。

（六）必须始终坚持双重领导体制，不断完善推动事业发展的保障机制

自实行"中国气象局与辽宁省人民政府双重领导、以气象部门领导为主"的管理体制以来，中

央财政经费逐年增长，地方财政保持持续稳定增长势头。必须始终坚持以部门为主的双重领导管理体制和双重计划财务体制不动摇，并充分发挥这种体制的优势，积极争取中央和地方各级政府及相关部门的关心和支持，加大对气象事业的政策倾斜和资金投入，促进国家气象事业和地方气象事业协调发展。通过围绕发展制定长远战略、规划，进一步向社会各界广泛宣传气象工作，使气象业务服务领域不断拓展，气象工作力度不断加强，气象工作的重要性越来越得到社会各界的认同。

实践证明，只有充分发挥中央和地方共同发展气象事业的两个积极性，才能实现气象事业协调发展。

（撰稿人：蒋娇娇）

风雨征程逐梦前行　白山松水气象更新

吉林省气象局

　　2019 年是新中国成立 70 周年。70 年来，吉林气象事业在中国气象局和吉林省委、省政府的正确领导下，无论是气象业务、服务、科研，还是人才队伍、管理机制体制、全面深化改革、气象法治建设、党建和精神文明等方面都取得了长足的发展。几代吉林气象人艰苦创业、无私奉献、开拓创新，为中国气象事业发展、吉林省经济社会发展做出了贡献。

一、吉林气象 70 年发展历程

（一）艰苦创业，恢复发展（20 世纪 50 年代）

　　新中国建立初期，吉林省仅有长春、四平、吉林、公主岭等几个气象台站维持工作。20 世纪 50 年代初期随着大规模国民经济建设的开始和军事国防建设的需要，吉林省经历了一个艰苦创业、恢复发展气象台站建设的阶段，全力推进气象台站建设，抓紧技术干部的培训工作，坚持边建设边服务。1953 年，吉林省气象台正式开始对外发布天气预报、灾害性天气预报和警报工作。1954 年 9 月 11 日，吉林省气象局成立，负责管理气象台站的天气预报、气象观测、气象通信、资料仪器设备等各项业务和行政、财务、人事、文秘等。到 1957 年第一个五年计划结束时，吉林省已有省、地区气象台各 1 个，气象站 48 个。1962 年前后分别在长春、白城、吉林、四平、通化、延边等市、地、州建立了地区一级气象台，全省初步实现省有气象局、地区有气象台、县有气象站的气象台站网。

　　1958 年，在中央气象局的指导下开展气象服务，长岭县气象站在全省率先开展县气象站补充天气预报业务，开创了县气象站做天气预报的先例。同年，为了减轻夏季干旱灾害，在全国首次开展了飞机人工增雨作业的试验研究，开创了全国飞机人工影响局部天气的先河。经过十几年的建设和发展，到 1965 年，全省气象部门的各项业务工作初步形成了一个比较成熟、相互配套的业务体系，建立了一套行之有效的良好工作秩序，业务技术干部队伍得到充实和发展，各项业务质量稳步提高，为当地经济社会发展提供有效的气象服务。

（二）经受干扰，坚持发展（20 世纪 60—70 年代）

1966 年开始的"文化大革命"期间，吉林省的气象事业遭受严重损失。撤销了担负全省气象部门管理任务的省气象局，管理机构被削弱，刚刚建立的吉林省气象学校被撤销，气象队伍不稳定，大批业务技术人员外流，气象业务工作的正常秩序遭到破坏，业务质量大幅度下降，严重地阻碍了吉林省气象事业的发展。但是，广大气象人员怀着强烈的事业心和高度的责任感，在十年"文革"中仍然坚守工作岗位，维持日常业务工作的运行，保持了气象资料的完整连续，气象业务、科研工作在逆境中艰难地发展。

（三）改革开放，飞跃发展（20 世纪 70 年代后期至 90 年代）

党的十一届三中全会以后，吉林省气象事业进入了全新的发展时期。坚持以改革为动力，大力推进事业结构调整，积极推进气象业务现代化建设。1982 年，吉林省被国家气象局列为气象业务现代化试点省，吉林省气象局制定了《吉林省气象业务现代化系统工程实施计划》，把实现气象业务现代化的目标作为一个系统工程，把各项业务分解为既互相有机联系、又相互独立的子系统。在系统工程中，包括天气预报、微机应用、气象通信、气象探测、业务管理、气象资料、气象服务、气象仪器设备等十二个子工程，目标是初步实现气象业务的现代化和自动化。经过全省气象工作者的共同努力，气象业务现代化建设率先迈上新台阶，创造了辉煌，受到国家气象局的嘉奖，1984 年在长春全国气象局长会议上进行了交流，代表们到现场进行观摩。随着气象业务现代化建设取得突破性的进展，气象科研教育、气象服务等项工作的迅速发展，到 20 世纪 80 年代末，全省建立各类气象台站 76 个，同时，还设有省气象科学研究所、省气象档案馆、省气象学校、省人工降雨办公室及省气象仪器设备管理处等直属事业单位，形成了布局比较合理、门类比较齐全、技术装备比较先进、具有较高业务技术水平和科研能力的气象业务系统，实现了吉林气象事业现代化的飞跃发展。

1986—2000 年是深化改革深入发展时期，吉林省气象事业按照国家气象局《关于气象部门改革的原则意见》精神和省政府的有关部署，在巩固、完善领导管理体制改革的同时，深化人事、财务、事业结构调整和科研、业务技术体制等改革，制定了关于加大改革力度、加快结构调整步伐的支持性政策措施，全省各级气象部门初步形成基本业务、科技服务、综合经营的事业结构。认真落实 1992 年《国务院关于进一步加强气象工作的通知》，加快发展地方气象事业，建立健全完善气象双重计划财务体制。气象业务现代化建设在作为全国省及省以下试点取得进展的基础上，继续按照《业务技术体制改革方案》，开发利用计算机、卫星探测、雷达探测、卫星遥感等现代科学技术，全面推进各项气象业务的现代化建设。调整气象探测网、农业气象站网和农业气象站的业务结构。

普及计算机技术，在地面气象观测业务中，从编发和传递气象电报，到编制气象报表的全过程普及计算机操作；完成测风雷达微机处理系统的改造，实现高空气象探测业务半自动化；气象资料审核整编工作实现资料采集、质量控制、标准化处理到整编出版一条龙的微机处理业务流程，建立以计算机为主要手段的气象信息处理系统和资料库，增强了气象资料处理和应用服务能力；全省各级气象台站建立了以 MOS 预报、专家系统为主的天气预报业务和天气预报实时业务系统，建成了新一代天气预报人机交互工作平台，基本形成了布局合理、分工明确、有机结合的天气预报业务技术体制；完善省气象局机关计算机办公自动化局域网，建设现代通信网络，实现气象信息传输的网络化、自动化。1998 年，中国气象局—吉林省人民政府人工影响天气联合开放实验室落户长春。在推进气象业务现代化建设的同时，加强科技兴气象战略，重视应用研究和技术开发，开放搞活，积极开展国际气象科技合作和交流。完善气象法治建设，先后制定发布了《吉林省保护气象台站观测环境的若干规定》《关于进一步加强天气预报发布管理工作的通知》，出台了《吉林省气象管理条例》等地方法规，保障了吉林省气象事业的健康发展。

（四）开拓创新，全面发展（21 世纪以来）

21 世纪以来，吉林省气象事业进入快速发展时期。2000 年，《中华人民共和国气象法》正式实施；2006 年，《国务院关于加快气象事业发展的若干意见》下发，吉林气象事业依法发展得到加强，进一步拓展气象业务、服务、科研等领域。

"十二五"以来，吉林省气象部门以全面深化改革为主线，以推进气象现代化为总抓手，加强气象法治建设，吉林气象事业振兴发展实现了新跨越。特别是进入"十三五"以后，吉林省气象局主动适应省委、省政府战略部署和地方经济社会发展需求，积极融入发展，努力实现更高质量、更有效率、更可持续的发展。吉林省气象部门的强化气象灾害监测预警能力和气象为农服务等重点工作分别纳入"吉林省'十三五'规划纲要"及"乡村振兴""脱贫攻坚""率先实现农业现代化""生态环境保护""推进'互联网＋'行动"等专项规划，并纳入省政府重点工作目标责任制等统一部署和考核督察。吉林省气象局全面贯彻国家气象事业发展战略部署，科学制定部门发展目标。主动衔接《国家气象事业发展"十三五"规划》，制定实施《吉林省气象事业"十三五"发展规划》《吉林省智慧气象行动计划（2016—2020）》《吉林省气象局科技创新体系建设工作实施意见》，明确了重点攻关目标任务。

2016 年，吉林省气象局长研讨会在全面系统分析吉林省气象现代化建设现状的基础上，明确到 2018 年全省提前两年基本实现气象现代化的奋斗目标。通过两年时间，吉林省气象局以"树立新理念、完善新机制、体现新效益、营造新氛围、取得新成效"的五新理念为统领，坚持抓规划、抓载体、抓创新、抓人才、抓举措，吉林省气象现代化建设全面推进，现代化水平不断提升，2018年达到提前两年基本实现气象现代化阶段目标。

二、吉林气象事业发展成就

70 年来，吉林省气象事业发展取得了长足的进步，下面从六个方面加以概括。

（一）建立了比较完善的气象预报预测系统，精细化预报预测水平稳步提升

1954 年吉林省气象局建局以来，始终以气象预报为发展的根本和基础，特别是 20 世纪 80 年代开始，充分发挥现代化建设成果，积极探索并建立了以高科技为支撑的气象预报预测业务体系，预报准确率显著提升，根据服务需要与时俱进，不断提高预报的时效性和针对性。经过 65 年的发展，目前基本建立了以数值预报为基础，包括临近预报、短时预报、短期预报、中期预报、延伸期预报以及月、季、年气候预测构成的不同时效有序衔接的预报预测业务体系；预报种类包含天气预报及农用天气预报、重污染天气以及松辽流域、旅游、地质灾害及医疗气象预报。建设了省、市、县一体化天气监测预报预警平台；加强与上级业务单位、科研院所合作，强化内部科研团队及领军人才作用，促进预报质量显著提高。数据统计，"十三五"与"十二五"相比，吉林省 24 小时温度、降水和灾害性天气预报准确率提高 3~6 个百分点。吉林省气象预报总体水平居东北地区领先，部分气象要素预报准确率位居全国前列。2018 年，10 项主要气象要素预报质量中，吉林省有 9 项排名全国前十，其中暴雨预报准确率连续两年位居全国第一，强对流天气预警时间提前量超过 20 分钟；获全国第六届预报技能竞赛团体第 3 名，创历史最好成绩。

（二）建立了比较现代化的综合气象观测系统，气象综合观测能力显著增强

观测工作是气象业务的基础。经过吉林省气象部门多年的不懈努力，基本建成了门类比较齐全、布局基本合理的综合观测系统。目前，吉林省已经形成由静止和极轨气象卫星、20 部各类天气雷达、56 个国家气象观测站、1385 个区域自动气象站、52 个农业气象观测站、107 个自动土壤水分观测站、46 个 GNSS 站、16 个闪电观测站、29 个交通气象观测站、5 个森林可燃物观测站、1 个森林生态观测站、1 套全自动探空系统组成的气象综合观测体系。健全了环境气象、松辽流域等气象预报预警系统，完善了精细化预报预警业务平台建设。启动了智慧农业气象服务试点；开展了"吉林一号"卫星应用技术合作。完成了新一代天气雷达更新、海洋气象保障工程一期建设、地下水位观测站、森林可燃物和交通气象观测网建设。全省建成省地 50 Mb/s、地县 30 Mb/s 的数据传输网络，

省级高性能计算机达到 50 万亿次 / 秒计算能力。2007 年获首届全国气象行业地面气象测报技能竞赛团体第五名，创历史最好成绩。

（三）建立了气象人才培养体系，人才队伍素质显著提高

吉林省气象局大力实施人才战略，不断完善人才培养体系，大规模培训干部，队伍整体素质逐步提高，专业结构得到优化，知识层次明显提高，造就了一支高素质的基本适应气象事业发展的人才队伍。始终坚持党管人才，以"增量调结构，存量提素质"为原则，以提高创新能力、有效激发活力为切入点，在机构改革、人才培养、制度建设等各方面采取了一系列措施。建立完善了各级专业技术职务评审、岗位聘用、创新团队管理、高层次人才培养及在职教育培训等制度和激励政策。目前在职职工中，本科以上学历人员为 1048 人，占 84.9%；硕士及以上学历人员 141 人，占 11.4%；大气科学类专业 464 人，占 37.6%；具有中级以上专业技术职务人员 790 人，占 64.0%；具有高级以上专业技术职务人员 251 人，占 20.3%；全省气象部门共有 8 人享受国务院政府特殊津贴，有正研级专家 20 人、省高级专家 1 人、省突出贡献专家 8 人、省拔尖创新人才 7 人。

（四）建立了具有吉林特色的气象服务体系，气象服务经济和社会效益显著

经过几十年的不懈努力，吉林省气象部门现已基本建成结构完善、布局科学、功能先进、技术领先的气象预报预测系统、公共气象服务系统和科技支撑保障系统，初步形成了包括天气、气候、生态与农业气象、人工影响天气、雷电等多领域、集约化、开放式的业务体系，开展了决策服务、公众服务、专业服务、为农服务等多层次、全方位的气象服务。目前，气象服务已基本覆盖国民经济建设和社会发展及国家安全各个领域，气象服务的社会经济效益投入与产出比达到了 1：40 以上，为促进地方经济社会发展发挥了重要作用。

吉林省气象局落实气象防灾减灾救灾战略，全力做好综合防灾减灾气象服务。气象防灾减灾机制逐步完善，省人工影响天气和气象灾害防御指挥部成员单位达到 34 个，建立了以预警信息为先导的"政府主导、部门联动、社会参与"的气象灾害防御机制。气象灾害发布体系逐步健全，各级气象台制作发布暴雨、暴雪、冰雹、寒潮、大风、霾等 16 种气象灾害预警信息，与通信部门合作，橙色以上预警信息实现了全网发布。部门合作逐步深入，与水利等 13 个部门实现了信息共享；与环保、国土、水利、林业和卫生 5 个部门分别联合发布重污染天气、地质灾害、洪涝灾害、森林草原火险等级和呼吸道肠道疾病预警信息。近年来，不断创新服务方式，探索推进气象服务融媒体发展；"吉林气象"官方微博入选吉林十大政务机构微博；不断拓展和深化重点领域专业气象服务，开展大中型建设项目气候可行性论证。全省公众服务总体满意度保持在全国第 10 位左右。在

应对 2016 年台风"狮子山"、2017 年永吉特大洪水、2018 年 4 个台风等多次重大气象灾害中，提前较准确做出预报，跟踪开展气象服务，省委、省政府据此提前安排紧急转移几万人口，成功避免了洪水、山体滑坡、泥石流造成人员伤亡等极端后果。

"十三五"以来，不断深化"乡村振兴"服务。制定实施《吉林省气象局助推乡村振兴战略实施意见》。智慧农业气象服务平台和手机 App 全省推广试用；完成农业气候区划和农业气象灾害风险区划；气象工作站实现乡（镇、街道）全覆盖，气象信息员实现乡村全覆盖。直通式气象为农服务覆盖全省 2 万余个农业新型经营主体，粮食产量预报准确率达 95% 以上。

主动融入"脱贫攻坚"战略。"十三五"以来，全省气象部门派出驻村扶贫干部 41 人，大力投入支持帮扶资金，开展"智慧气象"服务，打造了"一村一品、一乡一业"气象扶贫模式，针对贫困县无公害蔬菜、木耳、食用菌生产基地等新型经营主体开展"直通式"服务，协助宣传和推广特色农业产品，发挥气象服务在"趋利避害、减灾增收"中的独特作用。

积极推进生态气象服务。召开推进生态文明建设气象保障服务工作座谈会，印发重点任务分工。与东北虎豹国家公园管理局签订合作协议，建成区域自动气象站 30 个。长白山生态站（二期）建设取得实质进展。联合省生态环境厅、林业和草原局开展重污染天气、森林草原火险气象条件监测、预警服务。启动"吉林省卫星遥感业务系统平台"建设，完成风云 4 号气象卫星接收站建设。

探索推进"一带一路"服务。吉林省气象局成立相应组织机构，印发了"一带一路"对接工作方案，筹建了吉林省海洋气象台，开展了图们江入海口海风、海雾等研究工作。

（五）开创新中国人工影响天气先河，全国首个区域人工影响天气中心落户吉林

吉林省是全国人工影响天气工作的发源地。

1958 年夏天，吉林省遭遇 60 年未遇的大旱，历年 6 月至 7 月上旬长春市、吉林市降水多为 200 毫米左右，当年吉林市只降了 2 毫米，土地龟裂，禾苗枯黄，农作物濒临绝收，丰满水电站库容下降至不足 10 亿立方米，水轮发电机停止了转动，东北电网的供电形势十分严峻，严重威胁着东北重工业基地的生产。当年 7 月 18 日，中共吉林省委、省人委及吉林市委、市人委发布紧急指示，动员全民防旱抗旱。可是地下井水掏干了，河槽水用尽了。关键时刻，吉林省气象台的科技人员从《参考消息》上看到国外搞人工增雨的报道，大胆提出人工增雨试验的设想，很快得到了省委领导的批准。7 月 21 日 15 时 20 分，一架经过改装的"杜二"轻型轰炸机飞向高空，穿过云层，进行首次飞机人工增雨试验。飞行员周正也随着增雨飞行的成功而载入史册。

首次尝试成功后，大家总结试验效果，查证有关资料，决定使用干冰和碘化银替代氯化钠作为催化剂，同时将人工增雨试验基地转到吉林空军机场。

1958 年 8 月 8 日，第一次有基地、有组织、有计划、有作业设计、有效果检验的飞机人工增雨试验获得成功。这是一次壮举，是中国人工影响天气的开端，开创了中国飞机进行人工增雨试验的先河，拉开了中国气象史上人工影响天气的序幕。

人工影响天气事业发展之初，无论是装备还是技术都十分落后，最初使用的催化剂是吉林化肥厂生产的干冰，历经 60 年的时间，吉林省人工影响天气事业得到了长足发展，从作业装备、作业规模到作业队伍、资金投入等与初创时期相比，发生了翻天覆地的变化。1978 年开始，人工影响天气工作的科研资料、论文被逐渐整理成册。1988 年，国家气象局发文批准建设人工降雨基地。1998 年，寄托着全国人工影响天气工作者殷切期盼的第一个人工影响天气联合开放实验室在吉林省长春市正式成立。2008 年，吉林和辽宁、黑龙江、内蒙古联合开展了跨区域飞机人工增雨作业，集中飞机资源，充分开发东北地区空中云水资源。2013 年，东北区域人工影响天气中心落户吉林省，成为我国首个区域人工影响天气中心。

目前，吉林省建成了长春飞机作业保障基地和白城飞机作业保障分中心，形成了由 1 架飞机、456 部火箭、238 门高炮、12 个燃烧炉等装备组成的人工增雨防雹立体作业体系，年均增加降水 30 亿立方米左右，防雹保护面积 4 万多平方千米，年均减少雹灾损失超亿元。人工影响天气能力达到全国先进水平。2013 年以来，针对东北区域抗旱保春播、森林防灭火等多次有效组织联合作业，并为建军 90 周年朱日和阅兵、内蒙古自治区成立 70 周年、第七届"世界军运会"和上海"进博会"等重大活动提供了优质保障服务。

（六）着力构建气象科技创新体系，气象现代化取得丰硕成果

吉林省气象局始终坚持"科技兴气象"战略，逐步建立了"开放、流动、竞争、协作"的科研管理和运行机制，构建了省、市、县三级气象科研体系，促进气象研究与业务的结合，建立了科研立项分类组织、科技奖励分等级授奖、科研经费分类管理等科研管理规范和分类科技评价指标体系。加强重点实验室建设，建立完善人工影响天气、长白山气象与气候变化和中高纬度环流系统与东亚季风三个省部级重点实验室；开展中国气象局吉林云物理野外科学试验基地建设。强化科技创新体制机制建设，仅"十二五"期间，共承担省部级课题 43 项，获资助经费近 1500 万元，制定了部门人才发展规划（2014—2020 年）和"312"人才工程计划，围绕人才引进、培养、考核、评价、竞争、流动等关键环节，先后出台 16 项人才培养政策措施，修订《创新团队建设及管理办法》，促进了人才工作的制度化、规范化和科学化。"十三五"以来组建 5 个创新团队。开放合作迈出新步伐，与南京大学大气科学学院、南京信息工程大学、成都信息工程大学、东北师范大学签订合作协议，三方合作建立院士工作站，已在科研开发、成果转化、资源共享、人才培养等方面取得阶

段性成果。每年坚持邀请国内外专家开展讲学讲座。推动吉林省气象科技实现新突破。近三年来，获批省部级以上科研项目18项、国家自然科学基金项目3项、区域协同项目1项；获省科技进步奖11项，首获中国气象学会气象科学技术进步二等奖；在核心期刊发表论文60余篇，其中SCI检索论文8篇。

2013年8月，中国气象局与吉林省政府召开省部合作联席会议，研究部署以项目建设为载体，积极谋划、共同推进东北区域人工影响天气工程等重点项目建设，建立健全有效工作机制。2016年4月召开省部合作第二次联席会议，确定了共同推进吉林率先实现农业现代化气象保障工程等9项重点工程建设任务。有效衔接国家和省"十三五"规划，凝练7项重点工程建设任务，并首次将吉林纳入国家海洋工程建设省份。吉林省率先实现气象为农服务现代化纳入《吉林省率先实现农业现代化总体纲要》，明确吉林省气象局为牵头实施单位。2018年"吉林省率先实现农业现代化气象保障工程"获批立项，项目总投资1.08亿元，其中省政府投资7000万元，项目建设正在积极推进。省政府投入1400万元，完成"省突发公共事件预警信息发布系统"建设，并投入运行。完成6部新一代天气雷达项目建设；长春气象站被世界气象组织评为"百年气象站"，基层台站综合改造稳步推进。

截至2018年，吉林省气象现代化综合评估得分96.2分，经过第三方机构评估和省政府考评领导小组审定，吉林省提前2年达到基本实现气象现代化阶段目标，启动了新时代气象现代化建设三年行动计划。

三、吉林省气象部门主要发展经验

（一）坚持强化党的建设，上下齐抓共管精神文明建设

70年来，吉林省气象局始终重视加强党的建设，充分发挥党组织的政治核心作用和党员先锋模范作用。

吉林省气象部门一直重视党的组织建设，特别是改革开放以来，在地方党委的领导下，吉林省气象局把突出抓好党的建设作为新的基础性工程。党建工作得到进一步加强，独立党支部明显增加，发展党员速度明显加快。1985年全省各级气象部门进行了整党，普遍对党员进行了党性、党风和党纪教育，进一步加强了党的思想和组织建设，党风有了好转。

"十三五"以来，吉林省气象局党组注重党建制度建设，重点规范党员领导干部参加双重组织生活、主题党日活动、党支部会议记录、"三会一课"等事项，完善了基层党组织党费收缴、台账

管理和换届提醒等机制，利用"学习强国""新时代 e 支部"和吉林党建网开展网上学习。2017年吉林省气象局党组开展特色党支部建设活动，在全省气象部门培育特色党支部。2019 年，吉林省气象局将党建工作深入融入服务基层工作中，在省直 21 个支部开展了"走基层解难题办实事"活动。

截至 2019 年 6 月，全省气象部门在职党员人数 871 人，离退休党员 195 人，共有党委、党总支 9 个，党支部 100 个。

全面履行从严治党主体责任，党的建设和党风廉政建设坚持标本兼治、综合治理、惩防并举、注重预防的方针，围绕中心、服务大局，把反腐倡廉建设放在更加突出的位置，贯穿于气象工作的各个方面，强化政治纪律和政治规矩，认真落实中央"八项规定"精神，坚决反对"四风"，建立从严治党、干部、人事、财务和重点工程等方面制度 30 余项，党建工作逐步纳入制度化轨道。全面推进惩治和预防腐败体系建设取得了明显成效，为促进气象事业健康、持续发展提供有力保证。

全面落实党风廉政建设"两个责任"，不断完善廉政监督机制，积极推进廉政风险防控。大力推动气象廉政文化建设，吉林省气象局和吉林市气象局获得"吉林省百佳廉政文化示范单位"称号。创新内审"一交叉、两覆盖、三报告"工作机制，建立健全基本建设项目招投标控制价审计、跟踪审计、审计结果运用等有效制度，实现了处级领导干部任前、任中、离任审计全链条，财务收支审计全覆盖，基本建设项目审计全委托和审计整改全跟踪的"四全"审计工作目标。完善了新提拔干部廉政谈话制度，深入开展党风廉政建设宣教月、多举措开展警示教育活动，深化运用监督执纪"四种形态"，规范开展巡察监督，党风廉政和反腐败工作取得新进展。

上下齐抓共管精神文明建设，实现了精神文明建设和文明单位创建工作目标化、制度化、具体化。发挥双重领导体制优势，联合推动群团工作取得新突破，吉林省气象局获"省直机关建功'十二五'主题实践活动"标兵单位、2016 年建功"十三五"突出贡献奖、"新农村建设帮扶先进单位"、"2018年度省直机关建功'十三五'主题实践活动突出业绩奖和优秀组织奖"；省气象局工会被中国农林水工会授予"模范职工之家"、保持省直"先进工会"称号，全省气象部门建成国家级和省级"职工之家""职工小家"16 个；省直机关团委继续保持省直"先进团委"称号，2 个省直机关获"青年文明号"；2015 年省气象局再次被命名为全省文明行业，全省气象部门现有全国文明单位 5 个、省级文明单位 37 个，59 个可创建单位全部建成地级以上文明单位。2018 年度省直机关 21 个党（总）支部书记年度述职测评成绩 90 分以上占比 90.48%。2019 年 1 个单位荣获"全国巾帼文明岗"荣誉称号。

（二）全面深化气象改革，为吉林气象事业注入生机与活力

新中国成立后的吉林省气象局经历多次变革，不断推进包括管理体制在内的各项调整，自1983年实行了"气象部门与地方政府双重领导，以气象部门领导为主"的领导管理体制重大改革后，坚持把全面深化气象改革作为气象事业发展的基本动力，开放发展，加强顶层设计，逐步建立起国家、省、地区、县四级气象机构网络，推行目标责任制，引入竞争机制，调动和发挥了广大职工的积极性，使气象工作充满了生机与活力。

近年来，吉林省气象局深入推进气象业务服务体制改革。大力推进气象供给侧改革，规范决策服务产品和流程，将原来的7大类整合为两大类，清理无效公共服务产品3类5种70多期，完善了决策服务产品制作和发布流程，增强了气象服务的针对性和有效性；制定《气象信息服务企业备案实施管理办法》，开通网上管理平台，完成9家企业备案工作。配合省物价局印发《吉林省物价局关于放开部分经营服务性收费的通知》，气象服务收费实行自主定价。

吉林省气象部门切实贯彻落实国务院"放管服"改革精神，推进了防雷减灾管理体制改革，完善了人工影响天气管理体制机制，东北区域人工影响天气中心管理体制改革基本到位。全力推进"最多跑一次"改革，办事事项100%实现"最多跑一次"。巩固深化防雷减灾体制改革，防雷装置设计技术评价纳入施工图联审，制定《吉林省雷电防护装置检测质量考核办法》，将防雷安全工作纳入安全生产责任制和省政府考核评价指标体系，开展气象行政执法检查及双随机抽查，实现零投诉、零复议。

稳步推进机构改革和行政改革，完成地方公益一类事业单位——吉林省突发事件预警信息发布中心的机构组建，集约雷电人工影响天气等工程性防御技术，组建省级气象灾害防御技术中心，实施省气象局机关内控制度建设。

扎实推进干部人事制度改革。近年来制定专业气象职务晋升、在职教育培训、人才引进等制度和激励政策7项，科、处两级领导干部的学历结构和年龄结构得到一定改善。

（三）持续推进气象法治建设，提高依法行政科学管理水平

吉林省气象部门不断深化气象法治建设，在社会管理职能、科学管理能力等方面得到加强，现代化管理水平不断提高，保障了气象事业的健康发展。最初的吉林省气象管理工作仅限于部门内部。1996年10月4日，吉林省人大常委会颁布实施的《吉林省气象管理条例》，标志着吉林省气象管理开始步入社会化法治化轨道。2000年《中华人民共和国气象法》施行以来，吉林省又相继出台了《吉林省气象条例》等14部地方性法规和政府规章，立法数量位居全国气象部门前列，地方气象法规

体系基本形成。2002 年吉林省气象局率先成立了气象行政执法大队，履行对社会的监督管理职能，"省局监督、市局为主、县局配合、机构健全、管理规范、保障有力"的气象行政执法体系初步建立。

标准化建设开创了新局面。成立了吉林省气象标准化技术委员会；截至 2018 年，吉林省共编制了 25 项国家、行业和地方标准，获批首个国家级社会管理和公共服务综合标准化试点项目。在政府管理职能方面，在全国率先成立了气象灾害防御指挥部，建立并逐步完善了"政府主导、预警先导、分类指导、部门联动、社会参与"的气象灾害防御管理和运行机制。

安全生产常抓不懈。近三年来制定实施了《安全生产"党政同责、一岗双责"规定》，与省安监局联合印发《关于进一步强化气象相关安全生产工作的通知》，组织开展春季行动、夏季攻坚和秋冬会战及消防、危化品、交通安全专项整治，开展自查、集中检查和专项抽查，发放整改通知 700 余份，投入 600 余万元实施部门安全隐患整改。全力做好气象宣传科普及政务信息报送工作；完成省科技馆气象科普展区建设，深入开展气象科普"五进"活动，推进了气象科普工作社会化。加强财务管理和审计监督工作，实施财务检查和审计全覆盖。加强"三项建设"，保证"两项待遇"，用心用情做好老干部工作。

四、吉林气象事业未来发展目标

经过 70 年的发展，吉林气象事业取得了巨大成就，积累了宝贵的经验，为新时代气象事业发展奠定了坚实的基础。

面向未来，吉林省气象部门将以习近平新时代中国特色社会主义思想为指导，全面贯彻落实中国气象局建设现代化气象强国的重大战略部署，继续坚定"树立新理念、建立新机制、发挥新效益、营造新氛围、务求新发展"的"五新"发展理念，紧跟时代发展，从更大格局上谋划、在更高质量上发展新时代气象现代化，按照党的十九大对新时代中国特色社会主义发展作出的战略安排，落实中国气象局部署，从现在起到本世纪中叶，分三步走系统谋划全面实现气象现代化、建设现代化气象强国的新的奋斗目标。

为此，吉林省气象部门必须紧密结合吉林省情实际，建设富有吉林特色的新时代气象现代化。以气象现代化为总抓手，坚持趋利避害并举，坚持改革创新驱动，服务保障重大发展战略，全面加强部门党的建设，强化自身能力建设，切实发挥气象对吉林经济社会发展的支撑保障作用。

要全面推进气象现代化建设。强力推进以"智慧气象"为重要标志的现代气象业务体系、服务体系、科技创新体系和治理体系"四大体系"建设。积极推进"率先实现农业现代化气象保障工程"

建设，提升"乡村振兴"、精准脱贫气象服务能力；加快推进"海洋气象监测预警服务工程"建设，提升边疆近海区域气象服务和突发事件应急保障能力；推进生态文明气象保障服务行动方案的落实，提升生态建设、生态修复、森林防灭火等气象保障能力。探索推进"一带一路"服务。逐步完善省、市、县三级天气监测预警业务平台建设，提高灾害性天气预报预警的提前量和精准度。

要大力推进气象改革和气象法治建设。全方位深入推动"放管服"改革各项任务有效落实。稳妥推进省气象科学研究所改革，尝试开展研究型业务建设。开展防雷装置检测质量考核，强化防雷安全气象监管职责。

要全面加强部门党建工作。提高政治站位，深入开展"不忘初心、牢记使命"主题教育，持续深入学习贯彻习近平新时代中国特色社会主义思想和党的十九大精神，准确把握守初心、担使命、找差距、抓落实的总要求，努力实现理论学习有收获、思想政治受洗礼、干事创业敢担当、为民服务解难题、清正廉洁作表率的具体目标，推进部门全面从严治党向纵深发展。

总之，吉林省气象局将在习近平新时代中国特色社会主义思想指引下，坚忍不拔、锲而不舍，以更大的决心、更明确的任务、更有力的举措，主动融入、主动作为，推动气象全面发展，创造吉林气象发展新成就，谱写吉林气象现代化新篇章，为建设幸福美好吉林、奋力开创新时代吉林全面振兴发展新局面做出更大贡献。

（撰稿人：宣兆民　王灵玲　张晓霞　刘明奇）

七十载观云测雨铸辉煌
助力"北大荒"迈入新时代

黑龙江省气象局

　　黑龙江古称"北大荒",为"棒打狍子瓢舀鱼、野鸡飞到铁锅里"的蛮荒之地,也是全国最冷、积雪时间最长、积温最少的省份,"北极"漠河曾创下 –52.3 ℃ 的历史最低气温。历经时代变迁,尤其是新中国成立后,黑龙江迅速发展崛起。如今,作为"共和国长子",黑龙江已成为国家重要的商品粮基地、装备制造基地、能源基地以及生态大省、冰雪旅游大省,并肩负着国防安全的重任。黑龙江气象事业也从小到大、从弱到强,在服务经济社会中不断壮大,书写了护佑民生、防灾减灾、保障发展的壮丽篇章!

一、发展格局:脉络清晰、步伐稳健、不断壮大

　　气象管理体制与国家发展同步进行。1898 年 5 月 8 日沙俄在哈尔滨建设气象测候所,6 月 9 日开展观测,哈尔滨成为全国最早开展现代气象业务的城市之一。1949 年 1—9 月解放军东北军区接收哈尔滨、齐齐哈尔、牡丹江、佳木斯、嫩江、鸡西、克山 7 个气象台站,恢复了气象监测。新中国成立初期,先后在大庆油田、松嫩平原和三江平原、大小兴安岭林区、四大煤矿建设气象站,黑龙江迅速发展壮大成为全国气象监测站网最为密集的省份之一,截至 1959 年,建设的气象台站达 112 个。

　　东北解放后,作为抗美援朝的大后方,气象资料成为重要的军事情报,黑龙江所属的 7 个气象台站直接归东北军区军事部气象处管理。1953 年 8 月气象部门划归地方政府管理。此后气象管理体制多次转换。改革开放后,1980 年 2 月气象台站实行以省气象局和地方政府双重领导、以省气象局垂直管理为主的管理体制;1983 年 2 月省气象局改由国家气象局和省政府双重领导、以国家气象局为主的管理体制;1992 年后建立中央与地方双重投资的计划体制与相应的财务渠道;1996 年打破"一地不设两台"的传统,重新组建哈尔滨市级气象机构;1997 年对大庆实行"一市两制"

（市级地方管理并对县级台站垂直管理），体现了黑龙江"立足省情、把握机遇、积极探索、适度创新"的发展思路。

改革开放后，尤其是进入 21 世纪，现代化气象事业发展思路更加清晰。在"公共气象、安全气象、资源气象"的引领下，气象部门逐步告别了单一的监测预报服务，向更为广阔的空间与领域拓展。为此，确立了"服务引领，项目带动；突出重点，强化基础；准确精细，延伸拓展；履行职能，联合联动；灾有所防，争创一流"四十字发展思路。2006 年以来，黑龙江省委、省政府先后就加强气象工作下发专门文件 9 个，特别是下发的《黑龙江省人民政府关于加快气象事业发展的意见》（黑政发〔2006〕65 号）和《黑龙江省人民政府关于加快推进气象现代化建设的意见》（黑政发〔2014〕31 号）对引领黑龙江气象事业发展，推动气象现代化建设，引导各级党委政府和各部门、社会各界重视气象事业发展和气象防灾减灾联动发挥了关键作用。

气象工作得到各级党委、政府的高度重视和认可。2013 年 9 月 8—12 日，全国人大常委会领导率队对黑龙江省进行气象法执行情况检查时，针对 2013 年黑龙江流域特大洪水气象服务给予了"气象部门发挥了预报准、发布信息早、应急响应快的特点，为政府及时主动应对、科学研判赢得了时间，在关键时刻发挥了重要作用"的高度评价。2008—2013 年省委主要领导多次对气象工作进行批示，要求"高度重视气象预报，特别是灾害天气的预报。各地各部门都要有强烈的气象意识，相信科学、依靠科学，提高减灾抗灾的能力"，并要求专门出台加强气象灾害防御的文件。省委、省政府专门以明传电报形式联合下发了《关于进一步加强气象灾害防御工作的通知》（黑办发电〔2010〕19 号），黑龙江省由此在全省各地全面开展气象为农服务"两个体系"建设。2017 年以来，省委主要领导先后两次到气象部门慰问调研，给予了"气象部门作风优良，技术精湛，严谨科学，工作扎实，专业水平高，在各行业中表现突出"的充分肯定。

二、气象防灾减灾：以防为先、服务至上

黑龙江是气象灾害多发频发省份，气象灾害占自然灾害的 90% 以上，主要包括干旱、暴雨洪涝、低温与霜冻、大风、冰雹、暴雪以及森林火灾、凌汛、沙尘暴等次生、衍生灾害。黑龙江气象部门始终秉承"以防为先、服务至上"的理念，坚持把气象保障黑龙江经济社会发展与民生福祉改善为宗旨和根本，努力确保将气象灾害降到最低。

针对暴风雪、寒潮等极端天气灾害强化针对性监测预报预警和服务保障。1983 年"4·29"暴风雪突袭齐齐哈尔、2010 年"4·12"暴雪突袭哈尔滨，历史罕见的风灾、雪害、冰凌、冻害同

时出现，气象部门提前预报，精细服务，通过政府组织多部门联动有效降低"大雪围城"造成的损失。针对黑龙江省中高纬气候影响因子复杂的状况，精心制作汛期天气趋势分析报告，充分利用卫星遥感、雷达、自动气象站资料做好短期大暴雨以及江河、洪水监测分析服务，在应对2005年"6·10"沙兰镇山洪泥石流灾害、2005年"11·21"松花江水污染事件等突发公共事件中发挥了重要作用。与多部门建立联合会商及重大气象灾害防御机制，充分发挥气象在防汛中的"先导"作用，为各级党委、政府提供准确的决策依据。例如，"九八大水"（1998年）嫩江、松花江接连告急，肇源段溃堤、龙吸水等险情频现，"一三大水"（2013年）黑龙江、松花江两面夹击、全面超警，气象部门自动监测站点上堤，气象服务小分队上堤，宣传报道队伍上堤，跨省域会商，跨地市支援，气象应急预警的"消息树"成了领导决策的"指挥棒"，在谱写一幅幅气象战洪图的同时做到了大灾之时无大难，黑龙江气象人的抗洪事迹写成了报告文学《与老天爷会商》，并拍成全国气象部门首部微电影。2018年黑龙江省天气气候形势复杂，汛期平均降水量比常年偏多32%，创1961年以来第一位。省委第55次常委会专门听取了汛期预报预测，要求气象部门准确预报、及时预警，把天气信息及时传递给广大群众；气象人员严密监测、有效应对，准确预测预报了夏季多雨趋势和主汛期26次降雨天气过程，提前2～5天准确预报了6次区域性暴雨过程，为各级党委、政府提供了准确决策依据，保障了无人因汛伤亡、全省安全度汛。

三、保障国家粮食安全：发挥趋利避害突出作用，馈赠"气象福利"

全球变暖对黑龙江农业生产的影响总的来讲是利大于弊。1961—2014年的54年间黑龙江平均气温升高了约1.89℃，高于北半球和全国平均水平。六条积温带全部北移东扩，积温增加，霜期缩短，有利于高产晚熟品种扩大面积、改善种植业结构调整和冬季发展设施农业。省气象局及时向省委、省政府提交《黑龙江省近50年作物生长季气候变化对农业生产的影响分析及对策建议》，省委、省政府将"构建气象服务平台"列为加快构建新型农业社会化服务体系八大平台之一。

围绕新划分的六条积温带细化春耕春播、夏田管理、秋收防霜、秋冬整地等农业生产全过程的气象服务，建立了5项春播气象指标。建立了"六抓六强化"气象为农服务工作机制并在全国气象局长会议上做典型交流：抓政府主导，强化气象为农服务有利政策环境；抓直通服务，强化气象为农服务及时性和覆盖率；抓平台建设，强化气象为农服务技术支撑；抓智慧气象，强化气象为农服务智能高效；抓指标体系，强化气象为农服务精准性；抓特色服务，强化特色农产品品牌影响力。在嫩江、富锦建设2个农田综合观测示范基地，通过建设标准化农业气象服务示范县、标准化农村气象灾害防御示范乡镇、"德丰 e 农"微信公众平台、粮食仓储气象服务系统以及开展农业巨灾气象指数保险等措施，探索由"种得好"向"卖得好"转变的新路径。农产品售价高低与气候条件直接挂钩，经过气候品质认证的农产品销售价格明显提升，农民亲切称赞气象服务是党和政府给予的一项福利。2012 年富锦市气象局参加了中央电视台"丰收中国"大型主题晚会的录播，2018 年全国气象科技下乡在寒地水稻之乡五常成功举办。气象服务为黑龙江粮食生产"十五连增"、连续九年蝉联粮食总产和商品粮全国第一做出了突出贡献。从 2009 年起，黑龙江公众气象服务满意度两次位居全国第一名，年平均 90.7 分，名列全国前茅。

四、保障生态安全：打造"一室一山三站两中心"生态气象新格局

在服务"大生态"上，黑龙江气象部门始终把握降低森林火险与生态保护红线主命脉，立足为打好原生态保卫战，展现峻岭延绵、山清林秀、城乡共美的北国风光，筑牢生态安全屏障提供优质保障，建设了中国气象局东北地区生态气象创新开放实验室（黑龙江省东北地区生态气象重点实验室）、龙凤山区域大气本底站、富锦陆面生态站、五营森林生态站、阳明滩湿地生态站、黑龙江省生态遥感中心（黑龙江省生态气象中心）和东北气象卫星数据中心，打造了"一室一山三站两中心"生态气象新格局。以生态气象新格局为依托，不断加强大小兴安岭生态气象监测能力建设。在新林、呼中、五营、乌伊岭、爱辉 5 个站增加森林可燃物观测，在五营观测林内小气候、红松及落叶松等林木物候，增加碳通量、森林边界层等观测任务，积极打造气象保障森林生态建设重点工程。完成了五营、富锦、龙凤山碳汇资料整理，成为黑龙江省政府碳汇工作领导小组与专家组成员。与省森林防火指挥部建立长效会商机制，开展实时化会商，联合发布森林草原火险预警，全力保障森林生态安全。1987 年"5·6"大兴安岭森林大火、2009 年"4·27"伊南河草甸森林大火、2010 年"6·26"呼中森林大火全国瞩目，气象部门在应急保障分队进驻扑火现场第一时间提供卫星遥感云图与火情信息的同时，调动全省的人工影响天气飞机、火箭、高炮，并联合东北三省力量开展增雨作业灭火，为扑灭大火做出了突出贡献。同时，在齐齐哈尔扎龙湿地保护区、大兴安岭洛古河、南瓮河以及兴凯湖生态保护区建立湿地生态监测站，在杜蒙、林甸、肇源、富裕、安达、同江 6 个站增加牧草物候观测，为黑龙江主辅换位发展畜牧业提供科技支撑。松花江沿岸河谷地带是全国风能资源丰富区，气象部门先后建设了 23 个测风塔开展风能资源普查，为风电场建设提供气候可行性论证。开展"松花江流域气候变化影响综合评估""气候变化对松嫩平原湖泊环境影响""东北地区精细化农业气候生产潜力评估及气候变化影响研究"与"松花江流域异常雨涝事件检测与归因"等气候变化专项研究，为黑龙江应对全球变暖与极端气候事件频发提供决策参考。

五、立足能源产业与国防安全：服务打造两座"金山银山"，夯实发展基础

立足于服务"大冰雪"，将冰天雪地转化为经济发展气候优势。黑龙江有独特的冰雪旅游资源，哈尔滨是世界闻名的冰雪文化之都，野外探测与冰雪服务是黑龙江省气象局的专长，先后6人参加南极科考工作。黑龙江国际滑雪节、哈尔滨国际冰雪节是中国对外交往的响亮名片，省气象部门坚持把气象保障冰雪旅游发展作为重中之重，先后编制了《冰雪旅游气象条件评估报告》和《气象保障冰雪旅游发展规划》，制定了冰雪旅游专项气象保障方案。2009年哈尔滨举办第24届世界大学生冬季运动会，气象部门积极参与申办工作，编制中英文服务手册，举全省气象部门之力开展气象服务保障。制作了"以雪为令"冬季清冰雪气象服务、"燃煤指数"等独具黑龙江特色的公共气象服务产品。为哈尔滨冰雪大世界建设、镜泊湖冬捕、漠河江上冰雪拉力赛等冰雪旅游项目提供气象科技支撑与服务保障，助力打造哈尔滨—亚布力—雪乡精品冰雪旅游线，将习近平总书记"绿水青山是金山银山，黑龙江的冰天雪地也是金山银山"的指示精神落到实处。

主动参与哈尔滨、双鸭山海绵城市建设。为鹤岗宝泉机场、绥化海丰机场、饶河民用机场、亚布力机场提供气候可行性论证工作。组织开展哈牡客专、哈佳高铁与大型桥梁、水库等重大工程项目建设以及输油管道、供水管线等基础设施运行的气象保障。分析挖掘大型装备制造业、重化工业等支柱产业全产业链气象服务需求，为大庆油田、四大煤矿安全生产提供气象服务。强化冬季供暖节能、夏季电力负荷、雨季城市内涝气象动态评估，推动气象大数据与实体产业经济深度融合。同时，与农垦、森工、水务、林业、国土、环保、教育、水文、航空、海事、高铁、电力等部门签订合作协议，例如，与环保部门建立可视化会商机制，联合发布重污染天气预警，在非禁烧区开展秸秆焚烧气象指数预报，助力打赢蓝天保卫战。

黑龙江有2900多千米的边境线，气象部门主动对接国家"一带一路"倡议，围绕"中蒙俄经济走廊""龙江丝路带"建设，加强气象对国防安全的支撑保障。注重建立持续稳定的中俄气象合作与会商机制，与俄罗斯远东地区建立了黑龙江流域凌汛、雨情数据信息交流，会商互访、学术交流实现定期化、常态化。

六、强化人工影响天气体系：建立"五抓五保"机制，强化效益发挥

20世纪50年代末期，黑龙江在全国较早开展飞机、高炮增雨防雹实验。作为农业大省，黑龙江干旱、冰雹等灾害时常发生，严重影响农业生产；作为林业大省，黑龙江每年春秋两季都会发生

不同程度的森林火灾。多年来，在农业抗旱、防雹，森林防火、扑火，水库蓄水及改善生态环境等方面，人工影响天气发挥了重要作用。2018年，省人工影响天气工作进入《中国气象局人影三年行动计划》终期评估业务安全"双优"行列。全省完成固定作业站点标准化建设达84%，省、市、县三级人工影响天气布局进一步完善。"人工影响天气多尺度技术系统及催化系统的研究与应用"项目获得国家科学技术进步奖三等奖。

建立了抓抗旱、保粮食安全，抓降险、保生态安全，抓增雨、保用水安全，抓防雹、保经作品质，抓基础、保能力提升的"五抓五保"工作体系，主管副省长在全国人工影响天气座谈会上做了经验交流。成立了由22个部门组成的人工影响天气工作指挥部，市、县两级均建立起相应组织机构。全省拥有446部火箭、849门高炮、712个标准化作业站点，遍布乡镇村屯以及农场林场，人工影响天气从业人员4000多人，地面增雨防雹规模稳居全国首位。组建7支应急人工影响天气机动作业队伍，拥有一架空中国王350型和一架运-12型增雨飞机，常年开展应急指挥作业。实施人工影响天气"耕云"计划，在抗旱增雨、防雹减灾的基础上，积极开展冬季增雪、预防性增雨作业，增加土壤墒情、降低火险等级，开创生态修复式人工影响天气作业的新方式。

七、气象现代化建设：机制更加完善，体系更加健全

紧密结合省情特色和实际，确定了建设具有黑龙江风格、更高质量的气象现代化奋斗目标，明确了气象现代化建设"三步走"战略，到2020年形成以智慧气象为标志的现代气象业务服务体系，2035年形成功能先进、充满活力的气象现代化体系，21世纪中叶建成现代化气象强省，气象保障和服务能力全面提升。确保整体实力在全国不拖后腿，一个台站都不能掉队，部分项目达到全国先进水平。

2011年10月31日，黑龙江省政府与中国气象局签署省部合作协议，2012年、2015年两次召开联席会议，共同推进气象服务、气象防灾减灾体系和气象现代化建设。制定了推进气象现代化行动计划（2018—2020年），制定了更高水平气象现代化指标体系，明确了基层气象机构现代化"4+7"工作模式，推进"气象灾害精细化监测预报预警工程、智慧气象服务工程、现代农业与生态文明气象保障工程、人工影响天气工程、基层气象台站建设工程"5项气象现代化重点工程的落实。2017年黑龙江省气象现代化建设在中国气象局评分达到94.9分，提前三年基本实现气象现代化。2018年黑龙江省气象现代化建设在中国气象局评分为96.8分，市（地）级平均得分96.9分，在哈省直业务单位平均得分97.2分，均创历年新高。委托哈尔滨工业大学作为第三方评估机构对全省基本实现气象现代化工作进行了评估认定。实施了"三农"专项、新一代天气雷达、山洪工程、人工影响天气工程等重大项目。公共财政保障、中央基本建设总投资水平不断提升。

　　黑龙江气象现代化业务体系建设经历新中国成立初期夯实基础、改革开放逐步完善、新世纪飞跃发展三个阶段。新中国成立初期，黑龙江气象业务建设初具规模，1951 年 10 月哈尔滨气象站（省气象台前身）配备 2 名预报员，为东北军区司令部提供短期天气预报，天气预报从此开端。改革开放后，黑龙江气象业务向体系化发展。1973 年起哈尔滨（省气象台）等地陆续配备 711 测雨雷达，1982 年正式接收卫星云图，1989 年大兴安岭率先使用极轨气象卫星遥感资料，1991 年龙凤山区域大气本底站建成并开展大气本底观测业务。1984 年在全国率先开通省市（地）有线电传通信网络，组建天气警报系统和甚高频无线通信系统，并在农村建设气象警报网和乡镇雨量网。1973 年开始发布《天气气候概况》，1981 年开展短时天气预报业务，以应对突发局地暴雨、冰雹等灾害性天气，并发布 72 小时、7 天、10 天等延伸期天气预报。1984 年创办《黑龙江气象》科技季刊。开展气候区划与评估，1973 年编撰《黑龙江省气候图集》和《黑龙江省军事气候志》，1976 年出版《黑龙江省气候》，1982 年完成《黑龙江省牧业气候区划》，1995 年后根据全球变暖趋势，开展了农业气候资源调整和区划细化，为引进"吉"字号玉米提供气候可行性论证。1998 年成立省、市、县三级防雷检测机构。先后参与哈尔滨市大气质量以及大庆乙烯联合化工厂、哈依煤气等重大建设项目的大气环境影响评价。

　　进入新世纪，黑龙江现代化气象业务体系全面开展。

　　构建地空天立体气象观测体系。全省 84 个国家气象站全部实现观测自动化，四种气象记录报表连续 28 年名列全国第一。建设 401 个国家地面天气站，四要素区域自动气象站乡镇覆盖率达 100%。从 2000 年起，完成了 11 部新一代天气雷达布设，漠河、塔河、宝清等边疆地区的雷达正在规划选址中。2004 年开展太阳紫外线观测业务。2005 年建成 29 个闪电定位仪、1 个大气电场仪，组成黑龙江省雷电监测网；哈尔滨、齐齐哈尔、伊春、嫩江 4 个探空站先后更新 L 波段测风雷达；2008 年佳木斯气象卫星地面站建成并开始接收气象卫星数据。齐齐哈尔国家基本气象站被中国气象局认证为首批"中国百年气象站"。

　　发展现代气象预报预测体系。2000 年短期预报业务系统实现自动化，2001 年开展松花江、黑龙江凌汛预报业务，建设"网上气象台"。2002 年开发松花江流域监测预测气候业务系统，制作汛期松花江流域面雨量预报。2003 年完成高分辨率无缝隙短时临近预报系统建设，对外发布短时及临近强降雨预报、中高考与节假日滚动预报。省气象局与哈尔滨市气象局先后配备高性能计算机。增加生活指数、健康指数、地质灾害、森林城镇火险等级、灾害天气预警信号、旅游景点和公路沿线天气等预报内容。为政府部门提供农业气象年景分析等 15 项农业系列化情报服务和春秋两季防火期森林火险趋势预测。目前，省级智能网格预报业务单轨运行，完成省市两级订正、省市县三级应用智能网格预报布局，县级气象台站制作发布细化到乡镇的天气预报。天气预报准确率和气候预测质量不断提高，至 2018 年，全省 13 市（地）（含所辖县）天气预报综合质量 24 小时准确率达 79.89%，其中晴雨预报准确率达 88.94%，最高气温预报准确率达 78.92%，最低气温预报准确率达 71.79%；短期气候预测质量评分，降水达 77.8%，气温达 72.5%。

完善公共气象服务体系。推进国家突发事件预警信息发布系统建设，建立重大气象灾害预警信息发布绿色通道。建成省、市、县三级共享的公共气象服务平台和省级雷电监测预警平台，开展与网络、IPTV 等新媒体合作业务以及智能手机气象服务平台建设。大力推进农村气象防灾减灾体系和山洪灾害气象保障工程建设，全省气象信息员队伍达到 13125 名，自建及利用外部门乡村气象大喇叭 10135 个、气象电子显示屏 2052 块、乡镇气象信息服务站 963 个，实现了全覆盖。自行研制了省、市、县管理与业务一体化平台并在全省气象部门推广应用，体现了新时代气象业务与管理的集约化、智能化和规范化发展。

八、坚持科学化管理：注重人才队伍建设和科技创新

干部队伍与人才体系不断完善。始终把政治建设作为干部队伍建设的核心，充分发挥基层党组织战斗堡垒作用和党员先锋模范带头作用，通过上挂下派、驻村扶贫、援疆援藏锻炼后备干部，提高年轻人"踏石留印、抓铁有痕"的责任担当。通过公开选拔、竞争上岗、异地任职、横向交流、定期轮岗来选优配强各级领导班子。倡导"功成不必在我、功成必定有我"的思想境界，以"工匠精神"来鼓励各级干部踏实做事、干净做人，干部选拔任用的科学性与公认度大幅度提高。同时，科技人才培养发挥"头雁效应"，以学科带头人、正研后备、青年英才、朝阳计划等人才工程为重点，构建了首席专家、创新团队、基层业务带头人层次分明的人才梯队，目前我省正研人数已达 21 人。坚持内外并重，加大访问学者、学术交流、局校合作以及开放实验室、院士工作站来促进"雁阵团队"的成长，76 人入选黑龙江省科技厅项目评审专家库。启动"人才强基"工程，实施市级气象台预报领班制，制定基层台站吸引大气科学专业毕业生优惠政策，在职称评聘时给予基层政策倾斜，目前县级气象部门拥有高工达 93 人。

搭建气象科技创新体系。不断完善激励创新政策机制和科技成果转化及收益分配制度。围绕产—学—研—用一体化明确了气象科技创新规划和目标，建立了 8 支科技创新团队。龙凤山区域大气本底站入选世界气象组织全球大气观测网，成为科技部国家野外科学观测研究站、中国气象局野外科学试验基地。建设了全国首个多脉冲雷电防护实验室、黑龙江省气象台高纬度地区天气预报技术中试基地和漠河地面气象仪器试验基地等科技创新平台，科技成果纳入省科技创新业务共享服务平台。"黑龙江省作物产量预报及农业气象环境预测评价""黑龙江省极端灾害性天气预报技术及应用"

等多项科研成果获得黑龙江省科技进步奖。聘请中国工程院院士等专家 6 人，为多业务领域提供技术指导，与南京信息工程大学等多所大学以及 13 所科研单位开展合作，协助东北农业大学开设应用气象学专业，多名气象科技工作者应邀授课。

注重抓好气象重点领域改革。坚持把改革贯穿在气象事业发展全过程。贯彻落实《中共中国气象局党组关于为东北全面振兴全方位振兴提供高质量气象保障服务的实施意见》（中气党发〔 2019 〕 39 号）文件精神，明确了重点任务和重点工程。积极配合国家公务员局做好县级气象机构参公管理调研，为在全国实施县级气象机关参公管理奠定良好基础。省政府下发了《黑龙江省人民政府关于优化建设工程防雷许可的通知》（黑政规〔2017〕14 号），要求各级政府要将防雷减灾安全工作纳入政府安全生产考核评价指标管理体系，并按事权与支出责任为落实防雷安全监管责任提供必要经费保障。积极落实国务院"放管服"改革要求，清理规范部门涉企收费和证明事项，落实"多证合一"改革。落实"一网通办"要求，全部行政审批事项均使用中国气象局行政审批系统办理，将新扩改建工程避免危害探测环境审批纳入省政府服务审批系统。配合落实"市场准入负面清单"制度，实现"一张单"。

持续强化效能管理与基层基础。深入落实双重领导与双重计划财务体制，强化以部门联动、局校合作、开放科研为依托，突出社会管理职能，提高办公与服务效能。2010 年以来 4 项工作获中国气象局工作创新奖。通过不断推进县级气象机构综改、参公管理、职级并行、设立党组等举措，提高基层自我发展的能力和水平，基层台站"一站一景"面貌焕然一新。持续改善民生，保障全省气象部门人员调资、津补贴、重病补助和艰苦台站提高标准后津贴等及时发放。黑龙江省委、省政府连续 11 年对省气象局全体公务员给予绩效奖励。

九、坚持依法履职：出台 7 部地方气象法规，注重加强行业管理

坚持依法科学发展气象事业。1996 年 1 月 11 日颁布施行的《哈尔滨市人工防雹管理条例》、2012 年 8 月 1 日施行的《黑龙江省气候资源探测和保护条例》、2015 年 3 月 1 日施行的《龙凤山区域大气本底站气象设施和气象探测环境保护条例》、2018 年 1 月 1 日施行的《黑龙江省气象信息服务管理条例》分别是全国首部人工影响天气、气候资源、大气本底站、气象信息方面的地方法规，填补了相关领域的空白。除此之外，还相继出台了《黑龙江省人工增雨防雹管理条例》《哈尔滨市人工影响天气管理条例》《黑龙江省实施〈中华人民共和国气象法〉办法》《黑龙江省气象灾害防御条例》等地方法规。8 部地方气象法规的数量在全国气象部门领先。制定了《黑龙江省气象信息传播信用标识管理办法》和《公众气象信息服务质量评价》地方标准，向社会公开征集确定了"黑

龙江省公众气象信息传播信用标识"。同时1项国家标准、1项行业标准、3项地方标准颁布实施，2项行业标准获中国气象局立项，形成较为完善的地方气象法律法规与行业标准体系。

注重加强行业管理。黑龙江是农垦、森工气象行业大省，建有农垦、森工等近200个行业气象台站（哨），行业管理任务十分繁重。目前，农垦78个、森工22个气象站纳入国家天气站网统一管理，农垦全部92个气象站、森工31个气象站实现数据共享。适应改革需求，积极落实农垦和森工两大系统涉及气象改革工作，明确了气象行政权力事项及政府职能权责清单，全省12个市（大兴安岭地区无移交改革任务）气象局与农垦、森工已全部完成气象政府行政职能移交协议签署及交接工作。

十、坚持政治统领：高质量推进党建和文化建设

全面加强从严治党。坚持党要管党、从严治党，坚决维护以习近平同志为核心的党中央权威和集中统一领导。党组书记作为党建第一责任人，做到抓党建与抓业务"同部署、同落实、同检查、同考核"，融入日常，抓在经常。增强"四个意识"，坚定"四个自信"，做到"两个维护"，重大事项及时向中国气象局和黑龙江省委请示报告。积极组织开展解放思想推动高质量发展大讨论，积极推进各项学习常态化、制度化、长效化。驰而不息地抓好作风建设，倡导勤学苦练之风、大兴调查研究之风，深入基层了解实情。抓好"保持共产党员先进性教育""党的群众路线""三严三实""两学一做""不忘初心，牢记使命"等系列教育活动的开展。以政治建设为核心，严明政治纪律和政治规矩，落实"三会一课"等基层党组织的政治生活制度。

党风廉政建设扎实推进。严格落实中央"八项规定"精神，持续纠正"四风"，落实"两个责任"，认真组织党风廉政宣传教育月活动，集中开展警示教育。发挥巡视巡察利剑作用，注重抓好巡视巡察问题的整改。坚持"凡事做于细成于严"，加强预算执行管理，强化内部审计监督，让党员干部知敬畏、守底线。自主研发廉政风险防控信息化平台，综合运用财务检查、监督问效等手段来加强基层单位监管，存疑事项及时跟踪质询整改，全国16个省份借鉴经验并推广使用。始终坚持问题导向，抓住关键少数，层层传导压力，突出抓好科技服务、建设项目等重点领域监督。有效运用"四种形态"，敢于刀刃向内，对发现的苗头性、倾向性问题及时提醒纠正。紧紧咬住"责任"二字，抓住"问责"这个要害，以壮士断腕、刮骨疗毒的勇气严厉查处违纪问题，用纪律和规矩管住思想、管紧行为、管出自觉。

宣传舆论和创先争优工作不断巩固。牢牢把握意识形态这个弦，坚持围绕中心、服务大局，积极为气象事业发展营造浓厚氛围。秉持气象科普宣传实时化、一体化、信息化、融合化的"四化"

机制，形成省市县齐抓共管的大宣传工作格局。科普文章屡获全国气象科普作品观摩交流最佳作品、《气象知识》优秀文章特等奖等殊荣。中国气象报驻黑龙江记者站连续六年获评"特别优秀记者站"，并在第六次全国气象宣传科普工作会议上做典型交流。同时，青联、工会、离退休老干部组织大量丰富多彩的文体活动，丰富职工业余文化生活，气象文化氛围日渐浓厚。保密、信访、学会、扶贫、军民融合等工作扎实推进，成效丰硕。加大创先争优的力度，创建文明单位，提高队伍凝聚力，省气象局机关和4个市（地）气象局被授予"全国文明单位"称号。

十一、发展经验与展望

七十载寒暑，风雪严寒下跃动着黑龙江气象人火热的心，敢叫风雨可测，预报冷暖先知，在无垠的"北大荒"留下了拓荒者涂抹不掉的痕迹。黑龙江七十年的气象事业之路凝聚了丰富的发展经验。

一是必须始终坚定不移地贯彻党的方针政策，始终围绕各级党委政府的中心工作、服务大局，以保障"五大安全"特色需求为牵引，以服务黑龙江发展战略为依托，来彰显气象部门的突出作用。

二是必须坚决贯彻中国气象局的顶层设计，以智慧气象为依托，发展"互联网＋"、融媒体为核心的业务与管理一体化平台，构建具有黑龙江风格的气象现代化，坚持在保障现代农业、冰雪旅游以及生态文明建设上成为全国"排头兵"。

三是必须坚定落实双重管理与双重计划财务体制，构建横向到边、纵向到底的管理体系，始终把人才作为第一资源，持续实施人才优先战略，在破解发展问题上孜孜以求，落实好国家和地方出台的各项待遇和补贴，创造安心、安身、安业的人才环境。

四是必须始终坚持"不忘初心、牢记使命"这一主题，推动解放思想，坚持弘扬"东北抗联精神、北大荒精神、大庆精神、铁人精神"主旋律，以扎根漠河34年老劳模周儒锵等先进人物为榜样，努力构建"根植北国、勤奋执着、团结求实、优质服务"的黑龙江气象人精神。

"揽风雨以求天问，知冷暖方为济民"。黑龙江气象事业始终是防灾减灾的"前哨站"和推动经济社会发展的"助燃剂"。我们将以习近平新时代中国特色社会主义思想为指导，聚焦东北振兴与"五大安全"，牢牢把握黑龙江建设自贸区这个历史机遇，围绕黑龙江"国家粮仓""大美龙江""龙江丝路带""中蒙俄经济走廊"建设，把握稳中求进工作总基调，坚持新发展理念、坚持全面改革开放、坚持趋利避害并举，落实中国气象局与黑龙江省委、省政府决策部署，依法规范气象事业发展，全面加强党的建设，促进气象事业高质量、可持续发展，以更加饱满的热情、更加务实的作风，为黑龙江全面振兴提供气象科技支撑与服务保障，续写气象事业发展新辉煌！

（撰稿人：袁长焕　兰博文）

七十年风雨兼程铸辉煌　新时代气象万千再起航

上海市气象局

新中国成立 70 年来，上海气象事业走过了极其不平凡的发展历程。在中国共产党的坚强领导下，上海气象以马克思列宁主义、毛泽东思想、邓小平理论、"三个代表"重要思想、科学发展观、习近平新时代中国特色社会主义思想作为行动指南，不断攻坚克难，经受住了各种考验。伴随着上海城市经济社会发展和气象科技进步，气象工作的重点和内涵也在不断变化，由原先的为军队服务、为农服务为主逐步发展为气象融入超大城市精细化管理，全方位保障城市的安全运行和经济生产生活的各个领域，气象正在深刻影响着市民生活的方方面面，上海气象事业取得了令人瞩目的成就。

70 年来，上海已经初步建成了国际一流的气象综合观测体系，气象预报准确率和精细化程度不断提升，灾害天气预警时效逐步提高。气象服务紧跟需求，不断拓展服务内容，建立了气象服务美好生活和气象防灾减灾服务协调发展、有效衔接的气象服务业务体系。气象科技工作持续推进，在台风、海洋、数值预报、城市气象服务、气候变化等领域取得丰硕研究成果。新中国成立以来，上海气象部门共获国家级科技奖励 13 项、省部级科技奖励 86 项。国际合作不断深化。21 世纪以来，先后承担了世界气象组织 6 项示范项目、16 项双边合作项目，响应"一带一路"倡议，向"一带一路"沿线国家（缅甸等）推广区域数值预报模式及相关技术。气象法治工作不断健全，出台了《上海市实施〈中华人民共和国气象法〉办法》和《上海市气象灾害防御办法》等地方性法规和政府规章，为上海的气象工作和气象现代化建设提供法治保障。

70 年来，上海气象部门始终坚持干部人才队伍建设紧跟时代发展，始终秉持"千秋基业、人才为本"的理念，努力为适应事业发展夯实干部人才基础。上海气象部门的干部人才管理制度不断科学规范，队伍素质持续提升，队伍结构不断优化，人员规模、学历层次、高级职称比例等有了大幅度提升，各类人才脱颖而出。依托双重计划财务体制，中央、地方财政对上海气象事业的投入力度保持稳定，重点业务运行维持经费纳入上海市财政预算，为上海气象事业发展提供了有力的资金支持。

一、上海气象事业发展历程

1949 年 5 月 31 日，中国人民解放军上海市军事管制委员会下达军事接管第一号命令，接收大西路 377 号（今延安西路 394 弄 8 号）原国民政府中央气象局上海气象台。1950 年 12 月 11 日，根据中央人民政府外交部指令和上海市军事管制委员会命令，上海市军事管制委员会徐家汇及佘山天文气象台管理委员会接管徐家汇观象台，结束了外籍人在中国举办气象业务的历史。

1953 年 8 月 1 日，中央人民政府政务院和人民革命军事委员会联合发布命令，决定气象部门从军队建制转建为政府建制。1954 年 11 月，华东区上海海洋气象台扩建为上海中心气象台，直属中央气象局建制领导，负责指导的天气业务范围为江苏、浙江、福建 3 省。1956 年 5 月 1 日，上海气象局成立，统一管理江苏、浙江两省和上海市的气象工作。

1959 年 5 月，经上海市人民委员会报请国务院批准，上海市气象局正式宣布成立。上海市气象局与上海中心气象台合署办公。

1985 年 1 月，新建的上海气象业务大楼竣工启用。大楼高 17 层，建筑面积为 1.12 万平方米，是全国气象系统第一座高层气象业务大楼。

1986 年 12 月 26 日，共青团上海市委做出《关于组成共青团上海市气象局第一届委员会的批复》，上海市气象局成立了第一届共青团委员会。

1988 年 5 月 20 日，上海区域气象中心宣布成立，区域范围包括山东、安徽、江苏、上海、浙江、江西、福建六省一市的气象部门，是全国第一个区域气象中心。

1997 年 4 月 25 日，上海市气象局业务一体化平台在气象大楼二号楼三楼正式启用。

1999 年 12 月 18 日，上海市政府通过了《上海郊区气象现代化建设三年规划（2000—2002 年）》，开展郊区气象现代化建设（"三点三化"）。

2001 年 12 月，经国家科学技术部、财政部和中央编办批准，重组建立中国气象局上海台风研究所，成为中国气象局八个专业气象研究所之一。

2006 年 7 月 1 日，洋山港气象站正式纳入中国气象局业务序列，为上海市气象局唯一的海岛艰苦站。

2010 年 10 月 30 日，国际展览局授予世界气象馆"上海世博会评委会特别奖"。12 月 27 日，中国 2010 年上海世界博览会总结表彰大会在北京举行，上海气象部门 3 个集体、3 名个人获得先进荣誉称号。

2012 年 12 月，上海气象业务科技大楼竣工启用。

2013 年，上海市突发事件预警信息发布中心成立，这是全国首个省级预警发布中心。

2016 年 4 月 8 日，上海市政府与中国气象局在沪联合召开上海率先实现气象现代化总结暨"十三五"发展启动会，上海市政府发展研究中心对上海气象现代化工作开展了第三方评估，评估得分 95.5 分。

2019 年落实长三角一体化发展国家战略，编制《长江三角洲区域一体化发展气象保障规划》，引领全国新一轮气象现代化建设。

二、上海气象事业的主要成就

（一）气象综合观测体系逐步完善

上海气象观测体系通过持续建设，不断发展，观测站网效益得到有效提升，观测仪器和观测方法研发取得进一步突破，为发展上海现代气象业务、构建气象现代化体系奠定了良好的基础。地面气象观测，共建成 260 多个自动气象站，空间总体间距 5 ～ 6 千米（市区 4 千米），总体实现地面气象观测自动化。雷达气象观测，建成中国第一个天气雷达站（马可尼测雨雷达），建成全国第一部世界先进的进口 WSR-88D 雷达，建成国内先进的青浦多普勒天气雷达，完成浦东南汇雷达双偏振多普勒技术升级改造，成为国内第一部业务化使用的 S 波段双偏振多普勒天气雷达，开展相控阵天气雷达组网。城市边界层观测，建成 9 部风廓线雷达，同地面低空激光测风雷达、梯度风塔组成较完善的边界层观测网。环境气象观测，基本实现多要素环境站全市各区全覆盖，与臭氧探空站、酸雨观测站、负氧离子站、花粉站和温室气体站共同组成城市环境气象观测网。卫星遥感接收观测，建成 FY-3、FY-4、葵花、NOAA 系列、TERRA 和 AQUA 综合接收业务系统，联合华东区域共建成 200 多个 GNSS/MET 接收站点。海洋气象观测，联合区域省市，建立由海岛站、浮标站、船舶站、波浪站、潮位站以及沿海雷达、风廓线等组成的东、黄海近海气象观测网。专业气象观测，初步建立重点路段交通气象观测网，建成基本覆盖全市的全雷电观测网。应急气象观测，总体实现市区和各郊区的移动观测系统全覆盖。建成全国第一个城市气象观测网。上海气象信息化建设以数据流为核心，打通气象观测、预报、服务的"肠梗阻"。建立全国第一个气象系统无线电传真网络，成立上海区域气象传真广播台（二级气象传真广播），建成全国最早的省、市级气象台站间的超高频通信网，建成以计算机为中心的上海区域气象通信枢纽，建立集约化业务平台和一体化业务系统，与上海超算中心的合作提升计算能级，建立全流程可视化监控系统。搭建一体化业务平台标准化质量管理体系（ISO9001），显著提升业务管理标准化水平。

（二）预报预测能力明显增强

上海建立了从临近预报到年度预测的无缝隙预报体系，预报质量稳步提升。上海气象部门一直致力于数值预报发展，1964 年，正式开展数值天气预报方法的研究和应用，使上海成为全国最早开展数值天气预报的地区之一。1974 年，购进国产 DJS-6 型电子计算机，运算速度 5 万次 / 秒，为我国气象部门开展早期的计算机业务。1976 年与南京大学协作研制的国内最早的台风路径数值预报正压模式投入业务试用。2018 年，组建长江经济带数值预报联盟。

目前，晴雨、气温等天气预报准确率在全国处于领先水平，24 小时晴雨预报准确率达到 89.5%，最高气温预报准确率达到 88.8%，最低气温预报准确率达到 90.2%，台风影响风雨预报准确率达到 88.6%，路径预报误差减小到 63.8 千米，推出了"上下班时段天气预报""3 小时天气预报""未来 10 天逐日天气预报"等一系列精细化预报产品。上海建立了水平分辨率为 3 千米的区域快速循环更新同化系统、水平分辨率为 9 千米的区域数值预报系统、水平分辨率为 15 千米的区域集合预报系统，能够实时生成乡镇级站点和精细化格点预报，对提高精细化预报能力起到重要支撑作用。上海智能网格预报业务平台自 2017 年 7 月 1 日起单轨业务运行，目前基本建立了 0～10 天 5 千米分辨率智能网格预报业务，初步形成了由实况分析和 0～10 天气象网格预报构成的无缝隙精细化预报产品"一张网"，有效支撑了上海超大城市气象服务工作。

（三）气象服务蓬勃发展

上海气象部门气象服务手段不断丰富。1993 年 5 月 8 日，上海华云气象警报寻呼台成立并开始为用户服务。1996 年 7 月 1 日，上海气象影视中心建成，有节目主持人的电视天气预报节目在上海电视台和东方电视台首次播出。

上海气象部门气象服务领域不断扩展。1993 年 5 月 9—18 日，应东亚运组委会要求，与空军部队合作成功开展了我国首次人工消雨试验。1999 年 6 月 1 日，与市环保局合作，在全国率先向社会发布每日城市空气质量预报。2011 年市科委批准上海市气象局建设上海市气象与健康重点实验室，开展气象环境与健康交叉学科的研究应用，2013 年上海市气象与健康重点实验室正式挂牌成立。2013 年上海率先开展空气质量指数（AQI）预报，与上海市生态环境局联合发布 AQI 分时段预报产品。2015 年 6 月 3 日，上海市气象局与中国商飞民用飞机试飞中心签约，共同推进国产大飞机试飞特殊气象保障工作。

上海气象保障城市精细化管理水平显著提升。"政府主导、部门联动、社会参与"的气象防灾减灾机制逐步完善，灾害风险管理体系逐步健全。推进智慧气象融入城市大脑，"城市精细化管理气象先知系统"融入了上海城市运行管理和应急处置系统，推动城市管理从事中、事后为重点的精细化处置向事前预知为重点的精细化预防升级赋能。由单一的气象预报服务逐步发展为关注事前、事中、事后的全链条式气象服务，建立了"工作提醒—灾害性天气预通报—天气预警—灾害性天气预警精细化跟踪服务—灾害天气过程性通报"5 个环节的精细化决策气象服务工作流程。气象服务渠道由依靠专人递送和电话传输，发展为传真、公务网、电话、微信、App 等多样化服务方式，并建立了基于移动端的更为快捷高效的决策气象服务机制。行业气象服务从零起步，逐步拓展到航空、海洋、环境、保险、能源、交通、健康、旅游等 10 余个领域。始终把公益性气象服务放在首位，公众气象服务由传统的通过报纸开展服务逐步拓展形成了以电视、广播、声讯、短信、网站等多样化的服务方式，基本满足了公众气象服务需求。2010 年以来，以提升智慧气象服务能力为目标，公众气象服务又增加了微信公众号、微博、"上海知天气"App 等智慧化服务渠道，合计关注人数近 200 万，大大拓宽了公众气象服务渠道，公众可获得的气象服务产品多达 50 种，公众满意度稳定在 80 分以上。

（四）科技创新和人才队伍建设取得明显成效

上海在气象科技创新方面取得大量成果。1978 年，"业务数值天气预报自动化系统""预报西北太平洋台风路径的统计动力学方法""用正压原始方程预报西北太平洋热带气旋路径""地面气象资料信息化模式及处理标准程序""水稻寒露风危害规律、长期预报和防御措施的研究"5 项科研成果获全国科学大会奖；"上海地区短时灾害性天气监测、预报、服务系统的研究"课题获 1990 年度上海市科技进步奖一等奖。2015 年 10 月 3 日，上海台风研究所和中国航天科工集团共同设计研发的我国首枚台风探测火箭在海南万宁点火发射并取得成功。2018 年 1 项科技成果获得国家科学技术进步奖二等奖。

近年来，在台风研究方面，编制了《热带气旋年鉴》《台风最佳路径数据集》《西北太平洋热带气旋气候图集》，建成了我国唯一的西北太平洋热带气旋多源数据库。建立以火箭无人机探空和移动探测车为代表的台风野外观测体系，提出台风边界层湍流能量串级与反向串级并存机制，量化台风登陆过程中湍流摩擦增加幅度，研发台风极端风雨条件下雨滴谱等新型仪器观测质控技术，研发基于五力平衡的西北太平洋台风风压关系，研发台风风圈分析技术并发布台风风圈产品，创办热带气旋领域内唯一国际学术期刊《热带气旋研究与评论》（《Tropical Cyclone Research and Review》）。在数值预报研发方面，研发华东区域中尺度模式系统（SMS-WARMS）、GRAPES-TCM 台风模式等多个模式系统，聚焦高分辨率物理过程等核心技术重点突破。开发从全球到区域、港口不同分辨率和预报时效的风浪和海洋环流数值预报业务系统，并在沿海省市推广应用。牵头搭建长江经济带数值预报联盟，涵盖 15 个省（区、市）以及 3 个计划单列市气象部门，促进区域模式众创和共享应用。设计可快速分发海量数据的数值预报云平台，实现数值预报业务集约化发展。在气候变化和环境气象领域，联合江苏、浙江、安徽、福建、江西、山东等省气象局编写完成并出版《华东区域气候变化评估报告》，研制城市基础设施气候变化风险评估工具集，定量评估长三角城市群气候变化敏感领域（水务、能源、通信等）气候风险，以区域中尺度模式驱动大气环境预报系统，开展天气—环境模式一体化研究。成功组织 6 项国际示范项目，即上海多灾种早期预警示范项目（MHEWS）、上海城市气象和环境示范项目（GURME）、上海世博会短时临近预报服务示范项目（WENS）、登陆台风示范项目（TLFDP）、城市天气及气候服务示范项目（IUWCS）、沿岸洪涝预报示范项目（CIFDP）。

人才培养不断取得新成效。新中国成立以来，上海气象部门培养造就了一批批优秀气象人才，其中，享受国务院特殊津贴 17 人，全国劳模 3 人，获"全国五一劳动奖章""新长征突击手"等全国性各类荣誉称号 6 人，省部级劳模 19 人；获国家级科学技术奖 3 人，省部级科学技术奖数十项；获上海市白玉兰纪念奖 2 人，入选上海市领军人才 1 人；入选中国气象局"百名首席预报员"3 人，入选中国气象局青年英才 3 人，入选中国气象局科技领军人才 2 人。目前有博士研究生学历 62 人、硕士研究生学历 232 人、大学本科毕业 251 人、大专毕业 36 人，本科以上学历占总人数的 91% 以上。正高级、副高级及中级职称人数分别为 30 人、147 人及 308 人，中级以上职称人员占总人数的 81% 以上。

（五）气象科学管理水平不断提升

进一步深化和创新气象事业双重领导体制。2005 年，中国气象局和上海市人民政府建立了合作联席会议制度，形成中国气象局与上海市政府合作发展上海气象事业的长效机制，将主要合作内容纳入国家气象事业和上海市经济社会发展规划，共同推动上海气象事业持续健康发展。通过部市合作联席会议机制，先后建设了上海海洋气象暨台风预警中心一期工程（上海海洋气象台）、上海气象综合业务楼、上海世博会精细化气象服务系统等重大工程。2012 年《关于加快推进上海率先实现气象现代化的实施意见》出台以来，全面推进率先实现气象现代化各项任务，并于 2014 年中国气象局省级气象现代化指标评估结果，上海气象现代化评估得分为 88 分，排名全国第一。

气象法治环境不断优化。1990 年 10 月，市政府批准上海市气象局开展防雷工作。2000 年 2 月 25 日，上海市人民政府颁布实施《上海市雷电防护管理办法》，加强了雷电防护管理，有效减轻了雷电灾害，保障了人民生命和财产安全。2003 年 12 月 3 日，上海市人民政府第 14 号令发布了《上海市灾害性天气预警信号发布试行规定》。2006 年 10 月 26 日，上海市第十二届人民代表大会常务委员会第三十一次会议通过了《上海市实施〈中华人民共和国气象法〉办法》，使上海气象法律制度体系得到完善，气象行政执法能力不断提高。2017 年 3 月 1 日起，《上海市气象灾害防御办法》正式在沪施行，合理权衡了政府与社会、组织与个人的权利义务分配，对全市气象灾害防御工作进行了制度设计和上位法细化。自《中华人民共和国气象法》实施以来，上海市气象局根据法律法规的要求，实施了防雷装置设计审核和竣工验收、防雷装置设计施工资质、防雷装置检测资质、涉外气象探测、气象探测环境保护、施放气球资质和施放气球活动等审批，查处了施放气球、违法发布天气预报、违法实施防雷检测等几十起违法案件。

（六）党建引领推进中心工作

上海气象部门在党中央的坚强领导下，在中国气象局党组和上海市委、市政府的正确指导下，各级党组织紧紧围绕不同历史时期的气象工作大局，全力推进管党治党各项工作，不断巩固党在气象部门的执政基础。特别是党的十八大以来，各级党组织按照新时代党的建设新要求，突出抓好政治建设、思想建设，持续加强组织建设，认真抓好作风建设、纪律建设，贯穿加强制度建设，深入推进反腐败斗争。

始终以正确的政治方向引领党的建设的方向和效果，着力于坚定政治信仰，强化政治领导，提高政治能力，净化政治生态，牢固树立"四个意识"，坚决做到"两个维护"。始终把思想建设作为基础性建设，坚持党内集中学教育与经常性工作相结合，保质保量完成"保持共产党员先进性""党的群众路线""三严三实""两学一做""不忘初心、牢记使命"等主题教育，保持党的先进性、纯洁性和强大的创造力、凝聚力、战斗力。始终以正确的组织路线保证正确的政治路线和思想路线的实现，建设德才兼备的领导班子和干部队伍，建设守信念、有本领的高素质基层党组织带头人队伍，建设符合政治标准又充满生机活力的党员队伍。始终坚持全心全意为人民服务的宗旨，持之以恒正风肃纪，维护党的形象，不断增强群众观念，改进群众工作方式，厚植群众基础。始终坚持制度治党，把制度建设的硬约束贯穿于党的各项建设中，落实治党务必从严、从严必依法度的要求，构建内容科学、程序严密、配套完备、有效管用的制度体系，规范对党组织活动、工作及党员行为的监督、考核、保障等。始终坚持围绕中心、服务大局，融入业务抓党建，找准政治建设和业务工作的结合点，努力破解重点项目、重点工程中存在的问题和瓶颈，把党的政治优势、组织优势转化为发展优势，把党建实实在在地融入中心工作。

三、经验与体会

（一）始终坚持中国共产党对气象工作的领导

党的领导是中国特色社会主义最本质的特征，是中国特色社会主义制度的最大优势。

一是坚定不移加强全面从严治党。全面从严治党是推进党的建设新的伟大工程的必然要求。深入贯彻落实全面从严治党方针和要求，抓党内政治生活从严、抓思想从严、抓纪律从严、抓治吏从严、抓作风从严、抓反腐从严。牢固树立抓好党的建设是最大的政绩的观念，坚持党建工作和中心工作通盘考虑、统筹谋划，把每个环节的党建工作抓具体、抓深入、抓实在。

二是坚定不移夯实基层基础。基层党组织是我们党的执政根基，推动全面从严治党向基层延伸，必须紧紧围绕"强化基层党组织的领导核心地位、发挥党组织战斗堡垒作用和党员先锋模范作用"这一目标，以全面从严治党为标杆，以提升组织力为重点，推动基层党组织全面进步、全面过硬。

三是坚定不移加强党员队伍建设。突出党组织的政治功能，优化组织设置，理顺隶属关系，明确职责任务，选配对党忠诚、做事干净、勇于担当的党员。广大党员特别是党员领导干部要进一步加强自身建设，把握政治方向，遵守政治纪律，提高政治能力，优化知识结构，勇挑重担促发展。

（二）始终把上海气象工作放在全球坐标系中谋划和推进

上海气象综合实力较强，气象现代化建设在全国起步早、起点高，在推进气象事业发展中，始终对标世界先进水平，把赶超气象发达国家和地区作为气象工作的重要标尺，力争在重点领域和关键环节达到世界前沿。

一是在目标谋划上瞄准世界先进水平。在谋划气象工作时，首先对照全球发达国家和地区，对上海气象工作的目标和需要突破的核心问题形成清晰认识，使得上海气象发展站在较高的起点上。

二是在推进过程中密切加强国际合作。开放是上海最大的优势，也是上海气象事业的突出特色。在推进过程中，充分发挥国际化大都市的集聚辐射优势，广泛开展气象国际交流和技术合作，汇聚全球先进科技和人才资源推进气象发展。

三是注重集聚和吸引全球优秀人才。上海依托国际人才高地建设，不断加大吸引国际先进气象人才力度，近几年通过海外人才招聘计划累计引进国外优秀人才 11 名，其中 1 人入选中国气象局特聘专家，获批上海引智项目 12 个。

（三）把提升科技创新能力作为气象发展的重中之重

在推进气象事业进程中，注重与全球科技创新中心建设紧密对接，加大气象核心技术研发和应用力度。

一是聚焦重点领域加大气象科技攻关力度。瞄准世界科技前沿和顶尖水平，立足自身有优势、能突破的领域，前瞻布局一批重大气象科技创新工程。特别是贯彻"数值预报 +"的理念，努力实现区域数值预报模式在台风海洋、卫星遥感以及交通、航空、健康等重点领域的核心技术突破。

二是构建气象科技创新协同推进格局。注重整合高校、科研院所等各方面力量，加强科技资源共享和联合攻关，形成协同创新优势，在大数据挖掘、气象灾害风险管理、环境气象、气候变化等领域建立交流合作平台。

三是加大先进气象科技应用力度。比如，通过建设 3 千米快速同化更新系统、9 千米区域模式和 15 千米集合预报系统，显著提升了上海短临预报和 0 ～ 72 小时短时预报的准确率。通过移动终端气象服务平台、微信公众号等全新服务形式，进一步拓展了气象服务渠道和形式，更好地满足了公众对气象服务的及时性和个性化需求。

（四）充分发挥气象在服务国家战略和上海经济社会发展中的作用

上海在推进气象工作时，始终坚持大局意识、服务意识，主动把气象工作融入上海城市发展，融入服务国家战略，不断提升气象对上海经济社会发展的保障度和贡献度。

一是紧紧围绕"五个中心" 和现代化国际大都市建设全局推进气象发展。按照国家做出的战略部署，上海要建设成为国际经济、金融、贸易、航运、科技创新"五个中心"和现代化国际大都市。

上海气象部门始终围绕这一中心任务，在气象监测预报预警、气象公共服务、气象科技创新等各个方面紧密贯彻推进。

二是充分发挥气象在服务长三角、服务长江流域中的作用。上海气象发展不仅着眼于自身，也着眼于加强与兄弟省市的协作，把气象发展与长江经济带和长三角一体化发展紧密结合，充分体现上海的引领带动作用。

三是把顺应市民和社会需求放在气象发展的突出重要位置。随着经济社会快速发展，市民和社会对气象服务多样性和精细度的需求也越来越高。上海坚持用户导向、需求导向，不断开发出更多丰富的气象服务产品，目前市民可获得的气象服务产品种类多达 30 多种。

（五）强化政府主导和部门联动

在中国气象局和上海市委、市政府的协同推进下，上海气象工作形成了统筹协调、分工负责的推进机制，不仅是气象部门自身，全市各有关部门、区县和单位都紧密参与到气象工作中，对推进各项工作起到了重要作用。

一是创新部市合作机制。上海在全国率先建立了气象领域部市合作机制，充分调动了中央和地方，特别是地方政府支持气象工作的积极性，为全国气象部门与地方政府建立省部合作机制发挥了示范作用。

二是加大部门协同推进力度。突出"全市一盘棋"的理念，全市各相关部门和单位合力推进气象发展。上海气象部门和民政、旅游、农业等 30 余家单位建立了紧密的合作机制，制定并实施了各类专项联动预案，在日常工作中开展紧密协作。

70 年砥砺奋进，70 年春华秋实。在习近平新时代中国特色社会主义思想指引下，上海气象部门将进一步提高政治站位，坚决贯彻落实习近平总书记考察上海时的重要讲话精神和对气象工作的系列重要指示批示精神，找准工作切入点，抓好各项任务落实，以"不忘初心、牢记使命"主题教育的扎实成效推动上海气象事业高质量发展，不断满足上海广大市民和经济社会发展的需求。在中国气象局和上海市委、市政府的领导下，积极主动作为，不断创新，大胆探索，发挥好基层首创精神，先行先试，大胆应用，充分调动上海气象干部职工的创造力和战斗力，书写上海气象事业新的辉煌！

（撰稿人：张晖　董国青　查亚峰　朱孟刚　支星）

传承北极阁文化　书写江苏新气象

江苏省气象局

　　郁郁葱葱的北极阁，自南北朝时期就与气象结下了不解之缘。新中国成立 70 年来，江苏省气象局扎根于此，在中国气象局和江苏省委、省政府的领导和关怀下，一代又一代气象工作者艰苦奋斗、开拓进取、创新奉献，气象事业从小到大、从点到面，茁壮成长，绘就了江苏气象事业发展 70 年的壮丽诗篇。

一、江苏气象事业 70 年发展历程

（一）艰苦创业，不懈努力

　　从 1949 年到改革开放前，是江苏气象事业创建和发展时期。新中国成立之初，气象部门归属部队建制。当时，按照中央军委规定的"建设、统一、服务"的方针，一方面在条件艰苦的情况下进行台站建设，另一方面积极为抗美援朝和解放华东沿海岛屿做好气象保障工作。1953 年，毛泽东主席、周恩来总理签署发布气象部门转建命令后，气象工作遵循"既为国防建设服务，同时又要为经济建设服务"的方针，有计划、有目的地进行了全省基本气象台站网的建设，并对外公开发布天气预报、警报，开展民航气象保障工作。1952 年全省有 13 个气象台站。1957—1966 年，全省气象台站建设达到区区（专区）有台、县县有站，初步开始建设地面、高空探测网，开展县站预报、农业气象、海洋水文气象、盐业气象、人工影响天气试验研究等新业务项目，进一步打开为经济建设服务，特别是为农业服务的局面。1966—1976 年"文化大革命"期间，江苏气象事业遭到严重破坏，但全省气象工作者仍坚守岗位，进行日常业务工作，后期恢复业务管理机构，在业务、科研、服务和技术装备上有了一定的发展。

（二）开拓进取，创新奉献

　　1978 年党的十一届三中全会以后，江苏气象事业进入新的发展时期，积极推进气象科学技术现代化，提高灾害性天气的监测预报能力，不断提高服务的经济效益。1982 年国务院批准实行"气

象部门与地方政府双重领导，以气象部门领导为主"的体制，1992 年国务院明确气象部门实行"双重计划体制和相应的财务渠道"，形成中央和地方共同推进气象事业发展、共同支持气象现代化的新格局。由地面观测、高空观测、天气雷达以及农业、环境等专业探测组成的综合探测系统和气象台站网建设迅速发展，自动化观测水平不断提升。1999 年，全省首批 10 个国家基本站完成自动化建设。2000 年，全面启动新一代多普勒天气雷达建设。天气预报业务形成以数值分析预报产品为基础，以人机交互系统为主要工作平台，综合利用多种气象信息和先进的预报技术方法。1984 年，充分运用预报员经验和人工智能技术应用，建立全国领先的天气预报专家系统。1987 年，短期 MOS 客观指导预报实现全自动化。信息网络和通讯传输能力显著增强，从邮电部门有线报路逐步实现气象信息网络化、高速化。1985 年，成功研制省级微机自动转报系统，实现气象报文自动转发。1987 年，建成全省无线通信网。1999 年，"9210"工程全面投入业务使用。2005 年，全省开通 2 兆以上数字专线，实现全省气象数据的实时高效交换和语音、视频通信。从 702P 到 PC-1500，从 PC 机到高性能计算机，计算机技术在江苏气象业务、服务、管理等各个领域广泛应用。

江苏省气象部门始终把气象服务作为根本宗旨，紧贴经济社会发展需求，积极扩展服务领域，不断加强决策气象服务，对重大灾害性、关键性、转折性天气以及重大活动气象保障等主动、及时向地方党政领导汇报，为各级政府安排生产、部署防灾抗灾、保障重大活动提供决策依据。在 1991 年特大洪涝、1998 年长江特大洪水、2008 年低温雨雪冰冻天气、2005 年第十届全国运动会中发挥气象部门重要作用。不断提高公众服务质量，发布手段从报纸、广播逐步发展到手机短信、互联网、电子显示屏等，发布内容不断丰富。1986 年组建江苏省农业气象服务中心，利用卫星遥感技术开展作物长势和产量预报，1989 年恢复人工影响天气工作，1997 年开始"121"电话气象信息服务。各类气象科技成果和科技人才不断涌现。

（三）不忘初心，砥砺前行

2012 年以来，江苏省气象局认真贯彻党的十八大、十九大精神，用习近平新时代中国特色社会主义思想武装头脑，贯彻落实中国气象局和江苏省委、省政府各项部署，积极融入国家和江苏重大发展战略，为"强富美高"新江苏建设提供气象保障。中国气象局、江苏省政府共同推进江苏率先基本实现气象现代化建设，全面组织部署，构建了上下联动、齐抓共管、时序推进的政府主导工作机制，江苏气象现代化建设成效不断显现。

气象业务现代化水平得到明显提升。构建了 0～240 小时智能网格预报体系，网格距达 3 千米，预报业务质量稳定在全国前列。在全国率先建成省、市、县一体化监测预报业务平台。建立全省统一的气象数据环境和基础设施资源池，数据处理效率提高 5 倍以上。自动观测站网间距缩小到 7.5 千米，新建一批新型气象探测设备，雷达覆盖率达到 100%。建成金坛气象综合探测基地，基层气象基础设施达标率提升至 85.5%。全力做好各项气象服务，在太湖蓝藻、大气污染防控等方面发挥重要作用，圆满完成青奥会等重大活动气象服务保障。气象服务纳入江苏省基层基本公共服务功能配置标准，完成全省突发事件预警信息发布机构和业务体系建设。

气象科技人才支撑能力显著增强。加强科技创新主体、载体、机制建设，联合在宁气象相关高校组建南京大气科学联合研究中心，围绕提升江苏精细化预报水平开展集中攻关，有力支撑全省精细化智能网格预报业务的开展。中国气象局交通气象重点开放实验室正式挂牌运行，取得系列科技成果。人才队伍素质提升速度居全国气象部门第一，2013 年以来新增正研 22 人、中国气象局"双百计划"人才 3 人、青年英才 3 人。

气象事业改革发展动力加强。全面推进气象行政审批制度改革，建立气象行政权力清单、权力责任清单和公共服务清单，规范审批行为，提升审批效率。积极推进防雷减灾体制改革，防雷安全监管体系纳入政府安全生产考核。健全公共财政保障机制，全口径公共财政保障程度从 2013 年的 38.8% 提高到 2018 年的 85.9%，地方津补贴基本纳入地方财政预算，全省区域气象自动站实现社会化保障，全部纳入财政购买服务，科技研发经费得到地方财政专项支持，有效地保障了气象事业的可持续发展。

二、70 年来江苏气象事业发展成就

在中国气象局和江苏省委、省政府的正确领导下，江苏省气象部门广大干部职工开拓创新、努力奋斗，积极融入国家和江苏省重大发展战略，推动江苏气象事业高质量发展，全省气象部门持续保持"江苏省文明行业"称号，省气象局机关连续 5 次被中央文明委表彰为全国文明单位，从 2016 年起，省气象局在省政府绩效考核中均获得先进等次。

（一）综合观测与信息化水平显著提升

气象综合观测基础不断夯实。在全国率先全面建成新型自动站网和能见度自动观测网，升级改造区域站 1200 个，地面气象自动观测站点达到 1850 个，陆地自动气象观测站距从 15 千米加密到 7.5 千米，新建多普勒天气雷达、风廓线雷达、微波辐射计、三维雷电观测站、大气成分观测站、高精度温室气体以及边界层生态梯度观测站、水上平台观测站等观测设备。启动建设苏北龙卷监测预警试验雷达网和南京特大城市综合大气垂直廓线观测建设工程。2015 年起，通过政府购买服务，推进全省所有区域自动气象站社会化保障改革，故障维修时效在 2.5 小时以内，全省区域自动站到报率持续保持在 99.99% 以上、业务可用性持续保持在 99.9% 以上。启动建设金坛国家气候观象台和通州湾气象观测站。全省近九成的市县气象局完成了具有江苏气象科技特色、彰显地域文化内涵的台站基础设施升级改造。南京和大丰、东山、西连岛分获首批"中国百年气象站"和"五十年气象站"认定。省气象灾害监测预警与应急中心2019年投入业务试运行。

气象信息化水平不断提升。以省气象灾害监测预警与应急中心建设为契机，高起点规划，提升江苏省信息化水平。完成以CIMISS为核心的统一基础数据环境、基础设施资源池和数据加工流水线建设，初步建成扁平化信息管理与业务体系。全省自动站、雷达等各类气象数据采集时效明显缩短，区域自动站等采集密度由10分钟加密到1分钟，到达业务桌面时间由几分钟缩短到60秒以内；资源利用效率显著提高，基础设施资源集约化率达到90%以上。建成"天镜—江苏"气象综合业务实时监控系统。云计算、大数据等技术与气象应用深度融合，智能化、集约化、标准化、一体化气象信息业务生态体系初步形成，云上应用和"云+端"的模式初步形成，数据的共享和应用程度显著提高。

（二）预报预测能力明显增强

精细化预报预测业务得到发展。全面推进无缝隙智能网格预报业务，实现本省智能网格气象预报达到3千米×3千米，预报时效延长至10天。形成重点区域1千米×1千米、0～2小时内逐10分钟滚动、时间分辨率为10分钟的气象要素和灾害性天气临近预报产品。省级智能网格产品相对于中央气象台指导产品格距更细、预报质量更优。全省预报质量、预报水平在全国名列前茅。

灾害性天气预警业务水平稳步提升。研发雷雨大风分级预警技术，在全国率先建成省、市、县预报业务一体化平台和强天气综合报警追踪平台。完善省、市、县一体化强天气预警业务体系，增加应急预启动环节。制定龙卷研判标准，明确预警信号制作发布技术标准。建立海洋预报集约化业务流程，制定海区大风、海雾预警信息发布规范。

（三）公共气象服务能力显著提升

不断健全省、市、县三级气象防灾减灾体系。基本建成"政府主导、部门联动、社会参与"的气象灾害防御体系，有关工作纳入《江苏防灾减灾救灾体制机制改革实施意见》。"气象灾害预警传播"等内容纳入江苏省《"十三五"时期基层基本公共服务功能配置标准》和《"十三五"基本公共服务均等化规划》。经省政府同意，制定的《基层气象灾害预警传播功能配置标准实施细则》指导各级地方政府落实气象灾害预警传播工作。全省智慧气象信息员管理平台注册信息员19763人。

合力共建突发事件预警信息发布体系。在省委、省政府高度重视和支持下，成立了省突发事件预警信息发布中心，突发事件预警信息发布工作纳入省"十三五"突发事件应急体系建设规划和2017年度、2018年度省政府年度重点工作。目前，省、市、县一体化突发事件预警信息发布平台上线运行并发挥效益，纵横连接省、市、县，10 个部门实现 15 类发布渠道一键式发布。市、县级预警发布机构覆盖率分别达 100% 和 78.13%。

做好决策和公共气象服务。一年四季不放松，全力做好防灾减灾气象服务，特别是针对 2013 年高温连续突破极值，2016 年梅汛期持续性强降水，2016 年"6·23"强龙卷，2017 年秋季连阴雨和 2018 年暴雪、台风，以及太湖蓝藻治理、大气污染防治、事故灾害救助和公共卫生事件应急等，提供气象服务。圆满完成南京亚青会、青奥会、国家公祭日、中东欧领导人"16+1"峰会等重大活动气象保障任务。每年向江苏省委、省政府及相关部门报送决策气象服务材料近百期，省领导平均每年对气象工作批示 20 余次。近年来，全省公众气象服务满意度逐年提升，2018 年达 90.2 分。积极开展融媒体公众气象服务，气象"两微一端"等新媒体关注数近 1000 万。2018 年江苏气象微博阅读量 1.6 亿人次，连续多年被评为全国十大气象微博和江苏最具影响力省级政务微博。

全面加强生态文明气象服务保障。成立生态文明建设气象保障工作领导小组，制定实施方案，组建生态气象和卫星遥感应用机构。出版《江苏省气候变化评估报告》和《江苏省气候变化评估报告决策者摘要》，连续 7 年发布大气污染气象条件、太湖蓝藻、酸雨等 6 类年度监测评估报告。经国家有关部门批准，省气象局与东南大学共建高分辨率对地观测系统江苏数据与应用中心。制定卫星遥感业务与科研发展计划，推进卫星遥感数据反演业务。积极承担全省资源环境承载能力监测预警评价工作。开展全省大气污染防治成效分析，与生态环境部门共同做好空气质量预报。气候可行性论证纳入省政府推动开放型经济高质量发展政策措施。

紧贴需求持续加强专业气象服务。加强农业气象服务，制作设施农业、特色农业精细化气候区划和气象灾害风险区划。对接智慧城市开展城市运行精细化气象服务业务，交通气象服务产品精细到定时、定量、定路段。与国家电投江苏电力有限公司合作加强海上风电场运维及气候资源应用。联合省旅游局加强灾害性天气旅游安全风险防控。完善渔场天气与海浪联合预报，加强海上灾害性天气联合会商预警信息发布，海洋气象预报时效从 72 小时扩展至 168 小时，预报区域由近海 3 个渔场扩展至黄海海域 8 个渔场。

加强气象科普工作。高度重视全面组织做好气象宣传科普工作，努力建设气象科普示范园。"气象灾害防御科普覆盖率"纳入江苏"十三五"基本公共服务清单。通过"展、讲、演"的方式组织全省气象部门加强气象科普工作。建成气象防灾减灾科普场馆（所）近 50 个，面积近 1 万平方米，在南京江宁区谷里街道建成首个美丽乡村气象科普互动馆。中国北极阁气象博物馆被教育部评为首批全国中小学研学实践教育基地。成功举办 2019 年气象科技周南京主场活动。

（四）科技创新和人才队伍建设取得明显成效

科技创新发展不断深入。切实加强科技创新主体、载体、机制建设，充分发挥南京气象、教育、科研等优势，江苏省气象局联合南京大学、南京信息工程大学、河海大学、国防科技大学气象海洋学院组建南京大气科学联合研究中心，在短时临近预报、区域高分辨率数值模式本地化和精细化预报产品融合等方面加强联合研究，并实现业务化。该中心的发展得到中国气象局和江苏省委、省政府高度重视和认可，2019年5月，中国气象局分别与江苏省政府、南京市政府签署协议，共同建设南京气象科技创新研究院，三方将在科技研发、人才引进、科技成果转化和产业化示范应用、创新基地建设等方面共同支持研究院的发展，助力国家气象现代化、江苏创新省份和南京创新名城建设。"中国气象局交通气象重点开放实验室"通过建设期验收正式挂牌运行，为江苏交通气象人才队伍建设、交通气象服务提供了有力的技术支撑。仅2018年，就获批国家重点研发计划课题2项、国家自然科学基金（青年基金）项目8项、省自然科学基金项目3项、省"333工程"科研项目2项，获得省部级科技奖励3项。一些科技成果在国家级业务平台上得到应用，科研工作的影响力不断扩大。

人才培养不断取得新成效。近年来，江苏省气象局精准引进人才，厘清人才资源增量的"源头活水"，截至2018年年底，全省气象部门工作人员中，博士研究生学历占3%、硕士研究生学历占24.8%、本科以上学历占87.9%。积极做到精心培育人才，激活人才资源存量，合理使用人才，让人才在事业发展中如鱼得水。围绕中尺度数值预报应用、强对流天气短时临近预报、大气环境等领域建设科技创新团队。截至2018年年底，拥有省政府特殊津贴专家1人、正研级专家32人、中国气象局"双百计划"人才3人、中国气象局青年英才3人、中国气象局创新团队成员2人、省政府"333"人才培养工程23人。江苏省气象人才现代化水平不断提升，在全国同类省级气象局（不含区域中心）中名列第一，江苏气象人才队伍"综合得分"在全国省（区、市）气象局中提升速度最快。

（五）气象科学管理水平不断提升

气象法治环境进一步完善。江苏省人大常委会、省政府先后颁布或下发《江苏省气象灾害防御条例》《江苏省气候资源保护和开发利用条例》《江苏省气象管理办法》《江苏省气象灾害评估管理办法》《江苏省气象设施和气象探测环境保护办法》等。多项工作纳入省委、省政府年度十大主要任务百项重点工作，内容涉及智慧江苏、生态文明建设、大气污染防治、突发公共事件应急等，充分发挥气象部门在地方经济社会发展中的重要作用。

气象行政审批改革初见成效。深入贯彻江苏省委、省政府全面深化改革部署要求，江苏省气象局制定了《气象行政审批制度改革实施方案》《江苏省气象局行政权力清单》和《江苏省气象局责任清单》等，编制行政许可服务手册，按规定取消了非行政许可审批事项，清理规范了行政审批中介服务。对行政审批事项申请条件、精简材料、申报格式、审批程序、办理时限、审核标准、服务承诺、监管措施等 8 个方面在全省进行统一。加强行政审批服务，省级共 24 项行政事项纳入不见面审批，所有事项实现在线办理，2018 年省级窗口所有办结服务事项无一投诉。

积极推进防雷减灾体制改革和防雷安全监管。省政府高度重视防雷改革以及防雷安全工作，防雷安全生产纳入《省政府有关部门和单位安全生产工作职责规定》，省政府办公厅印发《关于加强防雷安全工作的通知》《关于优化建设工程防雷许可有关事项的通知》，把防雷安全管理职责同时纳入各市政府安全生产考核范畴。制定政府部门、气象主管机构、企事业单位防雷安全责任清单，建立与安监、城管、文物、住建等部门联动工作机制，对全省易燃易爆危险化学品单位防雷安全工作全面梳理排查。2018 年组织对 6520 家易燃易爆危险化学品单位开展防雷安全检查，检查发现隐患 1252 个，发出书面整改意见 607 份，督促完成整改 831 宗。

健全公共财政保障机制。结合"放管服"改革，进一步健全双重计划财务机制。经省政府同意，省财政厅、省气象局联合下发《关于做好新常态下地方气象事业保障工作的通知》，要求全省气象部门全口径公共财政保障程度从 2013 年的 38.8% 提高到 2018 年的 85.9%。近年来，全省气象台站基础设施建设不断完善。按照"功能适用、规模适度、布局合理、科技特色、文化内涵"的建设理念，加快"一流台站"建设步伐，超九成的市县气象局完成了具有江苏气象科技特色、彰显地域文化内涵的台站基础设施升级改造。

三、江苏气象事业发展经验

70 年来，江苏气象事业得到了快速发展，取得了显著成绩，呈现出前所未有的勃勃生机，也积累了十分宝贵的经验。

一是坚持党对气象工作的领导。70 年来，气象事业发展取得的每一项重大成就、每一次重大进步，都与党的坚强领导密不可分，都与党的基本理论、基本路线、基本方略的指引密不可分。近年来，全省各级气象部门以习近平新时代中国特色社会主义思想为指导，切实增强"四个意识"，坚定"四个自信"，坚决做到"两个维护"，把党的领导贯穿和体现到气象改革发展和现代化建设的方方面面。每年召开全省气象部门全面从严治党工作会议。制定省气象局党组落实全面从严治党主体责任清单、党组书记落实全面从严治党"第一责任人"责任清单和党组成员"一岗双责"责任清单。层层压实各级党组和党组织全面从严治党"两个责任"。2018 年，省气象局制定了《加强全省气象部门党建和党风廉政建设工作组织体系建设的意见》和《进一步加强和改进基层党组织建设的意见》，印发《党支部标准化规范化信息化建设实施细则》，不断提升全省气象部门基层党建工作的科学化、制度化和规范化水平。

二是坚持以人民为中心的服务意识。气象事业是科技型、基础性社会公益事业，全心全意为人民服务是气象工作的根本宗旨，公共气象是气象发展的根本方向。江苏省气象局以满足人民美好生活需要为气象工作的根本出发点和落脚点，坚持面向决策、面向生产、面向民生，主动融入国家和江苏发展大局，全面系统开展气象防灾减灾和生态文明建设气象保障服务。认真贯彻落实中国气象局和江苏省委、省政府关于防灾减灾救灾体制机制改革的部署，全面提升全社会抵御气象灾害的综合防范能力。大力推进智慧气象服务工程，以气象服务供给侧结构性改革为主线，推进气象服务质量变革、效率变革，以用户为中心，提升气象服务产品覆盖面、智慧性、有效性、权威性、及时性。让人民更加有气象服务的获得感、幸福感、安全感。

三是坚持推进气象事业高质量发展。江苏省气象局以中国气象局、江苏省政府共同推进江苏率先基本实现气象现代化建设为引领，形成了由省政府对气象现代化进行全面部署，省、市、县层层传导，各级政府主导推动，规划统筹、政策促进、项目带动、指标引领、财政保障有机融合，上下联动、齐抓共管、时序推进的政府主导工作机制，为江苏气象事业高质量发展营造了良好环境。省政府专门召开全省气象现代化建设工作会议，在此基础上强化工作机制建立，2014年、2016年、2018年先后召开三次省部合作联席会议，江苏省政府办公厅、中国气象局办公室先后联合印发江苏省"十二五""十三五"气象事业发展规划，"十三五"期间明确加快推进精细化气象预报工程、气象业务信息化提升工程、智慧气象服务工程、气象科技创新工程、探测环境保护与台站建设等五项重点工程。省发展改革委、财政厅、气象局联合下发《关于加快实施我省气象事业发展重点工程的通知》，先后对省市县"十二五""十三五"气象重点工程资金投入政策、配套比例与数额作出统筹安排。江苏省气象局全面布局气象现代化建设工作，加强顶层设计、统筹谋划、技术提升、系统协同，高起点做好现代气象业务体系建设。以基于集合预报的无缝隙精细化全序列预报产品体系和用户为核心，落实《江苏省精细化气象预报业务建设实施方案（2016—2020）》，建设无缝隙、全覆盖、智能化预报业务体系。优化站网布局，加强综合立体观测和生态观测，推进基层台站标准化、自动化、智能化融合建设。大力推进气象信息化建设，促进气象大数据高效应用。

四是坚持培养引进科技人才为气象事业发展积蓄力量。多年来，江苏省气象局围绕关键技术，切实加强气象科技创新主体、载体和机制建设。加快气象科研所改革，壮大省级科研力量；高水平建设载体平台，推进南京大气科学联合研究中心和中国气象局交通气象重点开放实验室建设，集聚各类创新资源，促进成果转化，加快建设在气象部门有影响力的科技创新中心；实施人才优先发展，优化科技人才发展体制机制，以高层次领军人才和青年人才建设为重点，统筹推进各类人才资源开

发和协调发展，培养和造就高水平创新团队，在中国气象局"十百千"和地方人才工程中占有一席之地。同时，进一步加强干部队伍建设，严控干部标准，适时调整、及时选拔和使用好不同年龄段的干部，增强领导班子的整体功能。加强年轻干部的上挂下派和援藏援疆锻炼，开展新提任处级干部以及县局长培训、青年干部培训、党支部书记轮训、财务及纪检专业知识培训。

　　新时代、新要求、新任务，江苏省气象部门将以习近平新时代中国特色社会主义思想为指导，深入贯彻党的十九大精神，不忘初心、牢记使命，深入推进全省气象部门党的建设，深入落实中国气象局和江苏省委、省政府各项部署，持续推进更高水平的气象现代化，深入推动全省气象事业高质量发展，牢固树立以人民为中心的发展思想，突出防灾减灾和生态文明建设，解放思想，担当作为，服务于国家及江苏重大发展战略和民生福祉，为"强富美高"新江苏建设贡献气象力量。

（撰稿人：曹颖　姜爱军　钱鹰　石荣光）

探七秩风雨 奏钱潮强音

浙江省气象局

浙江是中国革命红船的起航地，是改革开放的先行地，是习近平新时代中国特色社会主义思想的重要萌发地。作为"七山一水两分田"的资源小省，新中国成立以来，经过 70 年的不懈奋斗，浙江已建设成为经济大省、经济强省。期间，浙江气象人秉承"测一方风雨、保一方平安、促一方发展"的工作理念，坚守初心、牢记使命、砥砺前行，气象防灾减灾"第一道防线"牢牢守住，气象现代化建设突飞猛进，气象先进典型不断涌现，在历史长河里留下了独具魅力的气象印记，也向世人展示了瞩目的成就和风采。

一、浙江气象成长历程

浙江地处东海之滨，陆海相连，山水相依，温润多雨，四季分明，气候资源丰富，同时也是台风、暴雨、干旱、洪涝等气象灾害的频繁造访之地。古代世世代代靠天吃饭的劳动人民，饱尝过提心吊胆、绝望无助、生死难料、听天由命的血泪辛酸。"历史上发生万人以上死亡的洪、涝、潮灾害约有 26 次，多数都与台风入侵有关。清咸丰四年(1854 年)，台风袭击台州，仅黄岩、温岭就死亡 8 万～9 万人；宋绍兴十四年(1144 年)，一次梅汛期洪涝，婺州士民溺死数万。"翻开 1999 年出版的《浙江省气象志》，这样的记载有不少。

从公元前 490 年越王勾践在大越(今绍兴市)建立怪游台观测天文气象，到宋朝设立太史局、翰林天文院等专门天文气象机构，再到 20 世纪 20—30 年代以竺可桢为代表的气象人建立测候网，为揭示浙江的气候，掌握天气变化规律，先辈们曾进行长期不懈的探索。然而，由于基础薄弱，气象事业发展一波三折、长期委顿不前。

新中国的诞生，为浙江气象事业发展开辟了广阔道路。1951 年 9 月，浙江省军区司令部气象科成立，并组建杭州气象台，这便是浙江省气象局和省气象台的雏形。1953 年 9 月，省军区司令部气象科转变建制改为浙江省气象科。1954 年 10 月，浙江省气象科扩建为浙江省气象局，浙江气象业务和服务的发展步入正轨。

从建局到党的十一届三中全会召开，浙江气象部门的领导体制数次变更，气象台站时增时减，气象事业在曲折中前进。1956 年 7 月，浙江气象部门开始发布天气预报。1958 年，各专区（地级市）成立气象台，开展天气预报业务，县气象站开展本地补充天气预报，全省建立起上下结合的预报业务体系，天气预报从城市深入乡村，进入千家万户，成为群众安排生产、生活的重要信息。到 1972 年，全省按照"专有气象台，县有气象站"的台站布局，基本建成了天气观测网、气候观测网、气象预报服务网有机结合的全省气象台站网。20 世纪 70 年代前期，在全国较早地运用计算机和现代统计学，在台风预报中建立预报方程，从传统的天气学经验预报向客观定量预报迈出重要一步。

改革开放以来，中国经历了举世瞩目的历史性转折和大发展，浙江气象事业发展也迈上了新台阶。全省大气探测综合系统不断完善。气象资料信息化和数值预报技术广泛应用改变了过去主要靠天气图做预报的传统方式，天气预报业务体系走向现代化。农业气象业务体系得到恢复和完善，计算机技术广泛开发应用，气象通信系统全面提高。同时，气象事业通过结构调整，全省初步形成基本气象业务、科技服务、科技产业三大块的新型气象事业结构，增强了气象部门活力和自我发展能力。

进入 21 世纪，随着社会发展和科技进步，气象需求日益旺盛，气象事业蓬勃发展。特别是党的十八大以来，浙江气象部门深入贯彻习近平新时代中国特色社会主义思想，紧跟时代步伐，秉持"干在实处、走在前列、勇立潮头"的浙江精神，坚持守好"防灾减灾第一道防线"责任，牢固树立"千方百计满足千家万户（各行各业）对千变万化气象信息的需求"服务理念，气象现代化建设驶入了快车道。从建局初的 3 个气象台、7 个气象站、136 人，发展到今天的 86 个气象台站、2795 人。气象现代化建设以"预报精准化、服务均等化、观测自动化、保障标准化"为目标不断推进，三维立体的综合气象监测网已形成，网格化气象监测预报体系初步建成，气象预报准确率不断提升，气象服务领域不断拓展，气象防灾减灾体系不断完善，为浙江防灾减灾、经济建设、社会发展提供有力气象保障。

二、浙江气象发展成就

（一）气象服务的深化和拓展

经过几代浙江气象人的共同努力，气象服务在探索中不断深入。新中国成立初期，浙江省气象工作主要为国防军事服务。1953 年转变建制后，既为国防服务，同时又为地方经济社会发展服务。20 世纪 80 年代中期，为适应市场经济发展和日益增长的气象服务需求，在加强决策服务和公众气象服务的同时，开展专业气象有偿服务，使服务深入经济建设各个部门，提高了气象服务的针对性，同时推动部门自身发展和事业结构调整。2000 年《中华人民共和国气象法》实施后，强化公共服务理念，加强气象业务技术现代化建设对服务工作支撑，提高服务产品的多元化、精细化程度，服务覆盖面不断向基层和农村延伸，逐步形成了包括决策气象服务、公众气象服务、专业气象服务在内的现代气象服务体系，服务的社会经济效益显著提高。

公共气象服务不断强化。20 世纪 50—70 年代，主要通过电话、报纸、广播电台和信函等方式，开展公众气象服务。80 年代起，服务内容不断增加，服务方式和传播渠道不断拓展。进入 21 世纪后，公共气象服务开始迈向现代化，并努力向农村和基层延伸。服务产品的针对性、及时性、可视性和多样性进一步提高，从日常天气预报、灾害性天气预报、警报发展到气象灾害预警信号、分时段短时临近预报、分区域分城镇预报、各种生活气象指数预报、灾害和气候监测报告等。服务形式从纸质文本到电子信息，从文字到图片，从声音到声像。服务载体从报纸、广播、电视、电话到电子显示屏、大喇叭、互联网、手机客户端、微博、微信等多种传播媒体和传播渠道，服务产品体系和信息发布传播体系进一步健全。现在，中国气象（浙江应急）电视频道用户数达 200 多万，浙江天气网日均点击约 66 万次，手机短信服务用户 900 余万，智慧气象系列 App 产品用户数 50 余万，年访问量 700 万余次，微博、微信公众号粉丝数 27 万，关联的《今日头条》客户端等常态化点击量日均 9 万余次。

气象防灾减灾体系不断完善。经过多年实践，"政府主导、部门联动、社会参与"的气象防灾减灾理念深入人心，具有浙江特色的基层气象防灾减灾体系初步构建。在德清率先完成创建新农村建设气象工作示范县和气象灾害监测预警全覆盖县建设，"德清模式"在全国广为推崇。先后建立了预警信号属地化发布机制、重大气象灾害预警信息全网发布机制、社会传播设施共享机制，建成了 4.1 万人组成的气象协理员、信息员、联络员、安全员"四员"队伍，打通气象信息传播"最后一公里"。气象防灾减灾标准乡镇（街道）建设全面完成，标准化村（社区）覆盖面不断扩大。应急准备认证、重点单位监管等风险管理机制不断完善。全部市县级政府、乡镇出台各类气象灾害应急预案，推进村（社区）制订应急计划，强化应急联动。省市县乡村五级应急响应预案架构初步建立，以气象灾害预警信号为先导的社会应急响应机制不断完善，社会灾害防御能力进一步提高。

气象服务领域不断拓展。针对浙江农业和海洋渔业发展实际，始终把为农服务作为气象服务重点，主动适应农业生产和结构调整的需求，从单一的为农作物服务拓展为面向农业、农村、农民的公共气象服务，提供农用天气预报、农业气象灾害预报预警、农作物产量品质预报等农业气象业务产品，依托现代化业务平台和多样化传播渠道，实现向现代农业气象服务转变。目前共开展 4 大类 15 种优质农产品气候品质认证，开发了茶叶低温冻害、杨梅采摘期降水、枇杷冻害等十余个气象指数保险产品，制定《茶树高温热害等级》等省级地方标准。开展海洋、水利、交通、旅游、电力、环境、重点工程等多方位的专业气象服务。不断深化交通气象服务，开发高速公路气象预报预警系统和气象安全导航 App，提供高速公路、铁路、内河等交通干线的气象监测服务。不断深化海洋气象服务，提供航线、港口、临港产业、渔场、景区等专业海洋气象服务。不断丰富旅游气象服务产品，开展钓鱼指数、登山指数等全省网格化旅游气象指数研发，开发花卉预报、观潮指数等特色旅游气象服务产品等。从最初的农业生态气候区划、生态遥感监测等领域逐步发展深化，目前已在生态气象监测网建设、遥感应用、环境气象保障服务、特色气候资源推广、气候变化监测评估等领域形成了科技支撑和服务能力。组织编写"西湖蓝"大气扩散条件分析报告，参与地方重污染天气应急预案制定。在全省各地创建"气候宜居""气候养生""天然氧吧""避暑气候胜地"等品牌，深挖气候资源潜力。深化气候可行性论证，完成浙江省百年气温、降水时序变化特征分析。

气象服务效益日益显现。气象事业属于基础性社会公益事业，气象信息为全社会所关注。据统计，2018 年浙江省公众对气象灾害预警服务的知晓率为 70.5%，公众气象服务总体满意度为 92.8 分。气象服务深入经济活动的各个方面，贯穿于农业、工业、服务业等各行各业的全过程，气象科技与经济活动的结合，进一步提高了经济效益。在防灾减灾救灾工作中，气象为政府的指挥决策服务作用更为突出，特别是在 1956 年"温黛"台风，1983 年、1994 年、1998 年汛期洪涝，2004 年"云娜"台风，2006 年"桑美"超强台风，2008 年南方地区罕见低温雨雪冰冻等灾害性天气以及 G20 杭州峰会等重大活动保障服务中发挥了积极作用。目前，决策气象服务已基本实现机构实体化、服务队伍专职化、服务管理规范化、服务手段现代化、服务产品多元化。浙江省气象局连续 12 年实施"气象为民服务十件实事"，促进了公共气象服务向基层和农村延伸，受到社会好评。

（二）气象现代化的提升和飞跃

经过 70 年的建设发展，浙江气象观测系统从地面、高空观测，发展到天气雷达、气象卫星观测，从天气观测发展到气候系统观测，从人工观测发展到自动化观测，逐步建成由地面气象观测、高空气象探测、天气雷达探测、卫星云图接收和专业气象观测等多种观测种类有机结合的综合立体气象探测系统。

气象观测体系逐步完善。新中国成立后，观测工作以建立恢复地面气象观测为主。到 20 世纪末，以地面、高空观测的人工观测为主。2000 年，在杭州、湖州、舟山等地先后建成省内第一批区域自动气象站，此后探测仪器装备逐步向遥测化、自动化方向发展。2010 年以来，观测体制改革不断推进，观测自动化基本实现。相继完成新一代天气雷达、风廓线雷达、风云三号、风云四号卫星数据省级接收系统和"葵花"卫星地面接收系统建设。目前全省共建有国家级自动气象站 75 个、区域自动气象站 2968 个，平均站间距 5.8 千米，共享水文气象站 2922 个。10 部新一代天气雷达实现组网应用。建成酸雨观测站 9 个、土壤水分站 26 个、太阳辐射观测站 23 个、农气（生态）站 134 个、雷电站 247 个、负氧离子站 85 个、大气成分站 94 个、臭氧观测站 83 个、应急移动观测站 15 个。空间范围、观测时效、观测要素三个维度的全省综合气象观测网布局全面优化，通过地、空、天联合观测，实现对基本气象要素的分钟级全空间覆盖。加强行业管理，与水利、电力、环保、海洋、交通等 17 个部门建立气象观测设施规划和资源共享机制，实现 5351 个站点数据汇交，促进了集约和资源共享。

气象信息系统快速发展。浙江气象通信经历了 19 世纪 40 年代至 20 世纪 50 年代手工摩尔斯收发报时期，20 世纪 50 年代末至 90 年代初的有（无）线电传自动传报时期，20 世纪 70 年代中期至 90 年代末的气象图文传真时期，20 世纪 90 年代以来发展到计算机程控联网和卫星通信，21 世纪以来大数据、云计算、互联网+背景下的气象信息集约化建设等发展阶段。至 2018 年，全省形成了以综合气象信息共享平台（CIMISS 2.0）、数据质量控制平台（MDOS 2.0）、分布式数据管理和处理平台（浙江气象云大数据试验平台）、气象综合业务实时监控系统（天镜）等系统为核心的气象信息业务体系。开展省级集约化数据中心建设，完善省级精细化、网格化、数字化指导产品数据标准和规范，实现 13 大类 200 余种数据的标准化在线存储。推进信息基础资源集约化应用和管理。以建立"云+端"业务运行模式为目标，浙江决策服务云平台、浙江省自动气象探测信息业务系统、数字化平台等已初步实现"云上运行"。

气象预报预测不断进步。从 20 世纪 50—70 年代，浙江气象预报预测以传统的天气图经验预报为主，到 70 年代末开始模式输出统计等数值预报产品释用工作，开启了由传统的主观经验定性预报向客观定量预报的转变历程。20 世纪 90 年代以后，随着气象综合探测手段和通信计算机技术的进步，气象业务现代化建设持续迈上台阶。以数值预报开发和应用为主的新技术、新资料和新方法得到广泛应用，预报预测客观化、定量化和精细化水平稳步提高，同时，更加注重与人民生产、生活和经济社会发展密切相关的预报预测产品的开发。2010 年以来，重点构建"省级主导、市级参与"的全省智能网格预报"一张网"业务体系，形成全省 5 千米分辨率，0～48 小时 1 小时分辨率、48～72 小时 3 小时分辨率、72～240 小时 6 小时分辨率的涵盖各类气象要素的网格预报产品体系。天气监测分析技术、多源观测资料融合分析技术等关键支撑技术研发取得明显进展。快速更新同化预报业务系统、高分辨率区域预报模式释用系统等一系列核心业务支撑系统不断完善。目前，对外日常天气预报时效从 3 天延长到 7 天，0～24 小时晴雨预报准确率达到 85% 左右，24 小时最高、最低气温预报准确率分别超过 80% 和 88%，24、48 小时台风路径预报误差分别缩小到

65 千米、130 千米以内，突发气象灾害预警提前时间提升到 31 分钟。

（三）气象科技的进步和成果

新中国成立后，浙江气象科技工作在非常薄弱的基础上开始发展，长期以来，浙江省气象局坚持立足需求，加强科技研发和科技合作，积极推进气象科技创新，气象科技创新能力和对事业发展的支撑能力不断提高。

气象科研工作不断推进。20 世纪 50 年代，浙江气象科研从对全省天气气候特征的认识与了解起步，几经发展，在天气预报、气候研究等方面取得了显著进展。1978 年，成立省气象科学研究所。2007 年，在全国气象部门率先制定《气象业务创新团队建设管理办法》，组建省级气象科技创新团队，面向需求，市县重点领域突破，目前已形成涵盖一体化智能网格预报、气象大数据、区域数值预报、茶叶气象、生态遥感、安全气象、旅游与交通气象服务、智能观测、环境气象 9 个领域的创新团队。2017 年出台了《关于增强气象人才创新活力推进气象科技创新体系建设的实施意见》，使创新活力得到进一步增强。每年省气象局通过自筹经费设立科研项目，支持全省气象科技研发工作，已建立了包括重点、一般、青年、预报员专项 4 个类别的省气象局科研项目体系。近年来，以发展"智慧气象"为导向，紧紧围绕需求，开展技术开发和推广应用，茶叶生产气象保障关键技术研究与应用、气象灾害风险管理在农业保险中的应用等一批优秀成果获得省部级科技进步奖。着力筹建中国气象科学研究院浙江分院，形成全省气象科技研发和成果转化的科技创新平台。1978—2018 年，全省气象部门共取得科研成果 1055 项，其中获得省、部级奖励 103 项。

开放合作不断拓展。加强国际科技合作和交流，通过参加国际项目、互派访问学者等途径，与国外大学和气象机构形成良好互动。全省近百个地面气象站、探空站、气象雷达站先后参加了全球大气试验、国际台风业务试验和热带气旋特别试验等国际大气科学试验项目。1978—2018 年，有 35 个国家和地区的近 400 名气象科技工作者来浙江考察气象工作或访问讲学。近 500 人次浙江气象工作者分别到 44 个国家和地区考察访问或进行科研合作，促进了业务技术的进步，缩小了浙江气象工作与先进国家之间在技术上的差距。从 1998 年起，浙江省气象局与韩国釜山气象厅建立互访机制，促进两国间气象科技合作与交流。同时，集聚国内多方科技资源深化开放合作。与浙江大学、南京信息工程大学、南京大学等相关院校开展多层次的合作。融入区域数值预报、气候变化等创新团队，与区域中心各省气象局建立良好合作。与电力、农林、环保、交通、国土、海洋、保险等部门形成科技合作机制，推进集约发展。

气象科学普及日益深入。在浙江气象事业发展进程中，气象科普工作一直遵循着为国家建设和人民群众需要服务的方针，从早期的反封建迷信和推广农业气象知识为主，发展成为社会防灾减灾的重要组成部分，实现了由传统科普向现代科普、由部门科普向社会化科普的转化。1980年省气象学会建立了气象科普工作委员会，之后各地气象学会相继设立了科普工作机构，初步组建起了专兼职科普队伍。进入21世纪，气象科普工作围绕公共气象服务，突出气象防灾减灾、应对气候变化主题，创新气象科普的内容和形式，联合科技、民政等相关部门开展活动，将气象知识渗透到学校、乡镇、社区和各行各业。省科协与省气象局签署了战略合作协议，共同打造气象科普联盟。气象科普全面纳入浙江省《全民科学素质行动计划纲要》，并作为气象防灾减灾标准化村（社区）建设内容，列入浙江省委、省政府对各级政府的新农村考核。2008年5月，省气象局联合省科技厅和省科协下发了《关于加强气候变化和气象防灾减灾科学普及工作的意见》，以"万名气象协理员培训"等五大气象科普计划为载体，有效推进了气象科普向基层延伸。目前，浙江有全国气象科普教育基地25个，位列全国前茅。打造了绍兴竺可桢纪念馆、杭州气象科普体验馆、中国台风博物馆等一批具有当地特色的精品气象科普馆。建成校园气象站150个，成立全国首个校园气象协会，组建校园气象网。

（四）气象管理的变革和发展

70年风风雨雨，浙江气象人在大力推进气象现代化建设、提升气象业务服务能力的同时，全面加强体制改革、队伍建设、法制建设及党建和精神文明建设等各项管理工作，管理工作逐步向科学、规范、精细发展，为浙江气象事业长足发展提供坚强保障。

气象管理体制不断优化。从军事系统建制到转入政府系统建制，几经调整，再到实行双重领导、双重计划财务体制，随着气象事业发展，全省各级气象机构经历多次调整，管理体制和事业结构更趋合理和优化。从1983年5月起，按照国务院部署，浙江省气象部门开始全面实行上级业务部门和当地政府双重领导、以气象部门为主的管理体制。1992年，浙江省政府根据国务院25号文件精神，要求全省各级政府建立与完善气象事业中央和地方的双重计划财务管理体制，把为地方服务的气象工作列入当地国民经济发展计划和财政预算，进一步完善了气象工作双重管理体制。2001年，《浙江省实施〈中华人民共和国气象法〉办法》颁布，全省各县级以上人民政府加强对气象工作的领导和协调，逐步将气象事业纳入地方同级财政预算，承担各地气象事业建设项目投资，并赋予浙江省气象局社会管理职能。逐步理顺机关和事业单位的关系，调整后全省气象部门逐步形成以气象行政管理、基本气象系统、气象科技服务与产业"三大块"新结构。党的十七大后，以强化社会管理和公共服务职能为重点进行气象机构调整，各级气象部门成立应急减灾机构，部分设区市开始设立气象管理机构。党的十八大以来，地方气象与国家气象协调发展的财政保障机制进一步完善，全省公共财政保障率逐年提高，并保持高位稳定。

人才队伍不断壮大。新中国成立初期，人才的极端缺乏成为开展气象事业的主要困难。改革开放后，通过专业人才引进、在职学历教育与培训，加强队伍建设，人才队伍结构逐步得到改善，逐步趋向合理。进入 21 世纪，更加注重科技人才队伍的发展。2003 年，下发《关于实施人才战略的意见》，实施"百名科研业务骨干人才工程"，建立高级人才库，完善培养使用和管理机制。目前，全省气象部门具备正高级职称的有 26 人，中国气象局人才工程入选人员 5 人，入选省"151"人才工程 2 人，拥有各类专业技术职称人员达 96%。综合管理队伍不断加强，1997 年，浙江省气象局依照国家公务员制度管理；2002 年，市级气象管理机构依照公务员制度管理；2013 年，县级气象管理机构参照公务员法管理；通过公务员招考，引进了一批涵盖各专业的综合管理人员。目前，全省气象部门在职职工包含国家编制、地方编制和编制外用工三支队伍，人员数量分别占 55%、13% 和 32%（包括国有气象公司用工）。其中国家编制 1541 人，大学本科及以上学历占队伍总量的 88%，硕士以上占总人数的 23%；地方编制 351 人，大学本科及以上学历占 92%。

气象依法行政有新进展。1984 年，浙江省气象局首次提出要推进依法行政工作。2001 年，浙江省第一部气象政府规章《浙江省实施〈中华人民共和国气象法〉办法》颁布。2007 年，成立依法行政工作领导小组及其办公室，建立健全气象法制工作机构，组建执法队伍，依法制止和查处涉及气象探测环境保护、天气预报传播、防雷减灾、施放气球等方面的违法行为，全面推进依法行政工作的格局初步形成。2008 年，浙江省第一部地方性气象法规《浙江省气象条例》颁布施行。同年，《浙江省雷电灾害防御和应急办法》（浙江省政府令第 246 号）公布并生效。2009 年起，气象灾害防御和防雷安全纳入"平安浙江"建设对市、县考核。到 2018 年，全省共颁布的规范气象工作的地方性法规 4 部、政府规章 6 部、设区市政府令 18 部、规范性文件 88 个。同时，大力推进标准化工作，主持完成并发布行业标准和地方标准 17 项，参与起草并发布国家标准 2 项。根据国务院深化"放管服"改革要求，取消下放行政审批事项，清理规范中介服务事项，14 项气象政务"最多跑一次"改革清单纳入省政府管理。防雷体制改革稳步推进。

党的建设和党风廉政建设不断加强。浙江省气象局成立以来，始终坚定不移地执行党各个时期的路线、方针、政策，不断加强党的建设和党风廉政建设。以完善"三会一课"、主题党日为抓手，积极推进党支部标准化建设。深入推进"三讲""群众路线教育实践活动""三严三实""两学一做""不忘初心、牢记使命"等主题教育活动，提升党员队伍素质，增强战斗力。强化"党建红心"引领"业务匠心"理念，不断克服党建与业务"两张皮"现象，将党建深度融合到日常业务服务管理工作中，形成互促互进。实现了县气象局党组织全覆盖。按照党中央全面从严治党要求，积极推进"两个责任"落实，持之以恒落实中央"八项规定"精神，通过打造"清廉浙江气象"，建立健全一系列规章制度，组织开展党组巡察、审计、整改和纪检体制改革工作，严肃监督执纪问责，党风廉政建设和反腐败工作全面落实，为事业发展提供有力政治保障。

精神文明建设有新成就。1986年起，全省气象部门开始创建文明单位，是全省最早开展文明单位创建的部门之一。2003年，浙江省气象局被省委、省政府授予首批"浙江省文明行业"并一直保持至今，到2018年，建成国家级文明单位3个、省级文明单位33个，文明单位创建率达98.7%。多年来，全省气象部门涌现出一大批以全国优秀共产党员、模范气象工作者陈金水，全国工业、交通运输、基本建设、财贸方面社会主义建设先进工作者严海容，受国务院嘉奖的总工程师祝启桓等为代表的先进典型。被评为省部级以上劳模40人，获省部级表彰的先进集体25个、先进个人113名。"准确、及时、创新、奉献"的气象人精神，已在全省气象人中深深地扎下了根。财务管理、政务信息化、宣传工作等综合管理得到进一步完善和规范。充分发挥老气象工作者作用，多年来编写历书受到社会好评，多份建言受到省委书记、省长批示肯定。

三、浙江气象未来蓝图

"雄关漫道真如铁，而今迈步从头越。"面对全球科技的新发展、人民日益增长的气象新需求、全球气候变化出现的新情况，浙江气象事业将以习近平总书记对浙江作出的"干在实处永无止境，走在前列要谋新篇，勇立潮头方显担当"重要指示为指引，坚持"创新、协调、绿色、开放、共享"五大发展理念，抓好党建、创新、改革、开放、人才"五个强业"。

浙江省气象部门将以浙江省政府与中国气象局新一轮战略合作为契机，以提升核心的研究型业务能力、提高综合服务效益为主要目标，建成与浙江省经济社会发展水平相适应，满足浙江地方经济社会发展需求，符合国家气象事业要求，结构完善、功能先进、集约高效、保障有力的气象现代化体系。

聚焦推动互联网、物联网、大数据、云计算、人工智能和气象业务、服务领域的深度融合、应用。开展基于图像和视频的天气现象智能识别站网建设，开展"天镜"和"天脸识别"等智能观测建设。深入推进智能网格预报行动计划，健全智能网格天气预报业务。提升智慧气象业务、服务能力，开展气象大数据与防灾减灾、应急预案、社会经济、敏感行业等的深度融合研究、应用。推动中国气象科学研究院浙江分院等建设，深化开放合作，打造"产学研用"一体化的科研平台。将"最多跑一次"气象改革进行到底，深入开展雷电灾害风险、防洪影响、地质灾害等区域评估制度，打造"标准地"新模式。

推进浙江气象事业高质量发展，着力为浙江"两个高水平"建设提供更加有力的气象保障服务，是浙江气象事业的根本出发点。浙江气象人将全力服务、保障好"一带一路"建设、长三角一体化战略、乡村振兴战略、生态文明建设、海洋强省建设等在浙江的落地生根，使得气象监测预报预警更加精准及时，公共气象服务更加广泛均等，保障生态气候安全更加全面有力，气象信息化更加智能完善，气象社会管理更加健全规范，气象发展保障更加均衡有力，气象工作整体水平再上一个台阶。对标国内、国际，为全国乃至全球的气象发展、气象治理工作贡献浙江智慧。

立足浙江追风雨，管天放哨为人民。我们相信，在新的历史时期，浙江气象事业一定会朝着更高的目标和更加辉煌的未来破浪前行！

（撰稿人：赵小兰　张立峰　尤佳红　刘洁　吴静）

七十载栉风沐雨初心在　江淮间挥墨泼彩丹青存

安徽省气象局

今年是新中国成立 70 周年，也是新中国气象事业 70 周年。70 年来，我国发生了翻天覆地的变化，气象事业和其他行业一样取得了举世瞩目的辉煌成就。在中国气象局和安徽省委、省政府的正确领导下，在安徽省气象局历届党组的带领下，安徽气象部门广大干部职工书写了安徽气象事业 70 年的美好篇章。

一、发展历程

（一）艰苦奋斗 创业发展时期（20 世纪 50 年代至党的十一届三中全会）

新中国成立后，安徽气象部门艰苦创业，集聚和培养人才，大力开展气象站网和各项业务科研创建，初步形成了安徽气象事业基本框架，为后期发展奠定了基础。

1. 探索领导管理体制

1952 年安徽军区司令部设立气象科，标志着安徽开始有了气象事业管理机构。1954 年，撤销各大军区气象处，气象部门改为中央气象局和省气象局两级管理体制，安徽省人民政府财政经济委员会在接收了安徽军区气象科之后，先是改称安徽省气象科，随后改称为安徽省人民政府气象局，安徽省气象局正式成立。1965 年，省气象局被划为厅属局，改名为安徽省农业厅气象局。1970 年恢复厅级局，改名为安徽省革委会气象局。1973 年根据国务院、中央军委关于调整气象部门体制的通知要求，地方气象部门归同级革委会领导。

2. 建设气象站网

1950 年 3 月华东军区气象处在安庆市建立全省第一个气象站，1955 年在黄山光明顶建起气象站，到 1957 年全省气象台站发展到 47 个。1958 年，按照"地地有台，县县有站，社社有哨，队队有组"的原则，全省批量建设，第一次实现了一地一台、一县一站的气象台站网络。1969 年在合肥安装第一部国产天气雷达，之后又分别在全省安装了 11 部 711、713 和 714 型天气雷达。

3. 创建业务科研

安徽短期天气预报业务于 1953 年 7 月在合肥气象台开始，1956 年安徽人民广播电台和《安徽日报》开始发布和刊登天气预报。1957 年开展中长期天气预报。1960 年合肥气象台改名为省气象科学研究所，1972 年更名为安徽省气象台。此外，1958 年成立安徽省人工控制天气委员会，同年创刊的《安徽气象》被省政府批准注册为省级气象科技学术期刊。

4. 明确服务重点

新中国成立之初，安徽气象部门按照为国防建设、经济建设服务的原则，坚持以生产服务为纲、以农业服务为重点，为地方经济社会发展，尤其是农业生产提供气象服务。防汛抗旱气象服务在各级党委、政府组织的防汛抗灾救灾决策中，特别是在 1950 年、1954 年、1956 年防御洪涝灾害中发挥了重要作用。

（二）改革开放 快速发展时期（党的十一届三中全会至党的十八大）

党的十一届三中全会召开之后，安徽气象部门迅速在思想上、组织上、业务上实现了工作重点转移，工作重心转移到提高服务经济效益、气象现代化建设上来，安徽气象事业步入了健康、持续、快速发展的新时期。

1. 调整优化气象事业结构

1979 年安徽省气象局在全国率先提出恢复以气象部门为主的管理体制的建议，得到安徽省革委会的批准。到 1983 年，根据国务院、中央气象局的部署，安徽气象部门顺利实施上级气象部门和地方人民政府双重领导，以气象部门领导为主的管理体制改革。1992 年开展"气象事业结构调整"，全省各级台站建立起基本业务、科技服务和综合经营"小三块"框架，1998 年实现单位"小三块"向部门"大三块"的转变，2000 年再次对气象事业结构进行战略性调整，形成了气象行政管理、基本气象系统、气象科技服务与产业三部分，从而推动了安徽气象事业协调发展。2006 年开始按照"公共气象、安全气象、资源气象"的理念，根据"多轨道、集约化、研究型、开放式"原则，实施了气象业务技术体制改革，逐步建立了综合探测体系、预报预测体系、公共气象服务体系。

2. 不断提高气象探测与通信能力

1999 年我国第一部 SA 型新一代天气雷达在合肥市落成，标志着安徽气象现代化迈上新的台阶。此后，阜阳、马鞍山、蚌埠、黄山光明顶、安庆新一代天气雷达相继建成。1984 年安徽在 PC-1500 上率先成功研发用于国家基本站的测报程序，随后在 IBM-PC 机上开发的月报表编制程序，在 APPLE 机上开发的面向基准站的测报程序，以及研制的 AHDM 4.0 地面测报软件在全国推广。1997 年基于公网实现观测报表数据自动上传，率先实现大气探测信息传输方式的变革。2003 年成功研制"GSM 无线雨量遥测仪"并于 2005 年装备全省，率先建设高时空密度加密雨量站网。至 2012 年，建成由 814 个雨量站、760 个四要素自动站、195 个六要素自动站和 196 个交通气象观测站组成的区域气象观测网，使全省地面气象要素观测的空间间隔由原来的 40 千米加密到 8.4 千米、时间分辨率由小时级加密至分钟级。

1998 年基本建成气象卫星综合应用业务系统（"9210"工程），安徽全省气象通信进入现代网络化通信时代。之后建成了基于虚拟专用网络（VPN）的全省气象宽带通信网，市级气象部门建成了 DVB-S 卫星数据广播接收系统，省—市—县同步数字体系（SDH）专线投入业务运行，实现 SDH 与 VPN 网络互为备份运行。至 2012 年，安徽省、市、县三级气象部门全部建成高清视频会商系统。

3. 不断提升预报业务能力

1987 年以来，安徽省气象台以数值预报产品资料和常规、非常规观测资料为基础，应用"9210"工程和人机交互处理系统（MICAPS）为主要平台，建立了暴雨概率预报、雾分县预报、台风检索、精细化预报显示、雷暴潜势预报等系统，开发应用了灾害性天气短时临近预报系统（SWAN）等预报支撑系统。1999 年基于新一代天气雷达建成的安徽省新一代气象综合业务系统，率先实现省级气象业务的全面升级和资源共享，大气探测、天气预报、气候业务、通信监视、农业气象、卫星遥感、公益服务、资料管理、人工影响天气作业指挥、业务管理等 10 个子系统投入业务运行。2004 年建立起实时运行的安徽省中尺度数值天气预报系统。2006 年开始开展了气象灾害预警、地质灾害气象等级预报预警、城市暴雨积涝预报、城市空气质量预报、淮河流域和长江流域（皖江段）面雨量预报、农业气象产量预报、农作物病虫害气象条件预报、森林火险气象等级预报、水上气象导航预报等。

4. 积极拓展气象服务领域

自从气象工作的重点转移到为地方经济社会发展服务之后，气象服务效益越来越显著。1991 年淮河大水、1998 年长江特大洪水、2007 年淮河特大洪水、2008 年全省低温雨雪冰冻灾害、2009 年沿淮淮北特大干旱、2010 年大别山和沿江及西南特大暴雨等重大灾害性天气气象服务相继取得成功，得到省委、省政府领导的充分肯定。专业气象服务拓展到农业、林业、电力、交通运输、旅游、保险、建筑等领域。1986 年开始安徽在全国气象部门率先向社会提供雷电灾害防御技术服务。1998 年 9 月，安徽省政府批准建立安徽农网，因其在农村信息化服务体系建设中做出的贡献，先后获得"优秀政府网站特别奖""全国优秀农业政府网站""数字安徽建设先进单位"等，被国务院信息化办公室和信息产业部向全国推荐。2008 年 12 月，中国气象局与安徽省政府在合肥签署《共同推进气象为安徽农村改革发展服务合作协议》，这是中国气象局在气象为农村改革发展服务中与省级政府签署的首个协议。2010 年 10 月开始开展高速公路气象监测预警服务，为高速公路安全运行提供有力保障。人工影响天气服务领域逐渐拓展到涵盖农业生产、森林安全、生态修复、空气质量改善和重大服务保障等。2005 年在蚌埠成立全国第一个流域性气象服务中心——淮河流域气象中心，成立淮河流域气象业务服务协调委员会，建立"淮河流域气象开放研究基金"，为淮河流域防汛抗洪、防洪调度提供有力支撑。

5. 不断提高依法发展气象事业水平

2000 年《中华人民共和国气象法》颁布实施前后，1997 年 7 月 1 日安徽省政府颁布了首部气象政府规章《合肥多普勒天气雷达站探测设施和探测环境保护办法》，之后《安徽省气象管理条例》《安徽省防雷减灾管理办法》《淮南市雷电灾害防御条例》《安徽省气象灾害防御条例》相继颁布实施。2009 年 5 月，安徽省政府出台《安徽省气象设施和气象探测环境保护办法》，这也是全国首部气象探测环境保护法规。《安徽省人民政府关于进一步加强气象工作的通知》《安徽省人民政府关于加快气象事业发展的决定》等政策文件的出台，进一步明确了各级政府在气象事业发展、气象现代化建设中的职责和任务。全省气象部门形成了一支由 300 余名专、兼职结合的气象执法队伍，积极面向全社会、公民开展普法宣传教育。重视标准化工作，发布实施 9 项气象地方标准。

6. 加强精神文明建设

安徽气象部门深入开展"做文明职工、建文明单位、创文明系统""创文明行业、建满意窗口"等主题活动，于 1999 年年底建成安徽省首家"文明系统"。2000 年 1 月，中国气象局和安徽省文明委联合授予安徽省气象部门"文明系统"荣誉称号和奖牌。2000 年 3 月，安徽省文明委作出《关于开展向安徽省气象系统学习的决定》。

（三）创新驱动 全面发展时期（党的十八大以来）

党的十八大以来，在习近平新时代中国特色社会主义思想的指引下，安徽气象部门坚持以全面加强党的建设为统领，以气象现代化为主线，以深化改革和科技创新为动力，以法治建设和依法履职为保障，以服务现代化五大发展美好安徽建设为使命，气象事业得到了全面发展。

1. 全面推进气象现代化建设

2013 年 9 月，中国气象局、安徽省政府共同签署《关于共同推进安徽气象现代化建设的合作协议》，明确提出到 2017 年基本实现气象现代化目标。经第三方评估，2016 年安徽省级气象现代化综合评价得分 91.8，提前 1 年达到基本实现气象现代化的目标。2017 年 16 个省辖市气象现代化综合评价均在 90 分以上，全部达到市级基本实现气象现代化的各项指标要求。为更好服务国家发展战略和现代化五大发展美好安徽建设，2019 年 3 月，中国气象局与安徽省政府共同签署《关于共同推进安徽更高水平气象现代化建设的合作协议》，明确提出到 2020 年基本实现以智慧气象为重要标志的更高水平气象现代化的目标。

2. 创新驱动气象事业发展

制定实施《安徽省气象科技创新体系建设实施方案》《安徽省全面深化气象业务科技体制改革实施方案》。深化局校、局院、局企合作，形成了气象科技创新联盟，搭建了省级实验室、工程中心、试验基地、联合实验室等合作平台 6 个。组建了气象科技创新团队 5 个。"淮河流域典型农田生态气象野外科学试验基地"获批中国气象局野外科学试验基地。研发的气象技术装备动态管理信息系统在全国省级气象部门推广应用。自主创新建成全国首个省级能见度计量检测实验室。"打造全方位气象开放合作联盟，不断优化科技创新资源配置"工作获评中国气象局创新工作项目。制定实施《2013—2018 年气象高层次人才培养计划》《首席气象服务专家管理办法（试行）》《县级综合气象业务技术带头人选拔培养管理办法（试行）》等，选拔业务科技带头人、中青年业务科技骨干、基层台站青年业务骨干。安徽省气象培训中心被批准更名为中国气象局气象干部培训学院安徽分院，在打造综合气象观测特色培训品牌方面成效明显。

3. 全面深化气象改革

按照中国气象局统一部署，稳步推进防雷减灾体制改革。2016 年安徽省政府印发《关于进一步加强防雷安全监管的通知》，防雷安全纳入各地政府考核评价体系和安全生产责任体系。成立省、市级气象灾害防御中心，雷电监测等业务纳入气象业务体系。积极推进气象服务体制改革，省财政厅和各地市将农业气象信息服务等 4 项纳入政府向社会力量购买服务清单目录。持续推进气象业务科技体制改革，地面气象观测自动化实现业务运行，预报业务向集约化、定量化、智能化发展。"放管服"改革积极推进，将"气象信息服务企业备案"纳入安徽"多证合一"改革证照事项目录，将防雷装置设计审核纳入联合踏勘，气候可行性论证纳入全省开发区区域评价及投资项目多评合一。省级气象窗口纳入省政务中心"投资建设综合服务窗口"。积极参加"减证便民"专项行动，清理精简审批申请材料比例达 40% 以上。

4. 不断加强气象法治建设

安徽形成了"3+2+n"地方气象法规体系结构，即 3 部省级法规、2 部省政府规章以及若干部市级气象法规规章。2015 年在全国率先实现省、市、县、乡四级政府"气象权责清单"全覆盖，"气象灾害防御职能"纳入乡镇政府权力清单指导目录。制定印发《安徽省气象局重大事项决策合法性审查制度（试行）》《安徽省气象局法律顾问管理办法》《中共安徽省气象局党组关于认真学习贯彻落实〈党政主要负责人履行推进法治建设第一责任人职责规定〉的通知》等系列文件，进一步增强依法行政能力。建立健全法律顾问制度，聘用专业律师作为法律顾问，确保决策依法合规。

5. 着力加强党的建设

深入学习贯彻习近平新时代中国特色社会主义思想，全面落实从严治党要求，深入贯彻落实"两个责任"，认真贯彻中央"八项规定"及其实施细则精神，坚决反对"四风"。深入开展创先争优、群众路线教育实践活动、"三严三实"专题教育、"两学一做"学习教育、"不忘初心、牢记使命"主题教育等活动。建立党风廉政建设"两个责任"台账，加强廉政风险防控，制定了内部审计管理办法，推进审计全覆盖。出台《中共安徽省气象局党组巡察工作实施办法》，实现全省气象部门巡察全覆盖。省级文明单位、全国文明单位数量进一步提升，省级以上文明单位占比达78%。成立了安徽省气象行业工会。推进老干部"两项待遇"全面落实。

二、发展成就

新中国成立70年来，安徽气象部门坚持解放思想、实事求是、与时俱进、开拓创新，不断推进气象现代化建设，持续优化事业发展政策环境，深入开展气象文化建设，气象事业取得了一系列发展成就。

现代气象业务体系日趋完善。70年来，安徽以自动观测、智能网格预报、信息化为代表的现代气象业务体系日趋完善。建成由地基、空基、天基组成的立体化综合气象观测系统，监测自动化水平和时空分辨率大幅提升。截至2018年年底，建成295个国家级气象观测站、2446个区域自动气象观测站，地面气象要素观测空间加密到7.2千米，乡镇覆盖率达100%，时间分辨率达分钟级，基本观测要素全部实现自动化。建成新一代天气雷达9部、移动雷达3部、风廓线雷达4部，以及风云三号、风云四号气象卫星省级直收站各1个。建成85个土壤水分监测站、64个GNSS/MET水汽监测站、4个颗粒物浓度监测站，以及覆盖全省高速公路、主要山岳型景区的交通、旅游气象监测网。地面监测数据可用率达到98%以上，建立基于全国综合气象信息共享平台（CIMISS）的省级集约化数据中心，气象信息化程度提高到88%。建立全省智能网格气象预报业务，实现了多种气象要素、灾害性天气高时空分辨率的智能网格预报业务化运行。气象预报预测精细度和准确率大幅提升，延伸期极端强降水过程客观化预测能力明显提高。2018年，24小时城镇晴雨预报准确率提高到88%，预警发布提前量延长至34.4分钟。

现代气象服务体系初步建立。70年来，安徽基本形成了以决策气象服务、公众气象服务、专业气象服务为主体的现代气象服务体系。建立完善了气象灾害防御体系，在防御流域性特大洪水、区域性特大干旱、低温雨雪冰冻天气等灾害中做出重大贡献。针对农业、交通、林业、旅游、生态等行业需求，提供精细化、专业化气象服务，以气象为农服务为代表的、智慧气象服务为标志的专业气象服务走在全国前列。气象服务手段基本实现报纸、广播、电视、传真、手机短信等传统媒介与微博、微信、微视等新媒体的深度融合，最大限度提升公众气象服务产品的传播速度和覆盖范围。建立完善了现代人工影响天气业务体系，在保障粮食安全、水安全、生态安全及保障重大社会活动方面取得了显著效益。2018 年，气象服务满意度提高到 89%，公众气象科学知识普及率提高到 76%。

现代气象科技创新体系逐步形成。70 年来，安徽逐步形成了独具特色的气象科技创新体系和与之相适应的气象人才队伍，构建了"宽领域、多层次、深融合"的气象科技创新联盟，搭建了大气科学与卫星遥感重点实验室、淮河流域典型农田野外科学试验基地等一批科研合作平台，组建了具有安徽特色的气象科技创新团队。1986 年以来，获得省部级以上科技进步奖 120 项，其中参与的"我国梅雨锋暴雨遥感监测技术与数值预报模式系统"获国家科技进步奖二等奖。2008 年以来，在全国气象部门创新工作评比活动中有 10 项创新工作获得通报表彰。人才队伍数量和整体素质得到大幅提升，由新中国成立之初全省气象干部职工仅有 50 余人，发展到 2018 年年底全省气象部门在职职工 2156 人，国家编制人员中本科以上学历人员 1382 人，占 86.5%；高级以上职称人员 348 人，占 21.8%。2 人入选"全国首席气象服务专家"，8 人获国务院特殊津贴，1 人获省政府特殊津贴，2 人分获国务院和安徽省科学、技术、管理突出贡献专家称号。

现代气象治理能力不断提升。70 年来，安徽形成了与《气象法》相配套的 3 部省级法规、2 部省政府规章以及若干部市级气象法规规章的地方气象法规体系，有力促进了气象管理走向法治化轨道。《安徽省人民政府关于进一步加强气象工作的通知》（皖政〔1992〕49 号）、《安徽省人民政府关于加快气象事业发展的决定》（皖政〔2006〕63 号）等政策文件的出台实施，以及中国气象局与安徽省政府共同签署的《共同推进气象为安徽农村改革发展服务合作协议》（2008）、《关于共同推进安徽气象现代化建设的合作协议》（2013）、《关于共同推进安徽更高水平气象现代化建设的合作协议》（2019）的推动落实，为安徽气象事业发展营造了良好的政策环境。双重计划财务体制的确立和落实，促使重点项目纳入地方常规投资渠道，事业单位人员津补贴全面落实，为安徽气象事业的发展提供了有力的公共财政保障。近十年来主持起草 2 项气象国家标准、5 项行业标准、23 项地方标准、2 项团体标准并发布实施，逐步构成了安徽气象地方标准体系。党的十八大以来，推动气象行政审批制度改革，取消气象行政审批事项 13 项、涉气象类行政审批中介服务事项 12 项、气象类职业资格 3 项，安徽气象涉企收费项目全部退出省级涉企收费清单，5 项审批事项纳入省政府"最多跑一次"事项。

党建和精神文明建设深入开展。70 年来，安徽气象部门始终坚持党的领导，以党的政治建设为统领，全面加强党的政治、思想、组织、作风、纪律和制度建设，认真落实全面从严治党"两个责任"，党建工作科学化水平不断提升。党的十八大以来，先后荣获"全国工人先锋号"1 个、"全国巾帼文明岗"1 个、"全国五一劳动奖章"1 人。注重加强老干部工作，全面落实"两项待遇"，激发老同志为党的事业和气象事业发挥正能量。到 2018 年年底，全省气象部门共有基层党委 3 个，党总支部 16 个，党支部 140 个，中共党员 1832 人，其中在职党员 1196 人，离退休党员 636 人。安徽气象部门坚持推进文明创建工作，形成奋发有为的气势、求真务实的作风、上下同心的氛围，为气象事业的科学发展积聚了正能量，取得良好成效。截至 2018 年年底，安徽省气象局连续五届获得"全国文明单位"称号，全省气象系统建成全国文明单位 12 家、安徽省文明单位 63 家，全国气象部门文明台站标兵 8 个。全国文明单位总数和省级以上文明单位的比例均位居全国气象部门第一。

三、经验与启示

经过 70 年的建设和发展，安徽气象事业取得了一系列成就，也获得了许多经验和启示，主要表现在六个方面。

（一）坚持党的领导是安徽气象事业兴旺发展的根本保证

党政军民学，东西南北中，党是领导一切的。发展是党执政兴国的第一要务。70 年来，安徽气象事业的发展历程和实践证明，正是因为始终坚持党的领导，坚决贯彻党的理论和路线方针政策，发挥党把方向、谋大局、定政策、促改革的作用，气象事业发展方向才更加明确、思路才更加清晰，气象事业才能不断取得新成就、获得新突破。新时代，安徽气象部门将在贯彻落实中央重大决策部署中发展气象事业，聚焦国家重大发展战略和省委、省政府决策部署，按照"需求牵引、安徽特色、时代特征"的要求，全面推进更高水平气象现代化。

（二）以人民为中心是安徽气象事业兴旺发展的初心使命

全心全意为人民服务是气象工作的根本宗旨，气象工作的出发点和落脚点是为人民群众服务。70 年来，安徽气象事业的发展历程和实践证明，正是因为我们始终坚持以人民为中心，坚定不移地把公益性放在首位，紧紧围绕人民群众的新需求、新期待，不断提高公共气象服务能力，竭力提供准确及时的气象服务，最大限度地保障了人民群众生命财产安全，才得到各级党委、政府的支持和广大人民群众的拥护，从而推动气象事业不断发展、不断进步。新时代，安徽气象部门将坚持公共气象发展方向，把努力满足人民群众美好生活需求作为奋斗目标，紧紧围绕人民群众新期待，大力发展智慧气象，让人民群众享有更多智慧气象服务的获得感、幸福感、安全感。

（三）实现气象现代化是安徽气象事业兴旺发展的根本目标

气象现代化建设是强业之路，是解放和发展气象生产力、增强气象综合实力的根本任务。70年来，安徽气象事业的发展历程和实践证明，无论是创业发展、快速发展，还是全面发展阶段，都是牢牢扭住气象现代化建设这个主题主线，正是因为我们坚持以气象现代化为根本目标，聚焦经济社会发展和人民群众生产生活的需求，持续推进业务科技体制改革、服务体制改革、管理体制改革，使气象现代化建设成功步入全面快速发展的轨道，才使得气象服务实力、业务实力、科技实力、人才实力全面增强。新时代，安徽气象部门将以发展智慧气象、民生气象为导向，坚持推进更高水平的气象现代化，努力实现气象服务数字化、网格化、智能化、流域化。

（四）改革创新是安徽气象事业兴旺发展的灵魂所在

江淮大地自古就有敢为人先的传统，"小岗精神"开创了波澜壮阔的农村改革先河。70年来，安徽气象事业发展历程和实践证明，正是因为重视创新、坚持创新、弘扬创新，安徽气象工作在许多方面为全国气象部门创造了经验，改革创新成为气象事业兴旺发展的灵魂所在。例如，全国第一部SA型新一代天气雷达在合肥建成应用，带动和提升了全国气象现代化整体水平；"安徽农网"在农村信息化服务体系建设、智慧气象为农服务的经验方面，为全国气象为农服务树立了典范；在蚌埠成立全国第一个流域气象服务中心，为全国流域防汛抗洪、防洪调度提供了示范经验，等等。新时代，安徽气象部门将坚持改革创新，努力实现以"智慧气象"为主要标志的更高水平气象现代化目标。

（五）依法发展是安徽气象事业兴旺发展的制度保障

依法发展气象事业是顺利推进气象改革开放、实现气象现代化目标的制度保障。70年来，安徽气象事业的发展历程和实践证明，正是因为坚持依法发展气象事业，把气象改革发展实践中的成功经验上升到气象法治层面，才形成了与《气象法》相配套的地方法规体系和政策体系，才有了今天这样良好的发展环境、政策环境，才能依法正确履行气象职责、依法科学管理气象事务，安徽气象事业发展的高速列车才始终沿着法治轨道顺利前行。新时代，安徽气象部门将坚持运用法治思维和法治方式，不断完善保障气象事业发展的法律规范体系，提升依法履行气象职责的能力，提高依法管理气象事务的水平，依靠制度保障气象事业健康发展。

（六）气象文化建设是安徽气象事业兴旺发展的精神动力

气象文化是气象事业的重要组成部分。70 年来，安徽气象事业的发展历程和实践证明，正是因为安徽气象工作者在长期发展事业、防灾减灾、为农服务实践中，逐渐形成了具有气象部门特征和气象人品质的特色鲜明、内涵丰富的气象文化，从"艰苦奋斗、爱岗敬业、精益求精、无私奉献"的光荣传统，到"准确、及时、创新、奉献"的气象人精神，并以这些价值观为核心，结合安徽的黄山松精神、大包干精神、王家坝精神等，铸就形成了安徽气象文化，激发出巨大的向心力和凝聚力，不断推动气象事业向前迈进。新时代，安徽气象部门将继续弘扬安徽气象人的优良传统和作风，秉持气象人精神，不断汇聚正能量，激发新动能，推动气象事业奋勇前行。

四、展望

回首过去，安徽气象事业取得了辉煌的成就。展望未来，站在新时代的历史起点上，安徽气象事业面临新的机遇和挑战。安徽气象部门将聚焦国家重大发展战略，紧跟中国气象局和安徽省委、省政府决策部署，按照"需求牵引、安徽特色、时代特征"的要求，以发展智慧气象、民生气象为导向，以重大项目为抓手，进一步完善合作机制，努力实现气象服务数字化、网格化、智能化、流域化，全力推进气象业务现代化、气象服务社会化、气象工作法治化建设。到 2020 年，安徽基本实现以"智慧气象"为主要标志的更高水平气象现代化，气象工作整体实力达到全国先进水平，部分领域达到全国领先水平，并保持"十四五"期间的可持续发展，为安徽经济社会发展提供更加有力的气象保障。

一是实施气象信息化工程，大力发展智慧气象，进一步增强气象灾害监测能力。在冰雹、龙卷、大风等强对流天气易发多发的皖东平原，布设 X 波段雷达，面向防灾减灾、大气污染治理，加密布设自动气象站、大气风廓线仪、电场仪和边界层监测装备。深入推进智能网格预报业务体系建设，提升台风、暴雨、低温雨雪冰冻等灾害性天气过程以及低温冷害、高温热害、倒春寒、连阴雨等农业气象灾害延伸期预报能力，发展强对流天气预警技术、流域面雨量预报及气象风险预警技术。与宿州、淮南市政府共同推进气象大数据存储、应用工程，发展基于大数据挖掘与分析技术的专业气象服务技术，打造智慧气象服务平台。

二是实施生态气象监测预警工程，提升生态文明建设气象保障服务能力。围绕"三河一湖一园一区"等重点生态功能区、生态环境敏感区及农业气候资源（光、热、水），推进生态气象监测预警评估体系建设，提升生态环境保护气象服务能力。开展农业、旅游、风能、太阳能气候资源普查、评估，编制气候资源高效利用和气象灾害风险区划，加强人工影响天气基础保障能力建设，创建黄山国家气象公园和"中国天然氧吧"县，提升生态建设与生态环境治理气象保障服务能力。建立生态气候资源基础数据库，开展生态文明建设绩效考核气象评价指标研究与评估。

三是实施现代农业气象服务工程，助力乡村振兴。加快推进合肥、宿州、宣城农业气象试验站建设，开展农业种植模式和气象条件影响试验，为挖掘特色农业气候资源，发展农业特色产业提供气象科技支撑。推进安徽省农村信息化工程技术研究中心建设，促进"安徽农网"转型升级。优化"聚农 e 购"农产品电子商务平台和"爱上农家乐"乡村旅游电子商务平台，持续开展贫困地区滞销农产品帮扶，挖掘、推介乡村旅游资源。

四是实施气象科技创新基础能力建设工程，提升气象科技供给水平。加快推进合肥（滨湖）气象科技创新园和合肥飞机增雨作业基地及配套基础设施建设。继续推进安徽省大气科学与卫星遥感重点实验室、气象雷达应用研究联合实验室、农业生态大数据实验室、野外科学试验基地等科技基础设施建设。构建产学研用创新引智平台，建立局企、局校间气象科技创新联盟，促进部门内外资源双向深度融合，实现关键技术突破。健全人才培养激励机制，加强国家级人才工程人选、创新型高层次人才培养。加强气象培训体系建设，完善气象教育与培训制度。

（撰稿人：魏文华　孙毅博　吴有华　张中平　孙大兵）

风雨兼程七十载　清新八闽气象兴

福建省气象局

潮涌东南，八闽风起。新中国成立 70 年来，在中国气象局和福建省委、省政府的正确领导下，一代代气象人不忘初心，牢记使命，开拓创新，砥砺前行，气象事业取得了突飞猛进的发展，为经济社会发展和人民福祉安康保驾护航做出了积极的贡献。

一、发展沿革

福建气象观测记录始于 19 世纪 80 年代，是我国近代气象观测比较早的省份之一。因福州、厦门成为通商口岸，1880—1886 年英法传教士先后在福州、厦门设立了气象观测点，进行气温、降水等气象要素观测。

20 世纪 30 年代开始，民国政府开始正式设立测候所。1934 年设立福州测候所（后改名为福建省气象所），到 1946 年，全省先后设立福州、沙县、漳州等 24 个测候所。到 1949 年新中国成立前，全省仅剩下 10 余个测候所勉强维持工作，观测场所大多设在旧庙或祠堂里，仪器设备简陋落后，气象资料残缺不全，无法进行正常的气象服务工作。

1949 年 8 月开始，福建省人民政府偕同中国人民解放军福州军事管制委员会先后接管了福建省气象所、厦门等测候所，并组建了福州、厦门、建瓯、长汀、莲塘（泉州）等机场气象站。1951 年 9 月底成立福建军区司令部情报处气象科，接管省气象所，并接管各地测候所后改称气象站。1953 年 10 月，气象系统由福建军区转归福建省人民政府财政经济委员会管辖。1954 年 10 月改称福建省气象局。1957 年 11 月改称福建省农业厅气象局。1961 年 3 月改称福建省气象局，隶属福建省人民委员会领导。1968 年 11 月—1970 年 12 月，福建省气象局一度改名并由军队领导。1970 年 12 月恢复福建省气象局，实行军队与地方政府双重领导、以军队为主的管理体制，直至 1973 年。1973 年 11 月，更名为福建省革命委员会气象局；1975 年 11 月，恢复"福建省气象局"名称。1980 年地市、县气象部门改为气象部门与地方政府双重领导、以气象部门领导为主的管理体制。1983 年全省气象部门实行气象部门与地方政府双重领导、以气象部门领导为主的管理体制。1990 年 10 月厦门市气象局实行计划单列。2015 年 4 月平潭县气象局更名为平潭综合实验区气象局。

截至 2018 年 12 月底，全省共有各级气象局、台、站 93 个，为 1949 年的 9.3 倍；在职气象工作者 1860 人，为 1949 年的 46.5 倍，其中硕士、博士 302 人，高级工程师以上职称人员 306 人；离退休人员 1056 人。

二、发展成就

（一）建成现代化的气象观测和信息网络系统

1. 建成海陆空一体化的气象观测网

1955—1959 年，在原测候所的基础上，全省先后在每个县市建立气象站，同时创建了九仙山、福瑶岛等高山、海岛气象站和建阳、天宝等农业气象试验站。至 1960 年全省气象台站已达 118 个，初步形成覆盖全省的气象台站网，并在农村、渔区建立一批气象哨。早期气象观测主要以人工观测为主。

改革开放以来，观测设备种类增多、数量增加、自动化程度提高。新增了气象卫星、新一代天气雷达、风廓线雷达、海洋浮标、闪电定位仪、土壤水分和区域自动站等，实现了灾害性天气的分钟级监测，台风和强对流天气的监测能力达到国内先进水平。

1997 年开始自动气象站建设，到 2013 年全省 70 个国家级地面气象观测站基本实现观测自动化。同时在乡镇布设区域自动站，截至 2018 年年底，全省建成区域气象观测站 2100 个，自动气象站平均间距 8 千米，实现乡镇全覆盖。

1961 年在国内首次引进国外气象雷达 2 部。天气雷达由模拟雷达发展到数字化多普勒雷达。2000 年建成的建阳天气雷达站，率先采用国产化新一代天气雷达；2001 年建成的龙岩天气雷达站为全国第一个率先利用无线微波进行数据传输的高山雷达站；2016 年建成的厦门天气雷达站，率先使用整机国产双偏振雷达。目前全省 10 部天气雷达、4 部探空雷达和 19 部风廓线雷达组成了综合雷达探测网。建成微波辐射计 6 部、毫米波测云仪 3 部，实时获取大气风场信息，大气垂直探测能力进一步增强。建成 3 部气溶胶环境气象观测站、7 个海洋气象浮标站、81 个灾害性天气实景观测系统。16 个地面气象观测站通过"中国百年气象站"认定。建成风云三号极轨气象卫星、风云四号同步气象卫星省级接收站。

2. 建立高速的气象信息网络系统

信息网络发展经历了摩尔斯手工收发报、无线电传自动通信和传真通信、甚高频辅助通信网、计算机联网通信到卫星通信网络时代。气象信息化和装备保障支撑能力全面提升。

1990年以来，是福建气象信息网络快速发展的重要阶段。随着9210工程建设和1994年开始启动的新中国第一个省级中尺度灾害性天气预警系统（二级基地）建设，计算机开始在气象观测报文通信和观测记录数据处理方面得到应用，开启了地面观测记录信息化时代，实现了记录报表的初步机审和电脑印制，结束了观测数据电报传递和纸质报表邮寄的历史。1996年前AST_386计算机是主流电脑，操作系统是DOS系统。1996年开始Windows操作系统得到应用，同步开展地面观测记录统计检索等业务软件向Windows平台转移，1997年获得省气象局科技进步奖的2个业务软件应用至今。

目前，卫星应急通信系统与地面宽带通信系统互备，保障观测数据24小时不间断实时传输；在海岛、偏远山区的400个区域自动气象站实现了北斗卫星通信功能，确保应急状态下观测数据的传输。数据传输时间由小时级提高到分钟级甚至秒级，提高了气象监测预警的准确性、时效性和提前量。高性能计算机运算速度达到每秒80万亿次，存储容量达500 TB；基础设施资源池内网达到CPU 912核，内存8960 GB，存储260 TB（高速100 TB），为数值预报应用等业务提供了重要支撑。建立了市、县装备保障维护体系，雷达、自动站等主要装备业务可用性始终保持在99%以上。依托"数字福建"初步建成的数据共享平台，提高了气象信息处理、加工、存储、管理及共享服务和安全运行能力，实现了与政府部门间的互联互通，实现气象监测、预报、预警资料的部门共享。

（二）建成精细化、集约化的现代气象预报系统

1. 预报产品日益丰富

1947年福建省气象局开始在《福建时报》上公开发布天气预报，成为全国第一家公开向社会发布天气预报的气象局。1956年以前，福建只有4个气象台从事天气预报业务。1958年全省各级气象台站全面开展短、中、长期天气预报业务。1982年开始发布全省主要城市和旅游景点24小时天气预报。2010年开展短时临近预报业务和强对流潜势预报业务，加强极端天气临近监测预报能力。2012年开展延伸期气候预测，实现了天气气候从短临到30天的预测预报无缝隙衔接。2014年推出气象灾害风险预警业务系统，开展暴雨诱发中小河流洪水和山洪地质灾害气象风险预警服务。

70年来，气象预报服务产品种类更多，发布更密集，从单一向多元化发展，次数从一天2次向全天候滚动预报，为经济社会提供数量众多、门类齐全的天气预报信息。

2. 预报技术大幅提升

早期的天气预报主要用天气图和天气过程模型，确定了听、看、谚、资、地、商、用、管的预报措施。1962年建成一套较为完整的福建省大中小结合的中期天气预报方法，当时在国内处于比较先进的水平。1961年开始应用雷达探测资料，提高了台风和暴雨的监测预警能力。1970年开始接收使用气象卫星云图，成为天气预报重要技术手段。1975年后，利用传真机接收天气图、雷达回波图、卫星云图及各类数值预报产品，制作天气预报。20世纪80—90年代，计算机在气象部门得到应用，建立了预报专家系统和中尺度暴雨数值预报模型。1990年省气象台开始启用自动填图机，结束了手工填绘天气图的历史。随着数值预报产品的逐渐增多和微机的配备，数值预报产品和模式输出统计预报方法在各级气象台站被广泛应用，促进了天气预报方法朝综合集成方向发展。

1994年开始启动二级基地建设，建成了以省气象台为主中心、厦门市气象局为次中心的闽东南地区中尺度灾害性天气预警系统，提高了福建省中尺度灾害性天气的监测、预报能力。1997年，现代化人机交互气象信息处理和天气预报制作系统（MICAPS）的应用使天气预报作业方式发生重大变革，实现了"无纸化"操作。1998—2004年完成福建省中尺度灾害性天气预警系统二期、三期工程建设，气象现代化建设初具规模。

2013年启动新一轮气象现代化建设，以建设"智能、精细、精准的数字化、无缝隙网格预报业务体系"为工作思路，开启实施精细化气象网格预报业务建设。研制成功5千米×5千米智能网格天气预报方法并于2017年投入业务运行，实现预报精细到乡镇，预报效果全国领先。预报服务产品的制作和发布实现了更高水平的智能化和自动化，提高了工作质量和效率。

（三）建成了面向全社会、多领域的气象服务体系

始终把气象服务放在首位，主动适应经济社会发展需要、适应人民生产生活需求，主动服务党委和政府决策、经济建设、社会发展、国防建设和生态文明建设，不断创新服务举措，积极拓宽服务领域，丰富服务产品，增加服务手段，气象服务惠民利民效益凸显。

1. 公众气象服务广泛深入

早期的公共气象服务手段单一，公众了解天气预报信息的渠道相对较少。20世纪80年代以前，气象预报服务主要依靠信函邮寄、电话、广播等；90年代，增加了传真、微机终端、气象警报接收机、甚高频电话；1996年开始电视天气预报节目，实现多频道、多时次播出。进入21世纪，气象信息传播的载体新增了手机短信、互联网、电子显示屏等，随着新媒体技术的兴起，开通了微博、微信、手机App。入选数字福建精品工程的"知天气"手机客户端，为公众提供了随时了解天气的智慧平台，用户超过300万。气象信息传播实现多渠道、广发布，气象预警信息公众覆盖率达95%，社会公

众气象服务满意度提升到 88.8%。气象科普深入乡村渔港、社区、学校，公众防灾减灾意识和能力进一步提高。

2. 为农气象服务不断创新

为农服务始终是福建省气象部门不变的重要职责。1958 年开始建立了水稻、旱作物、亚热带经济作物、林业等气象试验站，开展农业气象物候观测和农业气象预报，并先后在县气象站开展单站补充天气预报。20 世纪 70 年代，开展了农业气候资源区划，在古田水库开展人工增雨试验，开展《福建旱涝 500 年》分析研究，相关成果在 1978 年全国科学大会上获得表彰。改革开放以来，气象部门深化为农服务，1978—1985 年，开展第二次农业气候区划，编制完成《福建简明农业气候区划》，区划成果获得全国农业区划优秀成果三等奖和省科技进步三等奖。先后开展扶贫、社教、挂村工作，从技术和资金上给予支持，促进脱贫和乡村振兴。

近年来，建立基于互联网＋设施农业智慧气象服务，设施农业智慧气象服务种类已涉及全省 73 个县 300 个基地 1000 个不同类别的大棚，应用"农气宝"增加经济效益达 21.1%，减少气象灾害损失达 25.7%，全省用户平均服务效益总增加值达 2.5 亿元。推进茶叶、青枣农产品气候品质认证。枇杷、茶叶天气指数保险服务取得突破性进展。完成 17 个品种精细化农业气候区划，以及 14 个灾种农业气象灾害风险区划。积极参与精准扶贫和乡村振兴发展，联合省农业农村厅成立 3 个省级特色农业气象服务中心。开展基层气象防灾减灾"六个一"基本能力建设，中央"三农"专项县建设实现全覆盖。通过为农服务，不仅提高了乡村气象灾害防御能力，而且有利于利用气象科技、气候资源发展经济，助力乡村振兴。

3. 生态气象保障扎实推进

党的十八大以来，福建省气象部门发挥优势，融入生态文明建设。应用卫星遥感开展植被生态质量评估、空气清新度监测，获省领导批示肯定，被有关部门应用。挖潜各地气候与优质环境、生态文明的融合效应，助力打造了中国气候生态市、中国宜居城市、中国天然氧吧等 9 个国家级标志品牌。推荐认定了 13 个避暑清凉福地。推进武夷山国家气候观象台和武夷山国家公园气象台建设。实施生态保护型人工影响天气业务，抗旱增雨约占作业量的 16%，特种农业防雹、净化城市空气质量等特色需求约占作业量的 84%。自主研发的森林火险预警监测系统，在省防火办及全省 101 个森林防火单位落地运行。建成 12 个重点景区生态综合监测站，实时发布"清新指数"预报和预警信息。开展臭氧污染气象条件预报业务，推进"清新福建"全域生态旅游智慧气象服务。

4. 专业气象服务转型发展

1984 年开展科技服务，改变了气象服务主要是公益服务的单一形式，更好地融入经济社会发展，使气象服务工作呈现崭新的生机和活力，在服务经济社会发展的同时，有力地支撑了气象事业发展。先后成立科技服务处、福建省气象影视中心、福建省防雷中心、福建省专业气象台。服务内容从早期单一的资料服务，增加了电视天气预报服务、防雷减灾服务、气候环境评价服务和其他行业气象服务。近年来，福建省气象局扎实推动专业气象服务集约化、信息化、智能化、规模化发展。建成公共气象服务一体化业务平台，服务领域拓展到农业、水利、国土、能源、旅游、海洋、林业、交通、环保、航空以及重大工程建设等数十个领域和行业。

5. 决策气象服务能力不断提升

由于福建地处台湾海峡西岸，地理位置特殊，为军队服务始终是气象部门的重要职责，军民融合有着优良的传统。1954 年起，气象服务逐步转移到为国民经济建设服务的轨道上来。近年来，福建省气象部门秉承"精细监测、精准预报、精确预警、精心服务"理念，不断推动气象服务供给侧改革和创新发展，进一步提升气象服务水平，为地方政府防灾减灾救灾精准决策部署服务的能力不断提高。各级气象部门成为当地防汛抗旱指挥部副指挥长成员单位。建立 1118 个气象信息服务站覆盖所有乡镇，2.9 万余名气象信息员覆盖所有行政村。全省所有地市和 53 个县级政府成立预警信息发布中心，防灾减灾救灾取得新成效。全省气象部门强化省、市、县三级联防，强化与防汛、水利等部门以及和基层干部互动的"实时联动机制"，不断提升预报预警时效性和增强灾害性天气联防水平。厦门金砖国家领导人会晤、首届全国青年运动会和数字福建峰会等重大活动和重要节假日气象服务保障有力。气象服务效益和影响力明显提升，得到各级党委政府和社会公众的广泛认可，政府部门、联动单位对台风灾害气象服务的满意度分别为 95.7%、94.2%；决策气象服务通过 ISO 认证。

（四）建立起气象科技创新和人才培养体系

坚持将科技创新和人才培养贯穿于气象现代化建设的全过程，不断创新工作思路，转变管理方式，建立完善制度，促进科技创新和人才培养"螺旋式"发展，为气象事业腾飞注入无限活力。

1. 科技创新能力有效提升

1956 年后，福建省气象局相继成立气象科学研究所、农业气象研究室及其所属的福州、天宝、南平农业气象试验站，组建科研、试验专业队伍。1978 年 12 月 28 日，成立福建气象学校，学校先后改称福建气象干校、福建省人才交流中心、福建省气象培训中心，一度加挂南京气象学院福建函授站。共培养中专生 976 人，培训业务骨干 4 万人次，为促进福建气象事业发展提供了强大的智力支撑。进入 21 世纪，大力实施科技兴气象战略，先后建成海峡气象科学研究所、海峡气象开放实验室、福建气象工程技术研究中心、九仙山自然雷电观测试验基地、院士工作站等，为福建省开展高水平基础应用研究创造了良好的基础。聚焦数值预报、气象信息处理、生态遥感、观测预报协同等关键领域，整合全省优势力量组建省级创新团队 10 支、市级（直属单位）创新团队 24 支，强化科技创新对气象业务支撑和人才培养合力。近十年，主持国家级科研项目 12 项（2014 年以来连续 6 年获得国家自然科学基金项目资助），获得国家专利授权 10 项、福建省科技进步奖 13 项，200 多项科技成果应用于气象业务和服务，气象科研投入、科研水平和科研成果转化应用均有新突破。

2. 人才队伍建设成效凸显

坚持党管人才，完善工作机制。2002 年以来，制定下发了《福建省气象部门人才强局战略实施意见》《福建省气象局关于加强人才队伍建设的实施意见》《福建省气象部门人才发展规划（2013—2020 年）》《加强福建省气象部门人才引进培养若干措施》等一系列文件。通过加强人才教育培训，落实分类分层岗位管理，改革职称评聘，加大人才引进交流和访问进修力度，增加人才专项资金投入等各类措施，使气象队伍学历和专业机构更加合理，人才素质得到提高，人才作用得到发挥，为气象事业发展提供广泛的人才保证和智力支持。截至 2018 年年底，人才队伍以大气科学类专业为主体，占 54.0%。在职在编人员大学本科以上学历占 84.0%，中级以上职称占 66.7%，副高级职称占 18.7%，正高级职称占 1.5%。各类专业人才包括 8 人获政府特殊津贴、1 人入选中国气象局青年英才、2 人入选中国气象局创新团队、3 人入选台风及海洋气象专家工作组成员。

三、闽台气象科技交流独具特色

福建与台湾"地缘相近、气缘相通"，海峡两岸天气气候状况互为上下游，台风、暴雨等重大天气系统经常波及两岸。努力提高海峡气象监测预报预警和服务能力，科学防御气象灾害，护佑两岸福祉安康，是两岸气象同仁共同的使命和责任。两岸气象界的交流与合作互利共赢，给两岸同胞带来实惠的气象红利。

（一）海峡气象服务领域不断拓展

新中国成立初期，虽然海峡两岸交流被人为隔绝，但福建气象人始终坚持为台湾同胞提供优质的气象服务。1972 年 8 月 14 日，第 9 号强台风袭台，国务院总理周恩来同志亲自批示，要将这一预报告知台湾同胞，从此拉开了大陆向台湾同胞发布台风、大风预警的序幕。1973 年 10 月 1 日，福建省气象台首次面向台湾同胞发布天气预报。2006 年福建省气象局联合省海洋与渔业局开展台湾海峡渔业气象与海况预报，2007 年联合"海峡之声"广播电台发布台湾海峡渔业气象预报。2014 年起，厦门市气象局与金门消防局建立了信息互通渠道，金门气象服务实现常态化。福建省气象部门还与省海事、航运部门一道，围绕航行需求和特点，制定了台湾海峡海上航运气象灾害风险等级标准、海区大风浪条件下船舶不同风险等级标准、航行气象服务敏感指标等，提供航线气象预警预报服务信息作为海事局批准通航的依据，并开发了航线气象服务网站及平台为两岸民众提供一键式气象服务。

（二）两岸气象科技交流不断深化

改革开放以来，福建省气象部门率先发挥"气缘"优势，突破"坚冰"，开拓性推进闽台气象科技交流，得到台湾气象界的积极响应，使之从无到有，从单向到双向，从互赠刊物、电话联系到人员互访，形成互助互利的良性发展局面，被时任福建省委书记贾庆林誉为"未三通，先通气"。作为"先行者"，福建省气象局创下业界"七个首个"：一是首个面向台湾同胞发布海峡天气预报，二是首个开展省级联合气象观测，三是首个开展海峡两岸灾害性天气预警信息交换，四是首个建立闽台科技界研修互访机制，五是首个建立海峡两岸自然灾害防治交流合作机制，六是首个建立青年气象人才赴台培养机制，七是首个开展金门气象服务并实现常态化。

继 1983 年 12 月之后，1989 年 3 月福建省气象学会再次向台湾气象界发出倡议，呼吁两岸气象交流与合作。同年 5 月，福建省气象学会与返乡探亲的台湾气象学会原总干事会面座谈，自此闽台气象科技交流打破了 40 年互不往来的僵局。1989 年 9 月 10—14 日，8921、8923 号台风影响期间，福建省气象台台长与台北广播公司负责人互通电话，相互交换气象信息，开创了 40 年来闽台两岸"热线电话"交往的先例。1992 年台风袭扰闽台期间，闽台气象业务部门首次直接电话天气会商。1993 年 1 月台湾气象学会理事长应邀率团到省气象台进行科技考察，拉开了专家学者双向互动的序曲。

2004 年开始，两岸分别举办"海峡两岸灾变天气分析与预报研讨会""海峡两岸气象科学技术研讨会"等。2009 年，闽台签署了《海峡两岸 2009 年气象联合观测试验协议》《台风、暴雨等灾害性天气预警技术交流和研究合作的协议》，由此正式建立两岸自然灾害防治交流合作的长效机制。2012 年 6 月，两岸气象交流首次列入"海峡论坛"的重要活动之一，至今已成功举办 8 年。2013 年，福建省气象局与台湾大学签署了《海峡两岸科技交流合作框架协议书》，进一步加强海峡两岸在灾害性天气预警、航运气象等方面的技术研究合作。2016 年以来，两岸互派学者开展海峡气象科学研究。2018 年举办首届两岸青年生态与气候交流会。海峡民生气象论坛成为两岸气象交流的重要平台，形成品牌效应，促进两岸交流领域不断拓展，合作内容更加深化，活动形式不断创新，为提升海峡防灾减灾能力做出积极贡献。

四、发展经验

回顾 70 年的发展历程，我们始终坚持党的领导，解放思想，实事求是，与时俱进，改革创新，敢闯敢拼，遵循气象事业发展的规律办事，从福建的实际出发，走有福建特色的气象事业发展道路，取得了丰硕的成果，归纳起来有以下六个方面的经验。

（一）坚守服务初心，提高服务能力

坚持需求引领，以服务防灾减灾、经济社会发展、人民群众福祉安康为己任，坚守为人民服务的初心，以满足人民美好生活需要为根本出发点和落脚点，大力发展公共气象服务，不断创新服务方式，丰富服务手段，拓宽服务领域，提高服务质量和效益，为人民群众提供更精细、智能、贴心的气象服务。

（二）完善管理机制，提高保障能力

坚持科学管理，通过不断完善"政府主导、部门联动、社会参与"的气象灾害防御机制，建立地方党政"一把手"强降水信息直报制度，使气象预报预警信息"发令枪"打得响，"消息树"传得快、用得上，实现预警信息传播全方位、全覆盖，有效解决了防灾减灾"最后一公里"问题，为减轻气象灾害发挥了重要作用。

充分发挥气象部门与地方政府双重领导管理体制和双重计划财务体制优势，省政府相继出台《福建省人民政府关于进一步加快气象事业发展的实施意见》《福建省人民政府关于实施加快推进气象现代化十二条措施的通知》等政策文件，增强气象事业发展的后劲。与省财政厅联合发文《关于进一步落实气象事业双重计划财务体制的通知》并得到有效落实，全省公共财政总体保障率达到90%，为全省气象事业健康快速发展提供了强有力的资金保障，基层单位工作和生活环境明显改善，台站面貌焕然一新。以省部合作为契机，开展中尺度灾害性天气预警系统建设、福建沿海及台湾海峡气象防灾减灾服务体系项目建设、气象服务海西建设、福建省气象现代化项目建设等，推动福建气象现代化建设向高质量发展。

（三）强化科技创新，提高支撑能力

坚持创新驱动，深入实施科技兴气象战略，促进研究与业务服务的紧密结合。通过组建创新团队、开展科研攻关会战，形成了一批科研成果，为气象现代化建设提供强有力的技术支撑。先后与一批知名院校合作，建立院士专家工作站，推动"产学研用"相融合。拥有"最优训练期"数值天气预报解释应用、11～30天天气过程预报、雷达探测森林火险等一批具有全国影响力的先进技术，使福建气象科技生产力作用有效发挥。

（四）实施人才战略，提高领航能力

坚持以人为本，尊重人才，爱护人才，构建肯干事有舞台、能干事有机会、干成事有激励的人才发展格局。牢固树立"以事择人、优中选适"的理念，突出一线工作业绩为导向，大胆选拔敢担当、

善作为的干部，选优配强领导班子和干部队伍，夯实组织基础。按岗按需开展教育培训，通过岗位交流锻炼干部。通过实施"871"人才工程规划、领航强基人才工程等，培养一支与新时期气象事业发展相适应的人才队伍。一些业务科技人才在精细化格点预报、短临天气预报、延伸期气候预测和农业气象等专业气象服务中发挥骨干作用。

（五）坚持依法发展，提高管理能力

坚持法治观念，建立健全地方气象法规体系，引领、推动、保障气象事业的发展，气象事业发展步入依法发展的轨道。出台了《福建省气象条例》《福建省气象灾害防御办法》《福建省气象设施和气象探测环境保护办法》以及《福州市气象探测环境和设施保护规定》《厦门经济特区气象灾害防御条例》等省和地方气象法规、政府规章。建立健全地方气象标准体系，制定出台了 3 项国家标准、12 项行业标准、48 项地方标准。深化"放管服"改革，非行政许可审批事项全部取消，气象行政审批中介服务事项全面规范，防雷服务市场全面开放。建成"省局监督指导，市县局组织实施，机构健全、管理规范、保障有力"的气象行政执法体制。

（六）加强党的领导，提高统领能力

坚持和加强党的全面领导，坚持用党的先进理论武装头脑、指导实践、推动工作，坚持"党要管党、全面从严治党"，压实"两个责任"。把党的政治建设摆在首位，全面加强党的建设。扎实开展一系列主题教育，引导党员干部树牢"四个意识"、坚定"四个自信"、做到"两个维护"，统筹推进党建与业务工作融合发展，为气象事业发展注入不竭动力。

无论在创业时期、改革开放还是在现代化建设中，福建省气象部门不忘初心、牢记使命，始终发扬艰苦奋斗的创业精神、敢为天下先的改革精神和攻坚克难的创新精神，大力弘扬"准确、及时、创新、奉献"的气象精神。全省气象系统连续五届被省委、省政府授予"文明行业创建工作先进行业"称号，所有单位均为文明单位，其中全国文明单位 7 个，省级文明单位 16 个。

好风凭借力，扬帆再起航。在习近平新时代中国特色社会主义思想指引下，福建省气象局将不辱使命、不负期许，积极落实福建省高质量发展赶超战略，实施气象精细监测能力、气象精准预报能力、气象精确预警能力、精心气象服务能力等七大气象现代化提升工程，努力实现综合观测硬实力全国一流，预报预测软实力全国领先，全面增强气象监测预报预警能力，为新福建跨越发展提供高质量的气象服务保障。

（撰稿人：蓝巧玲　江然）

江西特色气象现代化发展之路

江西省气象局

新中国成立70年来，在中国气象局和江西省委、省政府的正确领导下，在社会各界关心支持下，江西气象人上下一心、众志成城，努力探索了一条"以智慧气象为重要标志、以生态文明建设气象保障为鲜明特色"的气象现代化发展之路，气象工作取得长足进步，科技水平显著提升，服务领域全面拓展，江西气象事业取得了辉煌成就。

一、发展历程

（一）气象机构组建和业务体系构建阶段（1949—1978年）

新中国成立后，江西气象事业在党的领导下迅速发展。1949—1959年，是江西气象事业发展的起步阶段。1950年5月，中南军区司令部气象管理处成立，负责江西省气象台站建站事宜。1953年11月，遵照毛泽东主席、周恩来总理的命令，气象部门由军事系统建制转为政府系统建制。1954年10月，江西省气象局正式成立，加快了建站速度。1956年江西省气象局举办气象干部培训班，是为南昌气象学校前身。1958年底，全省实现了"县有站、专有台"。

20世纪60年代初到70年代末，江西气象事业在曲折中发展。1970年12月，气象部门由各级革委会领导转为实行省军区、军分区和县市人民武装部和各级革委会的双重领导并以军事部门为主的管理体制。同年，全省第一部英国旦卡41型天气雷达在南昌市率先开机观测。1972年，省气象台增加卫星云图接收设备。1973年江西省气象科学研究所成立，为气象科研提供了有力支撑。1973年6月，气象部门转为由各级革委会领导。1974年，全省气象通信网得到改善，各台站配备气象传真接收机，大大丰富了预报信息和依据，为提高预报准确率提供有力支撑。1977年，江西省气象局在南昌市青云谱设立南昌气象学校，是全国气象部门所属三所中专院校之一。

（二）改革开放快速发展阶段（1978—1999年）

1978年，党的十一届三中全会的召开，标志着中国进入改革开放的历史新时期，江西气象事业随之进入快速发展阶段。1980年7月，江西省人民政府批转各级气象部门实行省气象局和地、市、县人民政府双重领导，以省气象局为主的管理体制，实行国家气象局第一步体制改革。1983 年 3 月，国务院批转国家气象局关于全国气象部门机构改革方案报告，全国气象部门进行第二步体制改革，实行"气象部门与地方政府的双重领导、以气象部门为主"的管理体制。1983 年 4 月，江西省人民政府与国家气象局办理管理体制交接手续。双重领导管理体制改革的全面完成，使得全省气象部门在中央投资不断增长的同时，地方气象事业投入从无到有、逐年增加，有力地推动了气象事业发展。

1984 年，江西气象发展史上第一个《气象业务现代化建设发展纲要》制定印发，江西省气象局被国家气象局列为南方气象现代化试点省，在全国率先进行省及省以下气象现代化建设，掀开了全省气象现代化建设进程崭新的一页。1985 年 5 月，国务院批准实行有偿专业气象服务，气象科技服务从无到有、迅速发展。1986 年，江西被国家气象局确定为全国气象部门专业技术职务聘任试点单位。全省气象台站涌现出一大批以全国人大代表李一苏、受国务院表彰的詹丰兴等同志为代表的先进集体和先进个人。1990 年，全省 46 个台站已建成气象警报系统，气象信息传递既快又准，气象情报、预报最大限度地发挥作用。农业气象方面从试作产量预报到利用卫星遥感测定全省农作物种植面积及为森林防火报警，受到江西省委、省政府的表扬。

1992 年，国家气象局在南昌、九江召开了"四个结构调整"经验交流会，向全国气象部门推广江西探索出的"九江模式"。同年，江西省政府下发了《关于进一步加强气象工作的通知》，明确规定凡属地方气象事业项目，其所需基本建设投资和事业经费，分别纳入省、地、县三级基本建设计划和财政预算。同年，省编办发文确定江西省人工影响天气领导小组办公室为正处级全额拨款事业单位。1996 年，江西省减灾协会成立，日常办事机构设在省气象局。1997 年，省气象局启动县、市局"五大工程"建设，极大推动了基层气象台站全面发展。1998 年，江西省气象局在全国率先完成气象卫星综合应用业务系统（"9210"工程）建设，全省基本形成了卫星通信和地面通信相结合的省、市、县三级气象通信网络和中高速计算机广域网络，获中国气象局嘉奖。同年，全省气象系统被中国气象局、江西省文明委首次授予"省级文明系统"称号。1999 年，省气象局在首次全国气象部门目标管理考核中被评为特别优秀单位，此后连续 6 年被评为特别优秀单位。

（三）新世纪跨越发展阶段（2000 年至今）

2000 年 1 月，《中华人民共和国气象法》正式施行，江西气象事业进入了依法发展、跨越发展阶段。同年，省政府发布了《江西省人工影响天气管理办法》；江西农经网正式开通，开拓了互联网时代气象为农服务的新方式。2001 年，省人大正式通过《江西省实施〈中华人民共和国气象法〉办法》，省政府召开了全省气象工作会议，江西在全国气象部门率先成立省雷电防护管理局，省政府赋予省气象局雷电安全管理、经营性氢气球汽艇充灌施放安全管理两项职能。在观测业务方面，具有国际先进水平的南昌多普勒天气雷达于 2001 年建成，其后不到两年时间，赣州、吉安新一代多普勒天气雷达先后建成，并相继建成覆盖全省的紫外线监测网、雷电监测网和自动气象站监测网。2002 年，江西信息应用职业技术学院（原南昌气象学校）挂牌成立。以南昌生态环境与农业气象试验站为中心的农田生态网于 2004 年建成运行，是当时全国唯一以水稻为主的农田生态网。2005 年，江西省气象部门被中国气象局确定为全国气象部门省以下业务技术体制改革试点单位。

2006 年，国务院三号文件明确了气象现代化建设目标，省政府出台了《关于加快气象事业发展意见》。2007 年，省政府召开全省气象工作会议，省政府办公厅《关于加强气象灾害防御工作的实施意见》颁布实施。同年，省气象局对全省所有自动气象站进行了数据业务切换，实现了全省自动气象站每 5 分钟上传一次数据，跻身全国领先水平。2009 年，省气象局被省委列为江西推进农村改革发展工作主要参加单位，主要参加六项重要举措项目。同年，新一代省、市、县三级气象可视会商系统顺利切换启用，并投入业务试运行。

2011 年和 2017 年，中国气象局和江西省政府两次签署省部合作协议，2013 年召开省部联席会议，共同推进江西气象事业发展。2014 年、2015 年、2017 年，省编办先后批复成立省气象灾害应急预警中心、省农业气象中心、省生态气象中心等 3 个地方机构，均为正处级全额拨款事业单位。2017 年，中国气象局将江西省列为国家生态文明试验区气象保障服务试点省，省气象局被列为省生态文明建设领导小组成员单位，全面开展了生态文明建设气象保障服务工作。2018 年，《江西省气候资源保护和利用条例》正式实施。

当前，全省气象部门紧紧围绕"政治业务深度融合、软硬实力同步提升"的工作思路，全面实施抓牢"一条主线"、坚持"两个带动"、实施"三大行动"、建设"四大工程"、实现"五个突破"等具体举措，以新气象、新面貌迎接新中国成立 70 周年。

二、辉煌成就

（一）围绕公共安全和经济社会发展，气象服务取得显著效益

1. 气象防灾减灾服务成效显著

全省气象部门始终把气象防灾减灾作为气象工作的首要任务，不断完善"政府主导、部门联动、社会参与"的气象防灾减灾工作机制，坚持趋利和避害并举，发挥气象在防灾减灾救灾的"第一道防线"作用，为各级政府部署防灾减灾工作提供了科学依据。建立了省、市、县、乡、村五级机构明确、人员具备、职责清晰的气象灾害防御组织体系，以及横向到边、纵向到底、灾种全覆盖

的气象灾害应急预案体系。面对 1998 年特大洪水、2003 年特大高温干旱、2008 年低温雨雪冰冻、2010 年唱凯决堤、2016 年长江九江段和鄱阳湖全线长时间超警戒及鄱阳向阳圩溃口、2017 年赣北连续暴雨、2019 年历史罕见连续暴雨与干旱等重大灾害，建军九十周年纪念活动、2019 年央视春晚井冈山分会场等重大活动，以及春节春运等，全省各级气象部门周密组织、准确预报、精心服务，为各级党委政府及相关部门防灾减灾决策部署提供了科学依据，得到高度评价和肯定。2018 年 5 月，省委主要领导指出，气象部门是防灾减灾救灾决策部署的"眼睛"。

2. 生态文明建设气象保障服务领跑全国

江西作为国家生态文明试验区气象保障服务试点省份，省气象局制定了《国家生态文明试验区（江西）气象保障服务试点方案》，提出了四大样板试点目标和五大体系建设试点任务，获省政府认可和中国气象局批复同意。编制印发了《江西省生态文明先行示范区建设气象保障行动方案（2016—2020 年）》，制定生态文明建设气象服务工程方案，纳入《江西省国民经济和社会发展第十三个五年规划纲要》和《江西省气象事业发展"十三五"规划》。2018 年圆满承办全国首次生态文明建设气象保障服务工作推进会，从气象领域率先在全国亮出美丽中国"江西样板"的名片。积极参与全省生态文明建设目标考核，制定了生态文明建设目标"霾日数"专项考评细则。强化生态旅游气象服务，发掘江西省消夏纳凉、旅游休闲、度假养生的高质量避暑旅游气候资源。组织开展"中国天然氧吧"申报工作，联合中国天气网、中国气象频道、江西日报社等发起"寻找避暑旅游目的地"活动，助力"江西风景独好"品牌。推进生态型人工影响天气作业服务，联合省生态办建立了以生态涵养修复、森林防灭火、改善空气质量等为目的的生态型人工影响天气业务。

3. 农业气象服务保障有力

建成以省农业气象中心为核心，以南昌农试站为阵地，以 5 个特色农业气象中心为骨干，以市级农业气象中心为支撑的农业气象服务技术体系。联合省农业厅，成功申报中国气象局、农业部第一批特色农业气象服务中心——柑橘气象服务中心。建立农产品全生育期气象条件监测溯源系统，开展水稻、脐橙等气候品质评价和贴标服务。建成 9 个国家级、32 个省级标准化现代气象农业服务县和 66 个国家级、500 个省级标准化气象灾害防御乡镇。发展新型农业主体等平台用户 3.4 万人，覆盖全省所有市、县，服务 60% 以上种、养殖大户，携手农业、保险等部门组建涉农专家联盟 117 个，共建乡村气象信息服务站（点）1403 个，推进气象信息服务站与益农信息社共建共享，实现农业气象服务进村入户到田。

4. 公众气象服务贴心接地

针对市民出行、旅游、健康等个性化服务需求，不断创新气象服务产品、丰富服务内涵，产品种类从 2013 年的 50 余项增加到 78 项。不断加强气象融媒体业务发展，构建电视、网站、三微（微信、微博、微视频）、客户端等多手段融合的气象预报预警和服务信息传播体系。全省有气象官方微博 67 个、微信公众号 84 个，"江西天气""江西气象""江西预警发布""江西微农"等平台粉丝近 200 万人，全省短信用户定制数 122 万户，手机短信发送速度提升到 5000 条/秒，年受众近 4 亿人次。据国家统计局调查显示，自 2010 年开展全国公众气象服务满意度调查以来，江西平均得分 86.1 分，其中 2017 年为 91.1 分，位居全国第三。

5. 专业气象服务亮点纷呈

专业气象服务覆盖领域已从传统的农业、林业、水利等向工业、能源、服务业、交通、电力、生态环境、自然资源、旅游等行业延伸，服务领域不断拓宽。建成高速公路交通气象智能服务系统，实现全省境内高速公路分钟级至 12 小时沿线交通气象预报在线查询，针对高温、大雾、道路结冰等灾害性天气开展了专门的交通气象监测预报预警服务，为全省交通安全提供有力保障。在全国首次实现与铁路部门共享内部资料，建成赣闽铁路智慧气象服务平台，实现向行驶列车和巡线员"靶向式"预警服务。研发电力气象灾害风险评估预警系统，开展重点景区日出、日落、云海、积雪、雾凇、雨凇、瀑布、彩虹等气象景观预报，以及婺源油菜花、庐山桃花、井冈山和三清山杜鹃花等特色景观预报旅游气象服务。为全省 20 个烟草生产基地量身定做了精细化的烟草气象服务系统和 App。

（二）全面加强气象能力建设，气象现代化加速推进

在中国气象局和江西省委、省政府高度重视关心下，江西气象现代化建设工作稳步推进。省委、省政府 2013 年首次将气象工作纳入对市县政府综合考评，省政府 2014 年 1 月 7 日印发一号文件《关于加快推进气象现代化的意见》（赣府发〔2014〕1 号），部署气象现代化建设工作。2017 年，省政府成立分管省长为组长的气象现代化领导小组。省气象局、省委农工部、省统计局联合发文开展气象现代化第三方评估，研究制定更高水平现代化指标体系，江西省气象现代化水平实现了较大幅度提升。

1. 气象综合观测能力不断提升

气象观测向综合化、信息化、智能化、社会化方向迈进。目前，全省共建有 93 个国家级地面气象观测站、2452 个区域自动气象站、2 个高空观测站、8 个新一代天气雷达站、3 个风廓线雷达站、13 个 $PM_{2.5}$ 监测站、1 个黑炭气溶胶监测站、12 个酸雨观测站、22 个自动负离子观测站、12 个紫外辐射观测站、63 个 GNSS/MET 站、3 个温室气体监测站、52 个自动土壤水分观测站、18 个农业气象站、12 个二维雷电观测站、16 个三维闪电观测站，大广、泰井交通气象站 8 套，建成高山指标站及武夷山脉断面观测站、靖安森林生态观测站、武功山高山草甸生态监测站、鄱阳湖南矶山

湿地观测站、南昌城市生态观测站（观测城市内涝积水、紫外线、城市梯度风、多下垫面温度观测、近地层通量）、南昌农田生态气象观测站、3个温室气体观测站、风云3号卫星地面接收站、风云4号卫星地面接收站，基本建成涵盖地面、高空的立体综合气象观测系统。

2. 气象预报预测能力明显增强

全省实现了气象信息综合分析处理系统（MICAPS）业务化运行，取代了手工绘制天气图，极大地提高了天气预报的智能化水平。初步建成无缝隙精细化的智能网格预报业务体系，实现省级在0～12小时短临预报、0～10天中短期预报、11～30天延伸期预报由站点预报全面调整为网格预报，并协同拼接到全省预报"一张网"。初步构建了0～24小时内时间分辨率逐1小时、24小时～10天逐3小时、空间分辨率5千米的网格预报产品体系，建立了相应的主客观网格预报产品制作业务。中短期预报实现由定性预报、分县定量预报到乡镇定量预报的转化，格点预报精细化水平达到5千米，站点预报精细到乡镇。开展了强对流潜势预报、短时临近预警，短时临近预报与短期预报实现无缝隙衔接。实现气候信息交互显示与分析系统（CIPAS 2.0）业务运行，极大提升气候预测客观化水平。初步建立了空间分辨率5千米、时间分辨率24小时的延伸期网格预报业务。24小时晴雨预报准确率达86%，24小时最低温度预报准确率达89%，24小时最高温度预报准确率达79%。

3. 突发事件预警信息发布能力有效提升

构建了以突发事件预警信息发布系统为枢纽、新媒体与传统媒体双翼并飞的气象灾害预警信息发布传播网络。全面建成与国家突发事件预警信息发布系统相衔接，预警信息采集便捷，预警发布一键式、多渠道、靶向精准的省、市、县一体化突发事件预警信息发布系统，实现了与省、市、县（区）政府及有关部门互联互通、共享共用。积极推进预警信息发布系统与预警信息发布责任单位各类传播资源的无缝对接，充分利用手机、广播、电视、报刊、互联网、电子显示屏、大喇叭、电话、传真、"江西预警发布"微博、微信等传播手段，建立畅通、有效的预警信息传播渠道，不断扩大预警信息覆盖面，快速、及时、准确地将预警信息传播给社会公众、社会媒体、应急责任人、重点企事业单位和其他社会团体，实现了精准发布、权威发布、统一发布、快速发布、共享发布、全方位发布，全面提高了全省预警信息综合发布能力，为保障人民群众生命财产安全，有效减轻灾害损失发挥了重要作用。

4. 气象信息化建设成绩斐然

随着气象信息系统的发展，全省气象台站气象信息系统经历了从人工到自动、从低速到高速、从单一传输到综合应用、从通信系统向信息系统的发展历程。气象通信系统从人工操作发展到现代化高速电路传输，从摩尔斯广播、电传和传真通信发展到以计算机网络通信、卫星通信为主的综合通信网络系统。综合观测、预报预测、气象服务等各类相关业务系统依托广域网运行，气象信息网络承载的数据已由早期单纯的天气电报收发，扩展为对气象部门业务、服务、管理等几乎所有工作领域的信息支撑，气象信息系统的通信传输能力、数据处理能力、资料管理和服务能力获得了极大的提升。建成了高性能计算机，为中尺度数值模式发展提供了强有力技术支撑。目前，"天地一体化"气象通信系统能力不断提升，气象广域网接入速率600 Mb/s，省一市、市一县通信带宽达30 Mb/s、10 Mb/s，基础设施资源池规模达CUP 384核、内存3072 GB、核心存储容量310 TB，初步构建完成了省级CTS2.0平台、综合业务实时监控运维平台（天镜·江西）、生态气象大数据平台等信息核心业务系统，有力支撑了气象业务平稳运行。

5. 基层气象台站基础设施面貌大幅改善

江西气象部门相继实施了"五大工程"建设、"28+2"探测环境改善工程、26个台站探测环境改善工程、"四个新建县气象局建设""中部台站建设专项"和"基层台站建设改造计划"等重大建设工程项目，促进全省气象部门台站基础设施得到巨大改善。在中央和地方政府财政投入双轮驱动下，基层台站规划和建设步伐加快，建成了布局合理、功能先进、环境优美的一流气象台站，进一步保障了气象探测资料的代表性、准确性和比较性，提高了全省基层气象台站业务服务和基础设施保障能力，提升了基层公共气象服务和社会管理水平，使气象工作更好地融入和服务当地经济社会发展大局。

（三）实施创新驱动战略，气象科技和人才实力显著增强

1. 气象科技创新体系进一步完善

全省气象部门紧紧围绕气象事业发展的关键科技问题，大力加强气象科技创新工作，以科技创新引领气象事业的发展。不断深化科技体制改革，建立了江西省防灾减灾科技创新基地，与省科技厅共建江西省防灾减灾工程技术研究中心。先后制定了《江西省气象局"四项研究计划"》和《江西省气象科技创新体系建设实施意见（2016—2020年）》。注重政策引导和机制建设，出台了《江西省气象局科研项目经费管理办法》《江西省气象部门自筹经费科研课题管理办法（试行）》《江西省气象局科技成果转化认定管理办法（试行）》《江西省气象科技创新驱动发展奖励办法（试行）》《江西省气象部门科技成果与科技论文奖励办法（试行）》和《江西省气象科研项目管理办法》等，营造了气象科技创新良好政策环境。注重气象科技创新主体培育，基本形成以省气象科学研究所和省级气象业务单位为骨干，基层气象部门为补充，相关高校、科研院所和学会、协会广泛参与的气象科技创新体系。

2. 气象科技创新能力进一步增强

气象业务关键技术和特色领域研究取得新突破，气象科技创新能力进一步增强，科技成果不断涌现。尤其是近十年来，江西省气象局围绕精细化预报服务需要，加强了精细化格点预报、乡镇

要素预报和延伸期预报技术研究，初步建立了精细化无缝隙预报业务体系。强化了灾害性天气短临监测预警，初步建成省、市、县一体化灾害性天气综合监测预警系统，实现灾害性天气监测、预警和预报服务一体化。加强探测资料分析技术研发，建立多种探测资料融合快速循环同化处理系统。加强气象灾害风险预警技术研究，在全国省级气象部门率先实现中小河流洪水、山洪和地质灾害气象灾害风险预警业务化。自 1998 年以来，科研成果获得省部级二等奖 15 项、三等奖 20 项，取得国家知识产权发明专利 1 项、实用新型专利 15 项、国家计算机软件著作权 19 项。

3. 气象人才队伍建设取得明显成效

秉持人才是第一资源理念，大力实施人才强局战略，深入推进气象人才体系建设，组织开展了系列人才工程和人才培养计划，培养造就了一支规模适度、结构优化、布局合理、素质优良的气象人才队伍，为强力推进江西特色气象现代化奠定了扎实的人才基础。截至 2019 年 6 月，全省气象部门国家气象编制人员 1573 人，其中，具有大气科学类专业人员 911 人；地方气象编制人员 123 人；编制外聘用人员 311 人。全省气象部门拥有博士 9 人、硕士 156 人，本科以上学历人员占气象编制内职工总数 81.4%，与 2009 年同期相比，占职工比提高 41 个百分点；具有正高级工程师专业技术资格 18 人，高级工程师专业技术资格 326 人；享受国务院政府特殊津贴人员 7 人，享受省政府特殊津贴人员 2 人，中国气象局首席预报员 1 人，中国气象局青年英才人选 1 人，江西省百千万人才工程人选 10 人，全国气象工作先进工作者 3 人，省级首席专家 17 人，选拔产生并重点培养 8 名业务科研领军人才、43 名业务科研骨干、123 名一线业务人才、17 名县级综合气象业务技术带头人，先后组建了强对流预报、暴雨预报等 13 个省局创新团队，瞄准相关领域的重大技术问题进行集中攻关，一大批业务科研一线的年轻骨干得到了锻炼和培养，取得了明显成效。

（四）全面推进气象法治建设，气象事业实现依法发展

1. 气象法规建设全面加强

江西省人人颁布《江西省实施〈中华人民共和国气象法〉办法》《江西省气象灾害防御条例》和《江西省气候资源保护和利用条例》，省政府先后印发了《江西省人工影响天气管理办法》《江西省人民政府关于加快气象事业发展的意见》《江西省气象灾害应急预案》《江西省雷电灾害防御办法》等政府规章制度，省气象局先后制定了《江西省雷电防护装置检测资质监督管理办法》等 20 余个履行管理职责的规范性文件及制度，与此同时，市、县两级先后出台了 100 多个有关防雷、人工影响天气等方面的规章和规范性文件。气象法制机构和队伍从无到有，全省各设区市气象局均设立了政策法规科，现已建立一支由 616 人组成的、专兼结合的气象行政执法队伍。全省各级已有 86 个气象局进入当地政府行政服务中心履行行政服务职能。目前，全省已基本形成了以《气象法》为主体，地方性气象法规、政府规章组成的气象法制体系，全省气象事业步入了依法发展的轨道。

2. 气象标准化工作蓬勃发展

2005 年，省质监局以赣质监标函〔2005〕16 号文批复同意成立江西省气象标准化技术委员会，标志江西省气象标准化工作正式起步，委员涵盖气象、行业台站、电力、交通、农业等多个领域。2016 年，省气象局被省政府列入江西省标准化战略领导小组成员单位。制定了江西省气象标准化工作发展规划，围绕业务服务需求，确定标准化工作发展方向、目标和主要任务，构建了具有特色的江西气象地方标准体系。近年来，省气象局共主持制定《森林火险气象等级》等 7 项行业标准，编制发布《脐橙高温低湿灾害等级》《赣南脐橙冻害预警等级》等 13 个气象地方标准。

（五）全面深化开放合作，气象影响力不断扩大

1. 部门合作不断加强

建立健全了与民政、国土、交通等 29 个部门的气象灾害应急响应联动机制。先后与武警水电二总队签署合作框架协议，加快推进军民融合深度发展；与省林业厅签署深化合作协议，协同推进生态观测、灾害应急、林业有害生物防治和应对气候变化等工作；与民航江西空管分局签署战略合作协议，强化航空气象保障；与省地理信息局签订测绘地理信息共享合作框架协议；与省农业厅建立了"六联合"机制；与中国人保财险江西分公司联手推进政策性农业保险以及气象信息员和"三农"协保员的队伍的共建共享工作；与水文部门实现了 6226 个气象与水文站的实时雨情信息共享；与防汛部门共同建立了根据气象预报提前转移群众的工作机制，联合开展防汛与气象灾害防御工作同部署同检查的工作机制；与省应急管理厅建立联合开展防雷安全检查机制；与省防火办形成了常态化的森林防火人工增雨作业制度。

2. 科技合作日益广泛

改革开放以来，全省气象部门按照"开放、流动、竞争、协作"的运行机制，积极开展部门内外、国内外的合作与交流，促进科技资源的优化配置和充分共享，推动学科交叉融合，实现优势互补，协调发展。以项目为纽带，与省国土资源厅合作开展暴雨型地质灾害风险预报技术研究；与省环保厅开展工程建设环境可行性评价；与中国科学院中国生态系统研究网络（CERN）江西千烟洲生态站、中国林业科学研究院中国森林生态系统定位研究网络（CFERN）江西分宜大冈山森林生态站和鄱阳湖国家级湿地生态保护区签订资料共享与技术合作协议，开展了资料交换和信息化工作；与国家气象中心、中国气象科学研究院、南京信息工程大学、江西农业大学、江西省农业科学院、湖南省气象科学研究所、武汉区域气候中心、湖南省气象培训中心等单位形成合作联盟，打造南方水稻气象研究领域跨部门、跨区域合作研究队伍。2009 年，由德国伯尔基金会(BOELL) 资助，省气象科学研究所首次与国际环境可持续发展研究所（CHANGES）、遥感科学国家重点实验室联合开展了气候变化适应对策与鄱阳湖生态资源可持续发展研究。2010 年，省气候中心主持的"鄱阳湖区社

会性别适应气候变化平等性研究"成为全国气象部门第一个获得联合国妇女发展基金立项的项目。

（六）全面加强党的建设，为事业发展提供坚强政治保障

1. 党建工作扎实推进

回顾江西气象事业的发展历程，特别是党的十一届三中全会以来，全省气象部门认真贯彻党的路线、方针、政策，党的气象事业步入了持续、健康、快速发展的新时期，取得了卓越的成就。1980年4月成立中共江西省气象局机关委员会，1990年6月更名为中共江西省气象局直属机关委员会至今，全省气象部门各级党组织围绕发展抓党建、抓好党建促发展，为推动气象事业科学发展发挥了重要作用。全省气象部门实现了基层党组织全覆盖。气象部门基层党组织按照省气象局党组提出的"政治业务深度融合、软硬实力同步提升"的工作思路，以政治建设为统领，通过组织学习会、报告会、主题党日等多种方式传承江西红色基因、弘扬气象精神，推动政治与业务双融合、双促进，实现了党建与业务同频共振，为高质量跨越式发展提供了组织保障和精神动力。层层落实管党治党责任，加强全省气象部门党建和党风廉政建设工作组织体系建设。深入开展"三讲"、科学发展观、党的群众路线、"三严三实"、"两学一做"、"不忘初心、牢记使命"主题教育。严格落实中央"八项规定"精神，持之以恒正风肃纪。2018年首创"江西气象大学习讲堂"系列专题讲座，首次与江西省委党校联合举办全省气象部门处级干部学习贯彻党的十九大精神暨全面从严治党轮训班，首次大规模举办机关直属单位全体党员学习贯彻习近平新时代中国特色社会主义思想和党的十九大精神培训班，在井冈山举办全省气象部门基层党组织书记培训班，干部队伍作风明显改善，精神面貌焕然一新。

2. 精神文明建设硕果累累

全省气象部门坚持围绕中心、服务大局，不断传承、丰富和发展了气象文化，社会主义核心价值体系教育、学习型组织建设、气象信息产品传播、精神文明建设、气象宣传、气象科普等工作成效显著，弘扬"准确、及时、创新、奉献"气象精神，有效提高了气象软实力，提高了气象工作在经济社会发展中的地位和作用，提高了干部职工思想道德和科学文化素质。特别是近年来，全省气象部门以习近平新时代中国特色社会主义思想为指导，在精神文明创建方面出制度、出规范、出品牌，载体有效、措施有力，取得了可喜的成绩。全省气象部门100%建成了文明单位，其中市级以上文明单位达97%。全省气象系统连续三届荣获"江西省文明行业"称号。省气象局荣获第一批、第三批、第四批、第五批"全国文明单位"称号。1996年至今，省气象局连续10届获"江西省文明单位"称号；省气象局机关和局直属各单位连续15届荣获"省直机关文明单位"称号。井冈山市气象局荣获第一批、第二批、第三批、第四批、第五批"全国文明单位"称号，全省气象部门有

30 个单位荣获"第 16 届江西省文明单位"称号。庐山气象局等 8 个基层县级气象局获"全国气象部门文明台站标兵"称号。

三、经验与体会

回顾江西气象事业发展取得的成就，主要有七点经验与体会。

1. 气象事业发展必须坚持党的领导

气象事业是我国社会主义事业的重要组成部分，必须始终坚持党的领导。江西气象部门认真贯彻落实中国气象局和江西省委、省政府各项决策部署，坚持以中国气象局与江西省政府的省部合作协议为引领，以市厅合作协议为抓手，积极争取各级党委、政府支持，从整体布局、保障支持、工作考核和项目支撑等方面，着力构建党委领导、政府主导的气象工作推进机制，使气象工作更加融入各级党委、政府的中心工作。加快气象法规立法进程，落实地方气象机构和人员编制，强化公共财政保障，从政策、法规、财政、机构、人员等全方位支持，实现了各级党委政府主动推进气象工作的良好局面，极大地提速了气象事业发展步伐。

2. 气象事业发展必须坚持以人民为中心

气象事业与国计民生息息相关。气象事业始终坚持以人民为中心的工作理念，始终坚持公共气象服务发展方向不动摇，不断丰富服务产品、拓展服务领域、改善服务手段、提高服务水平，全力做好气象灾害防御、公共气象服务、应对气候变化和气候资源开发利用等工作。气象工作涉及面广、影响范围大，涉及多部门多领域系统。通过与相关部门合作，强化了互通共享，拓展了气象服务领域，在更广阔的范围上丰富了气象工作内涵。

3. 气象事业发展必须坚持现代化建设为主线

气象事业是科技型、基础性社会公益事业。作为科技部门，气象部门始终坚持以气象现代化建设为主线，围绕气象现代化建设，加强领导，加大投入，加快建设，加强管理，加紧应用，促进了气象事业的全面健康发展。

4. 气象事业发展必须依靠改革推动

深化气象改革，是全面推进气象事业发展的最主要动力，是激发事业发展的活力源泉。通过不断推进气象业务体制改革、气象服务体制改革、气象管理体制改革，气象业务更加集约化，气象服务更加智慧化，气象管理更加规范。省、市、县相继成立了一批地方气象机构，气象服务领域和管理职能得到极大扩展，气象灾害防御工作和基本公共气象服务纳入政府考核评价体系、绩效管理范畴和政府购买公共服务目录。

5. 气象事业发展必须坚持依法发展

气象事业必须坚持法治化发展，认真贯彻落实《中华人民共和国气象法》和《江西省实施〈中华人民共和国气象法〉办法》等一系列气象法律法规，不断健全气象法律法规体系，提升气象依法行政能来，积极推进气象标准化工作，依法履行气象部门社会管理职能，依法推进和保障气象事业依法健康发展。

6. 气象事业发展必须坚持规划引领

规划发挥着引领气象事业发展的重要作用。与国家经济社会发展规划相匹配的气象事业五年发展规划，使全省气象事业发展做到了高起点、高定位。强化顶层设计，科学编制好气象事业发展规划，做到规划先行，以规划引领气象现代化建设方向。坚持一张蓝图绘到底，一年接着一年干，规划各项任务落到实处。强化规划目标、指标、重点任务、重大工程与气象现代化建设相衔接，全省气象部门一盘棋，上下联动，推进规划重大工程建设，确保了气象事业发展目标的实现。

7. 气象事业发展必须依靠科技创新

围绕气象业务现代化，江西气象部门在智慧气象服务、集约化智慧型气象预报、观测智能化、装备运行监控、数据全流程监控、资料再分析等领域加大科研攻关，加强观测、预报、服务业务之间的融合与互动，在关键技术、核心能力等方面取得进展和突破，在智慧型、集约化、开放式业务平台建设方面取得明显进展。多渠道争取科技项目支撑，解决业务服务关键技术问题，建立开放的科技成果业务转化平台，完善科技成果转化机制，建立科技创新成果转化奖励机制，激发了气象科技创新活力。

（撰稿人：王海亮　周国强　袁婧　邓敏佳）

筚路蓝缕七十年　齐鲁气象展新颜

山东省气象局

1949 年新中国的诞生，为气象事业发展开辟了广阔空间和光明前景。新中国成立的 70 年，是山东气象事业发生翻天覆地变化的 70 年，也是中国气象事业由小到大、由弱变强、由封闭走向开放、由落后走向现代化的一个缩影。

一、艰难曲折的发展历程

山东气象事业的历史可追溯到 19 世纪初。1840 年鸦片战争后，帝国主义列强入侵中国，并在各自的势力范围内设立气象测候机构，搜集气象情报为其侵略政策服务。山东是最早建立气象测候机构的省份之一。从 1880 年起，英、德、日等国先后在山东沿海和胶济铁路沿线设置测候所或观象台，应用近代科学仪器开展气象观测。由于旧中国积贫积弱，科学技术十分落后，气象事业发展异常艰难。随着新中国的成立，山东气象事业迅速发展。

（一）迅速崛起的山东气象事业

1949 年 8 月山东全境解放时，省内只有省立气象观测所、青岛市观象台以及李村、莒县、惠民 3 个农业试验场测候所，仅有气象工作人员 39 名。

新中国成立后，百废待兴。在党和政府的关心下，气象事业与其他事业一样得到较快恢复和发展。1950 年，华东军区气象处开始在山东省建设气象台站网；同时，山东省人民政府农林厅也在各专区、县农林场设立气候站。1952 年 12 月，山东军区司令部气象科成立。1953 年 9 月，山东军区在原址重建泰山气象站。同年 10 月，山东军区司令部气象科转为省人民政府建制，改称山东省气象科。1955 年 2 月，经省人民政府批准，山东省气象科扩编为山东省气象局，开始接管专区、县农林场和盐场的气候站，并实行气象部门与当地政府双重领导的管理体制。1958 年 1 月，经中共山东省委批准，山东省气象局划入省农业厅，改称山东省农业厅气象局（对外仍称山东省气象局）。同年 7 月，省以下气象部门划归当地政府领导，省气象局负责气象台站的业务技术指导。1964 年 4 月，省以下气象部门改为以省气象局领导为主的管理体制。1965 年 7 月，省气象局由省农业厅划出，归省人民委员会农林办公室领导管理。1966 年"文革"开始，全省气象业务受到严重冲击，气象事业遭受重大损失。"文革"后期，气象部门管理机构得到加强。1970 年 12 月，经济南军区、省革命委员会批准，省气象局升格为省革命委员会气象局，实行省革委会与省军区双重领导、以省军区领导为主的管理体制；省以下气象部门划归同级革命委员会建制，实行军分区（警备区）、人武部领导为主的管理体制。1972 年后，各市（地）先后建立气象局，县气象站升格为科局级事业单位。1973 年 7 月，经省革命委员会、省军区批准，省和省以下气象部门归同级革命委员会领导。

（二）蓬勃发展的山东气象事业

1978 年 12 月，党的十一届三中全会的召开，标志着中国气象事业发展进入改革开放的新时期。1980 年 5 月，国务院批准省以下气象部门实行省气象局与当地人民政府双重领导、以省气象局领导为主的管理体制。1983 年 1 月 1 日起，省气象局实行国家气象局与山东省人民政府双重领导、以国家气象局领导为主的管理体制。进入 21 世纪特别是党的十八大以来，全省气象部门认真贯彻党的十八大、十九大精神，以及中国气象局和山东省委、省政府的决策部署，坚持解放思想、与时俱进、改革创新，坚持以"三三三一"十项重点工作为总抓手，着力培育现代农业、海洋、环境气象服务"三大特色领域"，着力攻关智能网格预报技术、卫星雷达等新资料应用、云计算大数据等新技术应用"三项核心技术"，着力厚植综合气象观测业务、县级综合气象业务、人工影响天气业务"三个基础业务"，气象综合实力显著增强。2017 年，圆满完成基本实现气象现代化的目标任务，为新时代山东省气象事业实现更大发展打下了坚实基础。

二、辉煌的历史性成就

经过 70 年艰苦奋斗，山东气象事业取得了辉煌的历史性成就，它犹如一幅波澜壮阔的历史画卷展现在世人面前。

（一）气象业务现代化水平达到一个新高度

1. 综合气象观测系统更加完善

新中国成立时，山东省境内气象台站稀少，仪器设备简陋，规格型号混杂，缺乏统一的规章制度，气象资料残缺不全，可靠性差。新中国成立后的 70 年，山东全省已建成由国家天气气候基本观测网和各类专业观测网组成的规模适度、功能相对齐全、以自动化为主的综合气象观测网。气象观测站的建设不仅是数量的增加，而且是质的飞跃，气象观测项目由常规观测向大气化学、紫外线强度、雷电监测等多领域拓展；地面和高空气象的常规观测项目，基本实现遥测化和自动化；天气雷达经历了由模拟天气雷达、数字化天气雷达到新一代天气雷达三个发展阶段。目前全省 123 个国家级地面气象观测站全部为新型自动气象站且实现一主一备运行，区域气象观测站 1499 个，其中 298 个站点作为骨干站构成国家地面天气站网；建成 8 部新一代天气雷达、5 部数字化天气雷达、3 部 L 波段探空雷达、7 部风廓线雷达、90 个导航卫星（GNSS/MET）水汽观测站；建成 128 套卫星数据接收处理系统、7 个卫星数据中规模站、1 个风云三号极轨气象卫星省级利用站、1 套风云二号静止气象卫星和 FY-3/MODIS 二合一接收处理系统。建成由 17 个一级和 2 个二级国家农业气象观测站、231 个自动土壤水分观测站和 33 个设施农业气象观测站、18 个农业小气候自动观测站组成的农业气象观测网；由 6 个海上浮标气象站、10 个船载自动气象站、4 个石油平台气象站和 17 个海岛自动站组成的海洋气象观测网；由 1 个省级数据中心站和 13 个子站组成的雷电监测网，以及由 5 部大气电场仪组成的泰安城市雷电监测网；由 2 个沙尘暴观测站和 17 个气溶胶质量浓度观测系统、3 个辐射观测站、19 个酸雨观测站组成的环境气象观测网；在石岛建成由太阳光球色球望远镜和太阳射电望远镜组成的国家空间天气观测站。山东省人民政府公布泰山气象站、成山头气象站和长岛气象站为山东省第一批不可迁移气象台站。

2. 气象综合信息网络系统实现历史性跨越

山东省气象通信经历了从手工到自动、从点对点的数据传输到依托卫星广播系统、宽带通信网络收集和分发气象数据的发展历程。20 世纪 90 年代，随着计算机技术在气象各专业领域中的广泛应用，气象观测资料的计算、统计、编报以及填绘天气图等由手工作业实现了自动化。通过实施"气象卫星综合应用业务系统"建设，建成覆盖全省的大型气象卫星通信网络工程，突破了长期困扰气象部门的通信瓶颈。全省气象台站建成卫星通信站，组成卫星广域网、卫星语音网、卫星数据广播网以及地面公用分组交换网和各级计算机局域网，形成一个卫星通信和地面通信相结合，以卫星通信为主的现代化气象综合信息网络系统，气象信息网络的整体水平和处理、传输及交换信息能力大幅提升。计算机网络建设经历了从无到有、从低速到高速、从局域网到广域网的发展历程。建成省—市—县的天气预报电视会商系统。全省基本建成"天地一体化"的通信系统，覆盖省、市、县三级气象部门，支持气象数据、业务产品传输和共享服务及综合业务平台等集约化业务应用。

3. 气象预报预警能力显著增强

新中国成立前，仅青岛市观象台开展过天气预报业务。新中国成立后，天气预报业务在全省逐步建立起来。经过 70 年的发展，天气预报制作实现了由主观到客观、由定性到定量的转变；发布方式实现了由单一、低效向多样、快速的转变。建成省、市天气预报实时业务系统；新一代天气预报人机交互处理系统，天气预报业务实现从传统的手工作业到人机交互方式的历史性跨越。随着综合气象观测系统和信息网络系统的快速发展，特别是数值天气预报业务系统的建立和完善，气象预报已从传统的半经验半理论的定性方法发展到以数值天气预报为基础，以人机交互处理系统为平台，综合应用多种科学技术的新阶段。现已基本建成山东省气象业务一体化平台，开展智能网格气象预报业务。具有本地特色的专业化数值预报模式稳定运行，开展精细化气象要素预报、定量降水预报、灾害性天气落区预报和中尺度天气分析业务，建成灾害性天气监测预警综合平台，提升了台风、暴雨、强对流、寒潮、大雾等灾害性天气的临近、短时和中短期监测预警业务能力，24小时晴雨预报准确率达90%以上、温度预报准确率达80%以上，突发灾害性天气预警时效提前至20分钟以上。建设了包括广播、电视、电话、手机短信、网络在内的灾害性天气预警信息发布平台和信息发布渠道，开发推广了"齐鲁风云"App、"锄禾问天"App、气象服务数据API等新媒体服务。全国首个智能海洋气象预警系统在石岛投入运行。天气预报的时效不断延长，预报的要素不断增多，预报的时段和区域更加精细化，预报的准确率不断提高，使气象预报更好地服务于山东省防灾减灾、经济社会发展和人民群众生产生活。

（二）气象服务能力和服务效益大幅提升

1. 气象在防灾减灾救灾中的作用更加突出

全省气象部门始终把气象服务作为气象工作的出发点和归宿，坚持"一年四季不放松，每一次过程不放过"的服务理念，坚持把为各级党委、政府的决策服务放在气象服务的首位。每当出现重大灾害性、关键性天气前，全省各级气象部门通过电话、呈阅件、当面汇报等形式向党政领导汇报，助力领导掌握决策、指挥防灾减灾救灾的主动权。2003年，黄河菏泽段发生漫滩险情并出现罕见的秋汛，省气象局全力以赴做好抗洪抢险气象服务，时任山东省委书记张高丽盛赞气象部门"这是立党为公、执政为民的具体体现，也是支援抗洪救灾、关心群众、干事创业、加快发展的实际行动"。据统计，1949—2018年，共有141个台风影响山东。在历次防御和抗击台风的过程中，省气象局为山东省委、省政府科学决策发挥了参谋助手作用，多次被省委、省政府授予抗洪救灾先进集体称号。2018年，"安比""摩羯""温比亚"3个台风在1个月内接连影响山东，省气象局都做到了准确预报、提前预警、及时服务，为政府有效应对发挥了第一道防线作用。特别是在"温比亚"服务中，提前51小时发布预报，1天内省气象局和12个市气象局、57个县气象局发布暴雨红色预警，创下山东省气象服务纪录；有2个单位和6名个人受到山东省委、省政府通报表彰。

2. 气象为农业服务的功能不断强化

山东省气象部门始终坚持在为国民经济各行各业服务中，突出以农业服务为重点，不断强化措施，实现由传统为农业服务方式向信息化、网络化转变。省气象局成立山东省农业气象中心，建设了全省农业气象监测网和省农业气象情报预报服务系统，并根据农业生产需要开展专业气象预报；发挥气象科技优势，从覆盖全省农村的气象警报系统到建成山东兴农网，为"三农"服务的内容和手段更加丰富、及时、准确。完成县级精细化农业气候区划 64 个、农业气象灾害风险区划 81 个。与省农业厅联合开展面向家庭农场、农民合作社、农业企业、种粮大户等新型农业经营主体的直通式气象服务。2018 年，出台《山东省气象局贯彻落实乡村振兴战略实施方案（2018—2022 年）》，加快提升气象为乡村振兴战略的服务和支撑能力。

3. 人工影响天气的综合效益显著

在各级政府的领导和支持下，气象部门积极实施人工增雨（雪）、防雹作业，人工影响天气已成为防灾减灾的重要手段，为全省粮食连年丰产、屡创历史新高做出了突出贡献。山东省有组织的人工影响天气工作始于 1959 年，1983 年起曾一度停顿。1987 年和 1989 年，高炮人工增雨防雹和飞机人工增雨作业先后恢复。1987 年恢复人工增雨防雹作业以来，全省各市人工影响天气部门组织高炮、火箭人工增雨防雹作业累计影响面积 708.12 万平方千米，增加降水 228.31 亿立方米；累计防雹面积 63.83 万平方千米，减少经济损失 110.43 亿元。1989 年恢复飞机增雨作业以来，全省共组织 554 架次飞机增雨作业，累计飞行 1303 小时 25 分钟，影响面积 1211.09 万平方千米，增加降水 14541.36 亿立方米。目前已建成以 2 架租用人工增雨飞机、485 门"三七"高炮、351 部火箭发射装置、83 个高山燃烧炉组成的覆盖全省的人工影响天气立体作业体系。全省各级气象部门围绕生态文明建设国家战略实施和农业生产、水资源供给和森林灭火等需求开展人工影响天气服务，人工影响天气作业规模和效益居全国前列。

4. 应急气象保障服务能力进一步增强

坚持以提高突发公共事件应急处置保障能力为引领，成立以气象局局长为总指挥的应急气象保障服务领导机构，加强应急服务的组织管理、预案制定，以及制度建设、队伍和装备建设。建成集通信、常规气象要素现场观测、预报制作为一体的移动气象台。根据突发公共事件应急处置需要启动应急预案，并在规定的时间内出动移动气象台赶赴现场并提供气象服务。在 1989 年青岛黄岛油库因雷击爆炸起火、1999 年烟台特大海难沉船打捞、2005 年临沂市蒙阴县境内森林火灾、2018 年"4·17"泰安济南交界处山火等突发公共事件中，全省气象部门均提供了及时、有力的应急气象保障服务。2006 年以来，积极推动省政府修订印发《山东省气象灾害应急预案》，建立省级气象防灾减灾联席会议制度。各级气象部门与应急管理、自然资源、农业、水利等部门合作建立信息共享机制，畅通气象灾害预警信息发布与传输渠道。2015 年，山东省政府印发《山东省突发事件预警信息发布系统运行管理办法（试行）》。全省已获批成立 1 个省级、2 个市级、4 个县级突发事件预警信息发布中心。2018 年，全省气象部门共启动应急响应（含特别工作状态）832 次，其中省级启动应急响应 8 次，持续近 530 小时。

5. 重大社会活动气象服务保障有力

全省气象部门将重大社会活动气象服务作为决策气象服务的任务之一，精心组织、周密部署，积极提供气象服务。成功服务了 1988 年全国城市运动会、2008 年青岛奥帆赛、2009 年第十一届全运会、2012 年第三届亚洲沙滩运动会，以及 2014 年世界园艺博览会、第 22 届国际历史科学大会、第 10 届中国艺术节、第 23 届山东省运会等重大体育赛事和重大社会活动。各级气象部门还根据当地的节庆和经贸活动需求，开展有针对性的气象服务。2005 年 8 月，"和平使命 2005 中俄联合军事演习"在山东半岛及附近海域举行。省气象局成立支前气象保障领导机构，制订保障措施和实施方案，提供一流的气象保障服务。济南军区空军司令部致函中国气象局，热情赞扬山东省气象部门对这次联合军演的大力支持，并建议中国气象局给予表彰；同时授予山东省气象局一面绣有"军民携手测风云，中俄军演展英姿"的锦旗。2018 年 6 月，上海合作组织成员国元首理事会第十八次会议在青岛举行。省气象局成立重大活动气象保障服务领导小组，编制峰会保障工作方案和实施方案，主动对接服务需求，全力做好峰会人工影响天气作业保障，赢得中筹委、中国气象局和山东省委、省政府的充分肯定和高度评价。

（三）改革不断深化，气象事业发展活力不断增强

1. 领导管理体制不断完善

"气象部门和地方政府双重领导、以气象部门为主"的领导管理体制在深化改革中不断发展和完善。1992 年之后，随着国务院和山东省人民政府《关于进一步加强气象工作的通知》，以及加快气象事业发展的各项政策措施的贯彻落实，各级政府进一步加强对气象工作的领导，大力发展地方气象事业，建立与现行气象管理体制相适应的双重气象计划财务体制，为推进全省气象现代化和基层气象台站综合改善注入了强劲动力。据统计，1996—2005 年的 10 年间，地方财政投入气象事业经费累计达 4.5 亿元，全省建成了一批具有地方特色的气象服务项目，推动地方气象事业较快发展。2014 年，山东省政府召开全面推进山东气象现代化会议，印发加快推进气象现代化的意见。随后省气象局与省财政厅联合下发关于进一步落实双重气象计划财务体制的通知，有力推动了市、县级气象部门地方事业费的落实。"十三五"期间，省政府投资建设山东省气象防灾减灾能力提升四大工程，其中仅现代农业气象服务保障工程就投入 1.28 亿元。截至 2018 年 12 月，省、市、县三级全部建立了双重气象计划财务体制，当年全省地方事业费达 3.61 亿元，较 2006 年增长 285.59%。

2. 法治建设全面推进

1997 年之前，山东省地方气象立法还是一片空白。1997 年 7 月 1 日起施行的《山东省实施〈中华人民共和国气象条例〉办法》，成为山东省首部规范气象工作的政府规章。随着 2000 年《中华人民共和国气象法》的施行和国家层面气象法制体系不断完善，山东省气象局坚持从实际出发，结合全省防灾减灾和气象事业发展需要，深入开展气象立法调研，积极协助山东省人大、省政府推进地方性气象法规和政府规章的制定工作。2002—2014 年，山东省政府先后公布《山东省防御和减轻雷电灾害管理规定》《山东省气象管理办法》《山东省气象灾害预警信号发布与传播办法》《山东省气象灾害评估管理办法》4 部规章。2005 年 10 月 1 日起施行的《山东省气象灾害防御条例》是山东省第一部规范气象工作的地方性法规。2014 年 11 月，山东省第十二届人大常委会第十一次会议审议通过《山东省气象设施和气象探测环境保护条例》，自 2015 年 1 月 1 日起施行。至此，山东省初步形成由 2 部法规、4 部政府规章构成的省级地方气象法规规章体系，为规范全省气象工作、强化气象社会管理和公共服务职能、促进气象事业可持续发展奠定了法治基础。全省气象部门健全了省、市气象法制工作机构，组建了气象行政执法队伍，加强了气象法制宣传和普法教育，强化了执法监督检查。

（四）气象人才队伍不断壮大，科学管理水平日益提高

1. 人才强局战略迈出新步伐

山东省刚解放时，气象工作人员只有三十几人，专业人才更是寥寥无几。新中国成立后，随着全省气象台站网迅速扩大和天气预报业务、农业气象观测业务的增加，以及天气雷达、气象卫星云图和气象传真等新装备在气象部门的应用，市（地）气象管理机构和县气象站机构升格，各级气象部门接收部分高、初中毕业生，通过短期业务培训充实到业务岗位，并接收一批大专毕业生和军队转业干部。到 1985 年，全省气象部门职工为 2598 人，其中业务技术人员 2214 人。改革开放 40 多年来，山东省气象局坚持以气象现代化和气象业务、服务需求为牵引，大力实施人才强局战略，制定《山东省气象局实施人才战略的意见》，聘请中国科学院院士丑纪范、中国工程院院士李泽椿为科学顾问；制定《山东省气象局科技人才队伍建设规划（2018—2022 年）》，加强领军人才、骨干人才、青年人才队伍建设。加强职工继续教育和岗位培训，培养和训练了一大批初、中级气象专业技术人员和管理人员；采取与高等院校局校合作培养硕士研究生、赴高等院校进修、派员出国考察或培训，以及搭建学术年会、青年论坛平台，设立天气预报 30 年荣誉奖、加大从基层选拔优秀人才的力度等措施，加强人才培养、激励人才成长。经过不懈努力，气象人才队伍不断优化，知识结构和学历结构明显改善，整体素质明显提高，为全省气象事业发展提供了智力支持和人才支

撑。2007年起，山东省气象部门参加历届全国气象行业职业技能竞赛均取得优异成绩，共有4人被中华全国总工会授予"全国五一劳动奖章"、14人被人力资源和社会保障部授予"全国技术能手"。截至2018年年底，全省气象部门职工总数为2105人。其中，博士30人、硕士403人、本科1520人，本科以上人员占比达92.8%；职工中具有高级职称536人，其中正高级职称29人、副高级职称507人，正、副高级人才占比为25.5%。

2. 气象科研硕果累累

新中国成立后，省内气象台站结合业务需要，开展技术总结和分析研究工作。20世纪60年代起，按照"理论与实际相结合，科研为业务服务"的原则，以应用研究为主，开展了天气预报、应用气候、农业气象和人工影响天气试验等研究，取得了一批科研成果。1986年后，全省气象部门立足气象业务服务，围绕天气气候和农业气象、人工影响天气、大气探测及计算机应用等领域，开展气象科学研究和科研攻关，气象科学研究取得了累累硕果，到2005年，共获得省部级以上科技奖励54项。其中，国家科技进步奖二等奖1项、三等奖1项，省部级科技进步奖二等奖17项、三等奖32项、四等奖3项。2006—2018年，全省气象部门获省部级科技进步奖16项，发表科技论文5000余篇，其中核心期刊发表论文1500余篇，位居全国前列。主持国家级科研课题（含子课题）11项、省科技厅课题16项、中国气象局科研课题50项、区域基金科研课题32项。2017年山东省气象局将《山东气象》改版为《海洋气象学报》，旨在提高刊物质量并积极争创核心期刊。党的十八大以来，围绕核心技术加强科学研究和业务应用，制定实施《山东省气象局气象科技创新工作方案（2018—2020年）》，显著提高了全省气象业务、服务能力和科技水平。

3. 科学管理水平不断提高

改革开放以来，按照气象现代化和科学管理"两轮驱动"的理念，山东省气象局积极推行规划计划管理和目标管理，建立了重点工作的量化指标体系，不断完善工作业绩考核和述职制度，大大提高了科学管理能力和水平。从全省气象业务工作推行目标管理开始，到对各项工作实行综合目标管理，省气象局建立健全组织领导和目标管理指标体系，充分激发和调动广大干部职工的积极性、主动性、创造性，促进了气象业务质量、工作效率和科学管理水平的不断提高，推动了气象事业健康发展。自1998年中国气象局实行目标管理考核的21年来，山东省气象局有17年获全国气象部门优秀达标单位。其中，2002年、2004年（特别优秀达标单位）分列全国第3位和第5位；2018年在获得优秀达标单位的同时，党的建设工作被中国气象局在全国气象部门通报表扬。

4. 职工队伍面貌和台站面貌发生显著变化

新中国成立以来，特别是改革开放以后，全省气象干部职工解放思想、积极进取，有力推动了气象事业快速发展。20 世纪 80 年代以来，全省实施了一批气象现代化工程的建设，带动了部门工作环境的巨大变化，不少基层台站经过综合改造，已成为当地政府防御气象灾害的指挥中心，有的成为城市建设的标志性建筑、花园式台站，气象部门的地位、形象发生了根本性的变化。据统计，"十一五"至"十三五"期间，山东省先后实施了省人工影响天气作业指挥中心、济南气象防灾减灾预警中心、黄河三角洲气象保障中心等重大建设项目，以及荣成等 4 部新一代天气雷达建设，总投资达 9.35 亿元。2005 年，山东省气象局制定《关于加强基层台站建设的实施意见》和基层台站建设指导标准，并以两次省部合作协议签署为契机，积极争取和利用中央财政基础设施建设项目经费、省财政基层台站综合改善专项资金，加大基层台站改造升级力度。2017 年，建设了新的山东省气象局业务会商大平面、气象科学发展简史馆，启动大探中心新业务楼建设。2006—2018 年，中央和地方财政累计投入台站建设资金分别为 2.31 亿元、4.86 亿元。目前，全省 90% 以上的基层台站基本达到"一流台站"标准。全省气象部门坚持"两手抓、两手都要硬"的方针，深入开展群众性精神文明创建活动并取得丰硕成果。2000 年，山东省气象部门被中国气象局和山东省精神文明建设委员会联合授予"文明系统"称号。2006 年起，山东省气象局一直保持"省级文明单位"称号。截至 2019 年 3 月，全省气象部门 136 个文明创建单位中，有 84 个单位达到省级以上文明单位档次，占比为 62%，其中全国文明单位 1 个、市级文明单位 43 个、县级文明单位 7 个。

5. 党的建设和党风廉政建设深入推进

70 年来，山东省气象部门高度重视党的建设，坚定不移地推进党风廉政建设和反腐败工作，为全省气象事业发展提供了坚强组织保障和政治保证。在做好气象业务服务和推进气象现代化的不懈奋斗中，广大党员干部担当作为、奋发有为，党组织的政治核心作用和共产党员的先锋模范作用得到较充分发挥。截至 2018 年年底，全省气象部门共有 240 个基层党组织、2582 名党员。党的十八大以来，全省气象部门扎实开展党的群众路线教育实践活动、"三严三实"专题教育、"两学一做"学习教育和"不忘初心、牢记使命"主题教育，组织广大党员干部认真学习习近平新时代中国特色社会主义思想，牢固树立"四个意识"，坚定"四个自信"，做到"两个维护"，争做"四个合格"党员。省、市、县三级气象部门均成立了党建和党风廉政建设工作机构，省气象局党组和纪检组相继印发运用监督执纪"四种形态"的意见，以及对领导干部进行诫勉谈话、函询的暂行办法等规定；建立省气象局对市气象局和市气象局对县气象局的综合巡察、专项巡察、经济审计、财务检查等常态化的监督制度。2018 年，完成对 17 个市气象局和 10 个直属事业单位的巡察全覆盖，并督促做好巡察整改工作；综合运用"四种形态"，加强监督执纪问责，抓早抓小及时解决苗头性、倾向性问题，受到中国气象局党组的充分肯定。

三、启示与展望

新中国成立 70 年来，神州大地发生了举世瞩目的历史性巨变。山东气象事业 70 的发展成就，为这一历史性巨变留下了浓墨重彩的一笔，带给我们许多启示。

启示之一：必须始终坚持把气象现代化作为目标导向、兴业之路。气象现代化是国家现代化的组成部分，亦是国家现代化的重要标志。新中国成立以来，特别是改革开放 40 多年来，从上到下凝心聚力、咬定目标不放松，坚定不移地推进气象现代化，取得了举世公认的辉煌成就。如果没有气象现代化水平的提升，气象部门就不可能有今天这样的地位和作用。气象事业发展永无止境，推进气象现代化也是一个动态发展、与时俱进的过程。因此，必须毫不动摇地继续推进气象现代化，不断向更高水平的气象现代化迈进，推动全省气象综合实力实现全面新跃升。

启示之二：必须始终坚持把气象业务作为立业之基。气象业务是气象部门赖以生存的基础，也是广大气象工作者施展才华、体现人生价值的舞台。山东省气象部门始终高度重视气象业务工作，建立健全各项业务管理制度，并一以贯之地抓好落实。长期以来，夯实气象事业发展之基，严肃认真、精益求精对待业务工作，遵循业务规范、贯彻业务规范成为广大业务技术人员的自觉行动，在全省气象部门形成崇尚学习、专研业务的良好风气，全省气象业务质量一直保持在较高水平上，为全省气象事业健康发展奠定了坚实基础。进入新时代的山东省气象事业，必须持之以恒地加强气象业务建设，着力提升服务国家战略能力，着力提升核心技术支撑能力，夯实新时代气象事业发展的基础。

启示之三：必须始终坚持把气象防灾减灾和公共服务作为立业之本。全省气象干部职工怀着高度的事业心和责任感，几十年如一日，密切监视风云变幻，加强会商联防，为政府有效应对台风、干旱以及寒潮、暴雨（雪）、高温、雾和霾等重大气象灾害提供了准确的预报、高效的服务，气象在政府组织防灾减灾救灾中的先导作用更加突出。山东气象事业进入新时代，必须紧紧围绕农业大省、海洋强省、生态山东美丽山东建设和经济社会发展重大战略需求，积极打造现代农业气象、海洋气象、环境气象等特色服务品牌，全力保障乡村振兴、"一带一路"、军民融合等国家战略实施，更加突显气象在经济社会全面、协调、可持续发展中的支撑作用。

启示之四：必须始终坚持把深化改革作为气象事业发展的强大动力。山东气象事业 70 年发展实践证明，改革是推动气象事业发展的强大动力。只有坚持深化改革，气象事业发展才能迎来更加光明的前景。新中国成立以来，按照中国气象局统一部署，山东省气象部门进行了多次气象业务体制改革和机构改革，充分激发了气象事业发展的活力。新时代的山东气象事业必须聚焦提升防灾能力，不断深化气象服务体制改革；聚焦强化创新支撑，不断深化业务科技体制改革；聚焦事业持续发展，不断深化气象管理体制改革，让改革为气象事业发展注入强大新动能。

启示之五：必须始终坚持把气象法治建设作为基本保障。将气象事业发展纳入法治轨道，是实施依法治国方略的应有之义。经过二十多年的努力，山东省气象法制建设取得重要进展，构建了具有山东特色的地方气象法规体系，《山东省气象设施和气象探测环境保护条例》在全国开创了不可迁移气象台站立法先例。新时代的山东省气象事业必须提高气象依法行政能力和依法管理气象事务的能力，坚持向管理要质量、要效益，以管理促发展；加强省内东西帮扶，促进区域气象协调发展；不断形成办事依法、遇事找法、解决问题用法、化解矛盾靠法的法治良序，保持全省气象部门的和谐稳定、健康发展。

启示之六：必须始终坚持抓好党的建设。长期以来特别是党的十八大以来，山东省气象局把全面加强党的建设作为气象事业发展的根本保证，扎实开展系列专题教育活动，政治纪律和政治规矩更加严明。坚持强化正风肃纪抓关键，以上带下严格落实中央"八项规定"精神，驰而不息纠正"四风"问题，建立常态化的基层巡察制度，"两个责任"不断压实，全面从严治党不断走向严紧硬。新时代的山东气象事业必须始终坚持抓好党的建设，让人民群众在气象服务中有更多的获得感、幸福感、安全感，使气象干部职工"快乐工作、幸福生活"的氛围更加浓厚，不断开创新时代山东气象事业发展新局面。

70 年春风化雨，70 年春华秋实。山东气象事业走过 70 年的光辉历程，现已站在新的历史起点上。展望未来，在习近平新时代中国特色社会主义思想指引下，全省气象干部职工将继续坚持解放思想、与时俱进、开拓创新、扎实工作，努力为全面建成小康社会、建设现代化强省提供优质气象服务，在推进和实现气象现代化的新征程上，不断谱写新时代山东气象事业发展的壮丽篇章！

（撰稿人：杨清军）

看今朝，勇立潮头竞风流
向未来，共谱中原新华章

河南省气象局

新中国走过了 70 年的光辉历程，这 70 年，是中国共产党带领全国人民勇于实践、开拓进取，取得辉煌成就的 70 年；是中国经济社会全面发展，中华民族迎来伟大复兴的 70 年，也是河南气象事业发生巨大变化和发展的 70 年。河南气象事业在中国气象局和河南省委、省政府的坚强领导下，初步建成了结构合理、布局适当、功能齐备的综合气象观测系统、气象预报预测系统、公共气象服务系统和科技支撑保障体系。气象防灾减灾能力显著提高，应对气候变化能力不断增强，气象服务领域不断拓宽，服务信息覆盖面和时效性有效提升，服务效益日益凸显，取得了令人瞩目的发展成就，同时也留下了一笔笔宝贵的精神财富。

一、河南气象发展脉络

中华人民共和国成立前，河南省气象观测一直处于管理混乱、站点稀少、仪器设备陈旧、资料残缺的状态。新中国成立后，河南省气象站数量逐步增加，到 1959 年年底，全省建立气象站 111 个，地面气象站网基本形成。经过 70 年的发展，河南气象事业实现了从人工观测向自动观测的转变，从单一的地面气象观测到雷达、卫星遥感立体化观测转变。多要素区域站、自动土壤水分观测站、农田小气候及实景监测等网格化观测覆盖到乡村。新一代多普勒天气雷达的投入运行，为全省气象预报预测准确率奠定了坚实的基础，气象预报预测预警能力和水平持续提升。气象仪器的自动化和信息化不仅大大提高了数据的准确率和传输速率，更为各级领导决策服务提供了有力的科学依据。2009 年 7 月，河南省人民政府和中国气象局在郑州签署合作协议，共同推进气象为河南农业发展服务，有力推动了河南气象现代化建设，提前 2 年打赢在中部地区率先基本实现气象现代化攻坚战。省政府推动气象现代化的举措得到国务院领导同志的高度肯定和全国气象部门一致好评，"省部合作、党委领导、政府主导、部门联动、社会参与"现代化建设创新经验得到推广。党的十八大以来，河南气象事业获得长足发展，基本建成覆盖天基、空基、地基的综合气象探测体系，无缝隙、多时空、现代化的智能预报体系，多渠道、立体式、高覆盖的智慧气象服务体系，科学、完善、高效的气象管理体系，为河南省气象防灾减灾、生态文明建设、经济社会发展等提供强有力的气象保障支撑。

二、气象监测预报预警能力大幅提升

（一）气象业务服务能力显著提升

经过 70 年的发展，河南省现代气象业务发展迅速，气象监测预报预警水平逐步增强。

综合监测网络进一步完善。全省建成由气象卫星遥感、9 部新一代多普勒天气雷达、3 部探空雷达、1 部风廓线雷达和 121 个国家气象观测站、2800 多个区域气象观测站组成的天地空、多领域立体监测网络，实现灾害易发区气象监测全覆盖，站网分辨率达 5 千米，为气象预报和服务提供了关键性基础支撑。

气象信息化水平不断提升，与水利、生态环境、农业农村、自然资源等部门实现数据实时共享，大数据共享应用能力显著提高，建立部门集约共享的信息设备资源池和基础数据资源池，构建横向一体、纵向集约的省、市、县一体化综合业务服务平台。

预报预测预警能力稳步提高。基本建立从短临、短期、中期到延伸期的 0~30 天无缝隙、全覆盖的现代气象预报业务体系，预报时空分辨率达 1 小时、5 千米，重点区域 0~2 小时临近预报时空分辨率达 10 分钟、1 千米。2018 年 24 小时暴雨（雪）预报准确率全国第一，月降水、温度预测准确率全国第五。预警信息发布提前量由 2015 年 15 分钟提前到目前 60 分钟。

人工影响天气能力显著增强。全省已建成 400 个地面人工影响天气标准化作业站点和一体化人工影响天气业务系统，拥有新型智能火箭发射架 356 部、作业高炮 270 门、高山碘化银催化器 75 台，租用 2 架人工增雨（雪）作业飞机开展作业。人工影响天气由地面作业向地空立体化作业转变，由季节性作业向常年性作业转变，由抗旱减灾向生态修复和污染防治型拓展。

"一流台站"基础设施不断完善。按照"功能适用、规模适度、布局合理、科技特色、文化内涵"的建设理念，不断推进"一流台站"建设，台站面貌发生巨大变化，为全面实现河南气象现代化提供了良好的硬件基础和发展空间。

（二）气象综合防灾减灾救灾效益凸显

遵循"两个坚持、三个转变"防灾减灾新理念，基本建成新型气象灾害防御体系，筑牢防范化解自然灾害风险第一道防线。

建立严密的组织责任体系。成立省、市、县三级气象灾害防御及人工影响天气指挥部，实现气象灾害防御规划、气象灾害应急预案市、县全覆盖。强化基层防灾减灾"六个一"标准化建设，建立乡镇气象防灾减灾组织1698个，自建、共建共享信息服务站2751个，乡镇覆盖率达98%，形成了6万余名气象信息员队伍，行政村覆盖率达100%，基层防灾减灾能力显著增强。

建立精准的服务支撑系统。积极推进突发事件预警信息发布体系建设，省突发事件预警信息发布系统一期项目已经建成实施，开封、驻马店等12个省辖市及45个县（市）印发突发事件预警信息发布运行管理办法，加快推进系统建设。建立精细到乡镇的灾害防御基础信息数据库，开展干旱、森林草原火险、地质灾害、山洪、积涝等风险预报预警。

建立有效的多部门联防机制。与应急管理等多部门建立联合预警制度，与广电、通信等部门建立预警信号"全网发布"绿色通道。近年来，全省各级气象部门年均发布各类气象灾害预警信号2000余次，预警信息覆盖率达95%，总接收达10亿多人次，有效避免了重大人员伤亡和财产损失。

建立新媒体融合公共气象服务体系。应用新技术、采用新手段、运用新媒体，面向交通、电力、保险等重点行业做好精细化专业气象服务，开发"气象博士"手机App，打造智能化服务终端，公众气象服务满意度稳定在86分以上，位居全国前列。

及时高效做好决策气象服务。充分发挥气象灾害防御指挥部作用，建立以"重要天气报"为"消息树"的应急流程，精细监测、精准预报、精确预警、精心服务，有效应对历史上多次发生的重大气象灾害，以及2014年严重干旱、2016年"7·19"豫北特大暴雨、2017年华西秋雨、2018年"温比亚"台风等严重气象灾害，有力保障了历次重大活动，，每年向河南省委、省政府及相关部门报送决策气象服务材料近百期，最大程度减少灾害损失，得到各级领导的充分肯定和社会各界的高度称赞。省气象局连续2年获全省综治和平安建设优秀单位，多次获得服务河南经济社会发展先进中央驻豫单位。

（三）乡村振兴气象保障服务能力有效提升

立足河南粮食生产核心区建设，充分发挥气象在河南省全面实施乡村振兴战略中趋利避害、减灾增收的重要作用，压实保障粮食安全重任。

强化气象为农服务职能。现代气象为农服务体系纳入省委、省政府全面推进乡村振兴战略意见，发展智慧农业气象等4项工作纳入省乡村振兴战略规划。积极推进粮食生产核心区气象防灾减灾保障工程、中央财政"三农"气象服务专项、高标准粮田气象保障工程建设，依托省部共建农业气象保障与应用技术重点实验室，构建了布局合理、体系完善、功能先进、响应及时、服务全面的现代农业气象服务保障体系。

大力发展智慧农业气象服务。建成 103 个农业气象科技示范园，实现 5 万亩方以上高标准粮田气象服务全覆盖，研发河南省一体化智慧农业气象业务系统，80% 以上的新型农业生产经营主体纳入"直通式"服务。建设农田生态大数据共享平台，提升郑州等 4 个国家农业气象试验站服务能力，推进鹤壁农业气象与农业遥感野外科学试验基地建设，承担中国气象局农田生态遥感监测评价试点任务。做实做细"三夏""三秋"等关键农时气象服务，为河南省粮食生产保驾护航。

精准实施特色农业气象服务。助力打赢脱贫攻坚战，围绕农产品附加值提升，开展茶叶、苹果、花生、烤烟、山药、猕猴桃、设施农业等特色农业气象服务，联合农业农村厅认定三门峡苹果、信阳茶叶、驻马店花生 3 个省级特色农业气象服务中心。以《河南省气候资源保护与开发利用条例》出台为抓手，开展柘城三樱椒、灵宝苹果、温县铁棍山药等农产品气候品质认证，打造"气候好产品"，服务农民增收。

积极打造气象为农服务新品牌。深入挖掘设施农业、节水农业、农业仓储、物流等新型农业气象服务。初步形成高标准农田气象保障标准化体系。充分发挥在气象卫星遥感监测农作物长势与灾害、预测分析粮食产量与风险，以及监控森林火点和秸秆禁烧火点等方面的积极作用。

（四）生态文明建设气象保障服务全面开展

贯彻落实习近平生态文明思想，聚焦蓝天保卫战，强化生态文明气象保障职能，为推动绿色发展、生态保护治理等提供有力支撑。

提升生态文明气象保障能力。融入全省污染防治美丽河南建设规划，环境气象观测系统建设等纳入省委、省政府实施意见和全省污染防治攻坚战三年行动计划。编制实施生态文明建设气象服务发展方案，加强生态气象与卫星遥感中心能力建设，完成"风云四号"卫星地面接收站建设。开展城市内涝风险预警系统建设，完善山洪气象灾害监测预警体系，助力"四水同治"。加强中原城市群生态城市建设服务，开展郑州、洛阳等通风廊道专项规划、城市化气候效应定量评估、街区精细化通风评估等气候可行性论证。开展"中国天然氧吧"创建和"寻找避暑旅游目的地"活动，推动西峡、卢氏、新县等创建"中国天然氧吧"。

全力保障打赢大气污染防治攻坚战。强化省环境气象中心建设，组建创新团队，完善环境气象业务体系，开展省、市、县三级空气污染气象条件预报预警业务，进行重污染天气形成机理、污染迁移规律分析研究和评估服务。深化与生态环境厅合作，加强信息共享、站网共建、联合会商、人工干预、科研攻关，实现全省空气质量预报联合发布。建立健全与京津冀、汾渭平原等联动联防机制，及时提供环境气象条件分析预报、发布重要气象信息。

充分发挥人工影响天气作业效益。每年增加地面降水约 15 亿立方米，防雹保护面积约 1.5 万平方千米,在抗旱救灾、防雹减灾、增加水库蓄水、改善生态环境、大气污染防治等方面发挥了不可替代的作用。特别是 2018 年年底重污染天气期间,积极开展人工增雨(雪)干预科学实验,效果明显,获省污染防治攻坚办通报表扬,气象保障大气污染防治攻坚战得到省委、省政府高度肯定。

(五)气象科技支撑能力明显增强

以提升气象科技创新整体效能为主线,统筹优化气象科技创新体系布局,聚焦核心技术攻关,深化科技体制改革,完善创新发展机制,着力增强核心科技创新能力。

气象科技创新能力不断加强。构建以核心业务单位为创新主体,以省部共建农业气象保障与应用技术重点实验室为平台,以创新团队为依托的河南气象科技创新体系,聚焦核心业务技术和特色领域需求,开展科研攻关,加强科技成果转化应用。

对外开放合作力度逐步加大。深化与北京大学、中国海洋大学、中国农业大学、郑州大学、南京信息工程大学、河南大学等局校合作,共同开展科研项目研究。与河南大学共建"大气污染综合防治与生态安全"省级重点实验室;与郑州大学共建河南省气象大数据分析与服务工程研究中心。2009 年以来,获批省部级以上科研项目 49 项,争取科研经费 4000 多万元,获省部级科技进步二等奖 3 项、三等奖 6 项,取得发明专利及实用新型专利 21 项、计算机软件著作权 55 项,SCI、EI 收录论文及核心期刊发表论文 410 余篇。主办的《气象与环境科学》期刊影响因子在全国大气科学类期刊排名第一。

三、气象事业发展环境更加优化

(一)领导管理体制优势不断显现

河南省气象事业由新中国成立前管理混乱、站点稀少、仪器设备陈旧、资料残缺的状态到 1954 年 11 月 5 日成立河南省气象局,河南气象事业才逐步走上正轨。

管理体制更加顺畅。1982 年开始建立双重领导、以气象部门领导为主的管理体制,1985 年积极开展专业有偿服务,1992 年建立双重计划体制和相应的财务渠道等。这些重大体制机制改革,从机制上创造了良好环境,为加快气象现代化建设,提升气象部门的地位和形象发挥了重要作用。

政策环境更加优化。省政府陆续出台 17 个政策支持性文件,为河南气象事业发展提供政策保障。其中,《河南省人民政府关于加快推进气象现代化建设的意见》(豫政〔2013〕63 号文件)得到时任汪洋副总理的批示肯定。气象相关内容连年写入省政府工作报告和省委一号文件,纳入省委、省政府督查台账。

部门合作更加开放。主动加强与地方政府沟通联系，省气象局首次进入黄河防总指挥部领导机构，将气象现代化等重点工作列入地方各级党委、政府绩效考评。深入推进部门合作，推动省气象局与水利、农业、交通、环保、郑州大学、河南大学、人保公司等 20 多个厅局、高校等单位签订协议深化合作，与鹤壁、许昌、漯河、永城等地方政府开展局市合作，提升合作质量和效益，构建多部门合作共赢的发展格局。

（二）双重计划财务管理体制不断完善

在中国气象局和地方党委、政府的领导下，全省气象部门积极落实气象事业双重计划财务管理体制，财政及其他投入显著增加，为气象事业发展、气象现代化建设、改善职工工作生活条件等提供了有力的财政保障。"九五"期间，全省气象部门积极落实国发〔1992〕25 号文件、国办发〔1997〕43 号文件，省、市、县三级气象部门全部在当地建立了双重计划财务体制，地方经费的持续投入，弥补了中央财政资金的不足，基层台站面貌有较大改观。继"九五"之后，双重计划财务体制进一步完善，尤其是 2015 年省气象局与省财政厅联合印发《关于进一步落实气象事业双重计划财务体制的通知》（豫财农〔2015〕6 号），进一步明确市、县政府落实气象事业双重计划财务管理体制的工作职责，进一步明确气象职工津补贴足额纳入当地财政预算，为加快推进河南省气象现代化建设提供必要的资金保障，有力促进了河南省气象事业的快速发展。通过 2015 年的气象现代化专项督查，省、市、县三级财政部门将全省气象职工津补贴、文明单位奖金及改革性补贴全部足额落实。中央和地方资金投入的持续增加，推动各类气象重大工程项目取得显著成效，为河南省气象防灾减灾救灾发挥了重要作用。

（三）气象法治建设深入推进

河南气象事业始终坚持深化改革、立法先行，不断夯实法治之基，形成了保障气象改革发展的法律法规体系。

气象法治建设不断强化。河南省气象局始终把加强立法工作作为贯彻实施《中华人民共和国气象法》、转变气象事业发展方式的一项重要任务来抓，积极推动地方气象立法工作，地方气象法规体系进一步完善，立法质量不断提高。形成了由四部地方性法规和三部政府规章为主体的、具有河南特色的地方气象法规体系，河南省气象事业基本形成了有法可依的良好局面，有力促进了气象事业发展。

气象行政审批制度改革深入推进。认真履行气象法定职责，及时清理规范了行政审批中介服务事项；推进权力清单和责任清单制度，对部门权力清单、权责清单进行了认真梳理。开展了气象行政审批标准化试点，全面推进气象行政审批标准化、制度化、规范化，不断规范全省气象部门行政审批操作流程；全面实施法律顾问制度，强化对法律顾问的考核；组织梳理《河南省气象系统省市县三级审批服务事项通用目录》，开展服务型行政执法。"放管服"改革不断深入，实现"一网通办"。

气象标准体系不断完善。成立了河南省气象标准化技术委员会，与省标准化主管部门联合印发《关于加强气象标准化工作的实施意见》，加快推进全省气象地方标准体系建设。截至目前，省气象局先后完成 12 项气象标准编制，其中 1 项国家标准、2 项行业标准、9 项地方标准。

（四）人才和干部队伍建设不断加强

河南省气象局始终坚持党管干部、党管人才原则，干部队伍结构不断优化，高层次人才、青年人才和基层人才队伍建设取得显著进展，形成了一支以大气科学为主体，多种专业有机融合的气象人才队伍。

干部人才培养力度不断加大。坚持党管干部，坚持正确的选人用人导向，突出政治标准，把好干部标准落到实处。注重处级领导干部队伍建设特别是一把手的培养、选拔和使用，各级领导班子得到选优培强。

干部结构进一步优化。加强年轻干部队伍建设，学历层次提升，注重多途径培养，不断加强后备干部队伍建设。通过中青年干部培训班、干部"上挂下派"、援藏援疆、交流轮岗等途径，切实提高年轻干部应对复杂局面的能力和综合领导能力，为河南省气象事业发展源源不断地提供了经过实践检验的优秀年轻干部。坚持严管和厚爱结合、激励和约束并重，干部考核评价机制不断完善，领导干部在气象改革发展中的作用得到充分发挥。

气象人才队伍结构持续优化。截至 2019 年 7 月，河南气象部门在职人员 2810 人。大学本科以上人员比例达 82.7%，高级职称人员从无到有，目前占比 21.4%。截至 2018 年年底，全省气象部门有正高级职称 25 人、省管专家 10 人、中国气象局首席预报员 3 人。选拔首席预报员、首席气象服务专家、首席气象科普专家共 14 人，选拔拔尖人才、骨干人才和青年英才共 47 人。在天气预报、气候与气候变化、农业气象等气象事业发展重点领域、急需领域建设了多支创新团队。各类人才在全面推进气象现代化、气象防灾减灾和应对气候变化等各项业务服务科研工作中做出了积极贡献。

气象教育培训体系不断健全。初步建立了气象干部教育培训面向气象事业发展和以提升综合素质、专业能力为目标的气象教育培训课程体系，形成了以一批特色培训班型为核心，兼顾气象业务、服务、基层台站管理等多方面的培训发展格局。充分运用远程培训教学平台，实现全省气象部门 2000 多名在职职工、100 多个基层台站的气象远程同步在线学习。

（五）党的建设显著增强

河南省气象局党组认真贯彻落实党中央、中国气象局党组和河南省委各项决策部署，不断加强党的思想建设、组织建设、作风建设、纪律建设和制度建设，全省气象部门各级党组织的凝聚力、创造力、战斗力显著增强。

全面从严治党持续深入。全省气象部门以马克思主义中国化最新理论成果为指导，不断加强政治纪律和政治规矩建设，落实全面从严治党各项要求，切实履行监督责任，强化监督执纪问责，取得重大成效。制定了《关于严肃全省气象部门党员领导干部党内政治生活的实施细则》等全面从严治党相关制度 39 项。制度执行力不断增强。把制度建设贯穿全面从严治党全过程，健全和完善决策科学、执行坚决、监督有力的权力结构和权力运行机制，增强制度执行力。日常监督效力、纪律审查威力不断加强。经常性开展对党员干部执行党纪党规和作风情况的监督检查，紧盯春节等重要时间节点，早提醒、早预防、早处理。用好"四种形态"，强化监督执纪问责，对反映党员干部问题线索及时进行规范处置，做到件件有着落。

基层党组织建设更加有力。党的十四届四中全会后，省气象局党组制定下发了《中共河南省气象局党组关于加强基层党建工作的实施意见》，各市地气象局积极配合地方党委，进一步加强和改进了县气象局党的组织建设。严把发展对象确定关、新发展党员接收关和预备党员转正关。截至2018 年 8 月，全省气象部门共设党组 103 个、机关党委 5 个、党总支 9 个、党支部 189 个，共有党员 2170 名。

气象文化建设成绩斐然。挖掘基层一线先进典型，激励职工争做"出彩河南气象人"。深入推进社会公德、职业道德、家庭美德、个人品德建设宣传常态化，组织开展脱贫结对帮扶、道德讲堂、学雷锋志愿活动以及"身边的榜样""最美家庭"评选等系列创建活动，广泛开展社会主义核心价值观教育。

健全气象工会体制机制，得到全国总工会等领导批示肯定，被中华全国总工会授予"模范职工之家"，3 个集体、1 名同志获中华全国总工会表彰。创新工会体制机制获评中国气象局 2018 年创新项目。确定首批气象文化建设示范点 8 个，新建气象科普馆、局史馆 21 个。截至目前，全省气象部门 122 个独立创建单位中，有国家级文明单位 5 个、省级文明单位 47 个、市级文明单位 68 个。文明单位创建成绩显著。

四、建设高质量气象现代化，助力中原更加出彩

　　站在新的历史方位，河南气象事业将深入贯彻落实习近平新时代中国特色社会主义思想，按照"四个全面"战略布局和"创新、协调、绿色、开放、共享"发展理念，坚持公共气象发展方向，以全面推进气象现代化为中心，全面深化气象改革，全面推进气象法治建设，全面加强部门党的建设。着力实施创新驱动和人才强局战略，着力提升气象信息化水平和增强智慧气象服务能力，着力优化气象事业发展环境和新型气象事业结构，着力实施项目带动发展战略。到 2020 年，基本建成适应需求、结构完善、功能先进、保障有力的以智慧气象为重要标志的，由现代气象监测预报预警体系、现代公共气象服务体系、气象科技创新和人才体系、现代气象管理体系构成的气象现代化，为河南全面建成小康社会做出新的更大贡献。

（撰稿人：顾杰图　刘召彬　刘莹莹　王爽　李喜平）

守望荆楚七十年　湖北气象谱华章

湖北省气象局

70 年，艰苦奋斗，争创一流。湖北气象事业发展从小到大，从技术简单落后到基本现代化。

70 年，不忘初心，砥砺奋进。湖北气象人描绘出一幅幅壮丽画卷，谱写了一曲曲时代华章。

一、宏伟征程

纵观 70 年发展历程，湖北气象走过不平凡的三个阶段。

（一）起步建设阶段（1949—1978 年）

新中国成立后，湖北气象事业历经军事建制、政府建制等领导管理体制。1950 年，中南军区司令部设立气象管理处（1951 年改称气象处），负责中南 6 省气象业务管理。1951 年，湖北省军区司令部设立气象科，管理湖北气象工作；同年，汉口气象台开展天气预报业务。1954 年，湖北省人民委员会气象局成立，受中央气象局和省人民政府双重领导。1958 年，省人民委员会批准气象系统体制下放，业务以部门领导为主，人财物统归地方管理。1962 年，全省气象台站收归省气象局建制。气象台站从新中国成立初期的 9 个发展到 1959 年的 107 个，基本实现县县有气象站的布局。"文革"期间部分业务一度中断，但气象职工坚守岗位，气象观测预报等基本业务并未受到较大影响。"文革"中后期，各项业务工作逐步恢复，日常业务基本正常。

这一时期，全省地面、高空气象观测业务布局基本形成，电传电报气象通信业务初步构建，以手绘天气图和预报员经验相结合的预报业务基本建立，为湖北气象事业快步发展奠定了基础。

（二）快速发展阶段（1978—2012 年）

1978 年党的十一届三中全会后，湖北气象工作转移到以提高气象服务经济效益为中心、推进气象现代化建设上来。1984 年印发《湖北省气象现代化建设发展纲要》，确立"一个中心、两个前哨、一个网络"发展蓝图。1986 年，我国首批引进的数字化天气雷达在武汉率先建成。1989 年，武汉区域气象中心挂牌成立，标志着湖北气象现代化建设取得重大进展。20 世纪 80 年代，全省气象体制改革、气象服务改革同步推进，气象事业呈现新兴发展态势。

20世纪90年代，以气象卫星综合应用系统建设试点为契机，湖北省气象局加快推进地县两级现代气象业务系统建设，1997年省地两级气象资料实现实时共享。这一时期，湖北省气象局首创提出"工作创一流、生活奔小康"的奋斗目标，探索建立由气象行政管理、基本气象系统、科技服务和综合经营构成的新型事业结构，为全国气象事业结构调整提供了借鉴。

进入新世纪，以"多轨道、集约化、研究型、开放式"的业务技术体制改革试点为契机，湖北省气象局确立了"改革促发展、项目带发展、创新求发展、合作谋发展、和谐保发展"的工作思路，提出"创建新型台站、共奔全面小康"的奋斗目标。2009年，中国气象局与湖北省政府签订《共同推进湖北公共气象服务体系建设合作协议》，深化了部省合作、共谋发展的工作机制。同年，长江流域气象中心挂牌成立，流域气象业务服务稳步发展。

这一时期，是湖北气象事业快速发展的时期。"七五"中后期，湖北在全国率先建立了双重计划财务体制，先后实施气象现代化、气象科技兴农、文明系统创建、"四个一流"台站建设、气象文化建设等一系列重大工程，湖北气象事业发展整体步入全国先进行列。

（三）高质量发展阶段（2012年至今）

党的十八大以来，湖北气象部门坚持"创新、协调、绿色、开放、共享"新发展理念，树牢"四个意识"，坚定"四个自信"，坚决做到"两个维护"。坚持党对气象工作的全面领导，坚持加强党的建设和全面从严治党，坚决落实党风廉政建设责任制。全面推进社会主义核心价值观教育，文明创建和文化建设不断深入。

以党的建设为统领，气象"放管服"、防雷体制、气象业务服务和科研体制等改革深入推进；《湖北省气象灾害防御条例》《湖北省气候资源保护和利用条例》等4部地方法规颁布实施。综合气象观测实现从人工到自动化，气象信息网络实现双网热备份和"云+端"部署，气象预报实现无缝隙精细化智能网格转型，气象服务实现智慧型互动式专业化发展，省地县一体化气象业务服务平台投入运行，湖北气象部门提前三年在中部地区率先基本实现气象现代化。

这一阶段，以智慧气象为标志的气象现代化建设深入推进，"党委领导、政府主导、部门联动、社会参与"的防灾减灾机制进一步完善，适应需求、结构完善、功能先进、保障有力的气象业务服务和科技创新体系基本形成，气象综合实力显著提升，气象服务效益显著提高，湖北气象事业步入高质量发展轨道。

二、辉煌成就

回望70年，湖北气象事业成就辉煌，向党和人民递交了满意答卷。

（一）气象服务效益显著

1. 防灾减灾服务屡建功勋

长江、汉江交汇，5000 余中小河流交错，千湖之省的湖北，防汛是天大的事。1954、1969、1981、1996、1998、2010、2011、2016 年，一次次长江流域特大洪涝、一次次省内区域性严重内涝，气象服务屡建防灾减灾奇功。国家粮食主产区、鱼米之乡，农业大省的湖北，抗旱也是生命线。1972、1978、2011、2013 年，一次次旱魔侵扰，一次次望天兴叹，气象服务传颂虎口夺粮佳话。天灾无情气象有情，2008、2018 年持续低温雨雪冰冻天气，决策服务、专业服务、民生服务缓解电力、交通、"菜篮子"压力，深得民心。准确及时高效的气象服务，牢牢守住了"第一道防线"，为防灾减灾抗灾救灾决策部署、指挥调度做出了重大贡献。

——1954 年长江流域特大洪水致武汉关 29.74 米的最高水位纪录保持至今。彼时汉口中心气象台与中央气象台联合会商服务，为荆江分洪、武汉防洪决策提供了重要参考。

——1998 年长江咆哮，举世瞩目。万里长江险在荆江，45.22 米的沙市水位超过国务院规定的分洪水位 0.22 米，是否分洪关系到数十万群众安危。力挽狂澜的准确预报，为"抗洪不分洪"的重大决策提供了科学支撑，最大限度地保护了人民群众生命财产安全。这一年，5 个集体、15 名个人受省部级以上表彰，湖北省气象局被授予"全国防汛抗洪先进集体""全国科技界抗洪救灾先进集体"荣誉称号。

——2010 年，长江、汉江"两江夹击"，高位走洪，险情丛生，准确及时周到的预报服务为科学应汛赢得时间，赢得主动，洪水平稳流过，化险为夷。

——2016 年，湖北大范围特大内涝致灾情超过 1998 年。从年度旱涝趋势准确预判到汛期每次降水过程精准预报预警，"发令枪""消息树"为决策、指挥起到关键性作用，灾害损失远低 1998 年。

据不完全统计，1998—2018 年，湖北气象部门获评省部级以上气象服务先进集体 48 个（次）、先进个人 50 人（次）。

2. 为农气象服务护卫"三农"

湖北开展农事服务可追溯到 1958 年。1978 年以后，开展了农业气候资源调查和区划；1985 年建成全国首个气象科技扶贫基地。70 年来，从保障粮食安全到护航特色农业，从农村气象灾害防御和气象为农服务"两个体系"全覆盖到助力精准扶贫、助推乡村旅游和打造气候宜居品牌，气象为农趋利避害、增产增收贡献卓著。至 2018 年，全省形成"1+4+N"农业气象业务布局，研发了 32 种农业气象服务指标集、69 项适用技术、24 种服务产品，建成 28 个农气观测站、2 个国家农气试验站、21 个土壤墒情观测站和 1462 个气象信息服务站。54 个乡镇、7 个县（市）建成全国标准化气象灾害防御乡镇和农业气象服务县，大部分县建成山洪地质灾害气象预警服务平台，资源集约、特点显著的湖北现代气象为农服务体系已经形成。

3. 流域气象服务保长江安澜

举世瞩目的三峡工程，推开长江流域气象服务的一扇窗；长江流域气象中心的挂牌成立，开启全流域服务的一扇门。1991 年建立三峡气象站，三峡工程气象保障服务与工程建设同步开展；1993 年成立三峡气象服务中心，从保障三峡工程安全施工，到保障三峡水库安全运行、服务水电科学调度，湖北省气象局与三峡集团合作不断加深，助力三峡水库连续 9 年实现 175 米的蓄水目标。围绕长江大保护和长江经济带建设，打破省际界限、部门壁垒，建立长江流域气象防灾减灾、长江航运气象保障等服务机制。长江流域气象中心联合长江水利委员会及流域上下气象、水利、海事、航运等部门，绘就防汛"一张图"，织出航运"一张网"，达成联动"一盘棋"，经受住 2016 年长江中游特大洪水、2017 年罕见秋汛的严峻考验。2012 年"长江流域气象中心业务服务体系建设"和"2018 年长江航运智慧气象服务"分获全国气象部门创新工作奖。长江流域气象综合保障服务从注重决策服务和专业气象服务，逐步向普惠性的公众气象服务延伸和发展。

4. 人工影响天气造福人民

在频发的旱灾面前，人工增雨是百姓的最大期盼。1958 年 6 月，武汉上空首次进行的飞机增雨试验，让湖北成为全国最早开展飞机人工影响天气作业的省份之一。1972 年，高炮增雨试验成功。1973—1979 年，全省累计飞机作业 138 架次，受益面积 893 万公顷，此后飞机增雨成为抗旱常态。2009 年正式建立飞机增雨作业制度。2006 年，省政府颁布《湖北省人工影响天气管理办法》，人工影响天气事业呈快速发展态势。至 2018 年，全省拥有人工影响天气高炮 174 门、新型火箭 240 套，建成 168 个标准化人工防雹增雨工作站。人工影响天气从增雨抗旱、防雹减灾，逐步扩展到森林防火灭火、水库增蓄、改善空气质量、生态涵养等多个领域。

5. 生态文明服务彰显特色

长江大保护、生态省建设、污染防治攻坚战、全域旅游无不见气象踪影。气候服务为保护利用气候资源、划定生态红线建言献策；江汉平原湿地群生态气象服务，为长江珍稀动植物保护和湿地生态保护与修复保驾护航；打响"蓝天保卫战"，强化雾、霾天气和空气污染气象条件监测预报预警，实施飞机增雨改善空气质量；围绕"三江千湖一池碧水"，开展生态环境、气候效应、气象灾害监测评估和气候变化影响评估等。2018 年，3 个县（市）分别荣膺"中国天然氧吧""中国凉爽之城"等生态品牌。2019 年，"寻找避暑旅游目的地"活动助推湖北绿水青山化为金山银山。

6. 专业专项服务成效显著

1985 年以来，湖北气象部门在做好公益服务的同时，投入人力物力财力，拓展领域、开发产品、争创效益。到 20 世纪末，气象技术服务、气象影视、资讯以及交通、电力、新能源等专业专项气象服务全面推进，部分项目一度成为支柱产业。此后，走规模化、集约化发展道路，防雷技术服务突飞猛进。气象科技服务有力支撑了事业发展。2011 年以来，瞄准九省通衢、千湖之省、水电大省等特殊地位和资源优势，立足湖北、辐射全国，打造水电、新能源、电力、交通等专业气象服务品牌。水电服务素有渊源，20 世纪 80 年代开展电力负荷、水库调度等气象服务；2000 年，为省电力公司和华中电网开发气象服务系统，实行并网服务；2012 年，气象信息并入智能电网调度技术支持系统；2018 年，电力气象服务贯穿发电、供电、用电全产业链。新能源气象服务如后起之秀，至 2016 年，风电预报、光伏发电预报、电力气象灾害风险评估系统分别推广到全国 27 个风电站（场）、37 个光伏发电站和五省（区）。牵头制定的电网运行气象预警预报服务、光伏发电预报等 6 个行业标准颁布执行。

7. 气象服务体系优化扩展

新中国成立之初，湖北气象主要为军事服务。1954 年起，为国防和经济建设服务。1956 年，电台、报纸发布天气预报；1983 年，开启电视天气预报；1996 年，天气节目主持人走进寻常百姓家。2000 年以后，电话、短信、网站、显示屏、大喇叭和微博、微信、手机 App 逐步全方位覆盖用户。为农服务由传统农业生产扩展到农、林、牧、副、渔以及现代设施农业、新农村建设等大农业范畴；专业专项服务覆盖交通、能源、水利、环保、国土、卫生、旅游以及森林防火、应急保障、气候资源开发利用、重大工程建设、重大社会活动等。气象灾害防御形成社会化格局，应急服务体系日臻完善，34000 多名气象信息员遍布全省乡、村等基层组织。气象服务从最初的决策服务和为农服务，发展为融决策服务、公众服务、专业专项服务为一体的综合气象服务体系。

（二）现代气象业务体系功能完备

1. 现代立体观测布局科学

气象观测现代化为现代气象业务快速发展打下坚实基础。1986 年，我国首次引进的数字化天气雷达投入使用；1991 年，建成具有国内先进水平、极轨和静止卫星兼容的接收处理系统。2016 年，14 部天气雷达各就各位把守空中，与地面呼应形成立体观测网；综合气象观测运行监控系统上线运行，有效提高气象装备供应管理信息化水平。到 2018 年，全省拥有各类气象观测站 2752 个，其中自动气象站 2442 个，形成间距小至 6 千米左右的地面气象观测网，现代新型地面观测装备让无人值守成为现实。建成由 400 余个交通、农业、环境、水体、旅游等专业气象观测站组成的专业观测网和北斗地基遥感监测网、空气负氧离子生态监测网。全省地基、空基和天基相结合的门类齐全、布局合理的现代综合气象观测系统基本形成。

2. 高速通信网络纵横连通

气象通信始终紧随通信技术发展而发展。1950 年起采用无线通信；1956 年采用电传报（电路传送；80年代初进入计算机时代。1988年，省气象通信台成为武汉区域气象通信枢纽；1994年实现气象通信数据计算机自动处理；1997年建成地级卫星通信系统。2008、2010年，每秒12万亿次和75万亿次的高性能计算机落户武汉；2019年，服务第七届世界军人运动会的每秒150万亿次的高性能计算机再次在武汉落地。气象大数据平台使部门内10省（市）观测数据响应时间从10分钟降到30秒，部门外"气象云＋楚天云"广泛应用。

3. 无缝预报预测精准智能

20世纪50年代初，湖北开始制作天气预报；1958年，48个县气象（候）站制作本地补充预报；70—80年代，广泛开展以暴雨预报为主的各种灾害性天气预报方法研究；80年代中后期至90年代，开发了水平分辨率100千米的华中暴雨数值预报业务系统、数值预报模式（MAPS）、气象信息综合分析处理系统（MICAPS）和在当时具有国际先进水平的中尺度暴雨数值预报模式系统（AREMS）。2000年后，相继建成精细化预报、暴雨定量预报和中小河流洪水、山洪地质灾害气象风险预警等多个预报预警业务系统以及突发事件预警信息发布系统；完善了长江流域气候趋势预测业务系统；建立精细化城镇预报和强天气预警业务及暴雨中尺度天气分析业务，引进发展多个数值预报模式，形成长江流域气象预报预测产品。0～30天无缝隙网格预报业务体系，实现0～10天2.5千米空间分辨率气象要素和灾害性天气网格预报及11～30天降水、气温要素延伸期网格预报。开展湖北省、武汉区域、长江流域气候预测，建立区域百年气温序列和50年气候变化基础数据集。

70年来，湖北气象预报预测不断推陈出新，实现以数值预报产品为基础、人机交互处理系统为平台、综合应用机器学习多种技术方法的智能化、客观化和定量化分析预报的重大变革。如今，无缝隙、全覆盖、精准化的智能网格预报业务全面展开，气象预测预报准确率保持较高水平。

（三）气象科技创新成就斐然

1. 气象科技创新成果丰硕

新中国成立初期，气象预报技术分析总结即受到重视。1960年，汉口中心气象台更名为湖北省气象科学研究所，以天气研究为重点，科研与业务结合，为业务服务；1964年，改名武汉中心气象台，沿用至今。1961年，省气象局设立气象研究室；1980年成立省气象科学研究所，1982年成立武汉暴雨研究所，2002年合并成中国气象局武汉暴雨研究所，为中国气象局"一院八所"之一。武汉暴雨研究所成立迄今，承担了32项国家自然科学基金项目、8项公益性行业专项、3项"973"和"863"计划项目专题，主持2项国家重点研发计划专项，暴雨数据库纳入国家气象资料共享体系，暴雨监测预警重点实验室诞生。2018年长江中游暴雨监测外场试验基地获批列入中国气象局野外科学试验基地。

湖北气象科研大步迈进始于 1978 年，全国科学大会激发了气象科技工作者的创新热情。至 2000 年，共获得省部级以上奖励科技成果 74 项，其中 2 项获国家科技进步奖一等奖。1988 年以来，有 4 项成果获湖北省科技进步奖一等奖，2 项获中国气象局科研开发一等奖。在 1991 年召开的全国"七五"科技攻关总结表彰大会上，江泽民总书记为湖北气象科技工作者代表颁奖。1978—2008 年，全省气象部门共取得各类科研成果 440 余项，其中 10 项获国家级奖励；2009—2018 年，获省部级以上科技立项 100 项，其中 22 项成果获省部级以上奖励。

2.　气象开放合作成效显著

湖北气象国际交流合作始于 20 世纪 50 年代，1955 年，苏联气象专家考察汉口中心气象台，首开全省气象国际交流之门。1984 年，省气象局局长随中国气象考察团前往日本，首次走向国际。此后，交流活动不断增加。20 世纪 80、90 年代，分别有 5 人次、25 人次出访，接待外宾 76 人次。2000 年以后，国际学术交流活动更加频繁，至 2018 年，湖北省气象局与美国、俄罗斯、英国、法国、德国、日本、韩国、中国台湾、中国香港等 50 多个国家和地区开展了交流合作，一批国际先进技术为我所用，一批湖北气象科技成果在全球展示。

湖北气象部门国内合作始于 1970 年武汉中心气象台与中科院大气物理研究所联合开展数值天气预报研究试验。1975 年省气象科学研究所与中央气象局气象科学研究院等单位在武汉联合建设全国首个塔层风观测站；1988 年与空军某部和武汉航空公司开展飞机增雨服务。改革开放后，湖北气象对外开放步伐加大，至 2018 年，省气象局与三峡集团公司、长江水利委员会、交通部长江海事局、省公安厅、省通信管理局、华中电网等部门（行业）和单位，南京大学、南京信息工程大学、中国地质大学（武汉）以及国家气象中心、国家气候中心等大专院校、科研院所，新华社湖北分社、湖北日报等新闻媒体及驻鄂部队等 60 余家签订合作协议，成为长江流域防汛抗旱总指挥部、省防汛抗旱指挥部和省公民科学素质提升等 30 多个领导小组成员单位，气象开放合作为气象事业发展不断增添动力、注入活力。

3.　人才队伍建设固本强基

气象队伍由小到大、稳定发展。1951 年，全省气象人员只有 51 人，1981 年发展到 2061 人，其中本科以上 63 人，专科 193 人；其后稳定在 2000 人左右。1956 年成立湖北省气象干部学校，1959 年设立全日制普通中等气象专业，至 1965 年培养中专毕业生 285 人，有效缓解了当时人才紧缺窘况；1966 年中断招生，至 1975 年恢复。省气象学校先后多次更名，现为中国气象局气象干部培训学院湖北分院。2017 年增设中共中国气象局党校湖北分校。

1980 年起，湖北省气象局加强在职职工学历再教育，至 1995 年，全省气象中专以上学历教育达到 676 人，专科以上学历比例大大提高。1997 起，在南京大学、南京信息工程大学委托开办硕士、本科函授班，全省气象人才队伍学历结构不断优化。到 2018 年，全省气象部门硕士、博士学位人数占国家编制数的 19.3%，本科以上学历人数由 1981 年的 3.1% 增长至 80.5%。

70 年来，特别是改革开放以来，湖北省气象局通过实施学科带头人、首席专家、创新团队、科技拔尖人才、青年新秀、基层气象业务技术带头人等系列人才培养选拔办法，涌现出一批批专家能手，人才高地在部门凸现。2018 年，全省气象部门正研级专家 33 人，占队伍总数的 1.8%，副高职称人数占 21.6%；有 3 名国家级首席预报、服务专家，12 人享受国务院政府特殊津贴，9 人享受省政府专项津贴，5 人获湖北省有突出贡献的中青年专家称号。在 2007 年以来开展的 13 届气象行业观测、预报职业技能竞赛中，湖北代表队各获得 3 次团体第一，25 人获得个人全能奖项，8 人次因此获得全国五一劳动奖章和全国技术能手称号。基层人才队伍不断充实，2018 年，全省气象部门县级机构编制内职工 595 人，其中 40 岁以下占 55%，本科以上学历占 72%，中级以上职称占 50%。

湖北气象部门老干部工作不断完善，保障机制、服务机制、管理机制逐步健全，1 人荣获全国老干部工作先进个人。

（四）气象管理成效凸显

1. 气象管理体制精干高效

改革开放前，气象行政管理体制"条条""块块"几经调整。之后，按照国务院部署，湖北气象部门分两步实施改革，1983 年基本建立"双重领导、部门为主"的领导管理体制。1996 年，省级气象管理机构实行参照公务员法管理。2001、2013 年，所有地级和县级管理机构先后过渡为参公管理，形成省地县三级气象行政管理体制。中央和省市县级地方共同发展气象事业的体制机制不断完善，促进了气象事业又好又快发展。

2. 气象事业结构不断完善

1990 年，推进专业、人才、队伍、投资结构调整；1992 年深化为气象事业结构调整。到 20 世纪末，形成气象行政管理、气象基本业务、气象科技服务与产业三大部分组成的事业结构。新世纪以来，坚持需求牵引，逐步建立起精干高效的气象行政管理系统和规范化的现代气象业务系统，气象企业、气象社会组织和行业气象崭新发展。与事业结构调整相适应，人事制度改革促进了干部培养、选拔、使用、考核、监督规范化。

3. 双重计划财务体制保障有力

按照国务院关于地方财政合理分担部分气象经费的文件要求，1989 年，双重计划财务体制在湖北先行落地。"八五"开始，省级地方气象事业经费列入财政预算，省、地、县三级地方投入持续增长，2006 年较 2001 年增长 47%，2015 年是 2006 年的 1.6 倍。2015 年取消防雷检测等涉企收费后，积极争取调整财政保障方式。2016 年，省气象局与省财政厅联合发文，要求各地完善财政保障机制，支持气象事业发展。2018 年，省级和部分市（州）气象职工地方性津补贴纳入政府财政预算，大部分地、县级财政部门建立了支持气象事业发展的保障机制。部门预算、政府采购、国库集中支付财务制度改革稳步推进，资金使用效益提高，基本实现人力财力物力和技术的优化配置。

4. 气象业务体制不断优化

1985 年，全省实施部分气象台站布局和业务分工调整。1988 年按照"一条线""一个片""一个点"的总体思路调整业务布局，优化了气象业务体系功能。20 世纪 90 年代，建成由综合气象探测、气象信息网络、基本气象信息加工和综合气象服务系统构成的气象现代化业务体系。2000 年启动新一轮业务技术体制改革，2007 年推进由公共气象服务、气象预报预测、综合气象观测系统构成的现代气象业务体系改革。2012 年，由湖北省气象局牵头研发的气象资料业务系统（MDOS）在全国气象部门业务化应用，2018 年国家地面观测站全部实现无人值守。2000 年以来，气象预报业务快速发展。2011 年，在制作发布 13 个城镇预报的基础上，开展 1062 个乡镇精细化气象要素预报和大城市街区精细化预报；2017 年智能网格预报业务试运行；2018 年省市县业务一体化平台业务运行，集约化无缝隙智能化现代气象预报业务稳步推进。

5. 基层基础建设亮点纷呈

"八五"期间，湖北省气象局实施台站基础设施达标工程，55 个台站实现最低达标。"九五"至"十二五"，先后实施基层台站基础设施改善、创建"四个一流"和明星台站等专项建设，基层工作生活条件明显改善，涌现出大批"花园式"台站。仅"十二五"期间，就有 62 个台站实施基础设施改善，占全部台站数的 86%。2016 年，全省 70% 的县级气象基础设施建设达到现代化指标。

6. 气象法治建设保驾护航

改革开放后，依法发展成为提高气象治理能力的重要手段。20 世纪 90 年代迄今，《湖北省实施〈中华人民共和国气象法〉办法》《湖北省气候资源保护和利用条例》等 5 部地方法规和《湖北省人工影响天气管理办法》等 4 部政府规章颁布实施，省政府先后印发进一步加强气象工作、人工影响天气工作、发展地方气象事业、推进气象现代化等 10 多个文件，湖北省气象局牵头制定国标、行标和地方标准 61 项，与国家气象法律法规相衔接，初步形成较为完善的气象法规体系。省、地、县三级气象执法机构基本健全，400 多名专兼职人员组成气象执法队伍；省地两级全面推行法律顾问和公职律师制度，规范执法形成制度，社会管理成效显著。全面落实国务院"放管服"改革总体要求和优化防雷许可的决定，大幅取消下放行政审批事项，全面清理规范气象行政审批中介服务。防雷监管纳入地方安全生产工作和政府考核评价指标体系，防雷检测主体多元。气象法规宣传教育形式不断丰富、力度不断加大，气象普法工作多次获得司法部和湖北省表彰。气象法治体系不断完善，法治环境明显改善。

（五）党建统领成就卓著

1. 党的领导全面加强

70 年来，全省气象部门始终坚持党的全面领导，不断增强党的政治领导力、思想引领力、群众组织力、社会号召力和党员先进性成为各级党组织的自觉行动。省气象局历届党组始终坚持正确的政治方向，强化自身建设，围绕党和国家中心工作，团结带领广大干部职工锐意进取、奉献社会、服务人民。

2. 党的建设卓有成效

党的十八大开启全面从严治党新征程，湖北气象部门全面落实从严治党责任，牢固树立"抓好党建就是最大政绩"的理念，坚决落实中国气象局"条要加强、块不放松、条块结合、齐抓共管"的工作要求，大力推进双重管理体制下党建工作责任的落实。全省各级气象部门党组织全覆盖，地级以上机构全部配备专职党务干部。党组、党委／党总支、党支部、党员"四级责任链"全面推行。省气象局连续七届被中共湖北省委表彰为党建工作先进单位，1 人被党中央、国务院表彰为全国先进工作者，1 人被中组部表彰为全国优秀党务工作者，翁立生同志 1991 年被中组部表彰为全国优秀领导干部。

3. 党风廉政成效显著

20 世纪 80 年代中后期起，湖北省气象局就将党风廉政建设工作纳入目标管理，连续多次被省委表彰为党风廉政建设先进集体。党的十八大以来，工作力度进一步加大，三级联动、上下借力、同频共振，把管党治党政治责任和压力传导到基层。建立全面从严治党主体责任和监督责任考评指标体系，监督执纪问责同时推进；全覆盖、零容忍、抓重点，监督任务落实到所有公职人员、全部公权力和各层级、各时段；前置职能监督，强化风险管理，落实审计监督，注重问题整改和结果运用；实行条块结合，加强与各级地方纪检部门的沟通，形成齐抓共管新格局。

4. 文明创建捷报频传

湖北气象部门 20 世纪 80 年代开始抓精神文明建设。1991 年，实施文明创建工程，精神文明创建工作步入条块结合、地方为主的轨道。文明机关、文明单位、文明台站标兵、文明系统等创建活动蓬勃开展，迄今省级以上文明单位比例在部门和地方均列前茅。1996 年，湖北省气象部门为地方首批命名、在全国气象部门率先建成省级文明系统；2005 年，湖北省气象局机关、武汉中心气象台获评首届全国文明单位，湖北气象系统获得首届全国文明系统荣誉称号。至 2018 年，全省各级气象机构全部建成文明单位,其中6家全国文明单位、36家省级文明单位,分别占机构总数的7%和42%。近30年来,湖北气象精神文明创建工作实现了从创品牌到创名牌。

5. 文化建设硕果累累

20世纪80年代起,全省气象部门相继开展争当"四有"青年、"五讲四美三热爱"等活动,21世纪开展职业道德建设、文明服务示范建设等活动。经过40年培育,湖北气象部门逐步形成气象文化建设"五大品牌",即"气象服务五满意"服务品牌、"荆楚气象讲堂"学习品牌、"气象蓝"行业标志品牌、"力量"系列人物品牌和气象志愿者科普品牌。其中"五满意"服务品牌荣获湖北省文明创建十大品牌,"气象蓝"行业标志在全国气象部门推广。

三、新的起航

70年风雨兼程。湖北气象取得的历史成就,靠的是党的全面领导,靠的是中国气象局和湖北省委、省政府的有力支持,靠的是日新月异的科技发展和社会进步,靠的是经得起考验、特别能战斗的一代代气象人艰苦奋斗、争创一流的精神传承。

70年来,湖北气象部门始终坚持党的全面领导不动摇,充分发挥党的领导核心和各级党组织战斗堡垒作用,以求真务实、改革创新精神,成功走出一条符合湖北实际的气象事业发展之路;始终坚持气象现代化建设不动摇,以科学技术是第一生产力、人才是第一资源、创新是第一动力为指引,以湖北经济社会发展需求为牵引,锐意改革、勇于创新,在防灾减灾、应对气候变化、生态文明建设中创造了巨大社会经济效益;始终坚持服务人民的宗旨不动摇,从服务人民群众的生产生活到三峡工程建设、长江大保护、长江经济带建设等国家重大工程,从服务中部崛起到小康社会建设、乡村振兴、脱贫攻坚等国家重大战略,在实践中不断锤炼和提升了气象服务的能力和水平;始终坚持凝心聚力不动摇,历届党组领导班子着力加强自身建设,科学管理,筑牢理想信念、营造清风正气、践行气象精神,打造出一支学习型、服务型、纯洁型的高素质气象队伍。这些宝贵经验,为新时代湖北气象事业继续聚焦国家战略、坚持需求牵引、体现时代特征、突出湖北特色、实现高质量发展提供了强大的精神动力。

新时代湖北气象事业发展,继续坚持党的全面领导,树牢"四个意识",强化"四个自信",坚决做到"两个维护",继续坚持以"创新、协调、绿色、开放、共享"新发展理念为指导,加速推进以智慧气象为标志的气象现代化建设,依法发展、科学发展,不断完善气象事业发展的体制机制,提高发展质量和效益。

新时代湖北气象服务，继续坚持公共气象发展方向，充分利用云计算、大数据和物联网技术，推进面向公众的个性化智能化应用场景服务；发展预警信息发布核心技术，提升预警准确率和覆盖面；融入长江大保护和美丽湖北建设，深化生态文明气象服务；融入乡村振兴和脱贫攻坚，加快建设现代气象为农服务体系；融入长江经济带建设和中部崛起战略，推进气象服务供给侧改革，提升气象保障水平，建成更具湖北特色的气象服务体系。

新时代湖北气象监测预报预测，继续坚持创新驱动、科技引领，大力发展智慧气象，实施智慧气象工程。推进气象监测站网立体化、信息化、智能化建设和综合应用，推进综合观测网"一网多能"；充分利用人工智能等新一代信息技术，支撑无缝隙智能网格预报发展，全面提升业务流程智能化和气象预报预测精准化水平。

新时代湖北气象信息化发展，继续坚持统筹集约，进一步提升云端应用水平，强化高性能计算资源管理，优化信息网络基础设施布局，加快气象大数据云平台建设和应用；强化全省气象数据资源汇聚整合与应用；推进量子通信、计算、测量等技术在气象领域中的应用，推广应用"北斗全球"组网、定位技术和5G技术，为实现智能观测、智能预报和智慧服务提供技术支撑。

新时代开启新征程，湖北气象人将不忘初心、牢记使命，在中国气象局和湖北省委、省政府领导下，以更加昂扬的斗志、更加坚定的步伐、更加务实的举措，为湖北高质量发展、为建设气象强国、为中华民族伟大复兴做出新的更大贡献！

（撰稿人：陆铭　刘庆忠）

举旗大湖之南　落子潇湘安澜

湖南省气象局

　　湖南三面环山，一面临湖，滋养出四季分明的气候特点。70 年来，湖南气象事业从这片土地上的一座座小观测站起步，栉风沐雨，始终与共和国的发展同行。回望过去，要感谢一代又一代气象人的矢志不移、接续奋斗，使得湖南气象事业从小到大、从弱到强，成为服务湖南经济社会发展和人民群众生活不可或缺的重要力量。展望未来，湖南气象事业必将随时代列车前行，为建设富饶美丽幸福新湖南贡献新的力量。

一、70 年来风雨兼程、砥砺奋进，大湖之南气象一新

　　湖南位于我国中部，长江中游，因大部分区域处于洞庭湖以南而得名，因省内最大河流湘江流贯全境而简称为"湘"，省会驻长沙市。湖南自古盛植木芙蓉，五代时就有"秋风万里芙蓉国"之说，因此又有"芙蓉国"之称。境内山川秀美，物产丰富，气候宜人，尤以"鱼米之乡"盛名天下。

　　早在清末至民国时期，一些部门陆续在湖南创办了气象机构，为湖南现代气象事业的发展奠定了一定基础。湖南最早的地面气象观测始于清宣统元年（公元 1909 年）设立在岳州、长沙海关的测候所，其观测资料向海关总署报送。20 世纪 30 年代，中华民国政府曾先后在津市、长沙等 12 处设立过测候所。20 世纪 40 年代，中华民国国防部在芷江、衡阳设二等气象站，在长沙设三等气象站，同时国民党空军分别在衡阳和芷江设航空总站，下设测候区台。由于战乱等原因，上述测候站（台）观测都不正规，工作时断时续。至 1949 年年初，湖南仅保留长沙、常德、芷江、郴州、衡阳、沅陵、茶陵 7 个气象站。新中国成立后，气象事业才作为一项独立的事业发展起来。通过初期的接收、恢复和整顿，到 1957 年年底气象台站达到 69 个，初步形成了湖南气象观测站网。

　　湖南气象管理体制也几经变革。最初属军队建制，后又经历了中央垂直管理为主和以地方领导为主的多次反复，从 1983 年起实行"气象部门与地方政府双重领导、以气象部门领导为主"的管理体制，并一直延续至今。由于气象事业发展和工作需要，湖南气象部门机构变化频繁，沿革十分复杂，合并、撤销、更名不少。2001 年 11 月，经中国气象局批准设立市（州）级气象局 14 个，规格为正处级；县（市、区）气象局（站）103 个，规格为正科级。这些机构数量和规格基本沿袭至今。

70 年风雨兼程、砥砺奋进，湖南气象事业绘就了一幅厚重亮丽的精彩画卷：已初步建成适应需求、结构完善、功能先进、保障有力的，以智慧气象为重要标志的现代气象业务体系、服务体系、科技创新体系、治理体系，气象业务能力快速增强，气象服务效益显著提升，气象整体实力达到先进水平。

尤其是党的十八大以来，湖南气象部门以习近平新时代中国特色社会主义思想为指导，在中国气象局和湖南省委、省政府的大力支持下，全面推进气象现代化，多次出色完成了重大灾害性天气过程和重要活动的气象保障任务，气象防灾减灾和各项气象服务保障效益大幅提高。不论是覆盖面广度还是精细化程度，不论是内容的多样性还是服务的时效性，不论是服务方式还是依托载体，都得到了空前加强。气象科技创新水平迅猛发展，人才优先发展战略不断完善，人才队伍年龄结构和知识结构显著改善。各项改革从体制和机制上更加深化，业务结构不断调整优化，气象依法行政和科学管理得到加强。党的建设和文化建设步步深入，形成了上下一心、凝心聚力、昂扬奋进的良好氛围。

二、70 年来防灾减灾、呵护民生，气象服务成效显著

（一）气象防灾减灾筑防线

湖南气象部门紧密围绕各个时期经济建设、国防建设、社会发展和人民生活，积极开展气象服务，且始终将做好重大转折性、关键性、致灾性极端天气的监测预报预警服务放在首位，为最大程度减轻灾害损失做出了积极贡献。如成功预报了 1998 年湖南发生的特大洪水——省气象台提前在 1997 年 11 月的年度预测中、当年汛期预报和 5—7 月的月预报和旬预报中多次预判有严重洪涝发生，省政府《快讯》全文刊登了汛期旱涝趋势预报，使全省对抗御特大洪水有所准备。2008 年 1 月，湖南遭受罕见的低温雨雪冰冻灾害，及时准确的气象服务为湖南组织抗冰救灾、科学分流滞留车辆、服务电网紧急抢修等提供了重要依据。党的十八大以来，湖南气象部门深入贯彻落实习近平总书记关于综合防灾减灾"两个坚持、三个转变"的新理念，建立健全了"政府主导、部门联动、社会参与"的气象防灾减灾组织体系和工作机制，创新发展了"直通式、分层级、多渠道"的决策气象服务机制和以预警信息为先导的全社会应急响应机制，成功应对了 2013 年特大干旱、2015 年湘江中上游最强冬汛、2017 年湘江流域超历史洪水等重大灾害性天气过程，气象防灾减灾的"第一道防线"作用不断凸显。通过多年的努力，湖南建立了直达各级党政决策者、社区（村组）、各行业灾害隐患点等 32 万人的手机预警短信责任人队伍，气象信息员、气象信息服务站已分别覆盖 100% 的行政村、100% 的乡镇。湖南积极发展基于风险的气象灾害预警，紧盯暴雨与中小河流洪水、山洪地质灾害发生的"时间差"，推出了面向基层、精细到乡镇和灾害防御点责任人的强降水实况监测预

警服务，在 2016 年湘西古丈默戎镇泥石流等灾害防御中创造了人员"零伤亡"的"默戎奇迹"。

（二）为农气象服务惠"三农"

气象与农业生产有着天然的联系，气象部门也始终把做好为农服务放在重要位置。湖南是一个农业大省、粮食大省，气象为农服务的责任尤其重大。20 世纪 60 年代，先后完成了水稻、小麦、棉花、油菜、红薯、柑橘等作物的气候区划。70 年代，开始为粮食生产特别是杂交水稻的发展提供服务。80 年代中期，开始发布农作物产量预报。至 90 年代，开展两系法杂交水稻气象问题研究，与省农业厅合作开展水稻大面积高产综合配套技术研究与示范，为湖南的"米袋子"和"菜篮子"工程建设贡献力量，得到了袁隆平院士等人的高度肯定。党的十八大以来，湖南气象部门将气象为农服务与乡村振兴、脱贫攻坚气象保障结合起来，依托中央"三农"服务专项建设，全面提升农业气象基础业务服务能力。望城、中方、沅江、宁乡 4 个县（市、区）通过中国气象局标准化现代农业气象服务县认定，41 个乡镇（街道）通过标准化气象灾害防御乡镇认定，成为气象为农服务持续发展的先行区和样板区。省气象局与农业部门建立了联合会商、联合调研、联合发布产品及信息共享的工作机制，组建了气象为农服务技术专家组及 16 个类别的小组，为基层开展"直通式"服务提供业务指导和积极把关。近年来，紧紧围绕"一县一特""一特一片"产业发展做好服务，取得明显成效。2018 年获国家优质农产品气候品质认证的邵阳县油茶，近 3 年来为茶农增收 3000 万元以上，累计帮助 4.4 万名贫困群众脱贫增收。着力推进农村防雷减灾综合治理工作，昔日谈"雷"色变的溆浦县山背村转变成了"平安村""幸福村"。

（三）公众服务贴心为民生

毛泽东同志曾指示："气象部门要把天气常常告诉老百姓。"1954 年 3 月 1 日，长沙气象台与湖南人民广播电台联合通过广播每日两次发布的本省危险天气警报，是湖南最早面向公众发布的气象信息。70 年风云变幻，面向公众的气象服务得到了有效发展，产品更为丰富，传播渠道更为多样，获取更为便捷。目前，全省各级气象部门共制作和播出电视气象节目 109 套，中国气象频道在全省主要城市落地，中国天气网湖南站、湖南气象网站年度访问量超过 500 万人次。省气象局与中国移动公司合作，在全国率先开展基于定位数据的预警信息精准发布。"知节天气""智慧气象"等 App 上线运行。公众气象服务越来越贴心，从生活气象服务指数到"互联网 + 体育赛事"气象服务，从假期出游气象指南到大围山杜鹃花、岳麓山红枫最佳观赏期预报等，贴近生活的气象服务几乎囊括所有媒体传播形式。"湖南天气"微博获"华中政务微博管理创新奖"。开展的"点亮风雨长征路——气象防灾减灾潇湘行"活动，被媒体盛赞为"一次重温革命理想信念的教育之旅，一次珍惜幸福和平生活的感恩之旅，一次服务当地社会发展的务实之旅"。在中国气象局和国家统计局联合开展的公众气象服务满意度调查中，湖南 2017 年、2018 年连续两年排名全国第一。

（四）生态气象呵护蓝天碧水

牢记习近平总书记"守护好一江碧水"的殷殷嘱托，青山绿水的湖南生态里，也镌刻着气象工作者的坚守和付出。党的十八大以来，在"五位一体"战略布局的指引下，湖南生态气象业务得以迅速发展。省级成立了环境气象预报中心，建设了气象—环保专线，研发了环境气象一体化业务平台，规范了城市环境空气质量、特护期空气污染预报预警等联合业务流程，大气污染联防联控预报服务能力不断加强。气象部门积极融入湖南生态文明建设，编制了《生态文明建设气象保障服务发展实施方案》，开展洞庭湖生态调查和气象需求分析，启动湿地生态气象观测体系建设，为岳阳等成功申报国家气候适应型城市提供决策咨询和分析，为常德海绵城市建设出谋划策。气象、旅游共同携手，将湖南生态资源转化为可观的绿色生产力。岳阳市平江县、永州市宁远县、江华县等10个地区成功创建"中国天然氧吧"。2018年开始开展了"中国（湖南）气候旅游胜地"系列创建活动，在获评"省十佳冬季旅游目的地"后，张家界景区冬季游逆势上扬，2019年春节期间接待游客同比增长17.5%。

（五）耕云播雨润三湘

湖南于1959年起开展人工增雨作业试验，是全国最早的省份之一，多年来从未间断，目前已基本形成以地方政府领导和协调、气象主管机构组织实施和指导管理的人工影响天气工作机制，"政府主导、部门协同、综合监管"的安全监管体系和地方政府投入为主、中央财政补助为辅的投入保障体系。在各级政府的大力支持下，湖南人工影响天气事业快速发展，作业装备明显改善。全省共有三七高炮204门、全自动火箭发射装置203套、标准化固定作业站点126个。科技含量明显提升，作业指挥系统实现省、市、县全覆盖，作业弹药监控安全管理系统完成试点并开始推广建设。科技创新和安全监管的"加法"换来了提升作业效益和影响力的"乘法"。在湘西、张家界、郴州等地，人工防雹效率达90%以上，成为烤烟等经济作物的"守护神"。近年来，人工影响天气作业更是从传统的防雹增雨为主向防灾减灾、空中云水资源开发、生态环境保护等多领域拓展。从2017年开始，湖南尝试在冬季开展飞机人工增雨作业，服务森林防灭火、长株潭特护期大气污染防治等，取得了初步成效。与此同时，服务水库蓄水、洞庭湖湿地生态保护的作业试验也正在有序开展。

（六）专业服务做精做细

湖南的专业气象服务始于20世纪80年代，其发展也经历了从小到大、此消彼长的艰难历程，现已成为湖南气象事业发展不可或缺的组成部分。以需求为导向，以部门合作为抓手，以集约化、规模化为目标，专业气象服务发展的道路注定不平凡。目前，已覆盖应急、水利、林业、自然资源、交通、旅游、电力、保险等各个领域。开展大雾、道路结冰、强降水等高速公路高影响天气预报、交通安全气象指数预报、路段精细化气象要素订正预报等技术方法研究，研发了一系列基于路网的气象预报服务产品。跨领域建立电力专业气象预报预警信息平台，将气象科技融入电网安全、水电生产、电力负荷预测等各个环节。积极推进山岳型旅游气象服务，开展林火气象等级预报和风险预警业务，发布地质灾害风险预警。分类建立行业用户群，针对强天气过程开展服务，及时提供最新的天气实况和影响预报等服务产品，为各行业、各部门充分履职提供了支撑。

三、70 年来务实创新、人才辈出，气象现代化建设跨越发展

（一）气象综合观测能力不断提升

目前，湖南已建成 97 个国家级地面气象观测站，3402 个区域气象观测站覆盖了所有乡镇和山洪地质灾害易发村，建成了 11 部新一代天气雷达，另外还建设了雷电、环境、农气、交通等专业观测站网。2013 年，建成了中国气象局长沙综合气象观测试验基地，承担全国部分气象观测仪器装备列装前的考核试验定型、观测方法研究及观测试验等工作。2017 年 12 月，岳阳站、黄花站被认定为"中国百年气象站"。2019 年岳阳气候观象台被确定为首批 24 个国家气候观象台之一。与此同时，观测资料的应用能力也得到大幅提升。湖南创新多源观测数据融合应用，实现了对雾、霾、云量、冬季降水相态的自动反演和判别，填补了夜间人工观测资料空白，获全国气象部门创新工作奖。以该成果为基础，2018 年以来牵头承担了"综合气象观测智能分析判识系统"建设，采用统计建模方法构建了对云、天气现象和部分人工观测项目的反演判识模型，同年 11 月判识产品开始在 7 个试点省推广。目前，湖南正依托省高分卫星气象应用中心建设项目，大力推动卫星遥感综合应用体系建设，并牵头承担风云三号 03 批湖泊生态气象遥感应用分系统的建设任务，观测业务又打开了新篇章。

（二）气象预报精细化水平不断提高

天气预报是气象工作的重要组成部分，是气象部门的"生命线"工程。70 年来，气象预报业务向"无缝隙、全覆盖、精准化"的目标不断推进，预报产品不断丰富，针对性和时效性不断增强，为做好气象服务奠定了坚实基础。尤其是 2014 年以来，湖南组织实施了 2 期预报业务能力建设专项计划，引进 10 余项成果实现本地化，自主研发 20 余项成果投入应用，重点推进了多源观测资料融合应用、区域数值预报模式产品释用、多模式最优集成、格点 / 站点预报转换、短时临近预报以及暖区暴雨预报等领域的科技攻关，取得了一批有湖南本地特色的业务技术成果，极大地促进了预报业务的发展。以成果为支撑，湖南快速建立了智能网格预报业务，建成了集精细化预报和短临预警等特色成果、对接 CIMISS 的集约化预报业务平台，各项业务质量保持上升势头。2018 年全省24 小时晴雨（雪）预报、气温预报准确率分别达 86%、84% 以上，突发灾害性天气预警提前时间平均达 85 分钟以上，为各级政府提前应对灾害争取了宝贵时间。建立了常态化的预报知识学习和短临业务实训机制，开展分级、分类、分岗预报预警质量实时检验，实现全省预报员统一定量考核评价，预报员队伍快速成长，在 2018 年年初的第六届全国气象行业天气预报职业技能竞赛中获得

团体第二名的历史最好成绩。

（三）气象现代化建设有序推进

气象现代化建设总是离不开重大项目的带动。"八五"至"十五"期间，湖南各级政府先后匹配投资 7000 多万元，完成了湖南省气象卫星综合应用业务系统工程，建成了防洪天气预警系统，并在"十一五""十二五"期间与中国气象局共同投资建设了湖南省气象防灾减灾预警中心。各地以山洪工程配套设施和气象台站基础设施等中央财政项目建设为契机，加大地方财政配套资金落实力度，按照一流台站标准实施基层台站升级改造计划，全省共有 79 个基层台站基础设施达标，另有 20 个基层台站得到改善。2013 年 8 月中国气象局和湖南省人民政府签署《共同推进气象服务湖南经济社会发展合作协议》，2014 年湖南省人民政府出台《关于加快推进气象现代化的意见》，进一步加快了湖南气象现代化进程。近年来，湖南谋划实施了高分卫星气象应用中心、新一代天气雷达、长沙马坡岭气象三站搬迁和中国气象局气象干部培训学院湖南分院提质改造、省市县突发事件预警信息发布系统建设、"道安监管云"交通气象监测预警设施建设等一批气象现代化重点项目，为防灾减灾、生态文明建设、军民融合气象保障服务能力的提升注入了强大的动力。在这些重大项目的带动下，湖南气象现代化水平明显提升。至 2018 年年底，省级气象现代化进展评分为 97 分，气象预报准确率、综合气象观测能力、气象服务满意度和气象知识普及率等指标完成度在全国排名前列。长沙、株洲、湘潭、怀化、湘西、永州、邵阳、郴州、岳阳等 12 个市州达到基本实现气象现代化的指标要求。

（四）气象科技创新激发活力

湖南气象部门始终坚持面向国家发展需求，面向国际科研前沿，面向气象现代化要求，大力实施气象科技创新驱动发展战略，进行了一系列重点项目攻关，取得了丰硕成果。省气象局组建了 13 支气象科技创新团队，依托气象防灾减灾湖南省重点实验室，推进科技创新与成果转化基地建设。修订科研项目资金管理办法，建立与科技人员实际贡献相适应的激励机制。改进科研课题立项工作，面向基层的课题比例超过 50%。近年来，省气象局作为主要完成单位之一参与的两项课题 "两系法杂交水稻技术研究与应用"和"电网大范围冰冻灾害预防与治理关键技术及成套装备"分别荣获国家科技进步奖特等奖和一等奖，另获省部级科技进步奖励 20 余项。气象国际合作交流不断深化，2014 年以来先后选派 21 人次执行了因公出国（境）任务，分赴美国、加拿大、英国等开展学术交流。2017—2018 年，申报实施中澳气象科技合作项目（JWG-16），开展亚澳季风中的大气河水汽输送及对季风降水影响的研究，取得了一系列创新成果。

（五）人才队伍整体素质全面提高

随着新中国气象事业的发展，湖南气象职工队伍的规模和质量，以及各级领导班子建设基本达到与事业发展相适应的水平，专业结构和人才结构不断优化。截至目前，全省气象部门共有正式在职职工 2057 人，其中高级工程师以上技术人员占职工总人数的 21.6%，本科以上学历人数占职工总人数的 86.9% 以上，基本形成了一支以大气科学、天气动力、通信与卫星遥感、计算机及信息技术专业为主的气象科技人才队伍。特别是党的十八大以来，湖南持续推进人才优先发展战略，人才队伍建设呈现良好态势。实施正研和国家级业务首席专项培养计划，加大高层次人才的培养和引进力度。加强省级创新团队建设，强调团队研究任务和业务发展相结合。强化基层综合人才培养和业务人员岗位培训，全力提升基层人才学历层次。省局积极在业务项目、课题申报及论文发表、学术交流、职称评审等方面搭建平台，为业务科研人员创造创新创业的有利条件。目前，全省有 3 人入选国家级首席预报员，拥有博士 15 人、正研级高工 18 人、副研级高工 427 人，人才队伍总体素质增速居全国前列，人才综合评估指标达到全国气象部门中等水平。

四、70 年来风清气正、心齐事成，和谐发展氛围良好

（一）气象法治环境明显改善

新中国成立以来，湖南省气象部门依法履行气象职责，为全面推进气象现代化和深化气象改革提供强有力法治保障。地方气象法律规范体系初步建立，省人大常委会先后颁布实施《湖南省实施〈中华人民共和国气象法〉办法》和《湖南省雷电灾害防御条例》两部地方性法规。近十年来，全省气象各级人民政府、气象部门或与有关部门联合印发气象类规范性文件 150 余份，进一步充实了气象法律规范体系。全省气象标准化管理工作不断完善，成立了湖南省气象标准化技术委员会，2005 年以来出台气象相关国家、行业和地方标准 27 项。建立健全了"省局监督、市局为主、县局配合"的气象行政执法体系，省、市两级共有气象法治机构 15 个、监督机构 14 个、专兼职执法人员 430 余名，创建了"湖南省气象社会管理平台"，出台监督管理制度 30 余项。省气象局于 2012 年和 2016 年先后被评为全省"依法行政先进单位"和"法治政府建设优秀达标单位"。"放管服"改革积极推进，气象行政许可等事项全面纳入省、市、县三级政务服务事项管理，实行"一站式""一张网""一张表""一流程"审批办结，2000—2018 年全省办理气象行政许可 78891 件。不断深化防雷减灾体制改革，健全防雷安全监管体系，构建了行政管理、基本业务、技术支撑、市场化服务"四位一体"的防雷减灾工作新格局。气象普法宣传形式多样，省气象局连续 3 次获得"依法治理工作优秀单位"称号。

（二）党建和精神文明建设成绩喜人

自 20 世纪 50 年代中期开始，湖南气象部门围绕不同时期工作重点，开展党建和精神文明建设，

实现了干部职工思想道德高尚、行业风气良好、局容站貌整洁、文体生活健康活跃、事业蓬勃发展的良好氛围，涌现了赵春吾、黄晓霞、覃国振、廖玉芳等一大批具有强烈时代感和震撼力的先进模范人物。2000年湖南省气象部门建成文明系统，2004年建成全省文明行业。组织开展了"保持共产党员先进性""党的群众路线""三严三实""两学一做""不忘初心、牢记使命"等主题教育活动，形成了浓厚政治氛围，确保了党的各项路线方针政策在湖南气象部门贯彻实施。2015年以来，湖南气象部门率先开展基层党组织标准化建设，着力夯实基层党组织的战斗堡垒作用，2019年党支部"五化"建设达标率超过90%。党的十八大以来，湖南气象部门有6个单位建成全国文明单位，48个单位建成省级文明单位，先后有2人受到党中央、国务院表彰，3人获得全国"五一劳动奖章"，1人获得全国"三八红旗手"称号，1人获评"全国巾帼岗位建功标兵"，近百人次被国家有关部委、中国气象局和湖南省委、省政府表彰为劳动模范、先进工作者。

（三）全面从严治党不断深入

湖南气象部门按照"围绕中心、服务大局，关口前移、保障有力"的原则，坚持惩防并举、教育先行、完善制度、防控风险、强化监督、维护稳定，从纪律建设、作风建设、反腐倡廉建设三个方面深入推进党风廉政建设。2005—2012年连续8年被评为"湖南省反腐倡廉宣传教育先进单位"，2005年以来连续12年(4次)获评"湖南省内部审计工作先进单位"，2009年被湖南省纪委评定为首批"廉政文化建设示范点"。2008年6月，省纪委以专刊形式登载了湖南省气象局反腐倡廉工作经验，供全省各级各单位学习。党的十八大以来，全省气象部门不断完善党建和党风廉政建设体系，始终坚持把政治纪律和政治规矩挺在前面，持续引导党员干部树牢"四个意识"，增强"四个自信"，做到"两个维护"，党内监督得到强化，党内政治生活得到规范和加强。2018年以来，结合"不忘初心、牢记使命"主题教育和"作风建设年"活动，引导广大党员干部在"比学习、比执行、比担当、比效能、比纪律"的过程中强化纪律规矩意识和底线红线意识，做到敢担当、干实事、求实效。各级纪检机构将日常监督与巡察监督、审计监督、职能监督结合，深化运用监督执纪"四种形态"，坚决整治形式主义、官僚主义突出问题，坚决查处违纪违规案件，努力推动党风廉政建设工作高质量发展，形成了横向到边、纵向到底、上下联动、齐抓共管的全面从严治党良好局面。

五、不忘初心、牢记使命，奋力书写事业发展新篇章

站在新起点，迎接新挑战。湖南气象部门将在继承改革创新光荣传统基础上，奋力书写湖南改革开放的新辉煌，开创科学发展的新局面。全省要基本实现气象现代化，整体实力达到全国先进水平，在高分卫星气象应用、综合气象观测智能分析判识、气象综合防灾减灾、生态文明气象保障服务等领域达到全国领先水平。

一是气象监测更加可靠。大力发展智能观测，全面实现观测自动化和信息化，拓展与强化台站综合观测能力，实现对基本气象要素的分钟级全空间覆盖，观测智能化取得突破，适度实现观测社会化，观测业务整体实力达到同期国内先进水平。

二是气象预报更加精准。实现数值预报模式释用、多源资料融合应用等核心技术新突破，大数据、人工智能等新技术创新应用水平明显提升。暴雨、强对流等灾害性天气监测预报预警能力明显提高，建成从零时刻到月季年无缝隙、精准化、智慧型现代气象监测预报预警业务体系，气象预报预警准确率和精细化水平稳步提升。

三是气象信息更加快捷。建成信息基础设施云平台和大数据云平台，形成"云＋端"业务模式新格局与气象大数据体系，业务平台集约化程度显著提升，气象大数据云平台达到 PB 级，观测数据从台站到省级数据平台传输时效达到秒级，显著提升信息化对现代化的驱动力。

四是气象保障国计民生服务更加优质。基层气象防灾减灾服务能力显著增强，气象服务保障重大战略能力显著提升，气候安全保障和应对气候变化的决策支撑能力、极端天气气候事件应对能力、气候安全、粮食安全保障能力显著增强。气候变化若干关键技术取得明显进展，气候可行性论证全面开展。大力发展智慧服务，大数据、云计算、人工智能等新信息技术在推动气象服务转型升级与融合发展中的支撑作用得到充分发挥，基于风险预警和影响预报的专业气象服务能力显著提高，生态气象监测预警、环境空气质量预报、重污染天气监测预警水平显著提升。人工增雨、防雹作业能力和效益显著提高。气象服务多元供给格局基本形成。

五是气象管理更加科学。初步构建气象管理信息化框架体系，基于省市两级分布的气象管理数据，初步建立较为完备的气象管理制度体系。科技成果转化应用水平进一步提升，科技对气象现代化发展的贡献率显著增强。气象灾害防御、气候资源开发利用、气象探测环境保护等法律法规体系更加完善。充分利用社会资源、动员社会力量发展气象事业的体制机制基本健全。

六是气象人才队伍结构更加优化。在全省气象部门打造一支优秀专业技术人才队伍，到 2020 年，共选拔 10 名左右气象领军人才、30 名左右气象业务首席、60 名左右科技业务骨干，创新团队在气象现代化重点和核心攻关中发挥重要作用。人才发展环境更加优化，初步形成领军人才、首席专家和青年人才等衔接有序、梯次配备的人才培养使用激励机制。

七是台站基础设施与环境全面改善。基础业务平台集约高效，基层气象业务服务综合能力普遍提升，基层台站队伍稳定，各项保障基本到位，各区域各领域弱项和短板得到进一步强化，基本实现各市州气象现代化协调发展。

（撰稿人：谢江霞　陈琼　胡雪媛）

风雨兼程看南粤　冷暖与共守初心

广东省气象局

70 年前，南粤大地风起云涌，换了人间。

70 年间，珠江潮起潮落，南海百舸争流。从新中国成立初期一个经济落后的农业省份，到经济总量连续 30 年位居全国第一的经济大省，广东实现了历史性跨越。特别是作为改革开放的排头兵、先行地、实验区，广东的发展奇迹成为了中国迈向高质量发展的一个缩影。

党的气象事业，从建立之初就是人民的气象事业，始终与人民群众风雨同舟、冷暖与共。在 70 年披荆斩棘、高歌奋进的日子里，气象事业与广东经济社会发展一路同行。广东气象人始终把保障人民生命财产安全和经济社会发展放在工作首位，秉承"敢闯敢试、敢为人先"的精神，积极进取，开拓创新，与年轻的共和国一起走过了不平凡的岁月。

一、发展历程

广东气象事业发展历程大致可划分为四个阶段，分别是艰苦创建阶段、开放拓展阶段、快速发展阶段、优化发展阶段。

（一）艰苦创建阶段（1949—1978 年）

从新中国成立至 1953 年 12 月，广东气象部门归军队建制，主要工作包括迅速组建和发展台站网，加强业务建设，为军事部门服务。1950—1952 年，为配合解放海南岛和南澎岛，在资料严重匮乏的困难条件下，出色完成了部队渡海作战的气象保障任务。台风等危险天气警报规范逐步建立，1951 年省政府颁布《发布台风警报的办法及各项规定》，1952 年起广州海洋气象台用英文发布台风消息，在沿海主要港口以悬挂风球信号的形式发布台风及强风警报，1953 年起执行《危险天气警报发布办法》。

1954 年，气象部门转归地方政府建制，各市（地）、县气象台站体制也相应随省级气象部门的变动而变动，各地、县逐步建立了台或站等业务机构。为农气象服务下沉基层，效益比较明显。

但由于受"大跃进"的影响，台站网发展过快，超出当时人力物力财力条件，有些新建不久的站、哨逐步垮掉。1960年开始执行省人民委员会《广东省灾害性天气警报发布办法》，加强灾害性天气的预报服务。1961年在广州首先开展天气雷达探测业务。

这一时期，因指导思想明确，在台站网建设、人员培训、积极为军事服务等方面做了大量工作，较好体现了"建设、统一、服务"方针和"分区建设、集中领导"原则，为广东气象事业的发展奠定了重要基础。

"文化大革命"期间，气象部门体制经历多次变动，县站遭受很大破坏。气象部门各级领导多数遭受严重打击，大批技术人员被下放"干校"与农村。农业气象工作被迫停止，科研机构被迫解体，科研人员流散，气象学科教育停滞，观测记录也短时中断过。这期间，全省气象工作者仍怀着强烈的事业心和责任感，克服重重困难和干扰，自觉坚守岗位，坚持工作。探空观测业务、卫星接收业务、雷达气象业务、气象通信业务均有所发展。1976年，广东省热带海洋气象研究所成立。

（二）开放拓展阶段（1978—2000年）

拨乱反正之后，至1980年4月，全省各地（市）气象局、处、台和县气象局、站得到恢复。1983年，全国气象部门开始实行"气象部门和地方政府双重领导，以气象部门为主"的领导管理体制，至1987年年底，覆盖全省、较为严谨的市、县气象机构逐步形成。广东省气象局职责进一步理顺，既是国家气象局的下属单位，又是省政府的工作部门。

乘着改革开放的春风，广东气象人迅速向香港学习，以粤港气象合作为抓手，坚定走气象现代化之路。1981年香港天文台到访广东，1983年广东省气象局赴港全面考察气象业务和各项装备，1984年粤港双方签署建立自动气象站的合作协议，1985年在珠江口黄茅洲岛上合作建成了广东省第一个无人自动气象站。1982年年底至1983年年初，广东省气象局紧跟当时技术前沿，确定以"两机一网"（后称"三机一网"，即计算机、传真机、甚高频对讲机和内部通信网）先行，推进全省业务技术系统变革和业务技术体制改革。1983—1987年，全省开始雷达监测联防试验，组织部分台站进行数值预报产品应用和冬季分县预报试验，开展广东气象部门首次专业技术职务评聘工作，多方促进气象科技的进步。1985年开始，大力发展专业有偿服务，陆续在南海石油开发、珠江航运、森林防火等领域提供专业服务。1991年防雷检测业务开始在全省铺开，1995年省市防雷中心相继成立。1996年汕头数字化天气雷达正式投入使用。1998年MICAPS在全省各市台投入业务。1994年开始推进建设全省各级政府及有关部门气象信息产品服务微机终端，电视天气预报服务陆续建立，气象信息电话服务和手机气象短信服务逐步推开，决策和公众气象服务手段不断得到提升。

总体来说，这一时期开始了以建设促改革、建设和改革既紧密结合又互相促进的良性循环。粤港气象合作为气象业务注入了变革的因子，基层广大干部职工在气象服务领域的积极探索保障了事业持续稳定发展。通过大力提升气象服务质量，气象工作得到政府、社会、公众前所未有的关心和关注，气象事业融入政府和社会发展的步伐加快。

（三）快速发展阶段（2000—2012 年）

继 1997 年广东省人大颁布《广东省气象管理规定》和 1999 年广东省政府出台《广东省防御雷电灾害管理规定》之后，1999 年《中华人民共和国气象法》颁布并从 2000 年 1 月 1 日起实施，气象事业走上了依法发展的快车道，气象工作得到了社会各界越来越多的关心和关注。2000 年 1 月，在广东省九届人大三次会议上，132 名代表联名提出《加强广东气象事业建设，进一步提高防灾减灾能力》的议案，在全国开创了通过办理人大议案加快气象事业发展的先例。通过省政府牵头实施为期五年的议案办理工作，全省建立起了较为先进的"两网一体系"（即新一代多普勒天气雷达网、地面站网和气象防灾减灾综合服务体系），气象防灾减灾能力进一步增强。

以高水平服务 2010 年广州亚运会为契机，广东的气象业务现代化水平不断提升。2000 年，广州新一代多普勒天气雷达站建设启动，中尺度数值预报模式投入业务，78 小时的预报时效和 200 多个产品发布到基层台站。2002 年，全省各级台站天气会商视频系统建成。2008 年，广东省气象局牵头研发精细化网格预报业务系统，2010 年智能网格预报业务系统初步建成，并在广州亚运会和 2011 年深圳大运会精细化馆预报服务中得到初步应用。气象服务对象越来越广泛，气象服务产品通过各种渠道向社会公众播发，行业气象服务覆盖面不断扩大，气象服务内容不断丰富，包括不同时效和精细度的气象监测预报预警产品、影响预报和风险预警产品等。

通过在构建气象灾害防御体系方面敢闯敢试，广东气象部门的职能得到拓展。2000 年省政府颁布了《广东省台风、暴雨、寒冷预警信号发布规定》（省政府令第 62 号），学习借鉴港澳地区气象灾害防御经验，广东的气象灾害预警信号规范化管理工作走在全国前列。2000 年后，广东省气象局逐渐承办省政府安全生产防雷专业的督察工作。2003 年后，人工增雨抗旱工作实现常态化。2007 年起，经省政府批准，由广东省气象部门统一负责广东省突发公共事件预警信息发布系统建设及其预警信息发布工作。省政府先后出台了《关于加快我省气象事业发展的意见》（2006 年）、《广东省突发气象灾害预警信号发布规定》（2006 年）、《广东省气象灾害应急预案》（2008 年）、《关于进一步加强气象台站探测环境保护工作的意见》（2009 年）以及《广东省突发公共事件预警信号发布管理办法》（2012 年）等。

总体来说，这个阶段一方面通过提升预报水平和服务能力，气象服务领域得到全面拓展，另一方面通过法规建设和制度创新，走上了气象法制化发展快车道，初步构筑起了"政府主导、部门联动、全社会参与"的气象防灾减灾体系，气象事业得到了一个大发展。

（四）优化发展阶段（2012 年至今）

党的十八大以来，我国进入了全面建成小康社会的关键期，进入了深化改革开放、加快转变经济发展方式的攻坚期。

广东省气象部门以省部共建气象现代化试点工作为抓手，充分发挥双重领导体制优势，事业发展质量效益更优。广东省政府和中国气象局于 2009 年签署了共同推进珠三角地区气象防灾减灾工作合作协议，在此基础上，又于 2012 年、2016 年签订了两轮省部合作推进气象现代化建设的备忘录。在省部合作强有力的支持下，广东省"平安珠三角""平安山区""平安海洋"三大气象保障工程持续推进，气象灾害监测预报预警能力持续增强，气象防灾减灾效益稳步提升，气象保障经济社会发展和民生福祉能力水平不断增强。在 2018 年广东省情调查研究中心对全省 40 个政府公共服务部门群众满意度调查中，气象服务总体满意度已连续 9 年位居前列。2018 年，气象灾害对 GDP 的影响率在近 9 年连续低于 0.8% 的目标值，因气象灾害致死人数从百位数降至十位数。

广东省气象部门坚决落实党中央和国务院改革部署，履职尽责，规范管理。2014 年省人大颁布了《广东省气象灾害防御条例》、2018 年省政府颁布实施了《广东省气象灾害防御重点单位气象安全管理办法》，修订印发了《广东省气象灾害预警信号发布规定》，推动广东气象灾害防御工作进入法治化、规范化的新阶段，气象综合防灾减灾救灾领域责任得到强化。全面推进防雷减灾体制改革，全面清理规范气象行政审批中介服务，大幅取消下放行政审批事项，实现行政审批更加便民高效，企业减负所得更加"真金白银"，防雷安全监管责任进一步强化。稳步推进气象业务体制改革，积极抢占气象核心科技制高点，建设区域数值天气预报重点实验室、发展精细化数字网格预报业务、构建基于云技术的一体化业务体系，气象业务布局和质量效益进一步优化。服务体制改革逐步推开，气象服务供给水平进一步提升，广大人民群众在享用普发式内容的基础上，还能享用特定需求的服务。事业单位改革、综合预算管理等配套改革有序展开。

广东省气象部门对标国内外最优最好最先进，加强对外科技合作。通过建设一流的野外试验基地，与中国科学院、中国气象科学研究院、国家海洋局、中国海洋大学、香港科技大学、中山大学、暨南大学等知名科研院所、高校开展多次大型野外观测科学试验，在台风、暴雨、强对流等重大灾害预报关键技术上开展攻关，起到了气象科技合作示范窗口的作用。

这一阶段，随着党和国家各项改革及社会发展带来的各种新的变化，广东气象工作从快速发展进入了优化发展阶段。广东在全国率先实现了基本气象现代化和基本建立起与气象现代化水平相适应的体制机制的基础上，稳中求进，对标国内外最优最好最先进，朝着更高水平、更加国际化的气象现代化迈进。

二、主要成就

70 年来，广东气象工作始终坚持以人民为中心，坚持发展为了人民、发展依靠人民、发展成果由人民共享，以日新月异的发展成就让人民群众的获得感、幸福感、安全感更有保障。

（一）建立起现代探测系统，让重大灾害性天气"不漏网"

逐步建成了天基、空基、地基和海基一体化的现代气象综合探测系统，实现了从人工观测到自动化，从陆地到海洋，从大气物理到大气化学等多灾种、全方位、综合立体观测，基本实现了对重大灾害性天气监测"不漏网"。

（二）建立智能网格预报，流程再造精细化服务

天气预报从传统的以手工为主的定性分析，向自动化预报订正、智能化产品生成、定向化风险预警等"智慧"特征转变。其中，2015 年广东省气象局在全国率先建立的智能网格预报体系在全省运行，全面取代传统的城镇站点预报，流程再造实现预报业务的重大变革，推动了预报更精确、服务更贴心、预警更精准。

（三）完善预警体系，打造防灾减灾"生态闭环"

从 2007 年湛江辟谣事件起步，经十余年发展，广东省突发事件预警信息发布实现"有机制、有平台、有手段、有标准"，织出防灾减灾"一张网"，绘成基础数据信息"一张图"，从预警发布到部门联动，再到重点单位和公众主动响应，逐渐形成防灾减灾的"生态闭环"，有力保障了人民生命财产安全。

（四）首发灰霾预警，扛起生态文明建设气象担当

2003 年，在全国率先发布灰霾预警信号。2007 年起，全省灰霾日数呈下降趋势，空气质量逐年改善。广东气象通过主动融入大气污染防治工作、开展生态环境第三方评价、挖掘生态与气候资源，为绿色生态保驾护航。媒体评价："绿色 GDP 涨了，灰霾天少了，获得感强了。"

（五）完善法规标准，提升现代化科学管理水平

广东地方气象法规、标准体系从无到有、日臻完备，现行有效 3 部地方法规、6 部政府规章。首创停工停课、气象安全管理等多项法律制度，在全国气象部门发挥示范作用。依法行政能力持续提升，社会管理稳步开展，为气象现代化建设营造了良好的政策法治环境。

（六）深化"放管服"改革，构建防雷公共安全新业态

通过建立完善地方防雷减灾管理机构，规范有序开放防雷服务市场，构建防雷安全协同监管机

制和"互联网＋监管"模式，健全公共安全服务体系，构建了与经济发展新常态相适应的防雷减灾新业态，全省特别是广大农村因雷电灾害造成人员死亡数持续下降。

（七）开展粤港澳合作，率先融入国际气象合作发展

改革开放以来，粤港澳气象合作亲密而务实。从共建气象站、数据交换到高端应用领域，不仅为广东气象事业发展注入动力，更为广东打开了一扇了解世界先进气象科技的窗口。广东气象在不少领域已逐渐从追赶飞跃到领跑，在世界气象舞台上发挥越来越重要的作用。

（八）实施人才战略，构筑事业发展智力宝库

注重人力资源开发利用，特别从 2002 年起，大力实施人才战略，加快人才吸收、培养和使用，不断完善人才和教育培训体系，为广大干部职工成长、成才营造良好环境。本科以上学历人员已达到 87%，高级职称人员比例提高到 20.6%，人才队伍建设成绩显著。

（九）深化财务体制机制改革，保障广东气象行稳致远

广东气象不断建立和完善事权与支出责任相适应的机制，落实中央和地方双重计划财务体制，实现"预算一个盘子""收入一个笼子""支出一个口子"。气象财政收入逐年提高，2018 年财政保障率在支出占比中达到 75%，为气象现代化建设提供重要基础保障。

（十）台站旧貌变新颜，部门精神面貌喜人

通过开展新型台站建设，台站探测环境达标率 97.67%，台站面貌焕然一新。气象部门干部职工以"你的冷暖，在我心中；你若安好，便是晴天"的服务理念和"准确、及时、创新、奉献"的气象精神为广大群众提供优质服务。

三、发展经验

新中国成立 70 年来，特别是改革开放 40 年来，广东气象工作者以高度的使命感和责任感，在气象改革发展中一次次探索前行，积累了一些有益的经验。

（一）注重加强党的建设，始终坚持党对气象工作的领导

广东气象部门始终坚持以马克思列宁主义、毛泽东思想、邓小平理论、"三个代表"重要思想、科学发展观、习近平新时代中国特色社会主义思想作为各级党组织和党员的强大思想武器和行动指南。始终加强党的领导和党的建设，坚持把政治建设摆在首位，保持奋发有为的精神状态，形成团结奋进的强大精神力量，排除各种干扰，把思想统一到党中央对气象工作的要求和部署上来。始终

坚持正确的选人用人导向，努力培养一支忠诚、干净、担当的高素质气象干部队伍。始终重视加强党风廉政建设和反腐败斗争，推动全面从严治党向纵深发展，以坚强的政治保证推动广东气象部门在改革发展中屡创实绩。

（二）发扬"敢闯敢试、敢为人先"的广东精神，创造性开展工作

广东气象部门坚决执行中央方针政策和上级决策部署，尊重干部职工的首创精神，支持改革，鼓励探索。无论是持续近40年的粤港澳气象全面深入合作，还是历时10余年的全省突发事件预警信息发布体系建设，广东气象部门不断突破固有思维，在气象现代化建设和气象防灾减灾机制上孜孜探索。广东气象工作的每一次发展，都是一次思想解放、观念更新，都是用活用好政策、为解决事业发展中遇到的实际问题而摸索出的创造性解决方案。而每一次的创新，不仅为广东的气象工作增添了动力，更为中国特色气象事业注入了活力。

（三）坚持以人民为中心，在保障民生和维护安全中有为有位

广东气象工作发展为了人民、发展依靠人民、发展成果为人民共享。在服务民生方面，坚持公共气象服务发展方向，建设了丰富、实用、有趣的精细化气象服务系统，气象信息成为公众日常生活的"必需品"。在维护安全方面，坚持趋利避害，如在国内率先实现灰霾天气的预测预报预警业务，在全国首创以气象灾害等级为触发机制的巨灾指数保险模式，服务领域不断拓宽，保障各行各业减损增效。正是通过不断完善以群众需求为核心的气象发展格局，才为开辟事业高质量发展广阔前景找准了根本出发点和落脚点。

（四）坚持依靠科技进步，坚定走气象现代化之路

气象现代化是兴业之路，科技创新是气象事业发展的重要支撑。广东气象工作始终坚持气象现代化的发展方向，积极争取党委、政府和社会各界对气象现代化建设工作的支持，加大投入、加快建设、加强管理、加紧应用，全面提升气象监测、预报、预警、服务系统的现代化水平。如着眼核心技术自主研发，不断完善科技创新体系，建设区域数值天气预报重点实验室，率先开展数字网格预报业务，有力提高了天气预报水平，实现对南海台风预报水平领先全球。2015年年底，广东在全国率先基本实现气象现代化，朝着更高水平的全面气象现代化的目标继续前进。

（五）坚持公共气象和专业气象的有机结合，建立充满活力的事业发展格局

气象是科技型、基础性公益事业，气象服务是立业之本。公共气象服务是部门为政府决策部门和社会公众服务的主渠道，是为政府决策和公众防灾减灾提供科学依据、降低灾害损失的重要工作。专业气象服务是基于事业生存发展和市场需求在一定历史条件下产生的具有特色的气象服务。广东

气象部门把公共气象服务与专业气象服务一同视作气象事业发展中不可或缺的基础支撑，既重视发挥政府作用，又重视发挥市场作用，统筹发展好公共气象服务和专业气象服务，做到了经济效益和社会效益的统一，建立了充满活力的事业发展格局。

（六）坚持依法发展，注重强化气象部门的社会管理职能

依法发展气象事业，加强科学管理，切实履行并逐步增强气象部门的社会管理职能，是在社会主义市场经济条件下推动气象事业健康持续发展的重要保障。广东不断推动气象事业依法发展，各级气象部门通过履行气象防灾抗灾和天气预警、气象公共安全、气象应急服务、防雷减灾、人工影响天气、生态气象服务、探测环境保护等部门职能，事业得到更大发展。同时，在依法履职的过程中，注重分析总结气象立法执法和履行职责上的经验和问题，进一步健全气象法规体系，为依法发展气象事业和全面履行社会管理职责提供了更加坚实的法律保障。

四、展望未来

为中国人民谋幸福，为中华民族谋复兴，是中国共产党人的初心和使命。展望未来，广东气象部门决心以习近平新时代中国特色社会主义思想为指导，树牢"四个意识"，坚定"四个自信"，坚决做到"两个维护"，切实强化政治责任、保持政治定力、把准政治方向、提升政治能力，增强斗争精神，勇于担当作为，以求真务实作风贯彻和落实党中央决策部署，谋划和推动气象高质量发展，为保障广东经济社会发展和满足人民对美好生活的向往提供更加优质的气象服务。

在新时代新征程上，坚持问题导向，努力把短板变为"潜力板"。一是克服有效供给不足的短板，加快推进气象服务供给侧结构性改革，有效保障国家重大战略实施、适应各领域高质量发展、满足人民美好生活新需要；二是克服依法履职不到位的短板，全面推进气象法治建设，提升气象灾害治理能力，切实履行气象部门在防灾减灾、公共安全、应急管理、公共服务和生态文明建设等领域中的重要职能，由防灾减灾服务逐步向气象安全管理拓展；三是克服城乡区域发展不平衡的短板，更好发挥珠三角地区气象现代化的示范引领、辐射带动作用，提升粤东西北地区的气象设施装备和服务水平，特别要提升南海海洋气象监测、预报和服务能力；四是克服科技创新能力不突出的短板，加强核心技术的科研力量整合和创新环境培育，充实高层次领军人才和基层科研骨干力量，激发大众创新活力；五是克服事业发展保障体制机制不完善的短板，建立健全财政资金投入机制，拓宽以政府投入为主、社会投入补充的多元化投入渠道；六是克服精神懈怠的危险，强化党的组织保障，努力把党的政治优势、组织优势转化为发展优势，提振干部队伍精气神。

在新时代新征程上，主动对标最高最好最优，继续当好气象改革发展的排头兵。抓住粤港澳大

湾区建设的重大历史机遇，在开拓创新中不断推动广东气象事业高质量发展。一是以粤港澳大湾区建设为牵引，提高事业发展的质量和效益。落实好《粤港澳大湾区气象发展规划》，切实把发展粤港澳大湾区气象工作的过程变成高水平推进改革开放的过程，变成与"一带一路"建设、生态文明建设、军民融合、乡村振兴等国家战略协同联动推进的过程，提高全省事业发展的平衡性和协调性。二是以做好气象服务为关键，提升综合防灾减灾救灾能力。提升气象预报预警精准度及决策服务针对性。推进气象灾害风险管理，健全气象安全生产监管责任体系。努力实现更便利、更精细、更个性的智能化气象服务，进一步增强气象在防灾减灾、公共安全、生态文明建设等方面的重要保障作用，提升人民群众的获得感、幸福感、安全感。三是以更高水平的气象现代化建设为重点，强化事业发展核心竞争力。充分发挥省部合作这一重要制度保障作用，继续落实省部合作备忘录，实施《广东省全面推进气象现代化行动计划（2019—2025年）》，推动区域数值预报模式和无缝隙智能网格预报业务发展，持续实施人才优先发展战略，努力建立与广东气象现代化水平更加匹配的气象管理体制。

在习近平新时代中国特色社会主义思想的正确指引下，在中国气象局和广东省委、省政府的领导下，广东气象部门广大干部职工有决心、有信心，一定能破解广东气象改革发展面临的新挑战、新问题，不断推进各领域更高质量的创新，争取早日实现更高水平的气象现代化，为广东"四个走在全国前列"、当好"两个窗口"提供更加优质的气象保障。

（撰稿人：徐晓君）

山歌流转　唱响风云传奇

广西壮族自治区气象局

　　这里，时间是河，淌过刘三姐门前的河；这里，岁月成画，烟雨漓江写意成经典的中国水墨山水画……广西，祖国南疆一片神奇的土地。奇特的喀斯特地貌，灿烂的文化，浓郁的民族风情，让这方水土独具魅力。然而，由于处在东亚季风气候区，这块土地时常被暴雨、台风、干旱等多种气象灾害频频伤害。

　　70 年，风云激荡；70 年，山河壮美！气象人观云测天，追风识雨，在八桂天地间绘出了一幅幅光彩夺目的画卷。

一张时间表，70 年的精彩浓缩

　　翻开广西气象事业发展史，一张时间表，高度浓缩了 70 年精彩。

　　1949 年 12 月中国人民解放军接收桂林、柳州、南宁、梧州、百色等 5 个气象台站，移交广西省军区。

　　1954 年 10 月成立广西省人民政府气象局，逐步扩大气象队伍、增建气象台站、开展天气预报和气象服务。

　　1958 年 3 月改称广西壮族自治区气象局，加快组建气象服务网，加强为农业服务。

　　"文化大革命"十年，广西气象探测工作受到影响，但广西气象工作者坚持日常业务工作，基本保持了气象资料完整连续。

　　20 世纪 70 年代中后期，天气雷达等探测业务发展较快，先后建成 90 个地面站、6 个高空站和 8 个 711 型天气雷达站，大气探测网初步形成。

　　20 世纪 80—90 年代，广西气象部门致力于减灾防灾天气预警系统、气象卫星综合业务应用系统（"9210"工程）广西分系统为重点的现代化建设，实施事业结构战略性调整，加快气象业务现代化建设，使广西气象业务现代化总体水平明显提高。1995 年年初，广西减灾防灾天气预警系统在全国气象部门率先建成，改变了广西气象业务技术装备落后的局面；1998 年自治区人民政府印发《关于进一步加快发展我区气象事业的通知》，气象事业得到较快发展；1999 年，广西气象卫星综合应用业务系统建成使用。

进入 21 世纪，广西气象事业进一步加快发展。2006 年自治区人民政府印发《关于加快广西气象事业发展的意见》，明确加快广西气象事业发展的总体要求、主要任务和政策措施。2010 年自治区人民政府与中国气象局签署《共同推进广西气象防灾减灾体系建设合作协议》，共建广西气象防灾减灾体系。2013 年根据中国气象局的统一部署，全面加快推进气象现代化的各项工作。2014 年，自治区人民政府印发《关于全面推进广西气象现代化的意见》，进一步明确广西气象现代化的目标、任务和措施。2015 年，自治区政府召开全区气象现代化工作会议，并与中国气象局联合召开部区合作联席会议，部区共同推动广西气象现代化。

2016 年，首届中国—东盟气象合作论坛成功举办，通过了《南宁倡议》，两年一次的气象论坛正式纳入中国—东盟博览会框架，填补了中国与东盟国家机制性气象区域合作的空白。

2017 年，广西气象现代化综合评分 90.2 分，达到了基本实现气象现代化评分标准。广西气象综合观测网进一步优化，广西气象数据中心、广西监测预报中心、广西突发预警信息发布中心等现代化项目建成使用，提高了业务服务的信息化、集约化，基层台站基础设施改善力度加大，面貌焕然一新。

2018 年，广西基本实现气象现代化评估通过评审，提前两年完成广西基本实现气象现代化的建设阶段性目标，正在朝着建设新时代更高水平的广西气象现代化建设迈进。

一份责任担当，写在风雨里

北海涠洲岛，山巅之上的海岛气象站，面朝碧波万顷的大海。"一根绳索"的故事，是留存在全站观测员脑海里的集体记忆。

1982 年，第 17 号台风来势汹汹，12 级以上的大风持续地吹，岛上大多数房屋盖瓦被吹飞。"绝不能因受台风影响而缺测！"气象站职工商议出一个好法子：用一根绳索将 4 个人像串葫芦一样捆在一起，然后爬出去观测。

"一根绳索"的故事激励着一代又一代海岛气象工作者。一次次台风猛烈来袭，气象观测从未缺位。

风雨洗礼，"一根绳索"仿佛在缱绻叙述着 70 年的八桂风云。岁月的模样，留存在一张张黑白或彩色的照片里，叙述着昔年芳华，叙述着广西气象人忠于职守、担当奉献的故事。

1994 年 6 月，一场范围广、强度大、持时长的暴雨、特大暴雨袭击广西，造成特大洪涝灾害，致使柳江、桂江、西江水位暴涨，气象预报准确及时，为有效指导抗洪提供了科学决策，气象部门获"全国抗洪先进集体"和自治区"抗洪救灾先进集体"荣誉称号。

2009 年 8 月至 2010 年 4 月，广西气温显著偏高，降水量明显偏少，导致大范围夏秋冬春连旱，气象部门做好干旱预报，及时进行人工增雨作业，助力打赢抗旱救灾战。

2013 年 5 月 16 日，恭城县出现特大暴雨和泥石流，龙虎乡 24 小时内出现了 319.8 毫米的历史罕见降雨。气象预报准、预警早、信息灵，县、乡政府成功转移群众 2 万多人，避免了群死群伤。新华社就此采写了内参通讯稿，《广西日报》刊发长篇通讯，自治区和中国气象局领导作出批示，要求总结推广典型经验。

2014 年 7 月，自新中国成立有气象记录以来，进入广西内陆的最强台风"威马逊"来袭，气象服务主动及时，全区没有造成重大人员伤亡，自治区领导给出了"预报精准、服务到位"的高度评价。

2018 年 12 月，广西壮族自治区成立 60 周年系列庆祝活动期间，恰逢阴雨天气。气象部门关键时刻顶住压力，精准预报，成功捕捉了一个降雨间隙的"时间窗"，确保庆祝大会在露天顺利举行。精准的气象服务获得了自治区和中国气象局领导以及社会公众的高度赞扬。

近年来，广西台风、洪涝、干旱等灾害呈多发、频发之势，广西气象部门深入落实党中央国务院和自治区党委政府、中国气象局的部署要求，在全区各级气象部门建立了政府主导、部门联动、社会参与的气象防灾减灾机制，秉承"准确、及时、创新、奉献"的气象精神，严密监测、科学分析、及时预警、主动服务，筑起防灾减灾救灾的第一道防线，有力保障了经济社会发展和人民生命财产安全。

在国内首次以党内法规形式规范党政"一把手"对重大气象信息处置工作，气象防灾减灾成效明显。2014 年，自治区《关于重大气象信息和重要汛情旱情报告各级党政主要负责人的规定》印发实施，重大气象信息必须直报党政"一把手"。

在广西，建成了运行监控、预警发布、决策指挥一体化的突发事件预警信息发布中心，预警信息发布系统覆盖全区各级气象部门及区、市两级政府和相关部门，实现"信息共享一张图、应急指挥一张网、信息发布一键式"。

"气象大喇叭，服务送到家。"每天上午 9 时，这样的气象播报就会准时在马山县 75 个贫困村上空响起。2013 年 10 月，从全县第一批 60 套气象大喇叭开始广播，到如今共建成 172 套大喇叭，为马山"全国气象扶贫示范县"和"全国标准化气象为农服务县"建设打通了气象预警信息发送"最后一千米"。集"老、少、边、山、库"于一身，预警信息传递曾一度是广西气象部门防灾减灾工作的痛点和难点。近年来，广西气象部门围绕"测得到、报得准、发得出、收得到"的目标，初步建成气象防灾减灾救灾预警信息发布体系，为"跑赢"灾害争得优势。目前在广西农村，安装了气象预警大喇叭 12000 多套，覆盖全区 90% 以上的行政村；各行政村均设立有气象信息员，气象信息员队伍达 2.7 万人。建立了气象预警手机短信发布"绿色通道"，还利用电视、广播、报纸、微信、微博、电子显示屏等渠道广泛发布气象信息，畅通气象预警信息传递"最后一公里"。

"气象科普有意义，它是一把金钥匙；钥匙打开千重锁，防灾减灾更有力。"山歌悠扬起，响彻夜空。近日，在著名的长寿之乡——广西河池市巴马瑶族自治县，寿乡广场成了县城最热闹的地方，5000 多名观众聚集于此，参加一场气象山歌会。这场山歌演唱会由河池市气象局、市科协以及巴马县人民政府、县全民科学素质行动计划领导小组联合举办。近年来，广西气象部门着力挖掘气象谚语、壮语山歌等传统文化，开展行之有效的气象防灾减灾科普宣传，编写、传唱气象山歌 6000 多首，并利用大喇叭开办气象科普联播节目。

近年来，广西气象部门年均发布决策气象服务材料超过 5000 期，发布各类气象预警超过 6000 次。近 5 年来成功应对 50 次暴雨、15 个台风天气过程。全区气象灾害损失占 GDP 比重从 5 年前的 1.22% 下降到 0.15%。各级党委、政府和社会各界对气象服务给予了充分肯定，气象服务满意度逐年提高，2018 年气象服务满意度得分 92.4 分。

一种精益求精的精神，刻在骨子里

2018 年 10 月，新启用的中国气象局—东盟大气探测合作研究中心迎来一批从事地面观测已退休多年的干部职工，看着高端大气的云数据平台，83 岁的陶亚敏不禁感叹："这样的事情在我们那个年代想都不敢想！"

"2018 年广西基本实现气象现代化"，自治区气象局党组如期实现了这一目标任务，同时以项目带动发展，加快推进广西特色的气象现代化建设。高质量、高标准建成了广西气象数据中心、气象监测预报中心、国家突发事件预警信息发布中心等一批重点项目。

张开"天网"，气象防灾减灾综合监测网络能力显著提升。全区已建成 10 部新一代天气雷达，建成风廓线雷达及风云气象卫星接收站，2700 多个区域自动气象站覆盖至每个乡镇。建成公路交通、船舶、土壤水分等专业自动气象站和海洋气象浮标观测站。自治区政府还投资建成全区农村雷电监测网，雷电预警业务覆盖全区。

"在 2011—2017 年的台风预报中，预报精度多次排名第一；路径预报精度在各种客观方法中处于领先地位。"全国台风及海洋气象专家委员会在对比国内外十多种最好的台风客观预报工具的实际预报效果后，对自治区气象局研发的遗传神经网络方法作出高度评价。近年来，广西气象预报预警水平显著提高。引入 8 万亿次／秒以上的高性能计算机集群系统，在全区气象部门开通高清电视会商系统，推广应用"两系统一平台"。预报服务产品空间分辨率精细化到 5 千米，时间分辨率提高到逐 3 小时；暴雨等灾害性天气预报准确率稳中有升，台风路径预报误差减少 41.3 千米，达到国内先进水平；突发灾害性天气预警提前量达 43.2 分钟；24 小时台风路径误差连续 5 年保持先进水平；24 小时最低气温预报准确率排全国第一。

有 2 人入选中国气象局百名首席预报员，1 人入选中国气象局首席农业气象服务专家；5 人入选享受国家西部优秀青年人才津贴。"十二五"期间，承担科研项目比"十一五"期间翻了一番。取得软件著作权增长一倍多。围绕"解难题、出成果、出人才"的目标，组建了两批共 7 个创新团队。坚持好干部的标准，加强干部队伍建设。

"政府主导、部门联动、社会参与"的气象防灾减灾体系进一步完善。建立厅际联络员制度；实现气象信息服务站乡镇全覆盖、气象信息员行政村全覆盖。

以改革激发活力。防雷减灾体制改革稳妥推进，在全国率先开展了地面观测业务无人值守改革，多点着力深化气象服务供给侧结构性改革，确保气象服务协助政府和相关部门"避害"，其他业务、科技改革取得明显进展。

从早期的一个百叶箱，一个观测场、几间值班房，到如今的无人值守自动化观测、现代化的业务平台，基层气象设施更加完善，变化翻天覆地，初心不改、精益求精的追求刻在骨子里。

一个部区合作的理念，形成推动事业发展的强大合力

2018 年 9 月 13 日，广西南宁，中国气象局在中国—东盟博览会气象装备和服务展上，发布了面向东盟国家的风云气象卫星国际用户防灾减灾应急保障机制，并向老挝交付了中国援建的气象演播系统。这是第 2 届中国—东盟气象合作论坛的一项重要活动。

2016 年 9 月，在中国气象局和广西壮族自治区政府的共同倡议与推动下，创办了中国—东盟气象合作论坛。这个两年召开一次的国际盛会，填补了中国与东盟国家机制性气象区域合作的空白，会议通过了《南宁倡议》，提出以广西为基地，推进中国与东盟国家在气象计量、预警平台、信息数据交换与共享等方面的交流与合作。

中国气象局和广西壮族自治区人民政府以部区合作的形式推动广西气象现代化迈入快车道。中央和地方共同投资建设广西北部湾经济区气象监测预警服务系统工程、广西西江流域致洪暴雨监测

预警系统工程、广西农业气象服务和灾害监测防御系统工程，重点工程建设有效提升了广西气象现代化能力与水平。

双重领导和双重计划财务体制进一步完善。自治区政府领导带队到各市现场督办气象现代化建设。自治区、市、县层层将推进气象工作纳入绩效考核，全部落实气象事业单位绩效工资。地方投入加大，事业发展财政保障能力进一步增强。自治区人民政府先后出台了一系列加强气象灾害防御的地方性法规和政府规章、文件等。在部区合作的带动下，部门合作进一步深化，自治区气象局与南宁、防城港、钦州等市人民政府开展了局市合作，与水利、农业、国土等部门建立了合作机制。气象防灾减灾管理更加规范，气象工作法治化水平得到提高。

一份主动融入的追求，服务壮美广西建设

北回归线从广西中部横贯，亚热带季风气候的光热条件与充沛降水，以及山地、河谷等所形成的小气候环境，使得广西成为全国特色水果的重要种植区域。2018 年 10 月底，荔浦市修仁镇的万亩砂糖橘种植园区的橘子已由青转黄。在大榕村综合服务中心，荔浦市气象局气象科技特派员打开电脑，演示着气象服务的"直通"与"智慧"。经过简单的操作后，气象信息就通过短信、手机App、大喇叭、显示屏等渠道直接发给了合作社负责人、种植大户、农户。由荔浦市气象局组建的"砂糖橘气象服务交流"微信群的成员已达 500 人。群里除了发布天气信息以外，还会有种植户分享的栽培心得以及专家面向农民的答疑……信息共享与互动交流有效地降低了果农因灾害、病虫害等产生的损失。果农们常常在群里为贴心的气象服务点赞。

广西是我国重要的农业生产区域，气象部门从实际出发，通过使用农业气象服务集约化平台、开展农田小气候观测、拓展"互联网 +"以及利用微信群等方式，让产品进一步精细化、定量化，让服务实现分众化和精准靶向，增强为农服务有效供给，为农业增产、农民增收提供服务保障。而中国气象局始终将为农服务作为工作的重中之重，从为农服务"两个体系"建设，到面对新型农业经营主体的直通式服务，再到今天乡村振兴的智慧气象服务，如此顶层设计为广西的探索创新提供了实现路径。

广西是我国最大的甘蔗种植区。作为一种战略物资，蔗糖的产量关系到国家安全，而甘蔗受气候变化与市场波动影响明显。为此，自治区气象局利用遥感技术，结合气象数据开展了世界甘蔗主要生产国以及我国蔗区蔗糖产量预测服务，并联合自治区糖业部门成立了甘蔗气象服务中心，为国家制定产业政策提供科学、客观的决策依据，保障国家食糖供给安全。

此外，广西气象部门针对粮食生产的需要开展粮食总产量预报；开展"互联网 + 砂糖橘""互

联网＋桑蚕"等智慧农业气象服务，以及芒果、沙田柚、沃柑等农产品气候品质论证；建立44个现代特色农业气象服务示范区，"直通式"气象服务惠及近万新型农业经营主体，智慧气象服务深入全区各特色农业示范区。做好政策性农业保险气象保障，开展香蕉寒害指数等保险试点。人工影响天气作业年均增加降水约60亿立方米，防雹保护面积约2万平方千米。

生态环境金不换，山清水秀是广西天然的生态优势。在广西，还有一种生态环境叫"宜居"。2018年6月，有着1400多年历史的恭城瑶族自治县，因适宜的气温与降水、优良的空气质量、丰富的气候景观获得全国首个"气候宜居县"称号；长寿之乡巴马县凭借宜人的气候、山水相依的自然美景闻名于全国。

围绕"国家气候标志"、美丽乡村、宜居城市建设，广西气象部门开展了大量工作，成立了自治区生态气象和卫星遥感中心，积极参与生态红线划定工作，建立石漠化观测站点，开展生态脆弱区监测评估。针对大气污染防治工作，加强与环保部门合作开展重污染天气监测预报预警；通过人工增雨等手段主动作为，助力打赢"蓝天保卫战"；编发广西植被生态质量及植被生态改善状况报告，为实施生态立区、生态强区战略提供服务，被自治区第十一次党代会报告引用；出台《广西适应气候变化方案》，成为全国第二个出台省级适应气候变化方案的省份；开展气候变化对西江流域的影响评估、石漠化防治等方面研究；开展大气负氧离子观测网的建设；开展生态宜居气象服务示范建设，恭城获评全国首个"气候宜居县"、金秀县获评"中国天然氧吧"。今天的广西，"望得见山、看得见水、记得住乡愁"的地方越来越多，正在吸引着全国各地的人们前来旅行与生活，也带动了当地的乡村旅游与生态农业发展。

公众和专业气象服务不断强化。增加环境气象、旅游气象、穿衣指数等公众生活类气象信息服务，开发"晓天气"公众气象服务手机App，实现基于位置和按需推送服务；建立了气象预警手机短信发布"绿色通道"，发送手机气象预警短信超亿次条；利用电视、广播、报纸、微信、微博、电子显示屏等渠道广泛发布气象信息；开办大喇叭气象科普联播节目；为大藤峡水利枢纽工程等20多个自治区重大建设工程项目提供服务；交通、水电等专业气象服务科技内涵不断丰富。

在广西，喀斯特是一种典型地貌，它造就了秀美的山水风光，也催生了一些连片贫困地区。在一些大石山区，峰丛洼地间存在着生态环境脆弱、人均收入较低的片区，气象部门聚焦精准脱贫这个根本要求和稳定增收这个长远目标，构建了"气象防灾减灾＋扶贫""产业气象服务＋扶贫""气候资源利用＋扶贫"等模式助力精准扶贫。广西"三融入"气象扶贫模式在全国气象助力精准脱贫现场会做典型发言；全区气象部门共派出153名优秀青年干部蹲点扶贫，6人获得自治区和中国气象局扶贫先进个人表彰，5个单位被评为先进后盾单位。

气象部门还为历届中国—东盟博览会、自治区成立大庆、"环广西"世界自行车赛、南宁世界体操锦标赛、央视春晚桂林分会场等重大社会活动提供了主动、及时的专项服务。

一首气象山歌，唱响八桂大地

"五彩壮锦五彩云，气象部门气象新，常把压力变动力，测报气温带体温。"感受到身边的新变化，广西壮族自治区气象局退休干部方之云近日即兴赋了一首新山歌。

翻开广西气象文明创建史，那是一页页浓墨重彩的篇章。自治区气象局党组着力在全区气象部门培育和践行社会主义核心价值观，文明建设蔚然成风。在广西率先建成文明系统，目前有全国文明单位 11 个。推进和谐部门建设，有 77 个单位获评自治区和谐单位。党的组织建设取得新进展。会风、文风、学风、工作作风不断改进。落实全面从严治党和党风廉政建设的各项要求，压实"两个责任"，持之以恒落实中央"八项规定"精神。台站整体面貌、职工工作和生活条件进一步改善，干部职工切身感受到了更多的"获得感"。

气象人的故事，在风里，在雨里。一个真抓实干凝聚 1896 名八桂气象工作者的先进集体，一个忠诚担当遍洒 23.76 万平方千米土地的精干团队，一项服务保障壮乡各族群众民生福祉的庄严使命，广西气象事业的发展历程里，谱写了一个又一个不负重托、不辱使命的动人故事，也赢得了"全国农林水利产（行）业五一劳动奖状""广西抗击雨雪冰冻灾害先进集体""全国重大气象服务先进集体""广西防汛抗旱救灾工作先进集体""广西工人先锋号""自治区和谐单位"等一项又一项沉甸甸的荣誉。

一个新的起点，使命担当，绘就新时代蓝图

"天上红云配白云，地下狮子配麒麟，八桂田园铺壮锦，山歌声里气象新。"70 年风雨兼程，70 年春华秋实，一代代气象人用责任与担当，守护着八桂的绿水青山。

一直以来，广西气象部门始终坚持发展是第一要务，明确工作思路，凝心聚力，抢抓机遇，狠抓落实，是取得一切成绩的根本。局党组着眼大局，把准发展方向，结合广西气象实际明确了"五个发展"的思路：以需求牵引发展、以项目建设带动发展、以科技人才支撑发展、以开放合作促进发展、以和谐稳定保障发展；加强班子自身建设，做到"六讲六表率"：讲政治，做不忘初心的表率；讲学习，做学思践悟的表率；讲团结，做精诚合作的表率；讲大局，做顾全大局的表率；讲责任，做真抓实干的表率；讲廉洁，做克己奉公的表率。

　　总结过去，展望未来，广西气象部门坚决贯彻落实中国气象局和广西壮族自治区党委、政府决策部署，以需求为导向，提升气象服务保障的质量和效益；以能力建设为重点，提升气象现代化内涵；以改革开放合作为动力，激发气象事业发展的活力。

　　立足新的起点，迈向新征程，广西气象部门将以习近平新时代中国特色社会主义思想为指导，坚决贯彻落实习近平总书记"建设壮美广西 共圆复兴梦想"重要题词精神，坚决贯彻落实中国气象局关于推动气象事业高质量发展的决策部署，对标新要求，推进新发展，以优异的成绩庆祝中华人民共和国成立 70 周年。

　　在新的征程上，广西气象部门将继续围绕防灾减灾救灾，全力做好重大活动、气象防灾减灾救灾、专业气象等各项服务工作；着力推进生态文明建设气象保障服务，助力"美丽广西"建设；健全现代气象为农服务体系，助力乡村振兴和脱贫攻坚；坚持规划引领，提升气象业务现代化水平；推动科技创新和人才队伍建设，激发创新活力；推进改革开放合作，增强事业发展动力；加强气象法治建设，提升科学管理水平；强化政治统领，推进党的建设高质量发展。

　　70 载风云传奇，一个新的起点，起转承合，又一页新画卷。绣球伴着山歌飞，壮锦随着铜鼓舞。在广西这方被山水与人文浸润的美丽土地，如歌的岁月被书写成一段流光溢彩的风云传奇。时光已流淌，梦想仍徜徉。看，北部湾风生水起；听，西江春潮涌动；在奋力建设壮美广西的征程上，气象人定会书写新的篇章！

（撰稿人：曾涛　韩嘉乐）

情守琼州七十载　气象护航美丽新海南

海南省气象局

　　站在中华人民共和国成立 70 周年的历史节点，回望海南气象事业发展历程，70 年前，百废待兴，筚路蓝缕；70 年来，在中国共产党的坚强领导下，在中国气象局和海南省委、省政府的正确领导下，海南综合气象观测站网从无到有、从有到优，气象预报预警业务能力稳步提升，气象服务效益日益显著，科技支撑能力不断增强，人才队伍素质不断提高，已基本实现气象现代化。海南气象部门积极落实"一带一路"倡议，深度融入海洋强国、军民融合发展、自贸试验区和中国特色自贸港建设等重大国家战略的实施，在交通、旅游、农业、海洋、防灾减灾、生态文明建设、军民融合等领域高质量服务民生，这一个个振奋人心的历史镜头，凝聚了历代海南气象工作者的智慧和心血，见证了海南气象事业 70 年翻天覆地的变化。

一、历史发展脉络

　　回顾历史进程，可以清楚地看出海南气象事业发展具有明显的阶段性特征。宏观看，可划为三个时期。第一个时期是 1950 年 5 月到 1988 年 4 月。这一时期主要是海南解放后至建省前期的艰苦奋斗创业，集聚和培养人才，大力开展气象台站网和各项基础业务建设，形成了海南气象事业的基本框架，为后期更大发展奠定了基础。第二个时期是 1988 年 5 月到 2010 年 12 月。这一时期是海南建省办经济特区后，气象事业机构设置相应健全，基本气象业务领域不断拓宽并涵盖南海海域，海南气象事业进入跨越式加快发展时期。第三个时期是 2011 年 1 月至今，这一时期是海南推进国际旅游岛建设和全面深化改革开放，海南省气象局充分发挥管理体制上划后以中国气象局管理为主的体制优势，解放思想，凝心聚力，开拓创新，全面推进气象现代化和深化气象改革，促进了海南气象事业又好又快发展。70 年所经历的重大事件、实现的主要任务可能有所不同，但始终贯穿着发展这一条主线，展示出了新中国海南气象事业发展的坚实步伐。

（一）海南建省前气象发展时期（1950 年 5 月—1988 年 4 月）

　　1950 年 5 月海南岛解放后，海口气象台恢复工作，属军队建制和领导。根据 1953 年 8 月

1 日毛泽东主席、周恩来总理签发的《关于各级气象机构转移建制领导关系的决定》，从 1954 年 1 月起，气象部门转为地方政府建制，实行上级业务部门与当地政府双重领导体制。1971 年 4 月，实行海南军区与海南区革命委员会双重领导，以军队领导为主，改称海南地区气象台。1973 年 9 月，以地方政府领导为主，改称海南行政区气象局（台）。1981 年 1 月起，以上级业务部门领导为主，改称广东省海南行政区气象局（台）。

这一时期，随着气象管理体制的变更，气象机构的设置相应地调整及变化。1981 年 1 月至 1983 年 12 月和 1985 年 1 月至 1988 年 1 月，设立海南黎族苗族自治州气象局，海南行政区与自治州气象局分开，分别管理海南汉区 9 个县和自治州 8 个县气象局。1957 年 7 月成立的西沙、南沙、中沙群岛气象台，是南海上建设规模最大、业务最齐全的综合气象观测基地，也是最早入驻西沙的单位之一。1974 年，西沙自卫反击战后，中国收复珊瑚岛，海南行政区气象局派人接管珊瑚岛气象站。

这一时期，海南气象站点从零散到布设形成站网，范围涵盖海南岛和西沙群岛，逐步开展了地面、农气、高空、天气雷达、卫星接收等观测业务，初步构建了综合观测业务体系。预报服务产品由短期预报发展到中长期预报，服务渠道由最初的纸质材料和广播，扩展至报纸和传真。至 1987 年，海南行政区气象人员增加到 411 人。1988 年海南气象部门首次聘任技术职务，共聘任高级工程师 3 人、工程师 99 人、助理工程师 160 人、技术员 75 人。

（二）海南省气象局属地方建制发展时期（1988 年 5 月—2010 年 12 月）

1988 年 5 月，海南省气象局成立，属海南省政府建制，代表省政府主管全省气象行业工作，为正厅级单位。1988 年 5 月至 2010 年 9 月，海南省气象局实行海南省人民政府与中国气象局双重领导、以省政府为主的领导体制，市、县气象局（台）仍实行省气象局和市、县政府双重领导，以省气象局领导为主的领导管理体制。

这一时期，海南气象部门进一步解放思想，深化改革，在海南省委、省政府和中国气象局的领导下，依托海南省气象综合信息系统、气象卫星通信系统、短期气候预测系统、海南自动气象站网及海南岛灾害性天气中尺度监测系统等业务建设，逐渐完善短临、短期、中期天气预报和短期气候预测业务，建设发展中尺度数值预报、灾害天气监测预报预警、预报预测产品制作和检验等预报业务系统，业务自动化程度大大提高。在气象服务产品内容、产品时效、服务方式等上能逐步根据服务对象的需求针对性地做出政府决策气象服务、行业专项气象服务和公众气象服务。服务渠道由纸质材料、传真、广播、报纸，扩展到电视、声讯 121、手机短信等。陆续制定完善了《海南省气象台站观测环境保护规定》《海南省实施〈中华人民共和国气象法〉办法》等一系列规范性文件，形成较为完整的气象法律法规系列配套制度。

在此期间，海南省气象局共筹资约 1.85 亿元，完成了海口、三亚、西沙 3 部新一代天气雷达的业务辅助楼和 18 个市、县气象局新业务办公楼建设，全省气象台站面貌发生显著变化。建成国家基准站 3 个、国家基本站 6 个、国家一般站 11 个。完成 19 个海岛自动气象站建设，其中，南沙群岛 7 个、西沙群岛 5 个、海南岛近海 7 个。全省气象队伍职工 548 人，其中博士研究生学历 2 人、硕士研究生学历 43 人、研究员 4 人、高级工程师 69 人。

（三）海南气象体制改为部门为主发展时期（2011 年 1 月至今）

2010 年 9 月 21 日，中央机构编制委员会办公室同意海南省气象系统所属机构由地方机构序列划入国家气象系统机构序列，海南省气象局实行中国气象局和海南省人民政府双重领导、以中国气象局领导为主的管理体制。2010 年 12 月 30 日，海南省气象局管理体制调整工作基本完成。

这一时期，海南气象事业依法发展得到加强。成立地级三沙市气象局、儋州市气象局。气象业务、服务、科研领域进一步拓展，形成了覆盖海南岛以及西沙、南沙、中沙群岛岛礁，南北跨度上千千米（北纬 8° 到 20°）气象观测全覆盖的海洋气象观测站网，基本建成了地基、海基、空基和天基相结合、门类比较齐全、布局基本合理的综合观测系统。短临、短期、中期、延伸期（11 ～ 30 天）、月、季到年的精细化监测预报预测业务体系不断完善，现代化气象预报业务向无缝隙、精准化、智慧型方向发展。气象服务开展了多媒体的融合，气象服务产品内容、产品时效、产品形态、服务方式等得到了极大的发展，服务智慧化、产品可视化、服务精准化已逐步形成。加强各个层次人才队伍建设，优化队伍结构，提升队伍素质，提高核心竞争力。统筹建设资金 3.29 亿元，基本完成了全省基层台站基础设施建设，同时还配套建成了台站综合气象业务平台、突发事件预警信息发布平台和县级综合业务一体化系统，基层台站面貌焕然一新，台站的综合业务能力和气象服务能力全面提升。

二、发展成就

七十年的耕耘，七十年的跨越。70 年来，在各级领导的高度重视和关心支持下，在一代代海南气象人克难攻坚、砥砺前行中，海南气象发展实现了质的飞跃。经第三方评估，海南省气象部门在 2017 年年底基本实现气象现代化。

（一）全面从严治党工作向纵深发展

70 年来，海南省气象部门坚持把党的领导作为推进气象改革开放的政治保证，充分发挥党组织的政治核心作用和党员的先锋模范作用。70 年气象事业发展的实践启示我们，确保正确方向是气象事业发展的根本前提，坚持党的领导就是气象事业沿着正确方向发展的政治保证，也是根本要求。海南气象事业改革发展取得的每一次重大成就、每一次重大进步，都与党的坚强领导密不可分。

截至2018年年底，全省气象部门共有党员350名，占职工总数的41%，共成立44个党支部（含6个离退休党支部）和1个临时党支部（南沙气象站临时党支部），真正实现气象工作到哪里，党的领导就到哪里。多年来，海南省气象部门不断强化党的政治建设，加强思想理论武装，坚定维护党中央权威和党的集中统一领导，严格遵守党内法规和党的纪律规矩，完善落实民主集中制，深入开展了历次主题或专题学习教育活动，推进落实中央"八项规定"精神检查全覆盖，不断强化监督执纪问责力度，形成了以党组中心组学习为龙头、以党支部学习为基础、以党员干部学习为主体、以目标管理为督查手段的综合学习机制。加强党的建设和对机关、事业单位、企业等基层组织分类指导，严格落实"三会一课"等制度，推动了各级党组织的思想、组织、制度、作风和反腐倡廉建设。

气象文化建设不断深入，文明单位创建成果丰硕。海南省气象部门获评省级文明系统，全省19个市、县气象局全部获评省级文明单位，7个单位为全国文明单位；4个单位获评全国气象部门文明标兵台站。广大气象职工深入践行"准确、及时、创新、奉献"的气象精神，为气象事业发展提供了强大的精神动力和支撑。三沙市珊瑚岛气象站获评"全国工人先锋号"，海南省气象台获评"海南省工人先锋号"，定安县气象局获评"全国巾帼文明岗"。多人获得"第四届全国道德模范提名奖"和"海南省五一劳动奖章"，以及"全国基层理论宣讲先进个人"和"海口市见义勇为积极分子"等荣誉称号。

（二）气象现代化建设迈上了新台阶

1. 气象观测向综合、立体、自动化转变

准确预报离不开完善的监测站网。海南省气象部门着力推进气象观测、天气雷达监测陆海一体均衡发展，已建成21个国家级地面气象站、101个国家天气站、5个无人自动气象站、5个海洋浮标国家气象观测站、4个探空观测站、6部新一代天气雷达、19个大气成分站、2个电离层D区吸收观测站和421个区域自动气象站，建成雷电、水汽、负离子、紫外线和土壤水分自动观测网，构建涵盖地面、高空、雷达、空间天气、环境气象等综合气象观测站网，基本建成了覆盖海南岛及其周边海域、西沙海区、南沙海区的三大综合观测基地。海岛站、船舶站、浮标站等组成的海洋气象观测站网推动了岸基观测向远海观测延伸，使我国的观测范围向南推进1000千米，密度为8千米×8千米的多要素陆地观测站网覆盖全岛所有乡镇，12种地面气象观测项目全部实现自动化观测，对台风、暴雨、强雷电等灾害性天气的监测率达到100%。2018年10月31日，永暑礁、渚碧礁、美济礁气象观测站全面开展气象观测、预报、服务工作，为南海航行安全和沿岸国家人民的生产生

活提供有力保障。

2. 气象预报预测向无缝隙、全覆盖、智能化转变

一是天气预报方式实现了重大变革。传统预报向智能预报方向发展，构建了从分钟到年的无缝隙气象预报业务体系；强化强对流天气实时监测和短临预警，实现对台风、暴雨、大雾、强对流等灾害性天气监测和短临预警；开展精细到县、滚动更新的全省月、季、年气温、降水趋势定量预测，以及延伸期（11~30天）时段内强降水、强降温、高温、雨季进程、台风等重要天气过程的预测业务，发展了海南省台风、暴雨、高温、清明风等主要灾害性天气气候事件的监测业务和影响评估业务。

二是业务技术能力和预报准确率不断提高。建成省、市、县一体化现代智能预报业务平台和海南现代气候业务平台，提高了业务系统支撑能力；智能网格预报业务从"无"到"有"，从"有"到"细"，从"细"到"准"，海陆多要素预报时效10天，时空分辨率分别为3小时、5千米，重点区域达到1小时、1千米，形成了智能网格预报"一张网"并实现站点格点预报一体化。近5年（2014—2018年）的海南省24小时城镇晴雨、气温预报准确率平均值分别为81.7%、91.5%，月降水、月气温预测准确率平均值分别为69.2%、78.8%，比上5年（2009—2013年）平均值分别提升了4.3%、10.1%和6.5%、12.8%。2018年，暴雨预警准确率85.71%，预警时间提前量平均为54分钟，雷雨大风预警准确率86.96%，预警时间提前量平均为37分钟；冰雹预警准确率75.00%，预警时间提前量平均为19分钟。

三是海洋预报、环境气象等专业预报业务和气象风险预报得到发展，气象保障能力不断提升。海洋预报业务得到快速发展，建立了精细化海洋气象要素预报业务，制作发布覆盖南海的气温、风向、风速、降水、能见度、云量等气象要素精细化格点预报产品；建立了海上强对流天气、海雾等监测预报预警业务；发展南海主要岛礁、渔场、港口及海上航线等天气预报业务；开展南海区域的21个岛礁、6个主要渔场、6个主要港口预报以及东盟和南海周边国家9个主要城市预报服务；上线"南海天气"中英文网站，三沙海洋气象短波电台覆盖整个南海，三沙卫视开通《南海天气》节目；海洋预警信息发布更加精准，实现泛南海区域"一张网"气象服务。建立了暴雨诱发中小河流洪水、山洪地质灾害和城市内涝等气象风险预警服务业务、发展了环境气象预报业务。

3. 气象信息向大数据、集约化、智能化转变

加快构建集约高效、功能齐全、绿色安全的气象信息化支撑体系，建成四大通信运营商线路负载均衡的气象广域网络、覆盖全省市（县）气象局的高清视频会商系统，以及连线省政府应急指挥中心和省应急办的高清视频会议分系统。建成1.4万亿次/秒的高性能计算机系统，开展气象云计算服务系统的应用。完成1套省气象局卫星通信主站、5套海岛卫星通信小站建设，实现了边远海岛与省气象局的卫星链路互通。推进基础设施资源池建设，虚拟化服务器系统投入应用；完成了CIMISS（全国综合气象信息共享平台）、国内气象通信系统2.0（CTS2.0）、海南分系统、实时一历史地面气象资料一体化（MDOS）、MICAPS4分布式数据环境系统建设，构建了省级数值预报云平台，建成基于云计算和大数据技术的业务网站。进一步统一了气象数据源，推进了海南气象信息化、集约化、标准化建设进程。实现与部队、环保、交通、林业、海洋、空管气象台、香港天文台等22家单位数据共享。2018年，全省地面综合气象观测质量、国家级自动气象站数据传输及时率、国家级自动站业务可用性、天气雷达业务可用性全国排名第一；酸雨观测样品考核取得全优。

4. 气象军民融合向全要素、多领域、深度化转变

自2006年以来，海南省气象局创新机制，与军方陆续签订了一系列合作协议，组建南海气象探测设施建设规划军民协调小组，逐步建立起了军民融合发展的长效机制。从2007年年初起，双方合作先后在三沙海域及海南岛近海海域建成21个海岛自动气象站，构建了环南海海域的海岛自动气象站网，同时建成船舶自动站3个、大型海上浮标站5个。

多年来，海南省气象局加强军民双方合作，推进军地共商、科技共兴、设施共建、后勤共保，建立了"军民融合发展、经略南海气象"的创新发展道路。实现军民双方全要素、多领域深度融合，共建南海气象监测预报预警保障体系，实现了优势互补快速协同发展。通过军民深度融合发展，推进了海上气象服务、精细化预报和应对气候变化业务，弥补了南海气象观测业务空白，为国防建设、经济社会发展、防灾减灾、科学研究以及"一带一路"和自贸区（港）建设发挥了重要作用。

（三）气象服务和防灾减灾救灾做出大贡献

海南省气象积极融入地方经济社会发展，围绕国家重大战略保障、防灾减灾、海洋强省、生态文明及国际旅游岛建设等任务，在应对重大气象灾害和重大活动中发挥了重要作用，同时为南海维权提供了坚强保障，为热带农业、南繁育种、全域旅游、生态环境保护提供了有力支撑，社会、经济和生态效益显著，受到各级党委政府的高度肯定。

1. 不断筑牢气象灾害预警服务能力，发挥气象防灾减灾"发令枪"作用

近年来，海南省气象局多项预报服务指标在全国考核中名列前茅。建立分灾种、城市乡村精准到人的气象灾害预警信息发布机制，实现气象灾害预警信息在全省陆地、岛礁、海洋的全覆盖和靶向发布，国家突发事件预警信息发布"零错情"，位列全国第一。在全国首家实现北斗卫星通信与国家突发事件预警信息发布系统无缝对接，海洋预警信息发布更加精准。建成"海南台风灾害影响评估三维模拟系统"，提升海南台风灾害防御的决策服务能力。省、市、县全部成立突发事件预警信息发布中心，建成了横向到边、纵向到底的基层气象灾害应急体系，气象预警信息覆盖率达95%

以上。2014 年在迎战新中国成立以来登陆我国的最强台风"威马逊"时，准确预报登陆地点，及时撤离居民，避免重大人员伤亡；2016 年台风"莎莉嘉"登陆海南期间，人员"零死亡、零失踪"。多次获得国务院和海南省领导的高度评价。2017—2018 年连续两年实现气象灾害人员"零死亡、零失踪"。

2. 提升海洋旅游生态脱贫服务能力，发挥气象资源利用和趋利避害作用

一是着力推进海洋气象服务。通过强化对灾害性、高影响、极端天气气候事件的预报预测、风险分析和影响评估，提高气象决策服务、行业服务的针对性和精细化水平，切实提升海洋能源勘探、渔业捕捞、旅游航线、港口作业、海上救援、海事调度等行业的海洋气象服务保障能力。在琼州海峡两岸建设新型激光能见度监测仪，有效增强琼州海峡大雾监测能力，得到国家发展和改革委通报表扬。与交通、海事等四部门联合签署协议，保障蔬菜供应、海峡航运，高质量服务民生，实现了防灾服务与保障民生的有机结合。二是大力拓展旅游气象服务领域。通过建立智慧气象服务科技创新团队，加强服务研发，不断提高海南全域旅游气象服务保障能力，切实提升按需定制、智能推送、靶向互动的旅游智慧气象服务能力。推进与旅游、交通、海洋、景区景点及旅游项目经营单位的合作交流，实现多源资料信息共享、融合；与省交通运输厅、民航海南空管分局合作，进一步发挥好交通旅游安全保障支撑作用。三是稳步推进生态文明气象服务。通过开展典型生态系统、地表生态环境变化以及气象灾害、次生衍生灾害影响动态监测，开展热带雨林、红树林、海岸带等海陆生态系统遥感监测预警评估业务服务。推进人工增雨随机化外场试验，提升人工影响天气作业效益和生态修复型人工影响天气服务的作用。通过完善气象灾害风险普查和风险区划工作，推进天气指数保险气象服务。四是强化乡村振兴与精准扶贫气象服务。通过建设完善开放互联的省级智慧农业气象大数据平台、集约智能和创新智慧的省级农业气象服务平台，不断提升智慧农业气象服务和气象灾害防御能力。开展农产品气候品质认证、天然氧吧评定、宜居城镇等气象服务，助力乡村振兴、扶贫脱贫攻坚和生态文明建设，不断提高社会公众、海洋岛礁、城市社区、乡村小镇和重点区域、部门行业科学利用气象资源和趋利避害的能力。突出气象精准扶贫特色，提升精准扶贫质量，2018年定点帮扶脱贫率达 80.2%。

3. 完善气象信息的全媒体融合，让智慧气象服务以人为本、无处不在

以智慧气象服务为抓手，加强对智慧气象服务的顶层设计。通过构建普惠型的微信智慧气象服务平台、气象服务手机 App、气象信息服务网站、全省 30 多家中央驻琼媒体和海南主流媒体的合作融合、气象服务一键式发布平台、西沙南沙气象信息发布站和具有海南特色的 8 个部门行业的气象信息全网发布等举措，逐步推进智慧气象服务业务和智能服务平台的建设与集成；通过传统媒体、新媒体和多个部门行业的气象信息融合，16 种渠道多举措推送各种预报预警信息，实现气象灾害预警信息在海南陆地、海洋和岛礁的全覆盖。

（四）气象科技人才发展步入快车道

回首 70 年来的工作，气象科技创新和人才体系建设犹如强劲的引擎，将海南气象事业的发展推向新高。

1. 科技创新能力持续增强，气象科研取得丰硕成果

海南气象部门一直注重科研工作。在各个历史时期，围绕气象业务需要，积极推进科技研发，研究成果有力支撑了海南气象业务发展。建省以前，海南气象部门虽然没有稳定的科研机构，但却持续开展科研活动。二十世纪五六十年代主要开展天气气候特征以及气象条件对早稻等农作物的影响研究。七八十年代则集中开展各种灾害性天气的中短期预报技术方法研究。建省后的这 30 年，海南气象科技创新体系不断完善，气象科技研发能力不断增强，先后建成"海南省南海气象防灾减灾重点实验室""南海风云论坛""气象科技学术讲坛"等一批学术交流平台，科技交流与合作不断扩大，分别与中山大学、南京信息工程大学、成都信息工程大学、香港天文台以及民航、水文等高校和部门签署合作协议，在资料共享、协同创新、人才培养等方面加强合作。建省以来先后承担国家科技支撑项目、国家自然科学基金项目、公益性（气象）行业专项等国家级科研项目 18 项，省部级项目近百项。科技成果不断涌现，共获得海南省科技奖励 17 项，其中一等奖 1 项、二等奖 6 项、三等奖 9 项、四等奖 1 项。获得软件著作权证书 25 项，在国内外期刊发表 SCI/SCIE 论文 30 篇，国内核心期刊论文 300 多篇；其中 3 篇获得了海南省自然科学优秀学术论文二等奖。加强气象科普宣传教育，有效提升了公众气象科学素质和气象灾害防御能力。多次获得全国气象科普工作先进集体和先进个人、全国科协系统先进集体和先进个人、全国气象和海南省科普讲解大赛、全国优秀气象科普作品等奖项。

2. 实施人才强局战略，打造了一支高素质的人才队伍

70 年来，海南省气象部门紧紧围绕气象事业发展改革大局，大力实施人才强局战略，以高层次人才和青年人才建设为重点，不断完善人才工作体制机制，人才队伍整体素质明显提高，学历、专业结构得到明显优化，为全面推进海南气象现代化建设提供了坚实的人才保证和智力支撑。截至2019 年 5 月底，全省气象部门在职人员 537 人，其中参照《公务员法》管理的国家气象编制人员151 人，国家气象事业编制人员 383 人，地方编制人员 3 人。其中，拥有博士学位的有 8 人，硕士学位 154 人，硕士及以上人员占部门总人数的 30.2%，本科学历 301 人，本科以上学历人员占部门总人数的 86.2%；正高（研）级人员 14 人（占 2.6%），副高级 99 人（占 18.4%），中级 229 人（占

42.6%）。与 1988 年建省时相比，全省气象部门本科及以上人员增加 23.4 倍，具有专业技术高级职称以上人员增加 36.7 倍，中级职称及以上人员增长 235%。与 1988 年年底相比，处级领导干部平均年龄减小 2 岁，大学本科以上学历人员比例由 20% 提高到 93%；县气象局领导干部平均年龄由 45 岁降低到 39 岁，大学专科以上学历人员比例由 11% 提高到 100%；市、县气象局干部职工大专及以上学历人员比例达 92.0%。2019 年，有 26 人分别入选海南省领军人才、"515 人才工程""南海名家"等高层次人才。

（五）事业发展政策环境不断优化

1. 气象法制建设取得有效进展，依法行政和科学管理水平明显提高

截至 2018 年年底，海南省政府先后出台了《海南省气象灾害防御条例》等 12 个相关法律法规和政策文件，海南省气象局也陆续制定完善了 38 件有关防雷、施放气球、气象探测环境保护、气象信息发布、行政审批等一系列相配套的规范性文件，全省各市、县政府基本上都已颁布本行政区域有关气象探测环境保护、防雷管理等的规范性文件，形成较为完整的气象法律法规系列配套制度，逐步健全气象法规体系的建设。2001 年，全省各级气象主管机构逐步开展气象行政执法工作，海南气象行政执法检查监督体系逐步建立并完善。2008 年以来，建立和完善气象行政审批制度。2009 年，海南省气象局制定完善《行政处罚自由裁量权量化标准表》和《气象行政处罚自由裁量权规则》等制度，全面建立了省局监督、市县局配合，机构健全、管理规范、保障有力的气象行政执法体系。

2. 气象科技服务为海南气象事业发展注入了生机与活力

自 20 世纪 90 年代以来，海南气象部门坚持解放思想，坚持依托气象业务促发展，坚持以规范管理推动发展，气象科技服务发展不断加快，专业气象服务领域向旅游、交通、海洋、林业、农业、电力、港口、石油等行业全面覆盖，防雷技术服务为全省 700 多家易燃易爆企业撑起"保护伞"，气候可行性论证纳入"多评合一"，气象科技服务领域不断拓宽，业务水平显著提高，服务内涵日益丰富，海南气象部门的服务也渗透到更多的社会领域，弥补了事业经费的不足，改善了台站环境和职工生活，为稳定气象队伍、促进气象现代化建设和气象事业持续健康发展做出重要贡献。

三、发展经验

70 年来，海南省气象局始终坚持党的领导，认真贯彻落实党中央、国务院和中国气象局以及海南省委、省政府的决策部署，坚定公共气象发展方向，提升公共气象服务能力，着力推动融入式发展，始终不渝推进气象现代化。几代海南气象人的积极探索和不懈奋斗，为我们继续前进奠定了

雄厚坚实的基础，积累了弥足珍贵的经验。

一是必须始终坚持和加强党对气象工作的绝对领导，树牢"四个意识"，坚定"四个自信"，坚决做到"两个维护"，才能确保气象事业发展坚强有力。

二是必须坚持以人民为中心、为人民大众福祉安康服务的根本宗旨，紧紧围绕"加快建设经济繁荣、社会文明、生态宜居、人民幸福的美好新海南"的建设目标，发展更好服务群众、惠及民生的气象服务。

三是必须始终坚持以气象现代化建设为抓手，结合新时代新气象的要求，推进自动观测，发展智能装备，推进无缝隙、全覆盖、智能化的气象预报业务体系建设，发展智慧气象服务，推进气象信息化建设，促进气象大数据高效应用，推动更高质量、更好效益的海南气象现代化。

四是必须始终坚持全面改革开放，破除一切不合时宜的思想观念和体制机制弊端，主动融入海南全面深化改革开放新格局，找准定位、抓住机遇、提升能力，积极服务海南自由贸易试验区和中国特色自由贸易港建设。

五是必须始终坚持创新驱动发展，充分发挥科技对气象发展的重要支撑作用，开展海南特色气象服务技术攻关，多渠道激励科技成果转化，依靠科技进步，应用先进科学技术，大力推进海南气象现代化建设。

六是必须始终坚持人才强局战略，积极培养科技领军人才、高技能人才、高素质管理人才；进一步优化气象人才发展环境，推动气象人才列入《百万人才进海南行动计划（2018—2025 年）》；创新人才培养体制机制，加大人才培养和引进力度，建设高素质专业化干部队伍。

七是必须始终坚持科学管理和依法发展。明确发展思路，制定发展战略和规划，做好顶层设计，注重统筹协调和认真实施；不断制定和完善规章制度，适时总结提炼成气象法规，推进科学化、规范化、制度化管理。

四、发展目标

回眸历史，新中国海南气象事业取得的成就令我们备感欣慰。海南气象 70 年取得的成绩，与中国气象局和海南省委、省政府的高度重视、亲切关怀和正确领导密不可分，与各级党政领导、有关部门和社会各界的高度关心、大力支持、积极配合密不可分，与海南历代气象干部职工的不懈努力、开拓创新和无私奉献密不可分。

2018 年 4 月 13 日，习近平总书记在庆祝海南建省办经济特区三十周年大会上宣布："党中央决定支持海南全岛建设自由贸易试验区，逐步探索、稳步推进中国特色自由贸易港建设"。4 月 14 日，中共中央、国务院印发《关于支持海南全面深化改革开放的指导意见》；9月29日，中国气象局党组出台《贯彻落实〈中共中央 国务院关于支持海南全面深化改革开放的指导意见〉的实施意见》，对推进海南气象工作提出更多、更细、更高的要求。勇立潮头，奋发进取，加强气象监测预报预警服务工作，不断满足人民美好生活需要、增强人民获得感和幸福感，正是海南气象工作的价值取向。

展望未来，站在新的起跑线上，面对新时代新任务新要求，海南气象全体工作者在习近平新时代中国特色社会主义思想指引下，必将团结一心，昂扬奋进，全面开启建设现代化气象强省新征程，更好地服务于海南"三区一中心"发展战略。以"智慧气象"建设为抓手，进一步加强党的建设，以气象防灾减灾与服务保障体系建设为中心，统筹推进海洋气象、旅游气象、生态文明气象服务和气象军民深度融合四个重点，全力加大体制机制改革、人才队伍和科技支撑三个保障能力建设，全面推进海南气象现代化建设，为建设美好新海南提供坚强的气象保障。

（撰稿人：陈世清　吴坤悌　余申伟　沈小芸）

跳出小气象　做实大气象

重庆市气象局

　　重庆，位于中国内陆西南部、长江上游地区，是山环水绕、江峡相拥的山水之城。伴随着新中国 70 年的光辉历程，在中国气象局和地方党委政府的坚强领导下，重庆气象事业在探索中前进，在创新中发展，不断开辟发展新境界，取得了巨大进步和显著成绩。特别是进入新时代以来，重庆气象工作全面贯彻落实习近平总书记对重庆提出的"两点"（西部大开发的重要战略支点，"一带一路"和长江经济带的联接点）定位、"两地"（内陆开放高地，山清水秀美丽之地）"两高"（推动高质量发展，创造高品质生活）目标、发挥"三个作用"（在推进新时代西部大开发中发挥支撑作用，在推进共建"一带一路"中发挥带动作用，在推进长江经济带绿色发展中发挥示范作用）和营造良好政治生态的重要指示要求，紧紧围绕重庆重大发展战略，坚持"高质量高品质发展""跳出小气象、做实大气象"的发展思路，在更大的格局上深度融入地方经济社会发展大局，在更高的站位上推动新时代重庆气象现代化发展，积极助力重庆在推进新时代西部大开发形成新格局中展现新作为、实现新突破。

一、发展历程

　　文脉绵延悠千载，抗战烽烟承薪火。早在春秋末期，宋玉《高唐赋》中就写道"巫山之阳，高丘之阻，且为朝云，暮为行雨"，描述了巫山多云雨的气候特征。自公元 763 年起，涪陵白鹤梁石刻记录了从唐广德元年迄今 1200 余年来的长江涪陵段水文气象变化。1891 年 5 月，英国重庆海关在南岸玄坛庙设立测候所，开启了西南地区使用现代气象仪器进行观测的先河。抗日战争期间，重庆作为战时首都和二战时期的世界反法西斯战争远东指挥中心饱受战火洗礼，重庆气象却在战火中传承下来，并为抗战胜利做出重要贡献。1932 年建立江北县建设局测候亭，1937 年建立南川金佛山凤凰寺空军测候所，其观测的天气数据，成为重庆制订防空袭方案和保障驼峰航线的重要参考资料。1938 年 1 月，中央研究院气象研究所西迁重庆，长达十余年间，竺可桢、涂长望、叶笃正、陶诗言等一大批著名气象学者云集重庆。1941 年 10 月，国民政府中央气象局在重庆成立，中国气象近代史上第一个行政管理机构就此诞生。据统计，民国时期重庆共有中央气象局、航委会（空军）、科研、教育、民航、英国、法国、中美合作等方面的 26 个气象机构。

百步无轻担，负重以致远。1949 年新中国成立后，重庆气象事业快速发展，经历了求索、夯基、砥砺等阶段，并扬帆远航。

1949 年 11 月 30 日，重庆解放。1950 年 1 月，中国人民解放军重庆军管会空军部接管了原属国民政府的重庆气象台、中央气象局重庆办事处及北碚测候所。同年 8 月 16 日，西南军区司令部气象管理处在重庆气象台的基础上组建成立，并兼理西南区台业务，由中央军委气象局和西南军区司令部双重领导。1953 年 8 月，气象系统由军事建制转为地方政府建制。1954 年 1 月 1 日，西南气象处重庆预报台成立，位于南岸马鞍山，内设四股（行政、通信、机要、预报），有职工 54 人。1954 年 7 月 9 日迁移至市区两路口国际村山顶，1955 年 8 月迁址至大坪谢家花园，1960 年 5 月迁至石桥铺陈家坪。20 世纪 50—70 年代，重庆预报台的名称和管理体制几经变动，先后更名为四川省重庆气象台、重庆市气象台、重庆市水文气象台、重庆市水文气象服务台、重庆市气象台。1971 年 8 月，重庆市气象局成立，与重庆市气象台合署办公。

1983 年 4 月，重庆市实行计划单列，重庆市气象局与永川地区气象局合并，更名为重庆气象局。1986 年 8 月，重庆气象事业实行计划单列，这也是全国气象部门第一个计划单列的气象局。国家气象局赋予重庆气象局省局一级的管理权限，业务、服务上接受四川省气象局的领导并承担四川省气象局交办的各项任务。

1997 年 6 月 18 日，重庆直辖。同年 12 月 27 日，重庆市气象局挂牌，正式升级为省级气象部门。中国气象局和重庆市政府对重庆气象工作的支持力度进一步加大，2006 年、2008 年，市政府分别印发了《关于进一步加快气象事业发展的决定》《关于进一步加强气象灾害防御工作的意见》等加强气象工作的规范性文件，中央和地方财政对重庆气象的投入大幅增加。

2009 年 7 月 1 日，中国气象局与重庆市政府签署部市合作备忘录。2011 年 3 月、2012 年 12 月和 2015 年 4 月，双方先后召开三次部市合作联席会议，共推重庆气象事业发展。期间，双方还于 2011 年 11 月在重庆召开推进气象事业发展座谈会，明确提出重庆要在西部率先基本实现气象现代化，并将重庆纳入全国气象现代化建设试点。

2012 年 8 月，中国气象局批复同意，重庆市政府印发了《重庆在西部率先基本实现气象现代化行动方案》，在西部率先基本实现气象现代化工作全面展开。2017 年 11 月，重庆气象现代化建设通过了政府主导的第三方评估。

党的十九大以来，重庆市气象部门以习近平新时代中国特色社会主义思想为指导，全面贯彻落实习近平总书记对重庆提出的"两点"定位、"两地""两高"目标、发挥"三个作用"和营造良好政治生态的重要指示要求，全面贯彻落实习近平总书记关于防灾减灾救灾工作的重要论述和对气象工作的重要指示批示精神，紧密围绕中国气象局和重庆市委、市政府各项战略部署，确立了"高质量高品质发展""跳出小气象、做实大气象"的发展思路，聚焦助力发挥"三个作用"，聚焦全面融入重庆"三大攻坚战""八项行动计划"，聚焦建设智慧气象"四天"系统，聚焦创建重庆三峡国家气象公园，聚焦"业务智能化、服务智慧化、台站巴渝化、管理法治化、党建从严化"，突出创新驱动发展，突出人才队伍建设，奋力推进新时代重庆气象现代化高质量高品质发展。

一是围绕"防范化解重大风险攻坚战""保障和改善民生行动计划"，健全气象防灾减灾救灾体系建设。市政府成立气象灾害防御指挥部，市政府办公厅印发《重庆市防灾减灾救灾气象行动方案》，与市水利局签署协议共同提升洪旱灾害应对能力，不断完善气象防灾减灾救灾体系。初步建立智能化预警信息发布系统，预警信息覆盖率超过90%。人工影响天气作业增加降水超过10亿立方米，防雹经济效益超5亿元。圆满完成"中国国际智能产业博览会""中国西部国际投资贸易洽谈会""三峡国际旅游节"等重大社会活动气象保障服务。

二是围绕"精准脱贫攻坚战""乡村振兴战略行动计划"，强化乡村振兴战略气象保障。市委乡村振兴战略领导小组办公室印发《重庆市实施乡村振兴战略气象行动方案》，《重庆市乡村振兴战略规划》明确了投资2.4亿元的"智慧型气象为农服务体系"重大建设项目。近两年全市气象部门共选派近百人次驻村扶贫，投入专项资金2700多万元。建立了18个深度贫困乡镇98个贫困村全覆盖的预警发布工作体系。制作了石柱中益、奉节平安、巫溪红池坝、彭水三义、酉阳浪坪等乡镇专题片，广为宣传推介18个深度贫困乡镇的气候旅游资源和特色农产品，2018年夏季酷热期间发布了全市百名"清凉乡镇"。巫山脆李获全国首个"中国气候（特优）好产品"。

三是围绕"污染防治攻坚战""生态优先绿色发展行动计划"，强化生态文明建设气象保障。与5个市级部门联合印发《重庆市生态文明建设气象行动方案》。向市委市政府报送《重庆市生态气候质量监测评估报告》。与市生态环境局签署合作协议，共同加强大气污染防治，共同打赢蓝天保卫战。与市文化旅游委签署协议，共同打造旅游业发展升级版，参与主办中国首届温泉与气候养生旅游国际研讨会，首个"国家气候养生旅游示范基地"落地重庆。城口、黔江、酉阳分别获得"中国生态气候明珠""中国清新清凉峡谷城""中国气候旅游县"国家气候标志。组建生态气象和卫星遥感中心，开展山清水秀美丽之地内涵及指标研究。

四是围绕"以大数据智能化为引领的创新驱动发展行动计划"，大力发展智慧气象。《重庆市新型智慧城市建设方案（2019—2022）年》，明确提出要大力发展智慧气象，到2022年，发展基于物联网、大数据、人工智能的智慧气象观测、气象预警、气象服务，完成"天枢·智能探测系统、天资·智能预报系统、知天·智慧服务系统和御天·智慧防灾系统"智慧气象"四天"重点工程建设，为新型智慧城市建设提供气象智能化支撑。智慧气象"四天"原型系统亮相首届中国国际智能产业博览会，多项成果参加第二届中国国际智能产业博览会展示，获高度评价。在 ABC SUMMIT 2019 百度云智峰会上，顾建峰局长作为特邀嘉宾以《重庆气象 + 大数据智能实践》为题分享了智慧气象"四天"系统发展成果，受到各界热烈关注。

五是围绕"内陆开放高地建设行动计划""城市提升行动计划"，强化重庆共建"一带一路"和长江经济带绿色发展气象保障。参加长江流域 11 省市气象数值预报联盟，联合研发长江经济带高分辨率数值预报核心技术。开发重庆"一带一路"和长江经济带智能化气象监测预报服务系统，积极开展交通、航空、航运、能源、旅游等精细化气象监测预报和气象灾害预警服务。参与重庆国土空间规划研究，参与同济大学"两江四岸"保护开发规划设计，开展了悦来新城海绵城市热岛效应监测评估和广阳岛规划设计气候环境评估。

六是围绕"军民融合发展战略行动计划"，强化气象军地融合发展。与重庆警备区、驻渝部队、武警部门等建立军民融合发展合作机制，共同建设涪陵雷达、军地一体化气象预报系统、人工影响天气作业空域管理系统、金佛山综合气象观测野外科学试验基地。

七是围绕"科教兴市和人才强市战略行动计划"，强化开放创新和人才队伍建设。与阿里巴巴、百度、腾讯签署合作协议，共同发展智慧气象。与美国俄克拉荷马大学、成都信息工程大学、重庆大学、西南大学、重庆邮电大学、重庆师范大学等高等院校联合开展关键核心技术攻关和人才培养。出台系列科技创新管理办法，实施"两江之星"气象英才计划。

八是围绕重庆自然山水和历史文化两大"本底"优势，创新创建重庆三峡国家气象公园。初步梳理了重庆长江、嘉陵江、乌江流域的自然山水和历史文化两大"本底"，初步归纳了重庆天气气候景观、立体气候、气象历史文化、喀斯特地貌和气候养生等五大气象资源优势，规划将长江、嘉陵江、乌江等流域的珍珠状景点编制成精美的"项链"。创建工作列为市委深改委全力攻坚突破的 20 个重大改革项目之一。在 2018 年华龙网开展的重庆市"我最喜欢的 10 项改革"网络评选活动中位列第 4 名。2019 年 1 月重庆三峡地区成为首批国家气象公园建设试点。市政府成立了试点建设领导小组，统筹推进试点建设工作。

二、发展成就

（一）综合观测系统不断完善

1. 地面观测

20 世纪 50 年代，重庆气象观测站点开始布设。60 年代，我市气象观测台站逐步完成国产化观测设备的更新换代，实现了气温、降水等部分气象观测要素的自动记录。1994 年，在南川金佛山建成全市第一个自动气象观测站，首次实现了基本气象要素的自动观测、传输。2001 年起对全市 35 个国家地面气象观测站观测设备进行了自动化改造。到 2018 年，共建成 1998 个常规气象观测站，实现全市乡镇全覆盖，并启动了地面气象观测自动化改革。

2. 高空观测

1957 年，重庆高空气象观测站正式建立，测风使用经纬仪，探空使用 P3–049 型仪器。1981 年 5 月使用 701 型雷达和五九型转筒式电码探空仪，1995 年升级为 701C 型雷达，2004 年起开始使用 L 波段雷达系统进行探空观测。目前，全市唯一的探空站位于沙坪坝歌乐山，每天施放探空气球进行 3 次观测。20 世纪 70—80 年代，部分台站先后使用 711 型、713C 型测雨雷达观测。2005 年起，重庆市开始建设新一代天气雷达，陆续在重庆主城（陈家坪）、万州、黔江、永川建成 4 部，在建 1 部（位于涪陵）。2017 年起在巴南建成风云三号、四号气象卫星地面接收站。

3. 综合观测系统

目前，全市已基本形成地基、空基、天基观测一体化，布局科学、技术先进、功能完善、运行可靠的综合气象观测系统。截至 2019 年 7 月，全市共有 35 个国家级地面气象观测站、1998 个常规气象观测站、1 个高空气象观测站、1 个气象卫星地面站、4 部新一代天气雷达、2 个风廓线雷达站、13 个农业气象观测站、35 个酸雨观测站、14 个太阳辐射观测站、7 个紫外辐射观测站、183 个土壤水分观测站、47 个农业小气候观测站、26 个长江航道能见度站、19 个交通气象观测站、15 个旅游气象观测站、9 个大气负离子观测站、6 个雷电观测站、32 个 GNSS/MET 观测站、2 部毫米波云雷达、5 部微雨雷达、5 台微波辐射计、35 台雨滴谱仪、7 个大气成分观测站、2 个气象梯度观测站、2 个综合观测试验外场。

（二）气象信息网络系统快速发展

1. 数据传输

新中国成立后，使用莫尔斯气象电码开展人工抄收天气报，并通过电报局或无线电台收集气象观测资料和拍发天气报告及预报。1973 年 1 月，在四川省内首先使用移频接收机接收国家移频天气报告，结束了人工手抄摩尔斯信号天气报的历史。1975 年，开始使用传真机接收气象传真广播，并逐步在区、县（市）气象局推广。1993 年开始，通过 VSAT 卫星通信系统（9210 工程）建设，建成广域通信网。随着计算机网络的不断普及，2000 年停止使用传真机。2004 年 9 月，市气象局到各区县气象局的可视天气预报会商系统正式开通。

2. 数据处理

2005 年，引进运算能力 4 万亿次 / 秒的高性能计算机系统。2008 年，建成重庆气象信息共享平台，实现基础数据集约化。2015 年，基本建成规范标准、集约共享、便捷高效的气象业务数据平台。2016 年，共享中科院重庆绿色智能研究院 315 万亿次 / 秒的计算资源。

3. 气象 + 大数据平台

2018 年起，重庆大力推动气象大数据资源共建共享，统筹重庆气象大数据云平台建设，市气象局至区县气象局广域网带宽由 2 Mb/s 升级至 50 Mb/s，市气象局互联网出口由 20 Mb/s 升级至 600 Mb/s，建成的气象信息基础设施云平台，能够提供 800 TB 的存储容量、19 TB 的内存总量及 3616 核 CPU 的服务能力。

（三）预报预测能力稳步提升

1. 预报预测业务

1950 年 5 月 20 日，重庆正式发布天气预报。20 世纪 80 年代初期，数值预报产品在预报业务上得到应用。同时期，随着电子计算机的广泛使用，以数值预报产品为基础、以人机交互处理系统为平台、综合应用多种技术方法的预报业务技术体制逐步形成，基本实现了从人工为主的定性分析预报，迈向人机交互的自动化、客观化和定量化分析预报的重大变革。21 世纪以来，基本形成了从短临、短期、中期、延伸期（11 ～ 30 天）到月、季、年的预报预测业务体系。建立了市区县一体化强对流天气分类预警、短期气象要素精细化预报、中期气象要素分县预报业务和精细到区县的延伸期、月、季、年气候预测业务，基本建成环境气象预报业务体系，初步建立了中小河流洪水、山洪和地质灾害气象风险预警业务、智能网格预报业务。气候与气候变化业务范围拓展为气候预测、气候监测评价、气象灾害风险区划与评估、气候应用服务、气候变化等。

2. 智能预报预测业务

近两年，围绕智慧气象发展思路，重庆联手百度智能云，推进气象业务基础性结构性变革，在继续建设高分辨率数值预报系统的同时，引入 ABC 一体化技术（A 指人工智能，B 指大数据，C 指云计算）发展智能预报预测业务。相对传统预报预测技术，2018 年智能预测的月气温评分提高了 4 分，月降水提高了 12 分；灾害性天气预警准确率提升 40%，预警时间提前 30 ～ 60 分钟。

（四）气象防灾减灾救灾体系不断完善

1. 城乡融合一体化气象防灾减灾救灾体系

20 世纪 70 年代，重庆气象开始开展伏旱、暴雨等气象灾害的预报预测服务以及规律研究。20 世纪 80 年代后期至 90 年代，各区县逐步建立起"五长"或"六长"联席会议的气象灾害防御机制。2002 年，《重庆市气象灾害防御条例》出台，这是我国首部地方气象灾害防御法规。2007 年，市政府印发《重庆市突发气象灾害应急预案》，颁布《重庆市高温天气劳动保护办法》。2010 年，市政府建立了市级部门气象灾害防御联席会议制度和在全国具有示范带动作用的"自然灾害预警预防和应急联动体系"。2012 年，市政府印发《重庆市气象灾害防御规划（2011—2020 年）》。目前，城乡融合一体化的气象防灾减灾救灾体系已初步建立。一是建立了市—区县—乡镇（街道）三级预警工作体系，实现了市—区县—乡镇（街道）三级全覆盖，在市级层面建立了1个市级预警中心、27个市级部门预警分中心；在区县层面建立了40个区县预警中心和470个区县部门预警分中心；建立了覆盖全市所有1028个乡镇预警工作站，以及2000余个村级预警工作站。二是形成了包括各级政府领导、部门应急责任人、气象信息员、河长、地灾四重网格员、山洪巡查员等在内的共计约160余万人的预警责任人队伍，建立了包括3539个预警终端、160余万短信用户、4.5万人使用的预警微信、2647余块电子显示屏、700万电视机顶盒、6.6万个农村应急广播等15类发布渠道，预警信息发布传播范围不断扩大。三是积极推进预警服务标准化和预警响应规范化，初步建立多部门"联合监测、联合会商、联合发布预警、联合应急保障"的联动预警机制，实现超阈值灾害监测信息向所在地相关责任人和群众定位发送。

2. 智能化预警信息发布系统

2011年，重庆市政府在永川试点建设预警信息发布平台的基础上，在全市推广"永川模式"突发事件预警信息发布平台。2016年，重庆市预警信息发布中心获批成立，并完成覆盖重庆城乡的"永川模式"推广建设任务。期间，市政府印发《重庆市突发事件预警信息发布管理办法》《重庆市突发事件预警信息发布平台运行管理办法》等规范性文件，规范预警平台的建设、运行和管理。2018年以来，按市政府关于预警信息发布平台的定位和"信息共享、研判支撑、发布共用、响应评估、灾情收集"五大服务需求，升级完善多灾种灾害监测、多专业协同研判、多渠道预警发布、多部门联动响应、多类别灾情速报等五大功能平台，推动建设市区县一体化，智能感知用户和突发事件位置，向指定区域、指定人群和全媒体快速推送的智能突发事件预警信息发布系统，以实现预警信息多渠道一键式发布和区域定位发布。当前，采用云短信技术，气象预警短信发布速度由每秒160条大幅提高到每秒3000条，将预警信息发送给全市160万预警责任人的时间从2个多小时缩短到9分钟左右。

3. 防雷减灾

重庆防雷减灾工作始于1989年，初期主要从事防雷安全检测。1998年3月，重庆市防雷中心（地方机构）正式成立。随后，各区县相继成立地方防雷机构，防雷减灾工作范围逐步拓展为防雷安全检测、雷电监测预报预警、雷电灾害调查鉴定、防雷科普宣传、雷电防护技术研究、防雷安全管理等。市政府先后出台了《重庆市防御雷电灾害管理办法》等规章和规范性文件，并将每年一月定为防雷宣传月。市局先后参与了2005年綦江东溪化工有限责任公司特大雷电灾害爆炸事故、2007年忠垫高速公路重大雷电灾害事故、2007年开县义和镇兴业村小学重大雷击事故等调查分析工作，针对重庆1202所中小学实施了"中小学雷电灾害防御示范工程"，针对部分区县实施了"中国气象局百村防雷减灾示范工程——重庆市农村防雷减灾示范工程"。2017年以来，全面放开防雷市场，构建防雷减灾安全责任体系，建立了防雷安全事中事后监管体系，成立了防雷检测技术协会，积极推动防雷减灾"放管服"改革向纵深发展。

4. 气象科普

重庆市气象局历来重视气象科普，坚持开展气象科普进学校、进社区、进农村、进企业活动。创建于1975年10月的北碚区大磨滩小学红领巾气象站，至今已有44年的历史，是全国校园气象科普示范点。目前，已组建全市气象科普专家人才库，建成重庆市气象科普馆、重庆三峡气象科普文化教育基地、重庆市铜梁区气象科普教育基地、北碚区大磨滩小学红领巾气象站等13个气象科普教育基地和63个校园气象站。在世界气象日、气象科技活动周、防灾减灾日和全国科普日等主题活动的基础上，打造了"全市中学生防灾减灾知识竞赛""萌娃识天"等精品气象科普活动，创作了《数说气象谚语》《节气里的生物密码》《气象科技活动》等科普图书，设计出负员、叶羽盖、名媚、董羹、水引等5个重庆气象卡通形象，先后推出《气象薪火缙云中》《小小见闻家走进重庆气象》（1期）、《气象防灾减灾科普小贴士》（1套，12期）和《气象防灾减灾知识科普动漫》（1部）等科普视频。

（五）气象服务能力不断提高

1. 决策服务

气象工作始终坚持把决策服务放在首位，并把综合防灾减灾作为决策服务的重中之重。自20世纪50年代起，决策服务范围从国防建设、农业生产拓展到经济建设众多领域，服务内容不断充实、服务方式不断改进，服务的针对性、及时性、综合性、敏感性不断增强，为各级党委政府安排生产、指挥防灾减灾、处置重大突发事件、组织重大活动等提供了有力的科技支撑和保障，特别是在抗击2004年"9·5"开县特大暴雨、2006年百年不遇的特大高温干旱、2007年"7·17"西部大暴雨、2008年渝东南低温雨雪冰冻、2011年高温干旱、2014年"9·1"渝东北特大暴雨、2016年1月低温雨雪、2016年6月连续性暴雨等重大气象灾害，保障2003年开县天然气井喷事故、2009年武隆山体垮塌救援、2011年夏季频发的森林火灾、2010年"7·19"城口滑坡堰塞湖、2018年"7·12"过境洪水和AAPP（亚洲议会和平协会）会议、亚太市长峰会、世界旅游城市联合大会暨重庆香山旅游峰会、中国国际智能产业博览会、上合组织地方领导人会议、"一带一路"国际技能大赛等重大事件和社会活动方面发挥了重要作用，决策气象服务政府满意度达100%，并多次受到上级表彰。

2. 公众服务

公众服务是国家赋予气象部门的一项重要任务。1956年7月1日，重庆气象台通过新闻媒体正式对外发布天气预报。从早期单一的天气预报服务发展至今，服务人民群众生产生活和经济社会发展的公众气象服务产品已多达 70 余种。服务手段也从报纸、电话、广播和人工等，逐步扩展为多种现代化媒体传播方式，形成了基本覆盖城乡的气象信息发布体系。公众气象服务满意度逐年提升，由 2012 年的 84.1% 提高到 2018 年的 88.6%。

3. 专业服务

专业服务是决策和公众服务的重要补充，主要为对气象服务有特殊需要的单位提供具有较强针对性的天气预报服务。重庆开展专业服务始于 20 世纪 50 年代，重点是为长江航道提供雾情观测服务。1981 年成立专业气象服务机构后，专业气象服务迅速发展。目前，已拓展到电力、交通、保险、环境、林业、能源、旅游等行业。

4. 为农服务

重庆集大城市、大农村、大山区、大库区于一体，气象为农服务工作范围大、任务重。1954 年，重庆正式开展为农气象服务工作，主要以农业气象观测为主。1997 年以来，农业气象服务业务快速发展，逐步形成了市、区县两级业务布局，服务延伸至村社，并向新型农业经营主体提供"直通式"服务。近年来，在全市持续实施"三农"专项、"两个标准化"（标准化农业气象服务区县、标准化气象灾害防御乡镇）建设，建成气象和农业专家、新型农业经营主体之间互动共享的"农业气象精细化智能服务平台"，建立起"政府主导、部门主体、社会参与"的智能农业气象服务机制，实现农业气象优势资源和产品制作向市级集约，农户通过手机即可免费获取基于农田位置的农业气象、天气预报预警信息、病虫害预报分析、农业专家指导信息以及咨询等服务，初步建立基于"互联网 +"的智慧农业气象服务体系。

5. 生态服务

重庆气象部门积极探索，通过多种手段推动立体气候资源向旅游资源和养生资源转化。一是发展人工影响天气业务。主要采取高炮、火箭、飞机三种手段，开展增雨抗旱、防雹减灾、森林灭火等作业，并试点开展长江上游生态修复人工增雨作业。与生态环境局签署合作协议，共同加强大气污染防治，"蓝天行动"人工增雨作业助力重庆空气质量优良天数年年达标，2018 年达 316 天。二是推进重庆三峡国家气象公园试点建设。规划将长江、嘉陵江、乌江等流域的珍珠状气象景观景点串入重庆全域旅游精美"珍珠项链"，让"一江碧水、两岸青山、千年文化"焕发新风采，展现新魅力，助力打造重庆旅游升级版。目前，璧山"观象识天园"已开园，涪陵"白鹤梁水文气象公园"已开工建设，铜梁"龙舞气象主题公园"、江津"女桑园"等一批气象主题公园正在设计规划之中。三是服务绿色发展。与市文化旅游委签署协议，共同打造旅游业发展升级版，参与主办中国首届温泉与气候养生旅游国际研讨会，首个"国家气候养生旅游示范基地"落地重庆。城口、黔江、酉阳分别获得"中国生态气候明珠""中国清新清凉峡谷城""中国气候旅游县"国家气候品牌，巫山脆李获"中国气候（特优）好产品"，铜梁、石柱、云阳龙缸国家地质公园、巫山获得"中国天然氧吧"称号，江津四面山景区、綦江区横山镇、开州区满月镇等11个乡镇（街道）、旅游景区获评中国（重庆）气候旅游目的地。

（六）科技人才体系不断发展

1. 科技创新体系

2000年，重庆市城市气象工程技术研究中心成立（2006年更名为重庆市气象科学研究所），同年成立了"重庆市气象局科学技术委员会"。2003年，建成全国省级气象部门首个博士后科研工作站。2014年，建成重庆市农业气象卫星与遥感、重庆市雷电灾害鉴定与防御等2个工程技术研究中心。2017年，组建了12个智慧气象科技创新团队，研究领域涉及预报预测、预警发布、安全气象、指挥人工影响天气、数值模式、气象服务、气候监测预测、灾害性天气预报核心技术、卫星遥感与生态气象、为农服务、气象+大数据、气候应用等。2019年，建立智慧气象众创空间。

2. 人才队伍建设

1954年，重庆有气象职工78人，经历了计划单列特别是直辖后，重庆人才队伍不断发展壮大。截至目前，全市气象部门在职在编855人（国家参公232人、事业504人、地方参公18人、事业101人），其中博士17人，硕士165人，本科以上学历人员占比89%；正研14人，高工164人，中级以上职称人员占比66%。2005年起，加快推进气象人才体系建设，先后实施了《重庆市气象部门2005—2015年人才发展规划》《重庆市气象部门"183"人才工程实施意见》《重庆市气象部门"百名优秀业务科技人才培养计划"（试行）》等培养计划。加快高层次人才培养，先后出台了《重庆市气象局正研级人才培养制度》《重庆市气象局培养引进高层次人才优惠政策》。进一步改进职称评审制度，出台了《重庆市气象中、副高级职称评审办法》等一系列配套文件，一支高素质的气象现代化人才队伍正在形成。

（七）法治和标准化体系不断健全

1. 气象法制体系

1999年起，《重庆市气象条例》《重庆市气象灾害防御条例》《重庆市防御雷电灾害管理办法》《重庆市气象信息服务管理办法》《重庆市气象灾害预警信号发布与传播办法》《重庆市人工影响天气管理办法》相继出台，形成了"2条例4规章"的地方气象法规体系。其中，《重庆市气象灾害防御条例》于2018年1月1日修订实施，《重庆市防御雷电灾害管理办法》于2019年7月修订施行。

2．气象执法能力

2000 年 3 月，开始建立气象行政执法队伍，对气球施放、防雷安全、气象信息传播、探测环境保护、涉外气象活动、人工影响天气等开展执法检查。2009 年，建立市级气象行政服务大厅，组织开展气象行政审批标准化建设，实现了气象行政审批"网上办""马上办""一次办"。

3．气象标准化建设

突出气象安全监管、现代化气象业务支撑等两个方向，围绕气象防灾减灾、公共气象服务等需求，开展标准研制。防雷减灾、气象风险管理等方面标准是重庆市标准化工作的特点和亮点，截至目前共主持制定国家标准 2 部、行业标准 10 部、地方标准 26 部。

（八）党的建设成果丰硕

1．党的组织体系建设

重庆市气象部门党的基层组织关系隶属地方。20 世纪 80 年代前，气象局党支部隶属于市农委党工委。1984 年，成立机关党委，由中共重庆市直机关工委领导与管理，同时接受国家气象局党组的指导。2002 年，第一届直属机关党委正式成立。2007 年，设立中共重庆市气象局党组党建工作指导办公室。2016 年，成立重庆市气象局党组党建工作领导小组及其办公室。2018 年，将党建工作领导小组和党组党风廉政建设工作领导小组进行整合，成立了党建和党风廉政建设工作领导小组及其办公室。

2．获奖情况

2001 年，市气象台被中央组织部授予"全国先进基层党组织"。2002 年起，重庆市气象局连续 13 年保持"市直机关党建工作先进单位"（2015 年后停止表彰），并于 2007、2012 年连续 2 次（5 年一轮）被市委组织部和市直机关工委授予"市直机关党建工作标兵单位"。1999 年，全市气象部门全部建成为市、地、县级文明单位，并不断提档升级，截至目前市级文明单位比例达 94.3%。2008 年，重庆市气象局建成全国文明单位并连续保持 3 届；2011 年，酉阳县气象局建成全国文明单位并连续保持 2 届；2017 年，铜梁区气象局建成全国文明单位。

三、发展蓝图

山阻水势，而流愈急。千帆竞发，奋楫者先。2019 年 7 月，中国气象局、重庆市人民政府召开第四次部市合作联席会议，共同签署了新时代重庆气象现代化发展合作备忘录，双方将共同实施六大工程，即共同实施智慧气象工程，助力重庆在推进西部大开发中发挥支撑作用；共同实施内陆开放高地建设气象保障工程，助力重庆在推进共建"一带一路"中发挥带动作用；共同实施生态文明建设气象保障工程，助力重庆在推进长江经济带绿色发展中发挥示范作用；共同实施乡村振兴气象保障工程，助力重庆打赢精准脱贫攻坚战和乡村振兴；共同实施城乡融合一体化气象防灾减灾救灾工程，提高重庆防范化解重大自然灾害风险能力；共同建设重庆三峡国家气象公园，助力重庆"行千里·致广大"。第四次部市合作联席会议的召开，为新时代重庆气象现代化高质量高品质发展描绘了蓝图、指明了方向。

站在新中国成立70周年的时间节点，聆听历史的回声，吹响时代的号角。重庆气象部门将全面贯彻党的十九大精神，以习近平新时代中国特色社会主义思想为指导，深入落实习近平总书记对重庆提出的"两点"定位、"两地""两高"目标、发挥"三个作用"和营造良好政治生态的重要指示要求，在中国气象局党组和重庆市委、市政府的坚强领导下，抓住机遇、扛起责任、勇往直前，按照中国气象局、重庆市政府第四次部市合作联席会议各项部署，深入实施"六大工程"，精心谋划实施重庆气象事业发展"十四五"规划，努力推动新时代重庆气象现代化高质量高品质发展。力争到2022年，高质量高品质建成重庆智慧气象"四天"系统和重庆三峡国家气象公园，基本形成深度融入重庆重大发展战略的气象事业发展新格局，新时代重庆气象现代化水平达到全国先进，若干领域达到国内领先；气象服务保障重庆建设内陆开放高地、山清水秀美丽之地能力显著提升，气象服务保障重庆推动高质量发展、创造高品质生活能力显著提升，气象服务保障重庆发挥"三个作用"能力显著提升，助力重庆在推进新时代西部大开发形成新格局中展现新作为、实现新突破。

"乘风好去，长空万里，直下看山河。"重庆气象部门将用"不到长城非好汉"的昂扬斗志，用"不破楼兰终不还"的豪情壮志，奋力谱写新时代重庆气象现代化高质量高品质发展的新篇章，为服务保障重庆经济社会发展和人民群众福祉安全做出更大贡献！

（撰稿人：曾艳　郑颖慧　夏杰　曾维　王兰兰）

七十年砥砺奋进　四川气象谱华章

四川省气象局

新中国成立70年来，在中国气象局和四川省委、省政府的正确领导下，四川气象部门坚决贯彻党的路线方针政策，紧密围绕经济社会发展和人民群众安康福祉需求，解放思想，改革创新，艰苦创业，不懈奋斗，取得了辉煌成就，为探索出中国特色气象事业发展道路做出了应有的贡献，为在新起点上实现四川气象事业高质量发展奠定了坚实的基础。

一、发展历程

（一）创业发展时期（1949—1978 年）

1949 年 10 月 1 日，人民领袖毛泽东庄严宣布："中华人民共和国中央人民政府成立了！"同年 11 月中旬起，四川各地陆续解放。中国共产党领导建立的各地军政机关先后接收零散于川康两省境内的各类气象机构 23 处，其中在 1949 年 12 月尚有气象观测记录的 17 处，接收各类职雇员170 人，经整编后继续从事气象工作的技术人员 70 余人。

1950 年 8 月，根据全国气象机构的布设原则，西南军区司令部下设气象管理处，后移驻成都，统一领导西南地区现有的各级气象台站，并在四川境内重点建立适应航空气象保障需要的气象站，世界瞩目的巴塘气象站便是在这一历史时期建成的。西南军区司令部气象管理处可以被看作是新中国成立后四川最早的气象管理部门。

1953 年，第一个五年建设计划开始后，西南军区司令部气象管理处改称西南行政委员会气象处。气象部门转为地方政府建制，为配合国家"一五"计划建设，短期天气预报的服务重点开始转向工业、农业、林业、交通、水利、电业、粮食、砖瓦等行业，以及各级党政领导机关，后来逐渐加入了中期预报和长期预报。1956 年 7 月 1 日，短期天气预报开始公开在广播电台和报纸上刊登，并组成全省性的"天气预报收听网"，标志着公众气象服务时代的来临。

"文化大革命"开始后，四川气象业务工作受到严重影响，但天气预报仍然通过广播和报纸传递，一直没有中断。

1969 年 10 月，成都中心气象台配备了我国研制生产的"APT"极轨气象卫星云图接收机，开始试验性接收美国发射的"ESSA"（"艾萨"）极轨气象卫星发送的云图资料。1971 年 10 月，成都中心气象台又首先配置中国研制成功的 711 型雷达，于 1972 年 4 月起用于人工降雨和人工防雹作业的天气监测。1973 年，各地区气象台陆续采用统计学与天气图相结合的预报方法，运用回归分析、判别分析、聚类分析、周期分析、平稳时间序列分析等数理统计方法，预报暴雨、冰雹、寒潮等灾害性天气。

1975 年，全省开展土法防雹抗灾作业的县发展到 40 个，到 1977 年逐步进入鼎盛时期。在降雨防雹抗灾作业规模较大的 1979 年，省财政拨款 213 万元，飞机降雨作业 54 架次，用于降雨防雹的高炮有 202 门。

（二）全面发展时期（1978—2000 年）

1978 年，党的十一届三中全会召开后，全国气象部门开展了"实践是检验真理的唯一标准"的大讨论。1984 年，国家气象局出台《气象现代化建设发展纲要》，紧接着，四川省全面启动气象现代化建设，至 20 世纪 90 年代末，建成成都区域气象中心到西南各省（区、市）气象局和四川各市（地、州）、县气象局的气象信息广域网业务系统、全省气象卫星综合应用业务系统。成都区域气象中心数值天气预报模式产品和四川省气象台气象信息综合分析处理系统输出的天气预报指导产品，实现经卫星气象数据广播系统播发，基本实现天气预报业务自动化。

1996—1997 年，省气象局按照中国气象局部署，完成机关机构改革和地、县级气象部门机构调整及定编工作，国家（基本）气象系统初步实现精干高效。1998—2000 年，省气象局作为全国气象部门气象事业结构战略性调整试点单位，按照中国气象局批准的《四川省气象部门事业结构战略性调整方案》开展试点工作。至 2000 年，四川省气象台和省气象通信台、省气候中心三个直属事业单位合并建立四川省气象中心，除南充市气象局外，各地（市、州）气象局和多数县气象局均成立了人工降雨防雹办公室、农业气象中心、防雷中心，绝大多数地、县两级气象局分流人员达到应分流人数的 100%。省、地级气象局和县级气象局建立气象双重计划财务体制的比例分别达到 100% 和 92%，地方财政对气象事业的投入与中央财政对气象事业的投入比达到 0.5 ：1。四川气象部门开展防雷减灾、气象声讯电话、电视天气预报制作、气球广告服务的气象台站分别为 148 个、129 个、50 个、115 个，从事科技服务与产业的人员达 1153 人。基本形成由国家（基本）气象系统、地方气象事业和气象科技服务与产业组成的新型气象事业结构，四川气象事业的面貌焕然一新。

这一时期，气象科研和业务得到了全面发展。1979 年 5 月，首次在青藏高原开展了气象科学考察工作，部分研究成果在 1984 年 3 月召开的国际青藏高原及山地气象科学讨论会上与各国气象专家进行了交流。4 个月后，为加强青藏高原气象科学研究，国家气象局确定对四川省气象科学研究所赋予"成都高原气象研究所"名称。

"七五"和"八五"规划（1986—1995 年）期间，省、地级农业气象产量预报形成常规业务，四川省政府在省气象局建立由省政府副秘书长，农业、林业、水利、气象厅（局）长及涉农部门领导参加的"五长"会商制度，使气象服务更直接地进入党政领导决策领域。各级气象局、站普遍编制《农业气象周年服务方案》，开展综合性、系列化服务。短期天气预报时效由 24 小时延伸到 72 小时，中期天气预报时效由 3 ～ 7 天延伸到 10 天，并增加短时、临近天气预警，进一步满足了社会对气象服务的需求。在全省 42 家报刊、40 家电视台刊播气象信息，并在各种大众传媒上开办气象专题栏目，扩大了公众气象服务覆盖面。省气象台制作的由气象主持人主持、口语播报和图形图像相结合的天气预报节目博得公众好评。至 2000 年，四川盆地有 112 个县（市、区）开通"121"声讯电话，气象服务手段日趋现代化。

农业气象服务工作得到了快速发展，至 1985 年，全省有 34 个站进行一个物种以上的自然物候观测，并上报观测记录报表。1997 年，四川省农业气象中心正式批准成立，承担了全省农业气象服务和科研工作。

（三）跨越发展时期（2000 年至今）

2000 年 1 月 1 日，《中华人民共和国气象法》开始实施，气象法制建设快速发展。四川省气象局随即成立了气象行业法规管理处，加快了气象立法、执法、普法步伐。《四川省气象管理办法》《四川省民用氢气球灌充施放安全管理暂行办法》《四川省人工影响天气管理办法》等 18 件地方性政府规章和规范性文件的实施，促进了四川地方气象事业的发展，规范了各类气象服务的管理。气象行政管理、行政执法得到加强，气象事业发展步入法制轨道。2018 年，气象行政审批事项纳入地方政府"全程网办"范围，全省完成行政审批 1582 件，按时办结率和满意率均为 100%。

这一时期气象业务跨上了一个新的台阶，建成了比较完整的综合观测体系，主体业务实现了自动化，实现了多种信息及信息产品由地面数字宽带网、卫星气象通信进行快速传输，气象技术保障体系更加健全，完善了天气、气候预报预测体系、逐级业务指导体系和协作联防机制。省、市（州）气象台形成以数值天气预报产品应用为基础、以人机交互处理系统主要工作平台、综合应用各种气象信息和多种预报方法的天气预报业务流程，基本实现天气预报短期气候预测业务自动化。到 2018 年，22 个国家级台站实现无人值守。综合业务实时监控系统（天镜系统）本地化试点建设启动，初步实现网络信息数据全流程监视。

气象服务领域得到不断拓展，形成具有四川特色的适应经济社会发展的决策气象服务、公众气象服务、专业气象服务体系。基层防灾减灾体系建设稳步推进，制定了气象灾害预警服务规范，统一试点县"一本账、一张图、一张网、一把尺、一队伍、一平台"落地实施。以气象预警为先导的防灾减灾综合调度、联合会商、检查督导机制不断完善，实现暴雨黄色以上预警信息全网发布，预警信息发布面不断扩大。2018年全省通过突发事件预警信息发布系统向57万个各级灾害防御责任人和220万个定制用户，发送预警及服务短信超6亿条。建成基于气象格点文件的数据服务系统，气象服务产品研发能力显著增强。开发水电、铁路、高速公路、石油管道等气象服务平台，推动特色专业气象服务规模化、集约化、品牌化发展。

气象科研开辟了新局面。2001年10月29日，经科技部、财政部、中编办审核批准，在省气象科学研究所的基础上成立中国气象局成都高原气象研究所，凝聚国内外优秀人才，深化了高原气象研究，加强了业务科技支撑。重点开展青藏高原及周边地区大气综合观测布局与外场科学试验、青藏高原及其周边复杂地形数值模式及其应用技术、青藏高原及周边地区灾害天气和气候异常机理与预报方法的科学研究和技术开发，发展了基于青藏高原影响的气象科学理论和关键业务技术，形成了高原气象观测试验、科学技术研究和业务转化应用的专业力量，取得了新的重大突破，在国内外产生了重要影响，不断成为专业特色突出、具有一定国际影响、国内一流的国家级高原气象科研机构、业务技术研发中心和优秀人才培养基地。

二、主要成就

（一）气象服务成效显著

1. 气象防灾减灾

气象综合防灾减灾机制不断健全。2010年12月，由省政府印发了《四川省气象灾害应急预案》，确立了"政府主导、部门联动、社会参与"的气象综合防灾减灾机制。2018年印发《四川省气象局关于落实气象防灾减灾救灾工作的意见》，推动建立汛期"一日一会商，一日一调度"制度，深度参与综合防灾减灾。与省政府应急办、省通信管理局、省网信办共同建立"暴雨红色气象预警信息全网免费发布"机制，2018年拓展到暴雨黄色预警及以上全网发布。2018年开始与民政、地震部门联合创建全国综合防灾减灾示范社区597个，2018年开始创建四川省综合防灾减灾示范社区102个。2018年印发《四川省基层气象灾害预警服务能力建设实施方案》，计划到2020年，全省所有县都将完成"六个一"能力建设，基层气象灾害防御应对和快速反应能力将得到明显提高，实现基层气象灾害预警服务的科学化、标准化、规范化。

2. 公众气象服务

随着业务技术体制改革和气象现代业务建设的深入推进，由电视、广播、报刊、互联网、电话自动答询、电子显示屏、手机短信及微博、微信等新媒体构成的公共气象服务体系日趋完善，覆盖面不断扩大，气象灾害预警信息在贫困县的行政村覆盖率、气象信息员在贫困县的行政村覆盖率、人工影响天气业务指导产品在贫困县的覆盖率均达 100%。2012 年气象灾害风险预警业务开展以来，传播率已超过 90%，有效传播率超过 83.5%。社会公众对气象服务满意度越来越高，气象服务的社会影响力不断提高。

3. 决策气象服务

省、市、县三级气象部门坚持每年设立（更新）汛期气象服务领导小组，制定年度决策气象服务方案，不断完善决策气象服务和应急保障工作流程，落实领导带班制度和业务岗位职责。2003 年起建立了分流域的片区联防工作机制，并不断深化为跨省、跨流域的区域应急联防，应急设备和队伍不断健全。2014 年 3 月开始制作《每月天气预报及影响分析》，2015 年开始开展重大天气过程灾前、灾中和灾后评估。全省气象部门经受住了年均 7 ~ 8 次区域性暴雨天气过程和"5·12"汶川特大地震、"4·20"芦山强烈地震、白龙湖"6·4"重大沉船事故、"8·8"九寨沟地震、"6·24"茂县特大山体滑坡及"10·11"金沙江白格堰塞湖等一系列急难险重的气象保障工作考验，决策气象服务的针对性明显加强，气象信息"第一道防线"的作用不断突显。

2000 年以来，不断加强与应急、水利（水务）、自然资源（国土）、生态环境、交通、铁路、林业、旅游、电力等部门信息共享、应急联动机制建设，面向政府及相关部门开展气象灾害预警信息手机短信服务，每年更新备案服务对象信息，2012 年开始每年共同组织应急演练。积极参与"一带一路"、长江经济带、成渝城市群发展、四川生态保护与建设、重点流域水污染防治、重点区域大气污染防治、川西藏区生态保护、林地保护利用、交通运输、文化改革、城镇化发展、安全生产和四川省"十二五""十三五"等重大规划编制。服务的领域越来越宽，服务的效益不断增大，针对重大决策、发展战略研究、重大突发公共事件、重大社会活动、重点工程建设等提供专项保障服务，为各级党委、政府及有关部门防灾减灾、制定国民经济和社会发展计划、组织重大社会活动等提供科学依据。

4. 气象助力乡村振兴

通过"三农"服务专项、山洪地质灾害防治气象保障工程、信息进村入户工程的实施带动，以点带面，四川气象为农服务长效机制、支撑体系、服务能力建设都取得很大进展。省、市、县三级一体化业务支撑平台和面向对象的智慧服务平台基本建成；"直通式"气象服务模式在实施县初步建立；精细化的气象灾害监测预报预警能力有所提升；气象预警信息发布网络和专业化的农业气象监测预报服务技术系统建设有所推进。四川省气象为农服务工作管理展示平台、省市县三级智慧农业气象平台和"四川 e 农"手机 App 等智慧农业气象服务在 66 个国家级贫困县中覆盖率已达 92%，其中对贫困县新型农业经营主体覆盖率 79%，各类农业气象服务信息可通过平台和 App 实现直通式针对性服务。气象为农村防灾减灾和农业、农民服务能力的全面提高，为四川省农业持续增产、助推农民持续增收、促进农村持续稳定发挥了积极作用。

5. 生态气象保障

2011 年开始，全面参与雾和霾治理气象保障工作。2014 年以来全面参与四川省生态文明体制改革和四川省环境污染防治"三大战役"实施。2018 年印发《四川省生态文明气象保障服务工作方案（2018—2020 年）》，稳步推进生态文明气象保障服务工作。一是积极开展森林火险遥感监测，监测准确率超过 84%。不断探索森林和草场火情监测服务，与林业部门联合开展若尔盖湿地生态气象监测、预报预警和评估工作。二是建立了环境气象服务业务。与环保部门共建区域大气污染联防联控、重污染天气监测预报预警及重大项目环境影响评价机制。针对重污染天气过程、重大社会活动气象保障、突发环境气象事件应急响应，开展了环境气象决策服务。三是开展应对气候变化决策服务。为省政府和相关部门提供气候变化对农业、雾和霾、生态脆弱区影响的服务材料。开展风能太阳能资源开发利用、特色城市发展气候可行性论证。四是实现常态化人工增雨作业。近年来，年均飞机人工增雨作业近 30 架次，地面作业 4600 余次，增加降水近 10 亿立方米，为森林防火、生态环境保护等发挥了重要作用。

四川省人工影响天气事业得到快速发展，从人工目测、手动"开炮"到智能识别、自动预警，作业工具或方式从土炮作业到飞机、高炮、火箭、地面碘化银发生器等多种作业装备全覆盖，作业服务从抗旱减灾向云水资源开发、生态环境保护、重大社会活动保障等多个领域拓展。实现了全省人工影响天气业务规范集约化发展，作业指挥效力和科学水平不断提高。

6. 气象科技服务

随着四川省的社会经济高速发展，1997 年 3 月开始，四川省气象科技服务全面开展。2002 年3 月，开始面向铁路等重点行业开展气象服务。在气象科技服务发展过程中，始终坚持公共气象服务发展方向，各级气象部门依托气象科技优势和信息资源优势，广泛开展防雷技术服务、气象短信服务、声讯电话服务、气象影视服务，充分发挥气象科技服务服务于社会、服务于经济、服务于人民的职责。现已全面向成都铁路局、四川省交通厅公路局、四川省电力公司、中国石油天然气股份有限公司西南管道分公司等多家单位提供气象保障服务。近 5 年，及时向各行业用户发布有针对性的预报预警、雨情信息共 2471 份，为省交通厅等专业用户提供专题气象服务 417 期。经过了 22年的发展，四川省气象服务能快速响应行业用户保障需求。通过多年的合作为企业带来了极大的社会效益和经济效益，为行业用户提供有效的决策支撑。

（二）气象综合探测和信息化支撑能力显著增强

经过 70 年的努力，全省气象部门已形成地面、高空、雷达为主，农业、大气成分、GNSS/

MET 水汽、雷电、卫星等多要素立体化的综合气象观测业务。目前，全省建成地面自动气象站 5358 个（国家级自动站 156 个、地方自动站 3 个、无人自动站 6 个、区域气象观测站 5193 个）、新一代天气雷达 10 部（另有 2 部在建）、L 波段探空雷达 7 部、风廓线雷达 12 部、农业气象观测站 45 个、土壤水分观测站 190 个、大气成分观测站 5 个、GNSS/MET 水汽观测站 82 个（气象部门自建 6 个、与省地震局和省测绘局联合共建 76 个）、酸雨观测站 10 个、雷电观测站 36 个（二维 24 个、三维 12 个）。建成了风云三号、四号气象卫星接收系统，建立了省、市、县三级技术保障体系，运行监控、维护维修、装备供应和计量检定四大功能进一步强化，建立了雷达、自动站、雷电观测站等观测设备运行状况实时监控系统。

20 世纪 50 年代后，四川省气象通信事业逐步发展起来，期间经历了人工转发报、计算机通信到宽带网络的演变，气象信息化支撑能力从无到有，从简单到复杂，初步实现了集约化的气象信息业务系统发展格局。特别是 2012—2019 年，气象信息化支撑能力大幅提升：2012 年建成双宽带互为备份的全省气象信息网络系统， 2014 年建成浮点运算速度达每秒 26 万亿次的 IBM 高性能计算机系统，2016 年建成 159 个国家级地面气象观测站应急通信系统，2018 年建成基于电信和移动 MSTP 的省、市、县三级广域网系统。基于全国综合气象信息共享平台 (CIMISS) 构建了省级气象数据环境和基础设施资源池，广泛采用"省级部署、省市县三级直接应用"的扁平化业务模式，直接支撑了全省 MICAPS 4 系统、四川省精细化预报业务平台、县级综合观测业务集成平台、四川省气象业务内网、四川省市县公共气象服务系统等业务系统的高效应用，为全省综合气象观测、气象预报预测和公共气象服务等业务发展提供了强有力的信息化支撑。

（三）气象预报预测水平明显提高

经过 70 年的发展，气象预报业务实现了重大变革，特别是进入 21 世纪，建设了精细化预报业务，实现了乡镇站点天气预报。2016 年，《四川省气象局气象预报"十三五"专项规划》出台，提出了气象预报无缝隙、精准化、智慧型发展理念。2017 年 6 月，建立了省市级联动订正网格预报业务流程，实现了四川省"一张网"预报，开启了四川气象预报智能化的时代。同年，建立完善了四川省延伸期预报系统，实现了基于气候模式产品解释应用的延伸期客观化、定量化预报，2019 年，实现了 24 小时逐小时客观滚动预报，着手建立四川省气象预测一体化系统。基于降水致灾阈值的中小河流洪水、山洪和地质灾害气象风险预警业务不断成熟。环境气象等专业气象预报能力大幅提升。

气象预报技术发展迅速。20 世纪 80 年代起，数值天气预报技术逐渐兴起，天气预报向客观、定量、自动化发展。1998 年开始，省气象台初步建立了可查询 ECMWF、T213、日本全球谱模式等多个数值模式产品，可自动生成地面温度、云量、降水量等气象要素预报，并对数值预报产品和释用产品进行检验的数值天气预报释用系统。研发了西南区域精细化预报系统，建立了基于预报模型释用任意预报点的天气要素预报方法，2016 年，建成 5 千米 ×5 千米的网格预报客观指导产品。西南区域数值天气预报模式持续发展，2004 年建立西南地区高分辨率模式试验系统，研究开发了长江上游中尺度暴雨集合预报系统。2014 年，建立西南区域 9 千米分辨率数值预报模式（SWC-WARMS），2016 年 1 月 1 日正式业务运行。在 SWC-WARMS 系统的基础上，建设了 3 千米分辨率西南区域快速更新循环同化系统（SWC-WARR），2017 年 6 月 1 日上线运行，两套模式产品供区域各省（区、市）气象局共享应用。模式对四川复杂地形暴雨、暖区暴雨预报能力明显提高，在全国同类数值预报模式性能评价中排名第二。

21 世纪开始，人工智能等现代技术在气象领域应用不断扩展。发展了人工智能识别技术、强对流天气综合监测识别技术、智能报警技术，建设深度学习的分类强对流天气智能预报模型，实现灾害性天气智能识别、精准精细、实时高频滚动更新预报预警。开展了基于人工智能的格点雨量智能订正模型研究，提升降水网格预报能力。应用云计算、大数据、互联网 + 等现代技术，搭建基于统一数据环境和计算资源的预报预测业务系统，业务平台更加智能高效。

近年来，城镇天气晴雨、气温预报准确率达到 80% 以上，晴雨预报水平稳居全国前五，暴雨、寒潮等短期灾害性天气预警准确率达到 80% 以上。暴雨、雷电、大风预警信号准确率均达到 90% 以上，时间提前量超过 60 分钟。汛期降水预报 PS 评分由 2013 年的 65.6 分提高到 2018 年的 74.7 分。灾害性天气预报预警、气候预测能力大幅提升。

（四）气象科研取得重要成果

1986—2005 年，四川省气象部门承担国家级科研项目 18 项。其中"台风暴雨灾害性天气监测预报技术研究""短期气候预测系统研究"等国家重大科技项目，投资规模大，时间跨度长，科研成果丰硕。承担省（部）级重大科研项目 54 项，其中包括省气象局参加的"我国热带、亚热带西部丘陵山区农业气候资源及其合理利用"、省气象科研所主持的"赤霉病、稻瘟病、麦蚜、稻飞虱发生与气象因素关系研究及测报系统建立"、省气象局组织开展的"四川省农业主要灾害性气候短期预测及综合减灾技术研究"，以及省气象局围绕气象防灾减灾、数值天气预报、气候资源开发利用等开展的多项研究。

2010 年以来，四川气象部门共承担了国家 973 计划课题 1 项、国家自然科学基金项目 15 项、省科技厅各类科研项目 10 项、其他省部级科研项目 43 项，支持资金近 4000 万元，取得了大量科技成果，培养了一批优秀青年科技人才。

据统计，1978—2018 年，四川省气象部门牵头、参与获得中国气象局科技进步奖 15 项，四川省科技进步奖一等奖 6 项、二等奖 17 项、三等奖 56 项，其他省部级及以上科技奖励 10 项，共有 104 项省（部）级及以上奖励。

（五）气象国际合作不断深入

1984 年 3 月 20—24 日，国际青藏高原及山地气象科学讨论会在北京召开，四川省气象局的《青藏高原夏季风时期的水汽收支》及《那曲地区低涡切边回波特征分析》两篇论文在会上交流。2004 年 8 月 4—7 日，中国气象局成都高原气象研究所参加了在拉萨举办的第四届青藏高原国际学术研讨会，8 月 9—10 日，在成都成功举办了青藏高原陆－气相互作用专题学术研讨会。

2005 年，参加中国与日本国际协力机构国际合作 JICA 项目，成立中日气象灾害合作研究中心四川分中心，在青藏高原理塘大气综合观测站基础上，建设了成都平原温江大气边界层观测站和达州等 7 个地基 GPS 水汽观测站。2019 年 4 月 29 日，美国国家气象局学习管理办公室首席学习官 John Edward Ogren 率领代表团一行 4 人，来四川省气象局进行访问交流并召开座谈会。此外，还多次邀请英国雷丁大学、美国马里兰大学、德国汉堡马克斯－普朗克气象研究所、美国国家大气研究中心、日本山梨大学和中央大学、美国艾奥瓦州立大学等高校及科研院所科学家到四川省气象局做学术报告，开展科研交流。

（六）人才强局战略稳步推进

经过 70 年长期的努力，四川气象部门逐步调整优化了气象队伍的专业结构，已基本建成一支以大气科学为主体，电子、通信、遥感、农林、环境生态、管理等多种相关专业有机融合的气象队伍。截至 2018 年 12 月底，全省气象部门在职职工 3360 人，其中参照公务员管理 824 人、专业技术人才 2459 人；职工队伍学历结构为博士 19 人、硕士研究生层次 450 人（包含只具有研究生学历或只具有硕士学位的人员）、本科 2130 人（不包括具有博士、硕士学位的本科学历人员）、专科 775 人，本科以上学历（位）人员占在职职工总数比例达到 76.8%，人才数量和人才素质得到了显著提高。

全省气象部门专业技术职务任职资格人员数量得到较快增长，截至 2018 年 12 月底，全省气象部门在职职工 3360 人中有 3016 人具有专业技术任职资格，占职工总数的 89.8%。专业技术人员中正高级职称 26 人，占职工总数的 0.8%；副高级职称 362 人，占职工总数的 10.8%；中级职称 1458 人，占职工总数的 43.4%。

教育培训规模不断扩大。截至 2018 年 12 月，中国气象局气象干部培训学院四川分院共完成了 176052 人·天的面授培训，促进了全省气象部门职工队伍整体素质的提高。

气象干部队伍建设不断加强。2014 年以来共提任处级干部 105 人。进一步强化优秀年轻干部的培养选拔，45 岁以下处级领导干部占比达 31.7%，较前几年大幅提升。全省处（局）级领导干部本科以上学历比例进一步优化，从 2009 年年底的 83.7% 提高到目前的 97.0%。

（七）气象党建工作成绩斐然

省气象局党组牢固树立"抓好党建就是最大的政绩"的意识，积极发挥领导核心作用，认真履行全面从严治党中主体责任，严格落实"一岗双责"，及时研究党建工作，制定工作要点，明确具体责任，狠抓责任落实。党的十八大以来，省气象局党组召开重要会议精神专题学习会 50 余次，每 2 年至少举办 1 次处级领导干部专题培训班。结合实际修订完善党组理论学习中心组学习管理制度，始终做到年初有计划、学习有主题、交流有深度、年终有总结，连续 6 年被省直工委评为理论学习先进单位，2 次作为先进典型在省直机关工作会上做交流发言。

截至 2018 年年底，全省气象部门有党员 3253 人，其中在编在岗人员中党员 2015 人（占在编在岗职工总数的 59.97%，均含地方编制）、在职外聘人员中党员 69 人、离退休人员中党员 1169 人。截至 2019 年 6 月，全省气象部门共设机关党委 11 个、党总支 10 个、党支部 251 个。省气象局和 21 个市（州）气象局均成立了党组及党组党建和党风廉政建设工作领导小组，明确了办事机构和人员，强化了部门党建工作的领导和指导督导。

全省气象部门高度重视文明创建，立足部门实际，创新工作机制，制定标准体系，注重统筹联动，坚持开门创建。目前，各级气象部门均已全部建成文明单位，其中全国文明单位 9 个、省级文明单位 21 个。

三、以 70 年的宝贵经验展望未来

（一）坚持以人民为中心，着力提升气象服务的质量和效益

紧紧围绕地方党委、政府对气象保障新要求，主动融入"一带一路"建设、长江经济带发展、新一轮西部大开发、实施成渝经济区区域规划、推进军民融合发展、乡村振兴战略、打好脱贫攻坚战等政策机遇和有利条件，培育服务新增长点，挖掘发展新潜力，助力经济高质量发展和结构优化升级。

紧紧围绕人民美好生活对气象服务新需求，以满足人民群众高品质、个性化的气象服务需求为宗旨，充分利用互联网、大数据、人工智能等新技术，发展和构建"精准型、个性化、按需响应"的智慧公共气象服务，提升智慧气象服务能力，为衣食住行、康养娱游提供更加智能、精准、互动、普惠的气象服务。

　　紧紧围绕各行各业对气象服务新需求，进一步深化交通、水利、能源、旅游等专业气象服务，完善专业气象服务社会参与、经费保障、人才激励、开放合作、效益评估等机制，构建众智众创的气象服务创新生态，实现业务集约、资源集约、人才集约，大力促进专业气象服务质量效率提升和动力变革。

（二）坚持气象现代化道路，着力提升气象业务科技综合实力

　　气象现代化建设成就是70年来最大的成就，而气象现代化是一个过程，永远在路上。要坚定不移推动更高水平的气象现代化建设，抓紧落实四川省气象现代化3年行动计划，加强现代化建设的管理监督和考核评估，着力构建适应需求、结构完善、功能先进、保障有力的，以智慧气象为重要标志的现代气象业务体系、服务体系、科技创新体系、治理体系，切实增强四川气象业务实力、服务实力、科技实力。

（三）坚持深化改革创新，着力增添发展的动力和活力

　　进一步推进业务科技体制机制改革，要按照中国气象局统一要求优化业务科技体制机制，并因地制宜、大胆实践，打造具有四川特色的精品业务；发展研究型业务，建立健全重大业务核心技术攻关机制，加强科技决策咨询系统，建设高水平科技智库，优化科技创新布局，用好用活科技创新、人才发展政策，营造科技创新氛围，提高科技创新整体效能。

　　进一步推进管理改革创新，要按照中国气象局的要求，强化综合防灾减灾、应对气候变化、生态文明保障职能；结合实际，建立四川省气象高质量发展的规划、标准、绩效评价体系；强化对基层的政策指导和工作协调，建立为基层服务"首诊"制度；完善管理职能配置，构建集约优化协同高效的职能体系；健全工作部署动态检查、综合考评机制，层层压实主体责任；推进信息化、标准化和制度化建设，充分利用大数据加强对事业、企业、行业的服务和监管。

　　进一步完善保障体制机制，强化党的组织保障，坚定推进全面从严治党向纵深发展，努力把党的政治优势、组织优势转化为发展优势；强化干部人才保障，培养和稳定一支具有创新精神和创新能力的科技人才队伍；激励干部担当作为，健全动态检查、综合考评机制，树立重实干、重实际的用人导向；强化制度保障，加快形成规范高效的制度体系，全面推进四川省气象法治建设；强化财政保障，积极争取中央和地方政府加大投入力度，千方百计发展好气象科技服务。

（撰稿人：周雯　赵清扬　程卫疆　王悦）

砥砺奋进七十载　多彩贵州气象新

贵州省气象局

　　70 年春秋华实。新中国成立 70 周年以来，不断创造伟大奇迹，不断焕发崭新面貌。在这催人奋进的 70 年里，在中国气象局和贵州省委、省政府的领导下，贵州气象部门始终坚持解放思想和改革创新，围绕地方经济社会发展，牢牢抓住气象现代化建设这个总目标，不断提升气象服务能力和服务水平，气象事业发展不断取得新成就。

一、发展历程

（一）创业起步时期

　　新中国成立前，贵州没有设立统一的气象管理机构。1949 年新中国成立后，军事管制委员会接管了国民政府留下的气象机构，先后经历由军队建制转为地方建制，由地方政府管理为主转为以气象部门为主、气象部门与地方政府双重领导的管理体制。1952 年 6 月，贵州省军区正式设立气象科，负责对全省气象工作的领导。1954 年，贵州省气象局成立。20 世纪 50 年代末，地级管理机构建立，随后经过多次调整充实，建立起基本适应气象事业发展的省、地两级管理机构。

　　1961—1962 年，贵州气象部门贯彻执行中央关于"调整、巩固、充实、提高"的八字方针，贵州气象事业开始由主要扩建气象台站，逐步转为提高业务质量和科技水平。

（二）改革发展时期

　　党的十一届三中全会以后，贵州省气象局要求全省气象部门把工作重点迅速转移到气象业务服务上来，尽快恢复正常的业务工作秩序。经过两三年的努力，气象部门的全部业务服务工作走上了正轨。同时，根据国家气象局气象事业发展规划，贵州省气象局制定了气象业务建设的发展目标，现代化建设开始起步，陆续引进和建设较先进的大气探测装备。

　　1988 年，贵州省气象局召开全省气象工作会议，明确"依靠科技进步发展贵州气象事业"的思想，确立了"突出重点，强化法规，稳定基础，局部超前，注重效益，形成特色"的发展战略。这一时期，贵州气象部门坚持对外开放，锐意改革，建立和完善双重领导管理体制，有力推进贵州气象现代化建设。随着大气监测自动化、短期气候预测、气象灾害预警、新一代天气雷达网等一系列工程项目的建设，初步建成了结构合理、布局适当、功能齐全的综合气象观测系统、天气预报预测系统、公共气象服务系统和科技装备保障系统。

（三）提速发展时期

进入 20 世纪 90 年代，贵州气象部门从实际出发，积极探索建设有地方特色的气象事业的发展道路。

1992 年，贵州省人民政府下发《省人民政府关于进一步加强气象工作的通知》，通知强调各级政府要为当地气象部门建立双重计划财务体制，发展地方气象事业。

1994 年，贵州省气象局进一步解放思想，突出以农业服务为重点，拓宽服务领域，加大事业结构调整力度，深化改革，对加快气象现代化建设进行了新的部署。1996 年，《贵州省国民经济和社会发展"九五"计划和 2010 年远景目标纲要》正式将加强气象防灾减灾基础设施建设和气象现代化建设纳入省国民经济和社会发展计划和远景目标纲要。1999 年，按照中国气象局要求，实施事业结构战略调整，逐步形成了由气象行政管理、基本气象系统、气象科技服务与产业组成的事业框架。"九五"期间，贵州省气象局实施五大系统工程，即"9210 工程""跨世纪人才工程""强体工程""争先创优工程""安居工程"，使贵州气象事业又上新台阶。

（四）快速发展时期

进入 21 世纪，贵州气象部门在做好常规气象服务的同时，重点抓了决策气象服务和灾害性天气预警服务，建立了"政府主导、部门联动、社会参与"的气象灾害防御机制。与此同时，农村综合经济信息中心、人工影响天气办公室等地方事业机构相继成立，贵州气象事业不断发展壮大。

2003 年，确立了气象部门业务建设的"四个一流"奋斗目标，即一流装备、一流技术、一流人才、一流台站。2006 年，省气象局出台了《贵州省气象局机构调整实施方案》，贵州省气象业务技术体制改革正式进入具体实施阶段。2007 年，贵州省气象局提出了"深化改革、合作创新、夯实基础、局部跨越、协调发展"的工作思路。2009 年，贵州气象部门明确：按照"四个一流"的要求，坚持面向民生、面向生产、面向决策，以提高气象能力为主要目标，建设现代化业务体系，加强公共气象服务系统建设，提高人才素质和科技水平，按照"融入共兴，提升能力，强化服务，科学发展"的工作思路，努力使贵州气象事业再上新台阶。

（五）高质量发展时期

党的十八大以来，贵州气象部门坚持"防灾减灾，气象先行"的工作理念，坚持"两个密切联系，两个更加关注，两个从严管理"的工作策略，深入落实市（州）气象局"强化科学管理、增进班子团结"、县气象局"规范管理、防范风险"工作要求，以气象现代化为抓手，不断增强气象防灾减灾救灾、生态文明建设和脱贫攻坚气象保障能力，全面加强党的建设，进一步深化防雷减灾体制改革、县级气象机构综合改革，形成由气象行政机关、气象事业单位、气象服务企业构成的新型气象事业结构。2012 年，以落实《国务院关于进一步促进贵州经济社会又好又快发展的若干意见》（国发〔2012〕2 号文件，即国发 2 号文件）为契机，中国气象局和贵州省人民政府在贵阳签署了落实国发 2 号文件精神、提高气象保障能力建设的合作协议。2015 年，中国气象局和贵州省人民政府在贵阳市召开省部合作联席会议，共同推进贵州气象现代化建设工作。2017 年，贵州气象现代化测评为 94.8 分，基本实现现代化。2018 年，气象现代化有新发展，省级气象现代化通过第三方评估，得分 96.8 分，处于西部地区中上游水平，高于全国平均水平，达到基本实现气象现代化的阶段目标。2019 年 6 月，中国气象局和贵州省人民政府签署了新一轮省部合作协议，共同推进新时代贵州实现更高水平气象现代化。

二、主要成就

（一）气象现代化建设水平显著提升

1. 天气预报从人工到自动化，预报准确率与精细化程度明显提升

1951 年，贵阳气象站建立预报业务，天气预报成为贵州气象工作为国防建设和国民经济建设服务的重要手段。1958 年以后，特别是 1959 年建立和健全了全省台站网，各级台站普遍开展短、中、长期天气预报业务。1973 年，全面推广数理统计预报，之后又增加天气雷达和卫星云图接收设备，预报业务工作有很大改观。20 世纪 70 年代末，贵州天气预报主要是基于手工绘制的天气图进行分析制作，预报产品仅为县以上城市的温度、降水、风等要素预报。

改革开放后，贵州天气预报业务实现了从人工到自动化的转变。依托全球和区域的数值天气预报模式产品和现代观测体系，初步完成天气预报的现代化建设，形成省、市（州）、县三级现代天气预报业务体系，传统天气预报业务发展为智能网格天气预报、短时临近预报预警、延伸期预报等多类业务，预报预警能力得到显著提升。

2015 年以来，暴雨预警信号准确率达到 60% 以上，预警时间提前到 90 ～ 117 分钟；冰雹预警信号准确率接近 60%，预警时间提前到 8 ～ 40 分钟；大雾预警信号准确率 50% 以上；雷电预警时间提前到 18 ～ 35 分钟。

2018 年，贵州天气预报产品的空间分辨率为 5 千米、时间分辨率为 1 小时，包含降水相态、气温、

UV 风、能见度、天气现象等精细化气象要素，预报产品的准确率和精细化程度明显提升。

2. 气象观测系统进入自动化，从单一地面观测到天地空立体观测

新中国成立后，全省气象观测站网建设有很大发展，1959 年建成"专（区）有台，县有站"的气象台站网。20 世纪 70 年代中后期，陆续开展气象雷达探测业务和卫星云图接收业务，开始形成由多种探测手段组成现代化的综合大气探测网。

改革开放后，气象观测系统从人工到自动化、从单一地面观测到天地空立体观测。地面观测业务由早期以人工观测为主的方式，逐步发展为自动化观测。

进入 21 世纪以来，全省建成了 11 部新一代天气雷达，84 个国家级台站全部实现双套自动站运行，各类自动站 3000 余个，乡镇覆盖率达到 100%，观测频次从 6 小时 1 次提升为每分钟 1 次，建成雷公山、梵净山山脉断面气象观测系统。风云三号、风云四号气象卫星地面接收站相继建成并投入使用，进一步增强立体观测能力。桐梓、镇远、平坝、福泉、晴隆纳入"中国百年气象站"名录。

3. 气象通信网络建成"信息高速公路"，气象信息化建设稳步推进

70 年来，贵州气象通信经历了摩尔斯通信、电传通信、传真通信、计算机及网络通信、卫星通信和地面宽带网络通信的几个阶段。1987 年，省气象局开通了贵阳—成都的"三报一话"电路。1992—1999 年气象卫星综合应用业务系统即"9210"工程正式投入业务运行，采用了卫星通信、计算机网络、分布式数据库、数字程控交换等先进技术，现代化综合气象信息网络系统建成。

2006—2007 年，每个县气象局铺设 2 Mb/s 专线光纤至市气象局，县级气象局实现了 2 Mb/s 专线与原有 ADSL/VPN 线路互为备份、故障自动切换。到 2018 年，完成省到市（州）50 Mb/s、120 Mb/s，市（州）到县 20 Mb/s、30 Mb/s 双路由双链路互为备份的地面宽带网升级，建立了以北斗通信、4G 无线网络等应急备份传输线路。

为落实贵州省委、省政府实施的大数据战略行动，2016 年贵州省气象局与浪潮集团共建气象大数据应用开放实验室，共同开发的"县级防灾减灾救灾决策支持平台"在桐梓县汛期气象服务中发挥重要作用，"防灾减灾救灾决策支持平台"被评选为 2018 年省级数字治理数字民生政府大数据应用典型示范项目。2019 年 1 月 1 日，新改版的贵州省气象局门户网站正式上线。

4. 农业气象进入"互联网+"时代，推进"直通式"智慧农业气象服务建设

1956 年，中央气象局部署全国气象部门正式开展农业气象观测。1958 年，南京全国农业气象会议向各地气象部门提出开展农业气象情报、农业气象预报和农业气象试验研究的要求，以此建立了贵州农业气象业务。

改革开放以后，贵州农业气象工作进入较快的发展时期。20 世纪 80 年代中期至 90 年代，贵州农业气象科技人员开展了农业气象情报、农业气象灾害监测预报、主要粮食作物产量预报、农作物病虫害气象条件预报以及农业气候资源开发利用与区划、科技扶贫、适用技术推广应用等。

21世纪初，贵州利用遥感技术、地理信息系统、全球卫星定位系统等现代化高科技手段开展农业气候资源分析、区划及农业生态环境监测与评估，农业气象服务工作进入新阶段。

2000年，由贵州省政府主办、省气象局承办的"贵州农村综合经济信息网"开通，到2005年，全省1452个乡镇全部建成农村综合经济信息服务站，实施了农经网"信息入乡工程"建设，完成100%乡镇信息服务站工作平台建设任务。

党的十八大以来，贵州气象部门不断推进智慧农业气象服务体系建设，围绕乡村振兴战略，加强气象保障能力建设，深入开展农业气象指标体系及专业技术方法研究，完善直通式智慧农业气象服务平台，推进现代农业气象服务能力及服务体系建设。联合农业部门推广基于"互联网+"的"贵州农业气象"App，实现全省新型农业经营主体的全覆盖。按照国家农村信息化示范省的工作要求，实施"农村电商+农村金融服务"项目，与贵阳银行合作开展农村大数据村域经济服务建设，现已建立3000多个大数据村域经济服务社，为农民提供农村普惠金融、电子商务、气象防灾减灾、农业科技、乡村旅游、大数据应用、便民利民等综合服务，更好地促进农民增收、农业增效。"大数据村域经济服务社信息管理综合业务支撑平台"被评选为2018年省级数字治理数字民生政府大数据应用典型示范项目。

（二）气象防灾减灾体系不断完善

1958年开始，省、地、县三级气象台站开展天气预报和预警服务。

改革开放以后，贵州气象部门加强决策气象服务，将其作为防灾减灾的工作核心，通过重大灾害性天气预报预警、转折性天气预报、重大社会活动天气预报、专题报告，及时发布气象灾害预警信号，为各级政府防御和减轻气象灾害提供决策支撑。及时组织开展地面高炮、火箭和高空飞机的立体人工影响天气作业，最大限度减轻冰雹、干旱造成的危害。2006年，省气象局办公室加挂应急管理办公室牌子，负责全省气象应急管理工作，地方各级政府修订出台气象灾害应急预案，进一步规范气象灾害应急管理，初步形成了"政府主导、部门联动、社会参与"的气象灾害防御工作格局。

党的十八大以来，贵州气象部门进一步健全完善"政府主导、部门联动、社会参与"的防灾减灾机制，形成了《重要气象信息专报》直报地方党政主要领导、多部门联动会商研判、"三个叫应"、地方领导到气象业务平台指挥调度、每周气象服务调度会等行之有效的工作机制。加强部门联动，深化与应急、防汛、国土、旅游、教育、交通等部门的合作，在政府部门指挥调度、山洪地质灾害防治、景区气象灾害防御、学校学生汛期安全防范、交通气象服务等方面取得实效。基本形成人工影响天气省—市—县—炮站四级业务体系，全省空中和地面作业年均增加降水25亿立方米，增雨防雹保护面积达 12 万平方千米。贵州特色的基层人工影响天气"威宁模式"在全国推广。

"十二五"期间气象灾害导致的死亡人数由年均 149.8 人降到 76.6 人，气象灾害造成的经济损失占 GDP 的比例由 3% 下降到 2% 以下。2016—2018 年，全省因气象灾害造成的人员伤亡年均下降 10% 以上，防灾减灾成效显著。

（三）气象服务质量和效益显著提升

1985 年以后，从只进行无偿的公益服务发展为全方位、多层次、多形式的服务。

1992 年，随着社会主义市场经济的建立和发展，贵州各级气象部门在坚持以农业服务为重点的同时，服务对象扩展到 167 个行业。贵州气象部门信息传播手段由原来的文字报告、电话、报纸、广播发展到电视、手机短信、网络、声讯电话、电子显示屏等多种现代化信息传播方式，使群众的满意度不断提高。20 世纪 90 年代，基本形成了以气象影视、防雷技术、专业气象服务、空飘气球服务为主的支柱性项目。进入 21 世纪，贵州气象科技服务创新发展，手机气象短信、雷电风险评估、风能资源评价成为新的科技服务项目。加强气象科普宣传，每年利用世界气象日、科技活动周、安全生产日、防灾减灾日等各类活动广泛开展气象科普宣传活动，建立气象科普进校园、进企业、进社区、进农村工作机制，增强了社会公众防灾减灾意识，提升防灾减灾救灾能力。

党的十八大以来，贵州气象部门主动服务党委政府决策，保障经济建设、社会发展、生态文明建设和重大活动，气象服务的经济、社会和生态效益大幅提升，人民群众气象获得感明显增强，社会公众满意度保持在 85 分以上。全面加强气象科普宣传，强化社会气象意识。组建省级宣传科普实体机构。与省委宣传部、贵州日报社合作开展气象防灾减灾科普品牌打造及社会传播研究；成功协办"绿镜头·发现中国——走进贵州"大型采访活动；中国科协将"走进气象，寻'爽'贵阳"科普活动纳入第十五届年会议程；气象防灾减灾知识列入省委党校、省应急管理干部培训内容，局主要领导先后在省委党校、观风论坛、高等院校以及基层开展防灾减灾与应急管理的专题讲座近百场，覆盖各级党委、政府和相关基层应急管理机构负责人 3 万余人次，产生了积极影响。与贵州电视台合作设立了《百姓气象站》《气象万千》两档气象电视节目；省气象局及各市（州）气象局开通了电台广播联线。"黔气象"微信公众号和微博粉丝达 94 万人，"黔气象"微博荣获年度贵州省十大政务微博。积极探索县级公众气象服务方式，推进气象微信发展，县级气象微信用户数达到 85 万人。组建跨行业跨部门微信联盟、贫困山区灾害性天气服务微联盟、多部门气象服务群，通过新媒体手段及时推送气象服务。关注社会热点，积极回应社会关切，组织"贵州省冬季城市集中供暖气候论证"研究，用科学的声音引导社会公众，针对重大天气过程、季节天气特点等，及时通过新闻媒体通报会等方式开展宣传报道。助推贵州全域旅游、乡村旅游的发展，通过中央媒体、省内主要媒体介绍贵州天气气候特点。

（四）生态文明建设气象保障能力不断增强

进入 21 世纪，贵州气象部门充分挖掘全省气候资源优势，通过气候论证形成独特的气候品牌，"中国凉都·六盘水""中国避暑之都·贵阳"成为贵州发展旅游的"金字招牌"。

党的十八大以来，贵州气象部门着力加强生态文明气象保障，2013 年《人民日报》刊发反映"爽爽的贵阳"独特气候特征和凉爽天气的新闻稿引起多家主流媒体广泛关注和报道。2014 年省气象局承办的"生态文明贵阳国际论坛"分论坛——"气候变化与未来地球"成为明星论坛，6 名国际、国内著名科学家做主题发言。落实贵州省委、省政府大生态战略行动，成立"贵州省生态气象和卫星遥感中心"（加挂"高分辨率对地观测系统贵州数据与应用中心"）。高分遥感数据综合管理平台投入试运行，2017 年专题开展贵州省石漠化生态脆弱区植被生态质量监测评估，谌贻琴省长作出批示；深挖优质气候生态资源，打造贵州全域旅游新名片。中国气象服务协会授予铜仁梵净山、赤水市、凤冈县"中国天然氧吧"称号；由省气象学会授予罗甸"贵州最佳避寒地"、花溪"一级气候养生地"、平塘"云上大塘·避暑茶乡"等一批气候旅游品牌，形成由避暑旅游辐射开来的全省生态旅游"集团化"品牌。2017 年六盘水市政府专门邀请省气象局共同举办"中国凉都·六盘水—气候·养生·旅游论坛"，气象工作已为地方党委政府开发利用气候资源优势打造旅游特色品牌等方面发挥了显著的保障支撑作用。

（五）气象工作助力脱贫攻坚取得实效

1986 年以来，贵州气象部门按照贵州省委、省政府要求，认真选派管理人员和业务技术人员参加党建扶贫，为扶贫工作提供气象科技支撑。

贵州是全国脱贫攻坚的主战场。党的十八大以来，贵州省委、省政府强力实施大扶贫战略行动，全面推进精准扶贫、精准脱贫，贵州气象部门围绕贵州省委大扶贫战略行动和中国气象局的要求，把脱贫攻坚工作作为气象工作的头等大事和第一民生工程，重点实施贫困地区气象防灾减灾能力提升行动、农业产业扶贫气象保障行动、气候资源开发利用气象保障行动等三大行动和定点扶贫工作。加强气象灾害防御体系建设，减少因灾致贫返贫。建成了以气象卫星接收设备、11 部天气雷达为主，1707 个乡镇区域自动气象站等为补充的综合气象观测系统，实现了全省所有乡镇和重大地质灾害隐患点的全覆盖，对农村气象灾害监测预警和预测预报服务、山洪地质灾害易发区及次生灾害监测预警发挥了积极作用。着力提升气象预警信息覆盖面，对贫困村气象信息员覆盖情况进行了全面梳理，确保 9000 个建档立卡贫困村都有 1 名信息员纳入国家突发事件预警信息发布系统接收气象预警信息，开展省突发事件预警信息发布系统向贫困县的 356 个乡镇延伸。完善农业气象服务体系，助农增收致富。围绕贵州十二个特色产业，为全省 400 余个农业园区开展了直通式气象服务；开展"一县一特"农业气象服务，完成县级精细化农业气候区划 125 个、气象灾害风险区划 271 个；完成 31 个县特色农产品气候品质评估认证工作，促进农产品增值畅销。贵州农业气象 App 实现新型农业经营主体全覆盖。开展光伏扶贫精细化评估，为 18 个县争取纳入国家分布式光伏发电扶贫项目。大数据村域经济服务社为村集体经济或村民增收 2800 余万元，带动就业 1900 人。开设气象扶贫特产馆，推销贵州特色农产品，50 个贫困县农特产品上架展销；在贵州农经网上组织 2000 种贵州省名特优新农特产品上线销售，发布贫困县农产品供求信息 8000 多条，助力"黔货出山"。

2016 年实施精准扶贫以来，贵州气象部门抽派驻村第一书记和帮扶干部 451 人次，参加进村帮扶的党员干部、科技人员达 1700 余人次。2018 年，省气象局定点扶贫县实现脱贫摘帽。全省气象部门有 35 名党员、12 个集体获各级党委脱贫攻坚表彰。

（六）气象科研水平和人才队伍建设不断加大

70 年来，贵州气象部门科研采用业务开发和专业科研机构相结合的方式开展，围绕大气探测自动化、气象信息网络化、天气预报精细化、气象服务多样化的业务现代化建设，完成了一系列重大攻关项目。

贵州气象科研项目的申报评奖工作开始于 1980 年，据不完全统计，1980—1992 年全省气象系统获各级、各类科技成果奖励共 121 项；1993—2018 年，全省气象系统作为第一完成单位共获得省部级科技奖励 62 项。

2002 年贵州省气象科研所更名重组为贵州省山地环境气候研究所后，根据贵州省的地理环境、天气气候特点，在开发山地气候资源、环境气候、应对气候变化等方面加大了科研力度。2009 年，贵州省气象局设立"贵州省气象局青年科技基金"和"贵州省气象局业务发展重大科技专项"，用于贵州气象业务发展重大科技问题进行的研究、开发、集成和应用，进一步加快推进贵州气象部门科技创新体系建设，激励气象青年科技工作者创新思维和提升研究能力。

党的十八大以来，贵州省气象局加强科技创新平台建设，组建了气象科技创新平台、大数据应用开放实验室、专业气象服务众创平台、贵州省农村信息化工程技术研究中心，以及暴雨山洪、农业气象、冰雹防控、冻雨等 4 个外场试验基地，形成集研发—中试—应用为一体的省级气象科技创新体系，并起到向市（州）、县的技术辐射作用。构建以登记制为主要特点的科研项目管理办法，以业务应用为主要取向的科技成果奖励办法。

70 年来，贵州气象队伍从原来的几人发展到近两千人，从较单一的大气探测专业结构，发展到天气、气候、农气、电子、大气物理、信息技术专业等涉及现代气象科学各个领域的专业构成。

专业结构和人才结构不断趋于合理。进入 21 世纪，贵州气象部门不断实施人才强局战略，加强气象人才体系建设，努力培养一大批高素质专业化的干部队伍，注重高层次人才队伍建设，加大正高级专业技术职务人员的培养，严格在聘高工年度考核，重视基层科技人才的培养，抓好岗位技能认证工作。1981 年，贵州省气象局成立技术职称评定委员会，正式开展技术职称的评定工作。目前，贵州气象部门有中国气象局首席预报员 1 人、首席服务专家 2 人，贵州省省管专家 1 人，贵州省"百"层次人才 1 人，中国气象局西部优秀人才 15 人，贵州省高层次创新性"千层次"人才 18 人，正研级专业技术人员 16 人、副高级专业技术人员 206 人。

（七）气象法治工作水平不断提高

1999 年，《贵州省气象条例》颁布实施，标志着贵州气象事业走上了法治轨道。2000 年后依法行政全面开展，地方气象标准化体系开始建立，为气象事业发展创造了良好的法制环境。党的十八大以后，深化"放管服"改革，稳步推进防雷减灾体制改革，全面放开防雷装置检测市场，编制部门权力清单和责任清单通过政府网站公告。近年来实施了山洪地质灾害防治气象保障工程、气象监测与灾害预警、全国千亿斤粮食气象保障工程、天气雷达和国家级区域观测站建设工程、人工影响天气能力建设、自动气象站升级改造等多个业务建设项目和基层气象台站基础设施建设项目工程，增强了事业发展保障能力，进一步改善了基层气象台站工作条件。

（八）党的建设更加有力

从 1983 年设立中国共产党贵州省气象局机关委员会以来，贵州气象部门不断强化党的建设工作，截至 2008 年，全省气象部门建立党组 48 个、机关党委 10 个、党支部 140 个，党员 1449 名，其中，79 个县气象局共有 78 个党支部、490 名党员。

在贵州气象事业发展的各个时期，贵州气象部门以"围绕发展抓党建，抓好党建带发展"为目标，重视抓好部门党建工作，先后开展了一系列党性党风教育活动，特别是党的十八大以来，贵州气象部门认真履行全面从严治党责任，切实抓好部门党的建设，发挥了党组织的政治核心作用和党员的先锋模范作用。党的十九大以来，贵州气象部门认真贯彻落实新时代党的建设总要求，坚持党要管党、全面从严治党，以党的政治建设为统领，全面推进全省气象部门党的政治建设、思想建设、组织建设、作风建设、纪律建设，把制度建设贯穿其中，深入开展反腐败工作，不断提高部门党建工作质量。

近年来，省、市（州）气象局成立了党建和党风廉政建设工作领导小组，各市（州）气象局全部设立机关党委、纪委。建立了贵州气象部门"两联系两推动"党建工作机制，党组班子成员联系基层党组织推动全面从严治党向基层延伸，机关党委委员、纪委委员联系党支部推动党支部规范化建设，省气象局 21 个在职党支部标准化、规范化建设全部达标验收。创建了党组成员党建工作任务单签派制度，建立直属单位党支部参与"三重一大"事项决策制度。扎实开展党的群众路线教育实践活动、"三严三实"专题教育，推进"两学一做"学习教育常态化制度化，开展"不忘初心、牢记使命"主题教育。认真履行党风廉政建设"两个责任"，坚持纪检监察"三个一"制度，推进干部约谈常态化；强化监督执纪问责，实践运用监督执纪四种形态，依纪依规开展执纪审查；开展党风廉政宣传教育及警示教育活动，增强廉洁意识，组织党员干部到基地接受警示教育；加强廉政文化建设，举办廉政文化展，创建廉政文化进机关示范点；督促巡视巡察整改，实现巡察全覆盖；开展工作风险和廉政风险排查，督促制定防范措施，完善内控制度；推进审计工作，实现审计全覆盖。党的十八大以来，贵州省气象局党组、机关党委、5 个党支部分别获评省直机关党建先进党组、先进基层党组织、"五好"基层党组织，2 个党支部获评全省"五好"基层党组织。全省气象部门有 54 个党组织、102 名党员、28 名党务工作者分别被地方党委评为先进基层党组织或"五好"基层党组织、优秀共产党员和优秀党务工作者。

贵州气象部门高度重视精神文明建设工作，改革开放以后，开展了"五好"职工活动、"双文明""争先创优"工程、创建"星级台站"，举办全省气象部门文艺汇演等活动。

党的十八大以来，贵州省气象局持续深入全面加强气象精神文明建设，以各类学习教育活动为抓手，以道德讲堂、每月一讲和职工讲习所为载体，将社会主义核心价值体系教育融入精神文明建设中，转化为干部职工的凝聚力、创造力和发展活力。以党支部活动、党员志愿服务活动、工会活动和重大节庆日纪念活动等为载体，组织干部职工开展丰富多彩的文体活动，形成气象精神文明建设与气象事业协调发展的良好格局。截至 2018 年，全省气象部门 101 个创建单位中有国家级文明单位 3 个、省级文明单位 54 个。

三、主要经验

（一）不断营造气象事业发展的良好环境

建立起由《贵州省气象条例》4 部地方法规、2 部地方政府规章组成的气象法律法规制度体系，形成了由 1 项国家标准、1 项行业标准、17 项地方标准组成的气象标准体系，贵州省政府先后出台加快气象事业发展的相关政策性文件，气象工作纳入地方各级政府目标绩效考核，给予了气象事业发展强有力的制度保障。省部合作、局校合作、局企合作、部门合作全方位推进。双重计划财务体制进一步完善，地方出台津补贴不断得到落实，目标管理经费落实单位达到 83%，改革性补贴落实单位达到 96%。强化业务、服务、政务、财务管理和综合考评以及基层规范化管理 1+3 模式，管理更加科学，气象事业发展更加全面、更可持续。2011—2018 年，气象工作在省直机关目标绩效考核中连续 8 年获一等奖、7 次获省直机关创新奖，连续 4 年获中国气象局年度综合考评优秀和全国气象部门创新工作奖。在省级机关作风（行风）测评中，省气象局在中央驻黔单位、窗口行业单位中综合排名及社会公众测评排名均为第一名。

（二）做实"政府主导、部门联动、社会参与"的防灾减灾工作机制

2013 年《人民日报》等多家主流媒体报道"空防不是白防"的防灾减灾观念。在全国率先建成省、市、县三级预警信息发布中心。农村和基层气象防灾减灾组织体系全覆盖；建立覆盖三大电信运营商的红色预警信号分区全网发布"绿色通道"。坚持《重要气象信息专报》直报地方党政主要领导、多部门联动会商研判、"三个叫应"、地方领导到气象业务平台指挥调度等行之有效的工作机制，进一步增强防灾减灾管理能力。国内首创"三个叫应"工作机制，针对贵州多夜雨、强降水时段多发生在下半夜，创新建立上下联动、内外联动、责任联动功能的"三个叫应"预警服务机制。全省各市（州）和 81 个县（市、区）政府以规范性文件印发"三个叫应"气象灾害工作机制，压实政府和各部门气象防灾减灾责任。"三个叫应"工作机制得到中国气象局和省领导的充分肯定，受到中央媒体关注，由中央人民广播电台记者采写的宣传报道在中办、国办内参刊发。

四、未来发展目标

回顾过去，贵州气象部门始终坚持脚踏实地、奋起拼搏；展望未来，贵州气象部门又迎来一个新的历史起点。在决战脱贫攻坚、决胜全面建成小康的关键时期，贵州气象部门将以习近平新时代中国特色社会主义思想为指导，围绕贵州"大扶贫、大数据、大生态"三大战略行动，提升防灾减灾救灾、助力精准脱贫和国家生态文明试验区建设气象保障能力，到 2022 年将建成结构科学、布局合理、功能先进、基本满足贵州省经济社会发展需求的气象现代化体系，各项工作位居全国中上游水平，农村气象防灾减灾、人工影响天气、生态文明气象保障等方面跨入全国先进行列，为建设百姓富、生态美的多彩贵州新未来做出新的更大贡献。

（撰稿人：张兵　陈思静）

风雨历程自强谋发展　彩云之南气象谱新篇

云南省气象局

　　云南地处祖国的西南边陲，特殊的天气气候背景、复杂的地形地貌、频发的气象灾害，让天气气候预测评估、防灾减灾等大气环境科学重点难题都汇集于这里。新中国成立70年来，云南气象工作者艰苦奋斗、开拓进取、创新奉献，气象事业从小到大，从点到面，茁壮成长，绘就了云南气象事业发展的壮丽篇章。

一、云南气象成长历程

　　云南省北依亚洲大陆，南临印度洋和太平洋，受到东亚季风、南亚季风的共同影响。滇西北最高点海拔高度6740米，滇东南最低点海拔高度76米，造成云南省天气气候十分复杂，既形成了云南6个气候带和1个高原气候区的独特立体气候类型，也导致气象灾害较为严重，有"无灾不成年"之说。从清末民初以来，就有省内外气象工作者运用各种方式进行气象监测预测与服务的零星工作，以期减轻气象灾害引发的损失。然而，由于旧中国科学技术的落后和战乱频繁，这种努力显得十分无力。至1950年年初云南省和平解放时，全省仅有8个测候所39人，积累了有限的气象资料。

　　中华人民共和国成立后，云南省的气象事业逐步发展起来。1950年3月，中国人民解放军西南军区昆明军事管制委员会着手接管和建立气象站，创建阶段的气象工作主要任务是为国防建设服务。1954年10月，云南省人民政府成立云南省气象局，负责全省气象事业管理。气象部门贯彻气象工作"既为国防建设服务，同时又为经济建设服务"的方针，气象事业进入调整巩固阶段。在此后的一段时期，通过开展天气和气候观测网的建设和调整工作，同时贯彻以农业服务为重点的工作方针，积累了多方面的为社会主义建设服务经验，云南气象事业得到迅速发展。

　　"文化大革命"时期，气象管理机构瘫痪，有的气象站一度停止工作。但广大云南气象工作者凭着对气象事业的责任心，仍然坚持测报，基本上保持了气象资料的延续性。

　　1978年以后，云南气象工作的重点转移到气象事业现代化建设的轨道上来。伴随改革开放大潮，云南气象部门贯彻落实国家气象局新时期气象工作方针，深化气象业务技术体制改革和管理体制改革，逐步形成了云南气象事业发展的新理念、新思路。1983年7月，云南省气象局全面实行上级部门和当地政府双重领导、以气象部门为主的管理体制，气象事业进入全面发展阶段，在气象监测预报预警系统建设、防灾减灾能力提升、业务服务领域拓展、科技创新、法治建设、精神文明建设等诸多领域取得了实质性进展。

党的十八大以来，云南气象事业步入快速发展的新阶段。2015年1月，习近平总书记考察云南时，希望云南"主动服务和融入国家发展战略，闯出一条跨越式发展的路子来，努力成为我国民族团结进步示范区、生态文明建设排头兵、面向南亚东南亚辐射中心，谱写好中国梦的云南篇章。"面对新时代、新要求，2016年，中国气象局与云南省人民政府签署合作协议，共同推进"十三五"期间云南气象现代化，加强气象防灾减灾体系建设。云南省气象局党组根据新的形势及时提出了"创新驱动、注重特色、能力提升、跨越发展"的工作思路。全省气象干部职工勠力同心，气象事业发展环境逐步优化，气象基础设施建设持续推进，气象业务服务能力不断提高，服务领域不断拓宽，公众气象服务满意度逐年提升。

2015—2017年，云南省气象局连续3年被中国气象局评为目标考核优秀单位。2018年12月，云南省气象现代化第三方评估显示云南气象现代化综合水平已迈入全国中上水平。云南气象事业高质量跨越式发展迈出了坚实的步伐。

二、云南气象事业发展成就

（一）综合观测和预报预测能力的发展

新中国成立时，云南仅有9个地面气象观测站，经过70年建设发展，云南已建成由1个国家大气本底站（香格里拉）、1个国家气候观象台（大理）、10个国家基准气候站、24个国家基本气象站、536个国家气象观测站、2578个省级气象观测站、9个国家天气雷达站、5个国家高空气象观测站、1个风云静止卫星接收站、2个风云极轨卫星接收站、8个中规模利用站组成的地基、空基、天基相结合的综合气象观测网，观测的手段从人工逐步向自动发展。特别是有针对性地积极推进高原特色农业、交通、山洪地质灾害、雷电、生态、环境等专业观测站网建设，观测项目不断拓展，更好地涵盖并运用到云南经济社会发展的诸多领域。

20世纪50年代，云南省各级台站使用摩尔斯无线电方式交换气象数据资料，1964年升级为有线电报通信。80年代引入计算机，建成自动化气象转报系统。90年代以后，建成以NOVELL为基础的广域网络，实现计算机网络通信。如今，云南气象信息系统全面步入计算机数据通信和网络时代。全省建立了卫星通信、地面宽带通信和基于因特网的无线通信"天地一体"的数据、音频、视频三网合一的高速气象信息传输体系，建成北斗卫星应急通信系统，建设完成以 CIMISS 为基础和标准的统一数据环境。2018 年，云南省建成云南气象大数据中心，云南省气象观测与信息一体化平台投入业务运行，各类气象观测数据快速获取、存储共享，各业务系统平台无缝隙连接，气象数据、预报服务产品全部实现集约共享、综合运用，基本形成标准化、业务化气象信息网络系统。

云南气象部门经历了多次预报流程进化、预报技术变革以及预报系统升级，逐步形成了以数值预报为基础的无缝隙、全覆盖、智能化的现代气象预报业务体系，初步实现 30 天以内的短时、短期、中期、延伸期天气预报到月、季、年尺度气候预测的无缝隙连接。至 2018 年年底，云南省格点预报最小时间分辨率达到 1 小时，最小空间分辨率达 3 千米。24 小时晴雨预报准确率达到 73.80%，气温预报准确率达到 81.91%。灾害性天气预警准确率平均达到 82.43%，其中暴雨预警准确率达到 84.72%，大风预警准确率达到 92.45%，大雾预警准确率达到 73.63%，雷电预警准确率达到 84.80%，强对流天气（大风、雷电、冰雹）预警时间提前量达到 38 分钟。

2017 年，全省建成短临预报预警一体化平台，省市县三级灾害性天气和气象灾害短时临近监测预报预警业务能力得到有效提升。2018 年，建成省级突发事件预警信息发布平台，实现气象等各类预警信息准确收集、高效管理及快速发布。同年，第一版云南智能网格预报系统通过中国气象局考核评估在全省业务运行，云南气象预报预测业务智能化迈出了坚实的一步。

（二）气象服务能力的提升和领域拓展

1. 气象防灾减灾与公共气象服务

作为我国自然灾害最为严重的省份之一，气象灾害、地震灾害、地质灾害、生物灾害是云南四大主要自然灾害。除沙尘暴以外的所有气象灾害在云南都会发生，气象灾害与其他自然灾害关系密切。云南气象防灾减灾工作坚持党委领导、政府主导。《云南省气象条例》对气象防灾减灾与气象服务作出明确规定。2012 年，《云南省气象灾害防御条例》颁布实施。云南省政府先后出台《关于全面推进气象现代化 加强气象防灾减灾体系建设的意见》等 7 个气象防灾减灾规范性文件，推动气象防灾减灾体系纳入云南防灾减灾体系建设。目前全省各州（市）县（市、区）全部出台气象灾害应急预案，122 个（97%）县出台气象灾害防御规划，1226 个（89%）乡镇制定气象灾害应急预案，9217 个（68%）行政村制定气象灾害应急行动计划。在全省所有乡镇建立气象信息服务站1455 个，在所有行政村设置气象信息员队伍 1.82 万人。在与自然资源、水利部门联合开展山洪地质灾害气象风险预警业务服务中，还将 3.89 万名地质灾害监测员纳入预警发布体系，构建了基层气象防灾减灾体系。

云南省气象局根据云南灾害特点，把干旱、暴雨、冰雹以及强降水引发的山洪、地质灾害等灾害防范作为重点来提升防灾减灾和公共气象服务水平，充分发挥防灾减灾"第一道防线"作用。全省气象部门建立了灾害性天气"内响应、外联动"机制；灾害性天气和气象灾害监测预警实现全省三级"一张网"；建立了重大气象灾害预警手机短信发布"绿色通道"和分区发布机制；利用省级突发事件预警信息发布平台组建了25万人的预警信息发布决策短信群组；与国土、水利、地震、交通、旅游、农业、林业、民政等部门建立应急联动机制。尤其是针对云南特殊地貌地质条件，建立了云南复杂山地环境背景下的山洪、地质灾害气象风险预警业务。根据自然资源部门统计，2015—2018年成功预报避让地质灾害205起。

云南是最早开展人工影响天气工作的省份之一，人工影响天气在云南具有特殊的重要地位。云南省建立了科学的作业指挥系统，实施了作业点视频监控、弹药物联网等安全工程建设，在多年的增雨防雹工作中，全省空地结合的人工增雨每年增加降水26.8亿立方米。每年在烤烟、水果、蔬菜等经济作物生长关键时期，主产区年均开展防雹作业6300次，保护农经作物1947万亩，人工防雹有效率达80%以上。云南省政府专门设立由副省长任组长的云南省人工影响天气工作领导小组，各级政府均成立了人工影响天气工作领导小组。各级财政及相关受益企业单位每年投入人工影响天气的经费达到1.5亿元。

经过70年的发展，云南省气象部门已经基本建立了覆盖社会各层次、各行业的公共气象服务体系。从1956年仅仅通过报纸、广播、电台发布天气预报，到现在气象信息发布渠道已拓展到电视、广播、网站、报纸、微博、微信、手机App、短信、电子显示屏、声讯电话、热线电话、大喇叭、专报、电子邮件、传真等十多种新型传播渠道，并形成了社会主流媒体参与和助力气象信息发布及科普宣传的良好态势。1998年，云南省气象局与省政府联网建成气象信息决策服务系统，实现对政府的气象信息网络服务，并向全省各地州市推广。2016年，与省委办公厅建立了《每日气象报告》报送机制。2017年，为适应新媒体的形势需求，云南省气象局开发了气象决策服务手机端App，在省、州（市）、县党政机关推广使用。

2. 为云南产业发展服务

党的十八大以来，云南省气象局党组围绕云南经济社会发展需求，充分调研云南重点产业发展和气象工作的结合点，特别是紧紧围绕云南打造世界一流绿色能源、绿色食品、健康生活目的地"三张牌"，推进气象服务供给质量和效益提升，是云南气象服务工作的又一亮点。

围绕云南省发展高原特色现代农业部署，云南省气象局建成由省州（市）两级业务、省州（市）县三级服务构成，272个专业观测站、省级和6个分中心业务平台、482人的专兼职服务队伍、

100 余项服务指标等为支撑的高原特色现代农业气象服务体系。服务涵盖云烟、云咖啡、云茶、橡胶、甘蔗等 5 个主要"云"字牌品种，为 1.3 万个新型农业经营主体开展直通式服务，智慧农业气象服务惠及 1.87 万注册用户。2017 年，云南被中国气象局与农业部联合认定为全国烤烟气象服务中心。

云南旅游资源丰富，围绕云南旅游产业升级，省气象局与省政府研究室共同完成了《云南旅游气象服务发展研究报告》。以石林风景区为试点开展了"山岳型景区旅游气象监测预报预警服务系统示范建设项目"并向其他风景区推广。2017 年，"云南省高速公路交通气象灾害监测预警服务系统"和"云南省旅游气象服务业务系统"建成投入运行。2018 年，云南旅游气象 App、"彩云南现"旅游天气网上线运行。智慧交通旅游气象服务系统成功融入"一部手机游云南"，与"数字云南"战略深度融合。

为云南绿色能源产业发展服务方面，气象部门先后完成了《云南省风能资源评价报告》和《云南省太阳能资源评价报告》以及近 200 个风电场风能资源和 20 余个光伏电站太阳能资源专项评估报告。在石林光伏电站建立云南第一个太阳能预报系统。针对云南四大流域、六大水系的 22 个大中型水电站和老挝南立水电站开展了专业气象服务。

3. 为国家战略服务

按照习近平总书记提出的把云南建设成为我国民族团结进步示范区、生态文明建设排头兵、面向南亚东南亚辐射中心"三个定位"要求，云南省气象局先后制定实施《云南省气象局生态文明建设气象保障行动方案（2017—2020 年）》《云南省气象部门助力精准脱贫行动方案（2016—2020年）》，全面提升气象在国家战略中的保障服务能力，服务中国最美丽省份建设。

全省建成由气溶胶观测站、大气负氧离子监测站、酸雨观测站组成的环境气象观测网。在高黎贡山、哀牢山、无量山布设了 20 个生态气象自动观测站。利用香格里拉国家大气本底站和大理国家气候观象台，开展从单一气象要素观测向气象、生态综合观测转变的试验。初步建立了生态环境气象预报预警业务。运用卫星遥感技术开展云南高原湖泊和国家公园生态环境动态监测以及森林火险气象等级预报、热源点监测以及中长期火险趋势预测服务。

建立了面向生态环境保护和生态修复的人工影响天气作业体系，在重点旅游区、生态保护区、受污染水域、重要水源地等重点区域开展常态化人工增雨（雪）作业，受益国土面积约 25.42 万平方千米，受益森林面积 10.27 万平方千米。围绕昆明主水源区实施飞机、地面增雨作业，使主要水源地云龙水库径流区平均增雨 20% ～ 30%；2013 年以来人工增雨（雪）增加大理洱海蓄水超过 1 亿立方米；丽江玉龙雪山景区实施数年人工增雪作业后，景区的积雪量约为历史同期的 2.3 倍。

围绕云南建设面向南亚东南亚辐射中心，云南省气象局实施了澜沧江—湄公河全流域气象灾害监测预测预警系统建设和边境地区对外气象预警服务试点建设，建成德宏州对外预报预警信息服务平台，初步形成了为澜沧江—湄公河流域相关国家提供气象灾害预警预报服务的业务能力。

云南是全国扶贫攻坚主战场之一，气象部门发挥气象独特作用，编制了《云南省国家级贫困县气候背景资料》《云南未来 10 ～ 30 年气候变化预估及其影响评估报告》《云南省气候图集》以及云南贫困县气候背景、太阳能、风能资源等咨询报告，为云南贫困地区发展提供科学决策依据。充分利用气象为农服务"两个体系"建设成果，在贫困乡、村建设气象自动站和信息服务站，服务云南乡村振兴和脱贫攻坚。结合云南扶贫工作特点，专题开展高原特色农业产业脱贫的气象保障机制研究，针对甘蔗、小粒咖啡、草果、胡椒等特色农作物开展种植适宜性区划。针对云南是全国雷暴高发区的实际，每年持续在各州（市）的雷电高发县实施农村防雷减灾示范工程建设，防止因灾返贫。2017—2018 年，省气象局连续 2 年被省扶贫开发领导小组评为"中央及省外驻滇单位定点扶贫考核第一等次"。省气象局"挂包帮"定点扶贫单位大理州祥云县罗溪村 2018 年脱贫摘帽。

（三）气象科技人才的进步和发展

70 年来，云南气象科技工作者致力于云南天气气候、大气物理、农业气象、防灾减灾、气象服务、气象信息化等研究，特别是"八五"以来主持了多项省政府重大科技攻关课题，完成了一批研究成果，发表了一批颇有建树的研究论文，正式出版了多部研究专著，从不同侧面揭示了云南天气气候事实及预报方法、多种灾害性天气形成条件及物理机理等，引起了全国气象界的高度重视，截至 2018 年年底，共有 121 项研究成果获得省部级以上奖励。

党的十八大以来，云南省气象局结合云南实际，确定了天气气候预报预测、山洪地质灾害气象风险预警、气象灾害风险管理、气象为高原特色农业服务、人工影响天气等重点研究方向，积极争取国家、省科研经费和自筹经费组织开展了针对云南气象业务难点的关键技术研发。先后实施省部级以上科研项目 80 项，其中国家自然科学基金项目 22 项、公益性行业专项 4 项、中国气象局科研项目 42 项、省科技厅科研项目 12 项、省气象局自设科研项目 137 项。云南气象部门在国内核心期刊发表论文 314 篇，SCI（EI）收录 15 篇，出版学术专著 28 部，获软件著作权 43 项，专利 12 项。大理观象台入选首批中国气象局野外科学实验基地。云南省气象现代化阶段目标第三方评估报告显示，云南气象科技贡献率超过 90%，高于全国平均水平。

气象人才队伍建设一直是云南省气象局党组高度重视的工作，党的十八大以来，人事人才工作纳入云南气象现代化建设的总体布局，通过完善人才考核评价机制、建立健全人才激励机制、优化学习培训机制，加强骨干人才、高层次人才和基层业务技术带头人队伍建设等举措，加大人才队伍培养建设力度。省气象局先后与中央气象台、国家气象中心、国家气候中心、上海市气象局、云南大学签署了科研业务交流和人才培养合作协议。组建了 5 支研究型业务创新团队和 4 支青年科技创新团队。

良好的环境和各方面的持续支持，推动云南气象人才队伍不断加强。截至 2018 年年底，全省气象部门在职在编干部职工 2068 人，其中参照公务员管理人员 757 人、事业人员 1311 人。有博士 9 人、硕士 193 人。大学本科以上学历人员占职工总数的 80.4%。有 8 人享受国务院政府特殊津贴、7 人享受省政府特殊津贴，3 人获省有突出贡献专业技术人才，1 人获省中青年学术与技术带头人，1 人获省学术和技术带头后备人才。有正研级高工 24 人、副研级高工 298 人，具有中级以上职称达到 60%。有 2 名中国气象局首席专家、35 名省气象局首席专家。

第四届、第六届全国气象行业天气预报职业技能竞赛和第十一届全国气象行业职业技能竞赛中，云南分别获得团体第四、第八和第二名的好成绩。中国气象局人才评估报告显示，云南气象人才保障度明显高于全国和西部平均水平，且呈逐年上升趋势。

（四）气象管理的变革和发展环境的优化

1. 全面深化改革

70 年来，云南省气象局历经了多次改革。1983 年，进行了气象管理体制改革，实行国家气象局与云南省人民政府双重领导，以国家气象局领导为主的管理体制。1984 年，开展了以气象科研所科技改革和科技人员聘用为标志的科研体制改革。1992—1995 年，按照基本业务、科技服务、综合经营"三大块"开展了气象事业机构调整。1996 年，中国气象局批准了《云南省气象部门机构编制方案》。1997—2002 年，完成了全省气象部门依照国家公务员制度管理改革工作。

党的十八大以来，云南省气象局全面贯彻落实中国气象局深化改革的部署和要求，全力推进各项改革任务。深化气象服务体制改革，重新调整省市县三级公众气象服务、决策气象服务、预警气象服务业务布局，进行了省级气象服务业务流程再造，提高了气象服务业务体系效率；扎实推进防雷减灾体制改革，防雷装置检测市场全面放开，省、州（市）、县地方政府全部出台落实优化建设工程防雷许可政策文件。落实防雷安全监管工作，州（市）、县两级政府 93.6% 将防雷安全纳入政府目标考核，99.3% 将气象部门纳入当地安委会成员单位，88.65% 纳入当地规委会成员单位，全省防雷安全重点监管对象检查覆盖率达 100%。深化"放管服"改革，2013 年以来，取消 10 项气象行政审批、4 项行政审批中介服务、3 项人员资格认定事项，8 项行政审批中介服务改为由审批部门委托有关机构开展，2 项行政许可纳入省政府投资项目在线监管平台，省、州（市）、县行政许可全部进驻当地政务服务中心办理。

2. 气象法治建设

1998 年，云南省第一部地方性气象法规——《云南省气象条例》颁布实施，标志着云南气象事业走上了依法发展轨道。至 2018 年年底，云南省出台了《云南省气象条例》《云南省气象灾害防御条例》《昆明市气象灾害防御条例》《红河哈尼族彝族自治州气象条例》4 部地方性气象法规和《云南省气象设施和气象探测环境保护办法》《云南省人工影响天气管理办法》《楚雄彝族自治州防雷减灾管理办法》《普洱市雷电灾害防御管理办法》《普洱市人工影响天气管理办法》《昆明市人工影响天气管理办法》6 部政府规章，形成了以《云南省气象条例》为主体，其他法规、规章为补充的气象法律法规体系。云南省人大常委会两次组织全省气象行政执法大检查，有力推动了气象事业的健康发展。

全省气象部门有气象行政许可事项 6 项，有执法主体 142 个，取得行政执法证件的执法队伍 635 人。各级气象主管机构依法履行气象防灾减灾、应对气候变化、气候资源开发利用、气象信息发布与传播、气象探测环境和设施保护、雷电灾害防御、人工影响天气等社会管理职能，负责对防雷、施放气球等活动的监管。

3. 台站建设

云南省绝大多数基层气象台站始建于 20 世纪 50 年代，受当时条件限制，省内绝大部分基层气象台站占地面积较小、庭院无整体规划、业务用房狭小、结构不合理，水、电、路、堡坎等附属设施不能满足需求甚至缺失。随着国家对气象事业不断加大投入，这种情况自 2008 年起开始得到改善。2008—2017 年近十年间，在中国气象局和云南省各级地方政府的关心和支持下，云南省各级气象部门通过原址建设、局站分离、整体迁建等多种形式，积极争取地方政府土地和资金支持，通过台站建设、台站修缮和综合环境整治、西部台站建设专项、灾后台站恢复重建、藏区专项、山洪县级平台配套设施建设等多种渠道筹措建设资金，大力开展基层气象台站基础设施建设，全省基层气象台站基础设施薄弱的情况得到根本性改变。

至 2018 年年底，全省 16 个州（市）气象局中有 15 个完成了基础设施建设，129 个县级气象台站中有 95 个达到气象现代化建设标准，基层气象机构基础设施完备率达到 76%。

4. 党的建设

1954 年云南省气象局成立时，只有 1 个党支部、8 名党员。1995 年，云南省委组织部批转省气象局党组《关于加强我省气象部门基层党组织建设的意见》，气象部门基层党建工作提到了地方党委的议事日程。云南气象部门实现了全省气象台站站站有党员、县县有支部的目标。所有具备条件的县气象局都成立了党组、党组纪检组。

党的十八大以来，云南省气象局党组把政治建设放在首位，牢固树立"四个意识"，坚定"四个自信"，做到"两个维护"。用习近平新时代中国特色社会主义思想武装头脑，贯彻落实新时代党的建设总要求，把党要管党、全面从严治党与气象各项工作相结合，贯穿气象各项工作始终，做到同部署、同落实、同检查、同考核。以巡视、巡查整改和专项整治为抓手持续加强作风建设，切实抓好中央"八项规定"精神贯彻落实。深化政治巡查，推进巡查全覆盖，将监督触角延伸到最基层。坚持把纪律和规矩挺在前面，积极践行监督执纪"四种形态"，不断强化监督执纪问责，强化全省气象部门党建和党风廉政建设工作组织体系建设，层层抓实从严治党主体责任和监督责任，推动全省气象部门全面从严治党向纵深发展。坚持党管干部、党管人才原则，努力打造推动云南气象现代化建设"有信念、有思路、有激情、有办法"的干部队伍。省气象局机关党建工作连续 6 年被省直机关工委评定为优秀等级。

2001 年，云南省气象部门被云南省委、省政府命名为省级文明行业。之后，16 个州（市）气象局陆续全部建成文明行业。2018 年年底，全省气象部门建成全国文明单位 2 个、省级以上文明单位 82 个，建成率达 60.7%。省气象局离退休干部工作自 1999 年起连续 14 年被云南省委组织部、省委老干部局评为全省老干部工作优秀单位。

（五）云南气象的创新发展

云南气象事业基础虽然薄弱，但其发展历史中有着很多敢为人先的事迹。1926 年，云南气象先驱陈一德先生在昆明钱局街创办了云南第一个、全国第二个私立气象测候所，为云南近代气象学的开创和发展起到了先导性作用。1957 年，昭通镇雄县气候站首创了全国单站补充天气预报方法，通过县有线广播正式向全县发布 24 小时补充天气预报，成为全国首家制作和发布天气预报的县级气象台站。1959 年，中央气象局在鹤庆县召开全国人工防雹现场会议，总结了鹤庆人工防雹试验的成功经验，对之后开展人工影响天气工作产生了积极深远的影响。1979 年，云南在全国首先运用人工增雨的方法扑灭森林火灾获得成功。1989 年，云南首创风景区天气预报，为地方经济发展提供针对性服务。1998 年，在与云南省政府联网的厅局中，省气象局首家研制成功气象信息决策服务系统，实现对省政府的每日网络决策服务。2012 年，云南省气候中心自主研发了云南11～30 天延伸期天气预报业务系统，填补了从中期天气预报到月气候趋势预测之间的空白，部分技术方法在全国推广应用。

2013 年开始，云南省气象局将标准化工作作为气象现代化建设的重要基础性工作来抓，率先开展了气象标准的顶层设计工作，形成具有云南特色的气象标准化体系——《云南气象技术标准体系》地方标准。并与云南省标准化主管部门首创联合建立气象标准申报立项、资金投入、实施运用监督等工作机制，推动云南省气象标准化工作实现突破式发展，建立了近200人的气象标准化专兼职人员队伍，推动标准意识、法治思维贯穿于气象工作全过程。至2018年，云南省共有36项气象标准获准立项，其中13项发布实施。5项标准获得云南省标准化发展战略专项资金奖励补助，1项标准获得"云南省标准化创新贡献奖"。"标准化支撑推动云南气象现代化"获评为中国气象局2015年创新工作项目，云南省气象标准化技术委员会获省政府"标准化创新贡献奖"。

在为云南高原特色农业产业发展服务中，云南省气象局打破传统的以行政区划为主的服务模式，根据农作物种植区划及特点，重新规划业务布局，组建了云南省高原特色农业气象服务中心和云南天然橡胶、滇南咖啡、滇东现代烟草、滇西南甘蔗、滇西咖啡、滇中烤烟等6个分中心，在保山潞江坝"中国咖啡第一村"建立了我国第一个咖啡立体气候观测实验区。全省统一规划高原特色农业专业观测网、服务平台、指标体系和创新团队建设，集中资金、人才优势跨区域集约开展精细化气象服务，推进为农气象服务转型升级。2016年，"以高原特色现代农业产业发展需求牵引推进为农气象服务体系创新"被中国气象局评为创新工作项目。2017年，创新团队研发了普洱茶智能芯片成功运用于为云茶产业的服务，再次荣获全国气象部门创新工作项目。

云南省气象局着力推进灾害应急气象保障服务体系建设，建立全省气象部门灾害性天气"内响应、外联动"机制，构建了分灾种的气象应急预案和气象保障服务规范，将气象应急管理处置工作建立在标准化流程和时间节点控制上，实现了气象应急服务全流程信息化管理。2013年以来，全省气象部门共处置重大突发事件59起，云南省气象局启动重大自然灾害应急响应23次。高质量完成了鲁甸"8·3"、景谷"10·7"地震灾害，华坪"9·15"、麻栗坡"9·2"山洪泥石流灾害，安宁"5·21""5·24"重大森林火灾等气象应急保障服务任务，受到云南各级党委、政府高度评价。2018年，云南省气象局"构建基于'内响应、外联动'机制的气象应急全流程信息化管理"获评中国气象局创新工作项目。

三、云南气象的未来发展

2018年，云南省气象现代化建设经第三方评估，气象现代化综合水平在全国位于中上水平，在西部位于前列，云南气象事业站在了更高的发展起点上。

2018年8月30日，云南省政府、中国气象局在昆明召开了省部合作联席会议，会议对2016年签署省部合作协议以来云南气象事业发展取得的丰硕成果给予了高度评价，充分肯定了气象在防灾减灾、农业生产、生态文明建设和应对气候变化等方面的发挥的基础保障作用。会议形成《云南

省人民政府 中国气象局省部合作联席会议纪要》，明确了继续推进气象重点工程建设、建设全国一流气象保障服务体系、建设面向南亚东南亚气象服务中心等重大事项。

为落实好《云南省人民政府 中国气象局省部合作联席会议纪要》，云南省气象局联合中国气象局发展研究中心编制了《2022年云南省建成全国一流气象保障服务体系行动计划》，并于2018年12月通过了中国气象局主要业务职能司及云南14个省级部门专家的评审。未来3年，云南气象部门将以习近平新时代中国特色社会主义思想为指导，全面贯彻党的十九大精神，紧紧围绕习近平总书记对云南的"三个定位"要求，围绕云南"八大产业"建设，聚焦云南打造世界一流绿色能源、绿色食品、健康生活目的地"三张牌"、脱贫攻坚、生态文明建设、面向南亚东南亚辐射中心建设等对气象保障服务的现实需求，优化智能气象监测预报预警体系、完善气象综合防灾减灾救灾体系、构建生态文明建设气象保障服务体系、建设高原特色现代农业气象服务体系、发展智慧旅游气象保障服务体系、健全科技创新与人才体系，建设面向南亚东南亚气象服务中心，到2022年，基本建成保障国家战略有力、服务云南发展有效的全国一流气象保障服务体系。

同时，云南省气象局抓住被中国气象局选为研究型业务试点省份的契机，制定了研究型业务试点建设实施方案（2019—2021年），将通过三年的试点建设，构建布局合理、岗位优化、职责明确、流程贯通、系统集约的研究型业务体系，组建一支具备科学认知和创新应用的研究型业务人才队伍，搭建开放合作的研究型业务平台，形成一批核心业务技术，实现观测自动、预报智能、服务智慧的协调协同协作，全面提升业务发展效率和质量，建成全国一流的气象保障服务体系。

（撰稿人：冯颖）

砥砺奋进七十载　雪域气象铸辉煌

西藏自治区气象局

西藏，位于青藏高原的西南部。青藏高原平均海拔4000米以上，素有"世界屋脊"和"地球第三极"之称，享有"亚洲水塔"的美誉，不仅是南亚、东南亚地区的"江河源"和"生态源"，还是中国乃至东半球气候的"启动器"和"调节区"。

由于独特的地理环境和特殊的气候条件，西藏气象灾害多发，每年干旱、雪灾、冰雹、大风、雷电、洪涝等气象灾害占自然灾害的85%以上。气象灾害在西藏造成的经济损失总量虽不高，但对人民群众生产生活的影响程度却要远高于国内其他省份。因此，气象工作在西藏经济社会发展和综合防灾减灾工作中的支撑保障作用显得尤为重要。

西藏气象事业是随着西藏和平解放的进程逐步形成和发展变迁的。1950年，为支援中国人民解放军进藏，西南军区在空投场地建立气象观测站点，为空军飞行提供气象保障。1952年2月，西藏军区办公室成立气象科。1956年8月，西藏气象机构转为地方建制，设立气象处，直属西藏工委领导。1968年，归西藏自治区农牧厅领导。1983年9月成立西藏自治区气象局，实行中国气象局和西藏自治区人民政府双重领导、以中国气象局领导为主的管理体制。

新中国成立70年来，在中国气象局和西藏自治区党委、政府的坚强领导下，在全国气象部门的无私援助下，全区各族气象工作者团结一心、艰苦奋斗、砥砺奋进，西藏气象事业实现了从无到有、从小到大、从弱到强的历史性飞跃，取得了辉煌成就。

一、70年来西藏气象事业发展的成就

（一）气象综合监测能力大幅提升

1950年，西南军区派出气象人员在甘孜、邓柯、江达、俄洛桥、洛隆、硕督等场地建立观测站点，为空军飞行提供气象保障。1951年开始，根据国家和西藏长远建设发展需要，西藏建立正规气象站。经过近50年的建设和发展，到2000年，西藏建成了39个有人值守气象站。从2004年开始，西藏全区实施地面观测自动化建设项目，告别了只能依靠人工观测的历史，综合观测业务现代化发展从此步入快车道。到 2012 年，西藏综合气象观测站达到 150 个。党的十八大以来，西藏气象部门借助国家大中型项目，强力推进气象综合监测现代化建设，截至 2018 年年底，已拥有 211 个国家级地面层和高空层观测站、125 个自治区级地面层和高空层观测站、2 个空间观测层卫星气象接收站及 40 个省市县三级卫星广播接收小站，基本形成了天基、空基和地基相结合，全方位、立体式、现代化的综合观测体系，气象灾害的监测手段、水平、精度、效率得到大幅提升，并实现了县县有气象站、关键区域一县多站的目标。建成了综合观测设备远程监控系统、北斗卫星应急通信系统和移动应急气象服务系统、西藏气象数据信息共享平台、西藏气象实时业务集约化监控和应用平台、西藏一体化气象综合业务平台，以及区—地（市）网速达 16 Mb/s、地（市）—县网速达 10 Mb/s 的宽带网络和视频会商系统。建立了 5 个地（市）级移动计量检定系统、区级装备运行监控平台，以及区级管理保障为主，阿里、昌都 2 个地市级保障分中心为辅，基本覆盖区、地（市）、县三级的气象技术装备保障体系。

（二）天气预报预测预警能力稳步提高

1956 年 10 月，拉萨气象台成立并开展短期预报业务，但只在内部发布。1959 年 1 月，西藏部分台站开展了短期天气预报，于当年 6 月在《西藏日报》上正式刊登拉萨地区短期天气预报，并首次向领导机关报送长期天气预报，开始了西藏天气预报业务。但由于条件所限，1990 年以前，天气预报预测主要凭借预报员对天气图、气象资料、天气气候特点的认知程度和积累的经验进行，业务单一，准确率不高。

1994 年以来，西藏气象部门以气象现代化建设为抓手，着力提升天气预报预测能力，目前，建立了基于数值预报技术的短临预报、网格化气象要素预报、地质灾害风险预警和延伸期气候预测等预报业务，实现了 74 个县（区）中短期、695 个乡（镇、街道）精细化预报全覆盖。预报时效也由过去的 24 小时预报，精细到现在的逐 3 小时预报，并实现了天气实况服务每 10 分钟更新。另外，预报服务领域不断拓宽、预报产品也更加丰富。同时，西藏天气预报服务不仅涵盖人民群众的衣食住行等方方面面，而且延伸到交通、旅游、农牧业、生态环境等社会各行各业，为相关部门和个人提前规避风险，更好地安排生产经营活动提供针对性、个性化的预报服务。与五年前相比，西藏城镇晴雨预报准确率提高了 6.7%，最低气温准确率提高了 2.6%，月降水气候预测准确率提高了 5.7%。

1958 年，西藏开始建立单站天气预报业务后，最早是在拉萨、昌都等一些地区的闹市区内用小黑板向公众发布藏汉双语短期天气预报服务消息。有些地区还采用寄送天气预报单、挂天气牌（天气旗）甚至下乡送预报上门等方式为群众发布气象服务信息。1959 年至 1987 年，先后由《西藏日报》、西藏广播电台、西藏电视台定时刊播天气预报信息，气象服务信息覆盖面和时效性逐步得到改善。1995 年至 1998 年，西藏自治区气象局和 7 地（市）气象局分别运用多媒体技术制作本地的电视天气预报节目。主要内容有本地区各县单站天气预报、区内和国内各大城市天气预报，林芝地区气象局冬季还利用电视天气预报节目首次开展森林火险等级预报。随着 2015 年西藏预警信息发布中心的成立运行，气象信息传播 "最后一公里" 的瓶颈问题得到有效解决。目前，西藏突发事件预警信息发布系统与自治区政府应急办等 13 个重点部门实现对接，直连自治区维稳指挥大厅，并推进到全区 7 地（市）和 60 个县（区）。建立了 "12379" 预警信息短信发布平台，将近 6000 名气象灾害应急联系人纳入手机服务短信用户，实现了气象灾害预警信息在影响区域手机用户的全网发布。与广电、农业农村、旅游发展、交通运输、水利、自然资源等部门建立了联合预警、信息共享与交换、共同发布的机制。

此外，还构建了电视、广播、互联网、微博、微信、抖音、手机客户端、短信、12121 电话、LED 电子显示屏等多媒体立体传播手段，使公众随时随地通过多种渠道快速获取气象预报预警信息，提升了防灾减灾的综合能力，全面保障人民群众的安全福祉。

（三）气象防灾减灾能力显著增强

1976 年 4 月至 1993 年 9 月，先后成立了山南、阿里、昌都、日喀则、那曲、林芝、拉萨 7 个地（市）气象局及 32 个县气象局，气象防灾减灾组织体系初步建立。2012 年 8 月，中国气象局与西藏自治区人民政府签署省部合作协议，提出在西藏 33 个没有气象局的县共建县级气象机构。西藏自治区气象局采取 "机构、人员、设备、服务" 四个先到位的 "吉隆模式"，加快推进县级气象机构全覆盖工作，并于 2018 年年底实现了全区 74 个县（区）气象机构全覆盖的目标，气象防灾减灾组织体系进一步完善。

2000 年以来，依托 "三农" 服务专项和山洪地质灾害防治气象保障工程项目建设，大力推进 "政府主导、部门联动、社会参与" 的气象防灾减灾机制和组织体系，目前，全区 7 个地（市）、74 个县（区）和 562 个乡（镇）成立了气象防灾减灾指挥部。编制了 35 个县级气象灾害防御规划、592 个乡级气象灾害应急预案、2422 个村级应急行动计划。完成 74 个县（区）气象灾害风险区划、精细化农业气候区划，15 个县建设了气象为农服务示范基地，24 个县通过气象灾害应急准备认证，9 个乡（镇）被中国气象局认定为标准化气象灾害防御乡（镇）。同自治区自然资源、水利、应急管理等部门签订合作协议，强化各类灾害的信息共享、联合会商、联合预警和共同服务，提升了信息共享应用和联动联防联控水平。2013 年以来，依托自治区双联户创建工作，将 8 万多名双联户户长培养为兼职气象信息员，实现了气象信息员的村级全覆盖。融入自治区乡镇农牧综合服务中心建设，建成 685 个乡镇气象信息服务站，乡（镇）覆盖率达到 100%，并且 77% 的乡镇气象信息服务站实现"五有"（有职能、有人员、有场所、有装备、有制度）"三落实"（落实职责、人员、挂牌）。

紧紧围绕中心，服务大局，大力开展政府决策气象服务、公众气象服务和旅游、交通、铁路等重点行业专业气象服务，开展了气象科普"七进"（进学校、进农村、进牧区、进社区、进寺院、进军营、进企业）及"气象防灾知识唐卡进农户"等特色科普宣传活动。开展了青藏铁路、青藏公路、藏青电网、拉日铁路、拉林铁路等重大工程以及西藏和平解放60周年庆典、自治区成立50周年庆典、中国西藏旅游文化国际博览会等重大活动专项保障服务，完成了重大灾害性天气、地震及其他地质灾害、重大森林灭火等应急抢救气象保障服务。目前，西藏县级公共和决策气象服务覆盖率达到100%，公共气象服务满意度达到85%。

（四）科技创新和人才建设取得显著成果

西藏的气象科研始于1934年。新中国成立后，尤其是20世纪70年代以来，青藏高原的大气科学研究工作取得了长足的发展，西藏气象部门组织科技人员积极参与1979年、1998年国家组织的2次大规模的青藏高原气象科学考察活动。同时，主动开展高原天气、高原气候、农业气象应用、卫星遥感应用等方面的科学研究工作，取得了一批有价值的科研成果。"西藏自治区气象实时业务系统建设"获国家科技进步奖三等奖，《西藏高原天气学讲义》等多项科研成果获省（部）级科技进步奖。特别是党的十八大以来，西藏气象部门通过不断深化气象科技体制改革，完善科研管理机制，科技创新能力显著增强，取得了一大批科研成果。近五年来，立项气象行业科研专项5个、国家自然科学基金项目8个、中国气象局行业专项30个、自治区科技厅项目17个、自治区气象局局设项目138个。获得省部级科技奖励5项，其中"西藏气候变化监测评估与应对研究"项目获自治区科技进步奖一等奖。在国家二级以上核心期刊发表科研论文157篇，出版专著8部，其中《大气科学名词》（汉藏对照本）填补了大气科学藏文名词术语研究的空白，实现了大气科学藏语言术语的规范化和标准化。出版了《气象灾害防御手册》《防雷避险科普知识》《西藏民间气象谚语》等藏汉双语气象科普读物。组建了三支创新团队，建立了23名首席专家队伍，在高原灾害性天气监测预警、气候变化监测评估与遥感数据应用，以及交通气象服务等方面取得了一批创新成果，"孟加拉湾热带风暴监测预警服务""假拉创新创业工作室"等5个项目被评为全国气象部门创新项目。

1950年，随着气象人员进藏，西藏气象队伍开始形成，并不断发展壮大，到1959年年底，职工总数为168人。1980年开始，随着大力培养区内少数民族专业技术人员计划的实施，西藏气象队伍的文化结构有很大的变化。到1989年年底，职工总数达1027人。其中大学本科毕业生108名，占队伍总数的10.5%；大专毕业生76名，占队伍总数的7.4%；中专毕业生592名，占队伍总数的57.7%。1990年开始，西藏自治区气象局党组根据业务发展需要，调整了队伍建设战略，把培养高层次人才与提高现有人员素质结合起来，大力培养高层次人才，强化在职干部培训工作。到 2000 年年底，职工总数为 949 人。其中博士研究生学历 5 名，占队伍总数的 0.53%；硕士研究生学历 12 名，占队伍总数的 1.26%；大学本科毕业生 155 名，占队伍总数的 16.33%；大专生 90 名，占队伍总数的 9.48%；中专生 562 名，占队伍总数的 59.22%。气象队伍的文化、民族、专业结构更加合理。

2002 年以来，西藏气象部门把人才作为战略性资源与核心竞争力，全面实施人才强局战略和人才优先发展战略，推进人才机制和体制创新，通过采取短期训练、正规专业院校培养、在职培训提高和外部引进、局校合作等多种形式加强高层次专业人才队伍建设。按照新时期好干部标准，坚持正确的选人用人导向，坚持德才兼备、以德为先、任人唯贤，忠诚干净担当的气象干部队伍建设得到不断加强。截至 2018 年年底，全区 1056 名气象干部职工中，本科及以上学历占比达到 77.2%，少数民族占比达到 75.7%。具有专业技术职称资格 997 人，其中正研级高工 13 人、副研级高工 147 人、工程师 307 人。1 人入选中国气象局首批科技领军人才，4 人享受国务院政府特殊津贴。出台人才发展、培养和激励政策措施 10 余项。同时，1994 年以来，先后 8 批 159 名援藏干部远离家乡和亲人，牢记使命，不负重托，勤勉工作，无私奉献，为西藏气象事业发展提供了强大动力。

（五）保障国家重大战略实施成效明显

党的十八大以来，西藏气象部门面向"一带一路"建设、生态文明建设、脱贫攻坚、乡村振兴等国家重大战略保障需求，着力强化保障服务能力。在西藏自治区人民政府、国家国防科工局、中国气象局的共同推动下，2016 年，高分辨率对地观测系统西藏数据与应用中心在西藏自治区气象局正式挂牌成立。依托自治区遥感应用研究中心，搭建了从国家资源卫星中心到西藏自治区气象局的高分卫星数据互联网传输专线，建设了西藏高分数据管理应用平台，实现了与 11 家区内单位的高分数据共享。积极利用卫星遥感技术，开展高原草地、湖泊、江河、湿地、森林、积雪、冰川以及粮食生产安全等遥感监测服务，制作和发布气候变化与生态环境监测公报系列产品，这些产品在指导西藏应对气候变化和生态文明建设工作中效益明显。开展了《西藏自治区应对气候变化研究与对策》项目研究，出版了《西藏气候》《西藏自治区县级气候区划》《西藏人工种草遥感监测图》等生态和气候资料书籍。开展了川藏铁路、"电力天路"、拉萨"河变湖""树上山"等大型工程气候环境论证。发挥气象部门行业科技优势和行业特点，先后出台实施了《气象脱贫保障行动计划（2016—2020 年）》《西藏自治区气象局贯彻落实乡村振兴战略的实施方案》等措施，助力脱贫攻坚和乡村振兴战略。西藏气象部门还大力加强人工影响天气科技保障生态文明建设服务能力建设，在 40 个县（区）设立人工影响天气机构，建立了 224 个人工影响天气固定作业点、10 个移动作业点，覆盖全区主要农区和生态保护区的科学化、规范化、标准化作业布局已基本形成。常态化开展人工消雹增雨作业，年均保护作物面积达 330 万亩。

（六）基层台站基础条件得到极大改善

1950 年至 1976 年期间，由于西藏气象部门基层台站刚刚起步建设，基础设施条件比较差，工作用房和生活用房都为土坯平房，干部职工工作生活条件极其艰苦。之后，随着国家经济社会发展，西藏气象部门积极争取国家投资，对大部分基层台站基础设施进行了小规模的综合改造。1990 年开始，特别是"十二五"以来，西藏气象部门通过争取中央、地方、援藏及其他渠道投资，大力实施基层台站基础设施综合提升工程，基层台站基础设施得到翻天覆地的变化。目前，全区基层台站基础设施改造率达 96% 以上，基层办公条件、生活环境得到显著提升，工作生活条件在当地达到中上水平。同时，基层台站都建成了图书室、职工活动室、职工食堂等生活文化设施，极大地丰富了职工的精神文化生活，干部职工的幸福感、获得感明显增强。为使干部职工真正做到安居乐业，在中国气象局的大力关心关怀下，开展了区内外职工生活基地建设，使全区气象职工住房条件得到极大改善。建成了西藏自治区气象局成都接待站，极大地方便了西藏气象职工休假、出差、治病和疗养。

（七）气象法治、党的建设和文化建设成果丰硕

1950 年至 2000 年，西藏气象法制建设相对比较滞后，气象内部和外部规范、气象探测环境保护等依靠政策调整，气象依法行政面临较大困难。2000 年，《中华人民共和国气象法》颁布实施后，西藏气象部门大力加强气象法制建设，不断完善气象法规体系，取得了显著成效。2002 年 7 月以来，西藏自治区人大、政府先后颁布了《西藏自治区气象条例》《西藏自治区防雷减灾条例》《西藏自治区气候资源条例》《西藏自治区气象灾害防御办法》《西藏自治区人工影响天气管理办法》《西藏自治区气象探测环境和设施保护办法》《西藏自治区突发气象灾害预警信号发布办法》等一系列地方性气象法规、规章，初步建立了西藏气象法规体系，为气象依法行政奠定了坚实的基础。同时，《西藏自治区气象探测管理办法》已列入自治区政府法治建设 2016—2020 年五年立法计划，《西藏自治区防雷减灾条例》列入自治区人大 2019—2023 五年立法修订计划。

从 2006 年开始，西藏自治区气象局大力推进气象标准化体系建设，成立了西藏自治区气象标准化技术委员会，制定出台了《西藏自治区气象标准化技术委员会章程》《西藏自治区气象标准化技术委员会秘书处工作细则》《西藏自治区气象标准化管理规定》和《西藏自治区气象标准制修订管理细则》等工作管理规定和细则，先后出台了 1 部气象行业标准——《人工影响天气藏语术语》，5 部地方性标准——《建筑防雷设计评价技术规范》《建筑物防雷装置验收规范》《人工防雹增雨

火箭作业业务技术规范》《青稞生育期农业气象观测规范》和《西藏自治区风灾等级》。目前，西藏气象部门在业务中采用国家气象标准、行业气象标准200余项，基本上形成了结构合理、涵盖气象主要业务服务领域的气象标准体系框架，为地方气象业务发展提供了重要的技术支撑。

西藏气象部门历来高度重视、持续加强党的建设，特别是党的十八大以来，西藏气象部门以习近平新时代中国特色社会主义思想为指导，全面落实新时代党的建设总要求，落实全面从严治党，扎实推进的政治建设，强化创新理论武装，加强组织体系建设，各级党组织战斗力、组织力不断增强，目前形成了874名党员队伍、69个基层党组织构成的组织体系。层层落实全面从严治党主体责任和监督责任，严格落实中央"八项规定"精神，深入推进西藏气象部门巡察工作和党风廉政、思想文化和精神文明建设，确保全面从严治党在西藏气象部门不折不扣落到实处。西藏自治区气象局党组多次被自治区直工委评为"区直机关党建工作先进单位"。

精神文明建设和气象文化建设成果丰硕。组织全区职业技能竞赛，开展体育文化活动，推进廉政文化建设，推进文明单位创建。目前，全区气象部门共创建50个文明单位，其中全国文明单位11个。全国、全区民族团结进步模范集体分别为2个和3个，全国政务公开示范单位1个。2户家庭获得"全国五好文明家庭"称号，12户家庭获得"自治区文明户"称号。11人获得"全国五一劳动奖章"，3人获得"自治区五一劳动奖章"，2人获得"全国三八红旗手"称号，2人获得"全国五一巾帼标兵"称号，2人获得"全国知识型职工"称号。

70年来，西藏气象人坚守高原，守望云端，战风斗雪，用坚韧不拔的毅力、百折不挠的精神，攻克了高原气象的一个个难题，形成了"高海拔、高标准，缺氧气、不缺志气"的西藏气象人精神。她如同火炬，经过几代人的接力传承，已经成为西藏气象人巨大的精神财富和赖以团结奋斗、实现科学发展的重要力量源泉，更成为西藏气象干部职工砥砺奋进、书写辉煌的强大精神支柱。涌现出了陈金水等具有强烈时代感和震撼力的一批模范人物，锻造出安多气象站等一批先进集体。

70年栉风沐雨、70年春华秋实。西藏气象事业70年的辉煌成就，是党中央亲切关怀的结果，是中国气象局和西藏自治区党委、政府坚强领导的结果，是全国气象部门大力支持的结果，是全区气象部门广大干部职工共同奋斗、砥砺奋进的结果。

二、70年西藏气象事业发展的基本经验

一是毫不动摇地坚持中国共产党的领导，不折不扣贯彻执行党中央确定的大政方针和治藏方略，始终坚持走中国特色、西藏特点的发展路子，从西藏实际出发，坚定不移地推进气象现代化建设，是西藏气象事业持续、快速、健康发展的立足根基。

二是毫不动摇地坚持深入持续地开展反分裂斗争，讲政治、顾大局、保稳定，坚定不移地维护祖国统一，始终加强民族团结，旗帜鲜明地反对分裂，是西藏气象事业高质量发展的政治保证。

三是毫不动摇地坚持科学发展，坚持需求牵引，着力提升预测预报预警服务能力水平，始终把气象服务为人民放在首位，是气象工作的出发点和落脚点。

四是毫不动摇地坚持科技创新，主动对接国家和地方中长期科技发展规划，突出地方特色，着力加强西藏高原天气机理和气候变化基础研究，加强与相关部门的科技合作，积极组织参与第二次青藏高原综合科考和第三次青藏高原大气科学试验，继续提升气象科技创新能力，是做好气象工作的动力源泉。

五是毫不动摇地坚持人才强局战略和人才优先发展战略，多措并举培养高层次科技人才和管理队伍，提高队伍整体素质，为事业建设一支忠诚干净担当的干部队伍和矢志爱国奉献、勇于创新创造的优秀人才队伍，是永葆事业发展活力和动力的重要支撑。

六是毫不动摇地加强党的建设、党风廉政建设、精神文明建设和气象文化建设，坚定理想信念，大力弘扬"老西藏精神""西藏气象人精神"，增强队伍凝聚力和向心力，营造风清气正的良好政治生态，是做好气象工作的根本保证和精神支柱。

时代在前进，事业在发展，这些基本经验必定会在西藏气象事业高质量发展的具体实践中愈加丰富，并继续发挥更大的作用。

三、开创西藏气象事业高质量发展的新局面

七十载砥砺奋进铸辉煌，新时代西藏气象写华章。站在新的历史起点上，西藏气象部门要更加紧密地团结在以习近平同志为核心的党中央周围，坚持以习近平新时代中国特色社会主义思想为引领，树牢"四个意识"、坚定"四个自信"、做到"两个维护"，认真落实自治区党委、政府和中国气象局党组的部署要求，牢牢把握西藏气象工作的着眼点着力点和出发点落脚点，以功成不必在我的境界、功成必定有我的历史担当，凝心聚力、真抓实干、攻坚克难，奋力推进新时代西藏气象事业高质量发展，为西藏长足发展和长治久安做出新的更大的贡献。

（一）新时代西藏气象事业发展目标

从现在起到 2020 年，基本建成适应需求、结构完善、功能先进、保障有力的，以智慧气象为标志的现代气象业务、服务、科技创新和治理体系；从 2020 年到 2035 年，要与全国气象部门一道，全面建成满足需求、技术领先、功能先进、保障有力、充满活力的西藏气象现代化体系；从 2035

年到 21 世纪中叶，争取与全国气象部门一道早日全面建成气象现代化，实现保障能力全面提升、职能作用全面发挥，推动西藏气象现代化在更高质量上实现新的更大发展。

（二）新时代西藏气象事业发展主要任务

一是坚持改革开放，增强气象事业发展的活力。改革开放是推进西藏气象高质量发展的关键一招。要进一步解放思想，坚持提高政治站位、统一思想认识，坚持问题导向、需求牵引、服务引领，以更高的境界、更强的本领、更优的作风、更好的精神状态，既立足当前、直面问题，又着眼未来、登高望远，进一步破除思想束缚，进一步理清推进西藏气象高质量发展的思路和举措。要持续深化改革，坚持把好全面深化西藏气象改革的正确方向，坚持改革的系统性、整体性、协调性，坚持用改革的办法解决改革进程中的矛盾，进一步深化西藏气象业务服务、科技创新、管理体制、保障机制等改革，着力解决影响事业发展的瓶颈问题。要加强开放合作，把扩大开放合作作为西藏气象事业发展的内在要求，把引进来与走出去更好地结合起来，继续强化与相关部门在灾害防御、工程建设等方面的合作，持续深化与高校和气象干部学院在科研、人才培养等方面的合作，着力推进西藏气象军民融合工作，不断为西藏气象工作注入新动力、增添新活力、拓展新空间。

二是坚持科学发展，坚定不移地推进气象现代化建设。气象现代化是推进西藏气象高质量发展的总抓手。要找准发展短板，加强对西藏气象现代化"短板"的调研、分析，找准西藏气象现代化在基层基础、综合观测、信息网络、科技创新、预报预测预警、人才队伍等能力建设的不足，进一步明晰思路、明确任务。要加强顶层设计，以落实第二轮省部合作协议为契机，抓住中国气象局对西藏气象现代化进行精准扶助的机遇，在着力推动"十三五"重点项目落实落地、充分发挥效益的同时，做好西藏气象现代化建设的顶层设计，谋划和实施好"十四五"发展规划和重点项目。要提高对气象现代化动态发展过程的认识，坚持紧跟时代发展、明确发展要求，积极主动顺应、锐意开拓进取，从更大格局上谋划研究远期目标，梳理调整阶段规划，不断丰富气象现代化的内涵，推动西藏气象现代化在更高质量上实现新的更大发展。

三是坚持需求牵引，不断提升气象保障服务能力水平。提升气象供给能力、强化气象保障服务是推进西藏气象高质量发展的基本要求。要对标需求，坚持把握区情、突出重点，围绕供给侧需求，把保障服务创新理念贯穿到发展全过程，融入工作各方面，在气象综合防灾减灾救灾、气象保障生态文明建设、气象服务脱贫攻坚和乡村振兴、"一带一路"建设、军民融合及固边稳藏、"孟中印缅经济走廊"发展等方面重点发力，推动实现要素集约、技术集成、服务集中、保障有力。要针对现阶段西藏气象保障服务能力不足的特点，针对气象保障服务针对性、及时性、准确率和精细化水平不能很好适应需求的状况，加强对西藏气候变化特别是气候变暖与西藏自然灾害的内在联系的研究，加强对气象预报预测预警和保障服务的科技创新能力建设，不断提升气象保障服务水平。要对标各行各业对专业气象服务的新需求，突出专业气象服务的生活性、生产性、生态性，着力推动专业气象服务智慧化转型发展，不断丰富专业服务内涵、拓展专业服务手段、扩大专业服务供给、打造专业服务品牌，为相关部门工作开展、群众衣食住行和康养娱游等提供更加智能、精准、互动、普惠的专业气象服务。

四是坚持人才战略，建设高素质干部人才队伍。千秋基业，人才为本。气象作为科技型公益性事业，努力建设一支忠诚干净担当的气象干部队伍和矢志爱国奉献、勇于创新创造的优秀人才队伍，是永葆事业发展活力和动力的不竭源泉。要坚持新时代党的组织路线，以符合新时代西藏气象事业发展需要为目标，着力培养一大批高素质专业化的干部队伍。要坚持以对气象事业发展高度负责的态度，按照习近平总书记提出的新时期好干部标准和"三个特别"的要求，把发现选拔优秀年轻干部放在更加突出位置，不断优化各级领导班子和干部队伍的结构，造就一代又一代可靠的西藏气象事业接班人。要坚持以激发干事创业活力为根本，不断优化气象人才发展环境，激发人才活力。

五是坚持全面从严治党，毫不动摇加强党的建设。牢固树立西藏海拔高但学习贯彻习近平新时代中国特色社会主义思想和以习近平同志为核心的党中央决策部署标准更高，牢固树立西藏客观条件特殊但从严治党和反腐倡廉没有任何的特殊性，牢固树立西藏氧气少气压低但坚定理想信念、执行党的纪律标准不能降低的思想，推动部门党的建设向纵深发展。要突出政治建设，坚持用习近平新时代中国特色社会主义思想武装头脑。严格反分裂斗争纪律，确保党员干部在大是大非面前始终做到旗帜鲜明、立场坚定、行动坚决。要狠抓基层组织建设，严格基层党组织党内政治生活，加大监督检查力度，扎实落实巡视巡察工作，以永远在路上的执着推进作风建设，营造风清气正的良好政治生态。要加强精神文明建设和气象文化建设，大力弘扬"老西藏精神""西藏气象人精神"，为西藏气象事业高质量发展提供精神动力。

新时代要有新气象，更要有新作为。西藏气象部门将以习近平新时代中国特色社会主义思想为指导，不忘初心、牢记使命，以永不懈怠的精神状态和一往无前的奋斗姿态，在建设更高水平气象现代化的新征程上，创造新业绩，书写新辉煌。

（撰稿人：查日）

栉风沐雨筑梦气象　全心全意佑护三秦

陕西省气象局

　　70 年来，特别是改革开放和党的十八大以来，在中国气象局和陕西省委、省政府的领导下，一代代陕西气象人埋头苦干、开拓创新、砥砺前行，创造了令人瞩目的成就。70 年来，一代代陕西气象人不断继承和发扬延安精神，牢固树立以人民为中心的发展理念，全省上下团结奋进、开拓进取，书写了陕西气象事业繁荣发展的辉煌篇章。

一、发展历程

　　气象事业是党的事业、人民的事业。人民气象事业从延安诞生，又从延安走向全国。1945 年，中国共产党领导下的第一个气象台——延安气象台在陕西延安正式组建，开创了人民气象事业的先河。1955 年，陕西省气象局应时而生。陕西气象人发扬延安精神，克难攻艰，在全省建立基层气象台站，开始了监测三秦风云、记录气象历史、服务社会、服务人民的光荣使命，到改革开发前，陕西气象事业的框架基本形成。

　　1978 年党的十一届三中全会后，科学春天的到来，陕西气象事业迎来了新的发展阶段。大气探测、气象通信和天气预报现代化建设得到迅速发展，取得了一系列重大的科研成果，气象科学技术整体水平有了长足的进步。进入新世纪，陕西气象事业以科技型、基础性社会公益事业为定位，坚持"公共气象、安全气象、资源气象"的发展理念，为国民经济建设、保障人民生命财产安全进行全方位服务的领域不断拓宽，手段不断改善，效益不断提高。

　　党的十八大以来，陕西气象事业发展进入新时代，以人民为中心的发展理念融入气象事业的各项工作之中，陕西气象事业迎来气象服务体系最全、保障领域最广、服务效益最为突出的新时期。陕西省气象局党组带领三秦气象儿女，以习近平新时代中国特色社会主义思想为指导，坚持新发展理念，坚持公共气象发展方向，以"满足需求、注重技术、惠及民生、富有特色"十六字工作方针为指引，以全面推进气象现代化为抓手，着力提升气象监测预报预警、气象综合防灾减灾、人工影响天气的能力和水平，气象防灾减灾救灾和气象服务工作取得良好的社会经济效益，为陕西经济社会高质量发展和人民福祉安康提供了强有力保障。

二、主要成就

陕西省气象局自建立以来始终坚持大局意识，紧紧围绕地方经济社会生态发展和人民生产生活需求，聚焦主业、聚焦核心，不断提升业务服务能力和水平，为保民生、促发展做出了应有贡献。70 年来，陕西气象业务从单一气象观测发展到多要素、立体化观测，全省气象观测能力显著增强。从只针对 10 个地级以上城市，预报时效最长达 7 天，到提供 98 个区县预报，再到提供 1280 多个乡镇预报；从改革开放初期只做每日天气预报，到开展防灾减灾的专项预报、针对各行业的专业预报；从天气预报扩展到月、季、年气候预测。从 2006 年、2010 年先后在渭南、安康两地建立渭河流域气象预警中心、汉江流域气象预警中心，全省预报业务由传统天气预报发展为以精细化、智能化天气预报、气象灾害风险预警业务和环境气象预报业务共举的现代天气预报业务运行模式，实现了精细化格点预报、气象风险预警、环境气象预报业务与服务联动的业务流程，为气象防灾减灾救灾、应对气候变化和生态文明建设等提供了有力支撑。

党的十八大以来，陕西经济实力的增强为气象事业发展打下了坚实基础，新技术广泛应用为气象事业发展激发了强大动能，多年来积累的经验为气象事业发展提供了成功借鉴，陕西独特的区位和历史文化优势为陕西气象事业发展提供了深厚底蕴。面对人民群众日益增长的美好生活气象需要，陕西努力构建"满足需求、注重技术、惠及民生、富有特色"的气象现代化体系，气象事业呈现出追赶超越的勃勃生机。

（一）气象保障经济社会发展取得突出效益

"政府主导、部门联动、社会参与"的气象灾害防御机制日趋完善，农村、城市气象防灾减灾体系不断健全，应对灾害性天气的举措更加得力，为保障城市安全、服务"三农"、生态文明建设和脱贫攻坚做出积极贡献。省、市、县三级全部成立气象灾害应急指挥部，90% 的镇（办）落实气象公共服务与灾害防御职能，100% 的村配有气象信息员。陕西省、西安市、延安市、咸阳市及 24 个县成立突发事件预警信息发布中心。全省有效应对了 2013 年 7 月延安暴雨洪涝、2014 年 6—8 月关中干旱、2015 年和 2016 年夏季严重雹灾、2017 年 7 月榆林特大暴雨洪涝、关中夏季持续高温及近几年冬季重霾等灾害性天气。全省因气象灾害造成人员死亡数五年变化由年均 59 人下降到 34 人，气象灾害造成的经济损失占 GDP 比例由年均 1.6% 下降到 0.7%。为农服务"两个体系"建设发挥效益，为全省粮食产量实现"十五连丰"做出积极贡献。多项决策服务建议转化为政府重大决策。面向 13 个行业 100 多家单位开展专业气象服务，服务领域持续拓展，服务内容日益丰富。

气象信息覆盖面不断扩大，建成涵盖传统媒体和新媒体的多样化预警信息发布手段，全省气象灾害预警信息覆盖率超98%。满意度逐年攀升，公众气象服务满意度年均达89.2%。成功保障了第十一届中国艺术节、中央电视台春节晚会分会场和中秋晚会、欧亚经济论坛等30余次重大社会活动，屡获肯定。2018年，公众气象服务满意度达90.4%，气象灾害损失为10年来最低。

（二）气象保障国家战略和地方发展积极主动

1. 气象助力乡村振兴和精准扶贫效益凸显

在全省建设农业气象站、自动土壤水分站和农田小气候站，形成农业气象观测网。研发推广农业气象适用技术23项，推广面积超过500万亩。建立16类农业气象指标体系，推广"智慧农业气象"App，向1.8万余个新型农业经营主体提供"全过程、系列化、直通式"服务，覆盖率达85%。开展面向苹果、猕猴桃、茶叶等13种农作物气象服务。完成特色农产品气候品质认证7家，开展农业天气指数保险服务研究。由我省牵头组织建设的苹果特色农业气象服务中心被农业农村部和中国气象局认定为国家级特色气象服务机构。连续实施"三农"专项，深入开展基层防灾减灾标准化建设，完成39个县"三农"专项建设任务，实现贫困县乡村三级气象监测预警服务全覆盖。在贫困县开展风电场选址和太阳能资源监测评估服务20余项，完成3235个贫困村光伏发电项目可行性审核，开展了陕南22县区扶贫搬迁选址气象灾害风险评估。与中国人民保险公司陕西分公司签订合作协议，推进"气象+保险"融合发展，助力精准脱贫。全省因气象灾害造成的农业经济损失占GDP的比例从20世纪90年代的3.5%下降到1.5%，2013年以来气象为农服务满意度均在93%以上。据省果业局评估，各类气象服务有效提升全省苹果优果率3%～7%，提升猕猴桃优果率12%。果品气候品质认证使果品的市场附加值平均提高15%以上，果区农民每年每亩地的收入提升约800元。

2. 生态文明建设气象保障更加有力

制定了《陕西省生态文明建设气象保障服务实施意见（2018—2020年）》。依托卫星遥感技术，面向水土保持、湿地保护和森林草原防火逐年开展生态环境评估。为长城沿线风沙治理、秦巴山区水源涵养地保护和关中大气污染防治等重大工程提供科技支撑。成立汾渭平原环境气象预报预警中心，建成环境气象监测网，开发了空气质量预报系统，开展生态环境气象条件分析和大气污染气象条件预测，为铁腕治霾行动提供有力保障。成立秦岭和黄土高原生态环境气象重点实验室，研发具有特色的生态环境气象成果，提高秦岭和黄土高原生态环境气象保障能力。开展宜居、宜业、宜游生态功能区的气候适应性评价，推进商洛"中国气候康养之都"创建，周至、柞水等6县通过"中国天然氧吧"认证，凤县花椒、眉县猕猴桃通过"国家气候标志"认证，助力生态型经济发展转型升级。围绕风沙源治理、森林火险防范、水土流失治理、大气污染防治、水源涵养地保护等工作，开展生态修复型人工影响天气作业。人工影响天气作业覆盖生态脆弱区、水源涵养区和农业生产区，年均增加降水 18 亿立方米，防雹保护面积 4.5 万平方千米，促进了秦岭重点生态保护区、陕北水资源严重短缺区生态环境修复，扩大了湖泊湿地面积，增加了草地生物量和覆盖度。

3. "一带一路"气象服务不断拓展

陕西省气象部门以气象现代化建设为抓手，依托欧亚经济论坛打造好国家级别高起点气象分会，在欧亚经济论坛框架下连续成功举办三届气象论坛，实现更高水平的国际气象交流与合作。目前该论坛已经成为气象部门主动服务于政府、融入地方、融入行业，贯彻新发展理念的"国字号"实践平台。气象灾害是"一带一路"沿线重大基础设施建设与区域可持续发展的重大威胁，为打造好服务"一带一路"气象"硬实力""软环境"，陕西省气象局加强了位于陕西省灞桥区气象局的风云三号和风云四号直收站卫星遥感数据应用；研发了西安智慧气象现代化平台（XAWFIS.新丝路），实现了"一带一路"沿线国家的 94 个重要节点城市未来 5 天要素预报；在 2015 年首播了《"一带一路"天气预报》节目，每日播出，内容涉及亚洲、欧洲、非洲 3 大洲 17 个国家 28 个城市，持续至今，产生了重大社会影响。

（三）气象现代化水平和服务能力明显提升

2018 年，中国气象局确认陕西省完成基本实现气象现代化指标任务，在西部率先基本实现气象现代化。陕西气象综合观测体系不断完善；气象灾害监测预报预警和气候服务能力大幅增强；具有陕西特色的"秦智"智能网格预报技术系统广泛应用；重大建设项目推进顺利；人才发展机制不断完善；科技创新体系不断健全；科技研发成果不断涌现；科技和人才实力显著增强，发展环境进一步优化

1. 气象事业发展环境进一步优化

省人大、省政府先后出台《陕西省气象灾害防御条例》《陕西省气候资源保护和利用条例》《陕西省人工影响天气管理办法》《陕西省气象灾害监测预警办法》《陕西省实施〈气象设施和气象探测环境保护条例〉办法》等法规规章，各级政府发布施行人工影响天气规章 41 部，推进气象部门依法履职。省人大常委会专题听取气象工作报告，省政府多次会议研究气象工作，形成了政府主导、部门支持、社会关注的气象现代化建设良好格局。"十三五"项目全部批复，建设资金全部到位。省部合作和局市、局县合作协议及各级联席会议制度在推进气象现代化建设、气象灾害防御、督促合作协议落实等方面发挥了重要作用。

2. 重大项目规划与建设推进有力

陕西省政府与中国气象局的省部合作机制、陕西省气象局与各地市政府建立的局市合作机制，以及相应的联席会议制度在推进气象现代化建设方面发挥了重要作用。西安气象大数据应用中心等

陕西气象事业"十三五"重点项目全部立项建设。西安气象大数据应用中心已经落成，为推进西安成为全国气象数据备份中心和气象核心业务备份中心建设，打造全国气象大数据应用创新示范中心奠定了坚实基础。国家突发事件预警信息发布系统一期建设项目投入使用、二期完成立项，陕西省人工影响天气保障中心建设完成，西安国家级应急物资储备库通过验收。国家级 90 米 / 秒风洞实验室、超大城市综合气象观测试验和"山洪""三农"专项等均达到预期目标。"十三五"以来，全省基层台站建设改造达到 90%，较"十二五"时期增加 70%。

3. 气象业务能力明显提升

基本建成较为完善的空天地三位一体综合气象观测体系。76 个国家地面站实现自动化。全省区域气象观测站 1796 个，实现乡镇 100% 全覆盖，站网密度达到 10 千米。风云四号卫星直收站投入使用。华山等 15 个台站获"中国百年气象站"认证并挂牌。气象卫星、天气雷达、地面观测、高空探测和农业气象等站网日臻完善，环境气象、农业气象、交通气象、空间天气等专业监测网初具规模。气象观测质量管理体系获认证。全省观测系统运行质量迅速提升，国家级自动气象站、新一代天气雷达、闪电定位仪、土壤水分站等主要设备运行质量稳居全国前列，各项业务可用性和传输及时率保持 99.9% 以上。建成集约化网格预报业务体系和流程。陕西省气象局研发的"秦智"系统投入运行，1 ～ 10 天智能网格预报业务实现了最细分辨率达 3 千米 /1 小时水平精细化预报产品，通过了中国气象局准入评估，在全国第一批进入业务化运行。"秦智"系统短临预报模块（NIFS）对省市县三级行政区实现了"责任区—警戒区—监视区"三圈灾害性天气自动监测，提供客观化短临预报产品和实时信息共享功能，有效加强了基层灾害性天气监测预警的技术支撑，推动了省市县三级业务流程的集约化、扁平化。14 万个预报网格点无缝隙地覆盖了全省区域，实现了主要强对流灾害性天气的自动监测识别和智能报警。积极推进研究型业务，研发陕西智慧气候云平台 – 气候监测评估业务系统，实现了暴雨、高温、干旱、寒潮以及陕西特有的春季第一场透雨、初夏汛雨、华西秋雨、伏旱等 18 种气候事件的快速监测评估。陕西省精细化气象灾害风险评估系统实现了暴雨、高温、低温等气象灾害风险的预评估、评估、区划，可智能感知形成预评估、评估产品。气象基础设施和数据进一步集约，全省业务系统全部接入 CIMISS 平台，实现省级信息集中监控、统一管理。"陕西气象云"纳入"陕西省大数据与云计算产业示范工程"和"秦云工程"，国家卫星遥感数据备份中心落户西安。创建气象大数据应用众创空间。启动了环保、交通、旅游、农业、防灾减灾等大数据应用项目。建立了陕北旱区飞机增雨作业基地、渭北优势果业区人工防雹基地、红碱淖生态保护区作业示范基地和省级跨区域协同作业指挥中心。优化完善"五段式"业务模式，形成新型人工影响天气业务体系，人工增雨和防雹预警准确率分别提高到 95% 和 80%。

4. 科技创新和人才队伍建设持续加强

出台修订科技管理制度。制定优惠政策，引进和培养高层次人才。大力支持 4 支省级创新团队和 13 支市级团队，加强重点领域研究和科技人才队伍建设。获批中国气象局野外科学试验基地 1 个。省级重点实验室启动建设，与地方政府共建气候适应型城市重点实验室和能源化工气象服务重点实验室。秦岭和黄土高原生态环境气象重点实验室落成，与地方政府共建的商洛气候适应型城市重点实验室和榆林能源化工气象服务重点实验室开始运行，以"1+2"模式推进重点实验室建设取得重要成果。1983 年以来，荣获国家科技进步奖 3 项、省部级科技奖励 79 项。近五年获批国家级项目 5 项、中国气象局科研项目 20 项。完成科技成果登记 257 项，取得软件著作权登记 19 项，出版科技著作 5 本，发表科技论文 557 篇。科技创新带动业务科技含量和水平全面提升。实施"三五人才工程"、正研级专家培养计划、首席专家管理办法，评选省局首席副首席 23 人。博士从无增加到 19 人，硕士增加到 249 人，正研级专业技术人员 25 人，副研级专业技术人员 326 人，中级专业技术人员 718 人。全省副研以上人员比例达 18.9％。享受国务院政府特殊津贴专家 1 人，中国气象局首席预报员及服务专家 2 人，省有突出贡献专家 1 人，省重点领域拔尖人才 1 人，西部人才津贴 15 人，"三五人才" 93 人。职工队伍结构不断优化，整体素质明显提高，高层次人才缺乏的状况得到明显改善。

（四）改革开放和法治建设进一步增强

1. 开放合作取得新进展

先后三次成功举办欧亚经济论坛气象分会，与韩国青州气象支厅、香港天文台开展合作交流，与南京信息工程大学、成都信息工程大学、兰州大学、自然资源部第一航测遥感院等 9 家院校、社会机构，以及国家气象中心、国家气候中心等 4 家中国气象局直属事业单位签署合作协议，合作领域涉及大数据应用、卫星遥感备份、专业气象服务等方面。举办气象大讲堂 100 余期。参与大北方区域数值模式体系协同创新联盟工作。共享公安部门 4 万多个监控实时数据和省测绘局 88 个站 GNSS/MET 数据。

2. 气象改革稳步推进

"放管服"改革持续深化。落实省政府"多证合一、一照一码"改革要求。集中行政审批事项，优化服务流程，实现一网通办。实现行政审批"零超时"。清理中介服务事项，强化事中事后监管。政府防雷安全监管责任逐步落实，引导多元主体参与防雷技术服务市场竞争，防雷减灾工作新格局逐步形成。调整业务布局和流程，推进预报业务服务集约化，实施省级科研机构改革，整合陕西省气象服务中心，成立陕西省突发事件预警信息发布中心、气象宣传与科普中心、卫星气象应用中心，气象服务领域不断拓宽，气象服务特色品牌不断强化，服务产品供给更加贴近需求。

3. 气象法治建设取得新成果

气象地方性法规体系和标准体系不断健全，依法发展气象事业持续加强。继《陕西省气象条例》《陕西省气象灾害防御条例》后，2013 年出台《陕西省气象灾害监测预警办法》，2014 年出台《陕西省实施〈气象设施和气象探测环境保护条例〉办法》，2017 年修订《陕西省人工影响天气管理办法》。2018 年 9 月，《陕西省气候资源保护和利用条例》审议通过。近五年，全省开展行政执法检查 2100 余次、立案查处违法案件 29 件。大力推进标准化建设，完成制定国家标准 7 项、行业标准 3 项、地方标准 23 项。

4. 文化建设得到加强，基层工作生活条件不断改善

文化助推行动和南北互动计划获中国气象局创新工作奖。文明单位创建工作推动有力，截至目前，全省气象部门均已建成文明单位。其中，全国文明单位 3 个，省级文明单位标兵 6 个，省级文明单位 35 个。建设改造 22 个气象局史馆，建成职工活动场地室内 68 个、室外 65 个。基层台站职工食堂实现全覆盖，值班公寓和活动室覆盖率分别达到 88% 和 60%。稳步推进养老保险参保登记，改善省局直属机关事业单位职工医疗保险。调整艰苦边远地区津贴标准。全面落实离退休干部"两个待遇"。发挥群团组织作用，丰富职工文化生活。截至 2018 年年底，全省气象部门 2 个单位获评"全国巾帼文明岗"，华山气象站被中华全国总工会授予"全国工人先锋号"称号，宝鸡市气象局荣获"全国气象行业模范职工之家"称号，1 个单位获评"省三八红旗集体"，9 个单位获评"陕西省青年文明号"；1 人获"全省五一巾帼标兵"荣誉称号，2 人获得"全省杰出能工巧匠"称号，2 人获评"陕西省省直机关杰出（优秀）青年"。

（五）党的建设和党风廉政建设全面加强

认真学习贯彻习近平新时代中国特色社会主义思想，党员干部"四个意识"更加牢固、"四个自信"更加坚定、"两个维护"更加坚决。深入开展党的群众路线教育实践、"三严三实"专题教育、"两学一做"学习教育、"不忘初心、牢记使命"主题教育。持续加强党的政治建设，严格落实中央"八项规定"精神，党员先锋模范作用不断显现，党组织战斗堡垒作用明显加强。坚持党管干部原则，树立正确用人导向，强化干部监督管理，落实干部管理"三项机制"，建立专业技术人员聘任谈话机制，干部队伍建设持续推进。组织开展"以案促改"专题警示教育、集中警示教育和党风廉政宣传教育月活动，开展脱贫攻坚、公务用车、办公用房等专项检查和集中整治，实现省局监督向下延伸一级全覆盖，党风廉政建设进一步强化。通过创办《陕西气象先锋》党建专刊、拍摄《不朽的丰碑》纪录片，树身边典型、传播正能量，提高党员及党员领导干部的综合素质和担当精神。《不朽的丰碑》获全国第十四届党员教育电视片观摩交流活动优秀作品二等奖。

三、展望未来

　　70 年栉风沐雨，70 年共创伟业。陕西气象事业的长足发展得益于始终坚持党的领导，在落实中国气象局和省委、省政府重大战略部署中谋划和发展陕西气象事业，重规划，强落实，全面准确理解和把握陕西气象现代化发展方向和要求；得益于始终坚持提标杆、强能力，聚焦综合防灾减灾、生态文明建设、"一带一路"建设和乡村振兴等重大战略保障服务；得益于始终坚持省部合作、政府主导，坚持部门联动、开放交流的工作机制，构建制度保障，形成推进气象现代化发展的强大合力；得益于始终坚持实事求是、因地制宜，努力构建"满足需求，注重技术，惠及民生，富有特色"的陕西气象现代化体系不动摇；得益于坚持创新驱动，开展业务核心技术攻关，以项目带动气象现代化提质增效，持续提升科技和人才支撑能力，保障重大工程项目安全，服务陕西"五新战略""三个经济"；得益于有效提高应对气候变化能力和对生态文明建设保障支撑作用，创新发展智慧农业气象服务模式，持续做好精准扶贫和驻村扶贫。

　　新时代是伟大光荣的时代，也是奋斗担当的时代。在新中国成立 70 周年之际，在决胜全面建成小康社会、实现第一个百年奋斗目标的关键之年，陕西气象人将坚持以习近平新时代中国特色社会主义思想为指导，加强党的领导，乘新时代东风，做奋斗担当者，以永不懈怠的精神状态和一往无前的奋斗姿态，按照中国气象局和陕西省委、省政府对推进陕西更高水平气象现代化工作的总体要求，以更高站位更大格局服务国家战略，坚持面向民生、面向生产、面向决策，围绕追赶超越目标和"五新"发展战略任务，统筹施策、精准发力、接续奋斗，努力推动陕西气象跨越式发展。争取到 2035 年，全面建成满足需求、结构完善、功能先进、保障有力、惠及民生、充满活力的陕西特色气象现代化体系；争取到 21 世纪中叶，建成气象综合实力全面领先的气象强省，努力为我省经济社会发展和人民美好生活提供一流的气象服务保障，为夺取新时代中国特色社会主义伟大胜利、实现中华民族伟大复兴的中国梦、实现人民对美好生活的向往贡献气象力量。

（撰稿人：徐丽娜　王维刚　马楠）

风雨兼程七十载　陇原气象谱新篇

甘肃省气象局

　　2019 年是中华人民共和国成立 70 周年，70 年风雨兼程，70 年筚路蓝缕，甘肃省气象部门在中国气象局和甘肃省委、省政府的正确领导下，深入贯彻落实党的路线、方针、政策，始终坚持以人民为中心，把气象服务放在各项工作的首位，始终坚持气象现代化建设不动摇，气象业务服务能力、气象防灾减灾水平、科技创新和技术保障能力、气象管理能力大幅提升，走过了辉煌的历程，实现了历史跨越，发生了翻天覆地的变化，各项工作成绩斐然，为甘肃省经济社会发展做出了巨大贡献。

一、发展回顾

（一）气象业务现代化水平跃上新台阶

1. 建立现代化气象综合探测体系

　　70 年来，甘肃省综合气象观测业务从观测站网布局、业务能力提升等方面都得到了飞速发展，观测内容不断丰富，观测手段更趋科学，气象综合观测体系日臻完善，初步形成天基、空基和地基相结合，门类齐全、布局合理的现代化大气综合探测体系。

　　经过 70 年的不断建设，地面气象观测网站不断完善。目前，甘肃全省共有国家级气象站 81 个、国家级地面天气站 262 个、区域气象站 1913 个；国家气候观象台示范站 2 个、农业气象观测站 23 个、国家级农业气象试验站 4 个、自动土壤水分观测站 81 个、便携式自动土壤水分观测仪 84 个、雷电监测站 19 个、辐射观测站 6 个、沙尘暴观测站 4 个、大气成分监测站 4 个、交通气象观测站 34 个；建成 3 个大气电场仪、20 座风能观测站；在 12 个市州开展了太阳紫外线观测，86 个气象台建成实景监控系统。实现了连续观测和资料实时上传，大大提高了观测密度和数据应用时效。全要素自动化观测覆盖率 100%，乡镇观测站网覆盖率 99.37%。

　　高空气象探测业务系统进一步完善。全省建成 L 波段测风雷达站 9 个，风廓线雷达站 2 个，GNSS/MET 水汽监测站 44 个。所有高空气象站实现了业务用氢社会化保障，配备了先进的 L 波段二次测风雷达—电子探空仪探空系统。马鬃山、敦煌、酒泉 3 个高空气象观测站建成了 GPF1 型自动放球系统并实现业务试运行，高空气象观测业务逐步迈向自动化。

地基遥感大气垂直观测能力进一步增强。建成静止气象卫星中规模利用站 8 个、极轨卫星资料接收系统接收站 1 个、风云四号试验卫星省级接收站 1 个。安装 EOS/ MODIS 接收系统。全省 14 套中规模卫星云图接收系统成功接收极轨气象卫星和静止气象卫星产品。气象卫星观测和产品的高效接收应用大大提高了气象部门对自然灾害和环境的监测能力。

全省天气雷达监测网络发展迅速，目前已建成新一代天气雷达 7 部，移动天气雷达 2 部，局地天气雷达 4 部。形成了覆盖全省灾害性天气多发重点区域的天气雷达监测网，显著增强了对突发性暴雨、流域强降水等重大灾害性天气的监测和预警能力。

2. 建立现代气象预报预测体系

在 1956—1979 年的 20 多年中，天气预报业务主要应用的是以天气图分析外推、预报员的预报经验为主的预报方法。1986 年省、市气象台先后实现天气图的自动填图、人工分析；1998 年 MICAPS 1.0 系统开始在全省投入业务应用，结束了天气图只能靠手工分析的历史。2008 年 3 月 MICAPS 3.0 开始在兰州中心气象台与部分市州气象台应用。2018 年 5 月 MICAPS 4.2 分布式存储系统在甘肃省气象台站全面应用。

2003 年 7 月，全省开展 72 小时县城镇电视天气预报。2006 年 4 月，全省县城镇电视天气预报时效延长为 0~120 小时。2009 年 6 月，精细化城镇天气预报时效延长至 0~168 小时。各市州及所辖县气象局开始制作辖区内乡镇精细化预报。2016 年 6 月，兰州中心气象台联合兰州区域气候中心开展 11~30 天延伸期预报业务会商，制作主要天气过程预报。

2010—2013 年，通过现代天气业务改革，全省预报业务体系进一步完善，形成省级指导、市州级订正、县级预警服务的预报业务布局。2015 年建设格点预报业务，无缝隙预报业务体系进一步完善。2016 年 9 月正式上传省级精细化气象格点订正预报。2017 年 7 月启动全省精细化要素预报业务双轨运行，省级网格预报融合各市州气象局上传的站点预报结果。2019 年 6 月，全省智能网格预报业务并轨运行。预报制作方式从站点预报向网格预报转变，预报时效延长至未来 10 天，时间分辨率达到逐 3 小时，空间分辨率达到 5 千米。初步建立专业化、客观化预报预测技术体系。西北区域数值天气预报模式业务化，实现空间分辨率为 0.1°×0.1°、时间分辨率为 72 小时内逐小时，模式产品可供西北区域各级气象台调阅。基于 NCEP 资料研发了 72 小时内逐 3 小时的短时强降水和冰雹的格点预报产品。集合预报产品在汛期重大天气过程预报中的作用越来越显著。气候信息交互显示与分析系统平台（CIPAS）、月内重要过程预测（MAPFS）、多模式解释应用集成（MODES）和动力—统计相结合（FODAS）等客观化预测方法在气候预测业务中得到应用。

（二）气象服务保障能力达到新水平

气象多领域服务和气象防灾减灾工作在保障人民生命财产安全、促进地方经济社会发展中发挥作用越来越显著。

1. 气象防灾减灾效益明显

省级和14个市州全部成立预警信息发布中心，19个部门接入省级突发事件预警信息发布系统。2018—2019年开展基层防灾减灾"六个一"标准化建设，形成基层灾害防御的"一本账、一张图、一张网、一把尺、一平台、一队伍"，有效提升了基层气象灾害防御能力。面对2016年"8·24"天水武山县暴雨、2017年"8·7"陇南文县特大暴洪灾害、2018年"7·18"东乡特大暴雨山洪灾害等，各级政府和有关部门根据气象部门提前发布的重大气象信息专报、预报预警和雨情服务，及时组织人员疏散，有效开展抢险救灾，最大限度减少了人员伤亡。甘肃省气象灾害GDP影响率从2008年的3%～4%，降低到1%～2%，气象防灾减灾效益显著。

2. 应对气候变化服务能力增强

建成张掖、武威国家气候观象台和国家级综合气象观测试验基地，补充完善生态气象观测布局，提升观测能力。继续推进气候变化归因研究，持续更新气候变化基础数据库。开展气候可行性论证服务、风能资源普查、太阳能利用等新能源气象服务。发布关于甘肃祁连山区气候生态环境监测的报告，利用多年遥感资料及地面生态监测数据分析祁连山区生态气候环境状况。推进第二次西北区气候变化评估报告编制，发布2018年《甘肃省气候变化监测公报》，出版《甘肃省中小河流域暴雨洪涝灾害风险区划图集》。

3. 预警服务能力大幅提升

截至2018年，发布强对流预警可提前6小时以上，同时可滚动开展加密雨情及短临预报服务，更高时空分辨率的卫星、自动站等资料得到应用。气象预警信息发布方式多样、渠道畅通、流程明晰，形成了短信、电话、电视、电台、报纸、大喇叭、电子显示屏及网站、手机客户端、微信、微博、抖音、头条号多媒体融合的发布渠道。

4. 决策气象服务不断加强

2001年成立决策气象服务中心，为甘肃省委、省政府以及省有关厅局指挥生产、组织防灾减灾等决策提供气象建议。形成了"小实体、大网络"的决策服务业务格局，印发《甘肃省气象局决策气象服务方案（试行）》，提高服务品质，规范服务产品，提升决策气象服务产品制作自动化水平。2008年"5·12"汶川地震、2013年岷县漳县6.6级地震、2010年"8·8"舟曲特大山洪泥石流、2016年"3·02"迭部森林火灾、"神舟"系列载人航天发射、"兰洽会""环湖赛""文博会"

等重大灾害和重要活动中，气象部门及时启动应急预案，密切跟踪天气变化，联合有关部门发布预警信息，为各级党委政府处置突发事件、指挥重大活动提供了科学依据。

5. 生态文明建设气象保障服务不断创新

紧紧围绕石羊河流域生态环境重点治理和祁连山生态环境的保护和恢复，打造综合监测、人工增雨、决策建言、科技创新"四位一体"的生态气象保障服务新模式。积极参与生态保护红线划定，与环保、水利、测绘等部门共同推进生态环境监测网络建设，将生态气象及人工影响天气重点工程纳入政府重点项目清单。与中国农业大学石羊河流域农业与生态节水试验站等单位建立科研合作机制。成立省级生态遥感监测中心，搭建省、市两级卫星遥感监测业务平台，初步形成以气象综合观测网络和多源卫星遥感技术为主，以无人机和武威荒漠生态站地面人工和自动观测为辅，多网点监测、多要素采集、特色鲜明的生态要素采集网络，以及具有连续 10 多年（2005 年起）的生态监测资料数据库。开展甘肃祁连山地区包括大气、生物、土壤、水环境 4 大类共 45 项要素的生态气候环境监测评估业务。定期发布荒漠绿洲生态监测公报、荒漠区土壤水分变化对植被生长影响分析、生态质量气象评价、山区积雪及水域面积遥感监测公报、荒漠区干旱遥感监测分析等 8 种生态类气象服务产品，分析研究生态环境要素变化特点、规律及对气候变化的响应，为政府生态文明建设决策提供气象科技支撑。

6. 气象为农服务水平逐步提高

2010 年以来，省委、省政府先后印发、颁布有关气象为农服务、气象灾害监测预警及信息发布等政策性文件，连续 10 年将气象为农服务工作纳入各级政府目标考核任务。开展与"三区三园"发展相适应的农业气象观测试验站建设。由粮、棉、油等种植业发展到以"牛羊菜果薯药"六大特色产业为重点服务对象的现代丝路寒旱农业气象服务。农业气象业务由常规的情报、预报和农用天气服务，发展到为农业产业结构调整、特色农牧业产品、农业产业化、粮食安全等方面，提供包括气候资源开发利用、气候品质评估认证、气候系列好产品，以及精细化农业气候资源和农业气象灾害区划等服务。建成甘肃省农业气象业务服务系统和智慧农业气象服务平台，开展了覆盖 80% 新型农业经营主体的"直通式"服务。

7. 气象服务领域不断拓展

气象服务领域覆盖了工业、农业、商业、能源、水利、交通、环保、旅游等行业。航天气象保障服务、重大社会活动气象保障服务、沙尘暴天气预报服务、地质灾害气象预报预警、交通气象服务、空气质量预报涉及人民群众生产、生活的各种"指数"预报等多项新服务项目深受各界好评。发展了基于"位置"的智慧气象监测预警服务、交通气象信息服务、气象为农服务。2018 年全省公众气象服务满意度 91.7 分。

8. 人工影响天气工作发展迅速

围绕生态修复、防灾减灾和精准扶贫等工作，积极开展人工影响天气作业，提高森林草原防火、农业抗旱防雹减灾、祁连山国家公园建设等水资源安全保障服务能力。在兰州建立了西北区域人工影响天气中心，西北区域人工影响天气能力建设和祁连山及旱作农业区人工增雨（雪）体系建设项目深入实施。促进省政府与中国气象局就实施祁连山生态修复型无人机增雨（雪）能力建设开展合作。建成 1 个省级、14 个市（州）级、73 个县（区）人工影响天气指挥中心，飞机增雨基地 1 个、地面作业高炮 379 门、火箭 179 架、地面燃烧炉 1 套，常态化开展地面增雨（防雹）作业。建成人工影响天气综合指挥管理平台、地面作业空域申请系统、弹药物联网管理系统、电控高炮作业数据查询系统，实现人工影响天气作业全流程自动化指挥、管理、监控。建成省级弹药存储专用仓库 1 个，配备省、市、县作业点四级弹药柜，作业站点标准化率达 90% 以上。

9. 气象信息化建设实现新突破

计算机应用从主机和终端方式走向网络方式，实现了传输系统网络化，大大提高了气象信息的综合传输能力。建成功能强大、传输高速的气象信息网络系统。截至 2018 年，在全省 86 个县（区）气象台站建成省—市 100 Mb/s、市—县 30 Mb/s 电信专线网络，建有以互联网 VPN、3G 无线传输、北斗卫星短信传输（40 个国家级有人站）多种备份传输网络系统，全省气象信息网络传输系统承载每年 365 天、每天 5 分钟一次的全省气象数据交换收集及应急保障任务。对外与国防、航空航天、政府应急、高校、地质、交通、能源等多部门建有气象资料及服务共享联动网络平台，为各类用户提供专业气象服务。建有上联中国气象局，下联各市、县气象局（站）的高清视频会商系统，为政府应急、国防、教育等领域提供多种多样气象专业服务。

围绕交通、农业气象服务业务重点环节，基于新一代信息技术，研发以位置服务、移动式交互、智能定向信息发布为显著特征的气象信息传播手段，推动气象大数据高效应用，实现气象服务模式由单向提供向双向互动、由定时发布向实时共享、由单纯的信息提供向全流程跟踪服务的转变。发展多媒体融合的气象服务矩阵，根据新媒体及网络覆盖的发展趋势，将精细化的气象服务指标应用于手机 App、微信公众号、服务网站等渠道，与短信定制用户权益挂钩，发展多媒体融合、展现方式更为丰富的为农气象服务矩阵。

（三）气象科技创新和人才队伍建设呈现新局面

坚持科技兴气象、人才强局等战略，打造科技—人才—业务紧密结合、互相促进的"螺旋渐进式"良性互促机制，着力将甘肃气象部门在科技人才方面的比较优势，转化为竞争优势，取得了显著成效。

1. 科技创新能力不断增强

努力推进气象科技体制改革，建立了以中国气象局兰州干旱气象研究所为核心的科技创新体系，不断探索建立、完善和规范科技管理机制，充分发挥科研和业务人员的主观能动性和创造性，充分利用国家、地方和部门科技资源，围绕气象业务关键核心科技问题，开展成果应用转化和应用研究。制定和实施气象事业发展规划，组建"西北区域数值模式研发中心"等五个创新团队。在干旱、灾害性天气监测预报预警和空中云水资源的开发利用等方面达到国内领先、国际先进水平。2001—2018年期间，荣获国家级科技奖励1项，省部级科技奖励43项。近五年来，出版《甘肃气候》《甘肃气候图集》《甘肃气象保障蓝皮书》等重大专著10余部；在各类期刊发表论文1400余篇，其中，SCI、EI和SCIE收录120余篇。开展双边和多边气象科技合作，学术交流日益频繁，合作水平不断提高。成功主办两届干旱气候变化与可持续发展国际学术研讨会，国际学术界的影响力进一步扩大。先后与南京信息工程大学、兰州大学、西北师范大学、兰州交通大学、中共甘肃省委党校（甘肃行政学院）、兰州资源环境职业技术学院等6所高校开展全方位的局校合作。

2. 气象人才队伍素质进一步提升

建立"十人计划""首席专家""英才计划""青年优秀科技人才"和"县级综合气象业务技术带头人"为主的人才培养制度，形成涵盖基层业务一线人员、中级潜力人才、优秀青年拔尖人才、业务科技骨干到高级人才队伍的各层次人才培养体系。全国气象部门人才评估工作报告显示，近年来甘肃省气象局高层次人才队伍和人才综合评估在省级气象部门中稳居前五。

人才队伍结构不断优化，素质显著提升，逐步形成了人员学历、职称、专业、年龄结构合理的高质素专业化人才队伍。目前，本科及以上学历1425人，占总人数的82.4%，相比1981年的4%增长了20倍；硕士、博士研究生216人，已占到职工总数的13%；具有高级职称人员404人，占总人数的22.9%，其中正高级职称人员32人，占总人数的2%；具有中级职称人员1235人，占总人数的70.2%。

（四）气象科普宣传工作全面加强

气象宣传科普工作坚持立足服务气象事业发展的大局，从气象防灾减灾、为农服务、生态文明建设气象保障、应对气候变化、气象现代化建设、气象科技创新等重点工作开展宣传。以中国气象报、中国气象局官网、甘肃省气象局官网为主，以《甘肃日报》、每日甘肃网、《甘肃经济日报》、《兰州晚报》等省级媒体和都市报为辅宣传报道世界气象日、科技活动周、防灾减灾日等一系列活动。科普活动有了长足发展。气象科普进校园、下乡、进社区、进军营等活动逐年举办。2019年取得全国科普讲解大赛一等奖。气象微博、微信粉丝人数逐年上涨。

（五）气象管理工作不断创新

气象法制法规日趋完善。气象与社会各行各业的联系越来越紧密，与社会经济发展紧密相连。实现政务服务事项全国统一事项、全国统一编码的要求，实现政务服务事项"一站式"办理。成立法律顾问办公室，建立健全规章制度，完善机制体制。推动《甘肃省气象条例》《甘肃省气象灾害防御条例》2部地方性法规，以及《甘肃省人工影响天气管理办法》《甘肃省气象灾害风险评估管理办法》2部省政府规章的立法工作，配合省政府先后出台《关于建立气象协理员和信息员队伍的通知》《甘肃省低温雨雪冰冻专项预案》《甘肃省政府办公室关于进一步提高应对和处置突发气象灾害能力的意见》《甘肃省人民政府关于加快推进气象现代化的意见》《甘肃省人民政府关于优化建设工程防雷许可的实施意见》等规范性文件。制定《关于加强气象部门行政执法队伍建设的意见》《甘肃省气象灾害防御认证管理办法（试行）》等一系列文件。

近年来，完成《甘肃省气象干旱等级》《酒泉市风电场风能等级划分》《风电场风速预报检验方法》《黑膜全覆盖双垄侧播马铃薯农业气象人工观测方法》《河东地区春玉米干旱灾害等级》和《重大建设项目气象灾害风险评估技术规范》等36项地方标准的制定工作。

（六）党的建设和精神文明建设不断加强

全面落实党建工作责任，充分发挥党组织的战斗堡垒作用和党员的先锋模范作用。党的十八大以来，全省气象部门各级党组织认真落实全面从严治党主体责任，以习近平新时代中国特色社会主义思想为指导，切实履行管党治党责任，牢固树立"四个意识"，坚定"四个自信"，做到"两个维护"，党组织的创造力、凝聚力和战斗力进一步增强，广大党员干部的整体素质进一步提升。严格和规范党内政治生活，把党内政治生活当成锤炼党性、坚定信仰、提高觉悟的大熔炉。发展积极健康的党内政治文化，加强中华优秀传统文化、社会主义先进文化的学习教育。加强思想建设，充分发挥党组中心组的学习带头作用，强化党员干部理论学习，加强党内培训。扎实开展党内集中教育活动，加强组织建设，始终把加强基层组织建设作为党建的基础性工作来抓，开展基层党支部标准化建设，不断提升党建工作科学化水平。完善党建工作机制，始终把党建工作摆在重要位置，坚持党建和业务同部署、同落实、同考核。加强纪律建设和作风建设，2014年以来，先后组织开展"讲认真、抓落实，强调用心做事，推进机关作风向严、勤、细、实、新转变""工作落实年""建制度，守规矩""聚力创新促发展""转变作风改善发展环境建设年"等专题活动，从思想作风、领导作风、学风、工作作风、生活作风等方面入手，持续不断加强和改进作风。

基层台站建设投入力度加大。全面加强基层台站各项建设，加大对基层台站投入的倾斜力度。十八大以来，气象台站基础设施建设投资累计3.53亿元，累计完成64个台站综合改造。台站面貌发生巨大的变化，职工工作生活条件得到明显改善，业务用房完备率达到 83%，现代化达标率为 92%。基层台站成为功能齐全、设施完备、环境优美、工作舒适的新台站，满足服务当地经济社会发展的需要。

精神文明创建成果丰硕。目前，全省气象部门 84 个各级单位全部为文明单位，其中国家级文明单位 2 个，占比 2.3%，省级文明单位 34 个，占比 40.5%，市（州）级文明单位 45 个，占比 53.6%，县级文明单位 3 个，占比 3.6%。实施文明单位升级工程，整体提升文明单位的创建水平。开展"星级气象台站"创建评选工作，评选出一星级气象台站 23 个、二星级气象台站 37 个、三星级气象台站 6 个、四星级气象台站 1 个、五星级气象台站 1 个。

二、发展经验

（一）坚持优化气象事业发展环境

70 年来，甘肃气象部门在党的领导下，全面贯彻中国气象局及甘肃省委、省政府的部署，推进气象改革发展各项工作落地见效。

气象事业发展环境进一步优化。省政府先后颁布《人工影响天气管理办法》和《气象灾害风险评估管理办法》2 部政府规章，出台《关于加强气象灾害监测预警及信息发布工作的意见》等 9 个政策性文件，并将《甘肃省"十三五"气象事业发展规划》列入重点专项规划，召开气象相关工作会议，将气象工作纳入政府目标任务考核。省政府与中国气象局签署了《关于共同推进气象防灾减灾和气象为农服务合作协议》，部门合作及应急联动水平不断提高。2016 年，甘肃省人民政府将"甘肃省气象灾害防御能力提升工程"和"西北区域人工影响天气能力建设甘肃分工程——祁连山及旱作农业区人工增雨（雪）体系建设项目"作为"十三五"重点建设项目，列入甘肃省"十三五"重大工程项目库。"西北区域人工影响天气能力建设甘肃分工程——祁连山及旱作农业区人工增雨（雪）体系建设项目"被列为 2018 年全省重大项目。14 个市（州）政府全部出台文件，将防雷减灾安全工作纳入安全生产责任制和地方政府目标任务考核体系。2009 年起，全省建立乡镇气象工作站 1228 个，发展气象信息员 18036 人，气象预警信息实现乡镇、行政村全覆盖。2012 年起，成立 1 个省级、14 个市级、72 个县级气象灾害防御指挥部，预警信息发布机构逐步健全。出台 1 个省级、14 个市级、69 个县级气象灾害防御规划，省、市、县、乡、村均修订完善或制定重大突发气象灾害应急预案或计划，44 个县（区）政府出台气象灾害应急准备管理办法。气象防灾减灾"政府主导、部门联动、社会参与"的工作机制不断完善，"省、市、县、乡、村"五级气象灾害防御体系初步建成。2017 年成立 1 个省级、14 个市（州）预警信息发布中心，建成省、市、县预警信息发布系统，形成国家到乡镇的突发事件预警信息发布网络。

（二）坚持立足省情，发展气象事业

气象事业的发展离不开甘肃的基本省情。甘肃作为经济总量小、人均收入低、自然条件差、财政收入少的西部省份，制约气象事业的发展因素较多。与沿海省份相比，发展的差距显而易见。甘肃既有地理环境的制约，也有体制机制的影响。

大力实施"科技强局""人才强局"战略，开展"局校合作"，大力引进人才，鼓励科技创新，引进新思想、新观念，从而促进气象现代化不断加快。同时，甘肃省地处青藏高原、黄土高原以及蒙古高原大地形的汇集区，是我国大陆的地理中心，是唯一包含西北干旱区、东部季风区和青藏高原气候区三大自然区的省份，是气候变化的敏感区、生态环境的脆弱区。70 年来，在科技创新、人才培养和气象服务等领域取得了显著成绩，成绩的背后都是立足省情、谋划发展的结果，都紧扣了地方的服务需求和发展优势，走出了一条符合甘肃特色的发展气象工作的新路子。

（三）着力提高预报预测预警水平

针对甘肃省情，提出"严防小降水酿成大灾害"的气象灾害防御思路，发展短时强降水、冰雹、大风和雷暴天气的快速识别和报警技术，搭建省—市—县一体化的短临预警业务平台。预报预警业务流程向"实时更新，同步共享，预报协同"转变。区域站 5 分钟加密观测资料和非常规观测资料在短临预报分析中应用，实现超阈值监测报警。

业务管理逐步规范化，预报员队伍整体素质有所提升。开展省、市预报员轮训和气象预报技能竞赛。建立常态化预报总结和技术交流制度。初步组建暴雨、环境气象、强对流等预报团队。基本建立了预报实时共享流程和省、市、县三级短临业务一体化流程。进一步完善预报预测业务的管理规范和质量考核评估制度。

（四）坚持以需求为引领，着力健全气象服务体系

不断深化气象服务体制改革、气象服务供给侧改革，提高气象服务供给和需求契合度、提高气象服务业务效率、促进气象服务多元化法制化发展，为服务质量提升提供支撑。理顺气象服务管理及运行机制，梳理省级气象服务中心与下属企业的产权关系，确保企事业气象服务业务合法、规范运行。推进气象服务业务集约化发展，制定气象短信、12121 声讯电话及新能源 3 项气象服务业务集约化发展实施方案及气象影视服务业务集约化发展指导意见。推进省级气象服务中心能力建设，强化信息发布、公众服务、气象影视、专业气象服务等业务的科技支撑。推进气象服务规范、科学、依法发展，推进行政审批制度改革、清理规范中介服务。全面整改业务运行中的违规违法行为。2000 年以来，与甘肃省应急管理厅、自然资源厅、生态环境厅、水利厅、红十字会、省军区、省

消防总队等单位签订合作协议。与公安、旅游、民政、广电、交通等部门联合发文，推进相关工作。与26个部门和行业建立气象灾害预警联络员会议制度。分别与应急管理厅、自然资源厅、林草局、生态环境厅联合发布地质灾害气象风险预警、森林火险预警及空气质量预报。与农业部门联合开展现代丝路寒旱农业气象服务保障。

（五）坚持强化自主创新和气象人才培养

加强顶层设计，建立完备的人才培养政策体系。坚持自主培养、用好人才，为人才发展"出政策、建机制、搭平台、创环境、优服务、办实事"，努力创造人尽其才的良好环境。开展高级人才研修和新进人员入职教育培训，鼓励支持人才在职学历教育。坚持现有人才工作机制，不断完善支持人才发展的政策制度和激励措施，对培养的预报、服务、科技创新高层次人才实行特殊支持，提供良好的业务科研工作平台和条件。创新高层次人才引进、柔性流动和优秀毕业生引进机制。加大对人才的情感关怀。

建立完善岗位设置管理机制。规范岗位晋级考核，推动建立岗位动态管理机制。按照科学合理、精简效能原则，科学设置各级各类岗位，细化岗位类别，明确岗位职责、工作任务、工作标准和任职条件，强化岗位考核。加强高级专业技术人才的考核聘用管理，激发调动人才工作积极性。

（六）坚持加快气象法治化建设步伐

不断优化调整部门权责清单。取消大气环境影响评价使用非气象主管部门提供的气象资料审批、人工影响天气作业（组织）人员资格审批、防雷专业技术人员资格认定、升放无人驾驶自由气球或者系留气球作业人员资格、重要气象设施建设项目审批和防雷工程专业设计、施工单位资质认定7项行政许可事项。下放升放无人驾驶自由气球或者系留气球活动审批行政审批项目。

不断优化政务服务。进一步压缩审批时限、精简办事环节、规范申请要件，建设政务服务甘肃省气象局板块，公布权责清单、办事指南等。截至2019年6月，优化省级行政许可事项6项、市级行政许可事项4项、县级行政许可事项3项。

进一步强化防雷减灾体制改革。组建省、市两级气象灾害防御技术支撑机构。做到政企分离，防雷服务企业按照现代企业制度运行管理。全面开放防雷检测市场。初步构建防雷安全责任体系。

（七）始终坚持强化党建工作

充分发挥党组织的政治和组织优势，把党中央的战略决策与省委、省政府工作部署和甘肃气象事业发展实际有机结合起来。坚持以习近平新时代中国特色社会主义思想为指导，把理论学习和气象工作实际结合起来，不断提高党员干部的思想理论水平。大力加强作风建设，以优良的党风带政风促行风。

深入学习贯彻党的十八大、十九大精神和习近平总书记系列重要讲话精神，紧紧围绕"五位一体"总体布局和"四个全面"战略布局，以创新、协调、绿色、开放、共享的发展理念为引领，以落实全面从严治党要求为主线，强化党建工作责任，严明政治纪律和政治规矩，严肃党内政治生活，持续改进作风，强化党风廉政建设和反腐倡廉工作。加强党的组织建设，不断提高党组织战斗力。加强党的作风建设，提高党员干部队伍素质。加快制度建设步伐，推动形成作风建设抓常抓细抓长的有效机制。推进党风廉政建设，筑牢拒腐防变思想道德防线。加强制度建设，建立完善党建工作长效机制。

（八）坚持注重气象文化和精神文明建设

甘肃气象事业 70 年的发展历程构筑了甘肃气象文化坚实的基础，陇原气象人兢兢业业的气象精神孕育了良好的气象文化氛围。我省南北跨度大，气象台站高度分散，条件艰苦、工作辛苦。从新中国成立至今，全省气象部门职工在服务社会经济发展建设过程中也一贯注重自身的文化建设，在长期实践中形成了优良的传统与作风，铸就了气象工作者的职业道德、奉献精神和时代风范，涌现出一大批先进典型和模范人物，创造了宝贵的精神财富。近五年共有 43 人荣获甘肃省"技术标兵"称号、3 人荣获"甘肃省五一劳动奖章"、3 人获得"甘肃省直青年五四奖章"。甘肃气象人的高尚品质和气象行业的优良传统成为凝炼气象精神的实践基础，在不同时期、不同的发展阶段注重自身的服务理念、管理思想和行为规范等文化建设，逐步形成了文化品牌和行业价值观，气象文化体系建设的内容、手段、方法也得到了不断的丰富和完善。

三、新时代甘肃气象事业发展目标

团结凝聚力量，实干创造未来。当前，甘肃经济社会发展正处于重要战略机遇期、动能转换窗口期、重大任务攻坚期，这一特殊的历史时期，对我们的气象服务保障提出了新需求、新挑战，更为甘肃气象事业高质量发展提供了千载难逢的好机遇。我们将团结带领全省气象干部职工，正视问题差距，积极迎接挑战，将发展机遇转化为高质量发展的强劲动力。

强化政治意识，提高政治站位，树牢"四个意识"，坚定"四个自信"，做到"两个维护"。以习近平新时代中国特色社会主义思想为指导，推动甘肃气象部门"不忘初心、牢记使命"主题教育走实走深，教育引导党员干部系统全面学习习近平新时代中国特色社会主义思想和习近平总书记系列重要讲话精神，系统全面学习中国特色社会主义理论体系和最新理论成果，将政治理论学习同业务管理知识学习结合起来，将讲政治与做好本职工作结合起来，在全省气象部门干部职工中树牢"没有离开政治的业务，也没有离开业务的政治"意识，善于从政治的高度来谋划和推进工作，谋事多想政治标准、办事多想政治要求、处事多想政治影响，切实把讲政治贯穿工作全过程、各方面。

强化担当作为，提高气象服务能力水平，保障地方经济社会转型跨越发展。以习近平总书记2019年8月视察甘肃重要讲话精神、2013年视察甘肃重要讲话和"八个着力"重要指示精神、2019年全国"两会"参加甘肃代表团审议时的重要讲话精神为指引，更深刻地把握甘肃在全国发展大局中的特殊功能和作用，深化思想认识，坚定理想信念，更深刻地把握气象部门在国家战略和地方部署中必须发挥的积极作用。紧密围绕生态文明建设、脱贫攻坚、新一轮西部大开发、"一带一路"建设等国家战略，紧盯甘肃"十大生态产业""现代丝路寒旱农业"，发挥气象职能作用发展等重大部署，调研分析气象服务需求，建立健全气象服务业务机制和流程，扎实开展更具针对性、更能体现甘肃特色的气象服务，切实把习近平总书记对甘肃的关怀厚爱，转化为强大的政治动力、精神动力和工作动力，转化为甘肃气象保障地方经济社会发展能力和水平的全面提升。

健全制度体系，进一步提高管理能力和管理水平，推动甘肃气象事业全面发展。加强气象法治建设，提升科学管理水平；推进重点改革和制度创新，增强事业发展动力；强化创新驱动，发展推动科技创新和人才队伍建设，激发创新活力；坚持规划引领，提升气象现代化水平；健全现代气象为农服务体系，助力乡村振兴和脱贫攻坚；聚焦构建生态文明体系，全面推进生态文明建设气象保障；围绕防灾减灾救灾，全力做好各项气象保障服务。

"软肩膀挑不起硬担子。"未来，甘肃气象人将以开拓进取、埋头苦干的工作作风，扎实推动甘肃气象事业高质量发展，为建设幸福美好新甘肃提供更高水平的气象服务保障。

（撰稿人：杨民　徐志龙　于仕琪）

艰苦奋斗测风雨　高原大地谱新篇

青海省气象局

　　青海高原，一片瑰丽、神奇的土地，大山、大江、大河，大湖泊、大草原、大盆地、大盐湖构成了大美青海奇绝的自然和人文景观。为了预测这块广袤土地上的风云变幻，新中国成立以来，青海气象工作者以团结拼搏、坚忍不拔的毅力，艰苦奋斗、开拓进取的精神书写着一个又一个的神奇，创造出了一个又一个的辉煌。

一、开天辟地艰苦创业

　　数千年来，青海劳动人民在这片广阔而神奇的土地上创造了具有浓郁地方特色的灿烂文化。然而，气象科学却显得极其贫瘠。在新中国成立之前，青海只有西宁、都兰两个测候所和西宁飞行气象台，观测项目单一，仪器型号不统一，设备陈旧简陋，气象记录资料残缺不齐，科技人才也屈指可数。

　　新中国的诞生，为青海气象事业的发展开辟了广阔的前景。青海气象事业在党和政府的正确领导下，在全体气象工作者的积极努力下，坚持保护人民、为社会主义建设服务的宗旨，发扬艰苦创业、团结奋斗的精神，取得了显著的成绩。老一辈气象工作者励精图治、栉风沐雨，在医治旧中国创伤的起跑线上，写下了辉煌。为了适应国防建设的需要，为了迅速开辟青康藏空中航线，青海气象人员在极端困难的条件下，于 1952 年 8 月，在玉树建立起新中国成立之后的第一个气象站。1952 年 10 月成立西宁气象站。

　　随着国民经济第一个五年计划的实施，为了适应大规模经济建设的需要，毛泽东主席、周恩来总理签署了气象部门从军队建制划归政务院和地方建制的命令。同全国一样，青海气象部门开始担负起"既为国防建设服务，同时又要为经济建设服务"的双重任务，青海气象事业编入《青海省国民经济建设第一个五年计划》。1954 年 8 月经青海省人民政府批准成立了青海省气象局。1956 年 8 月 1 日起，遵照毛泽东主席"要把天气常常告诉老百姓"的指示，青海省气象部门开始在青海广播电台、《青海日报》向青海省各族人民群众发布天气预报。

从那以后，一大批有志于为祖国西部建设贡献力量、有志于气象事业的年轻气象工作者在交通不便、没有公路和汽车的情况下，身背背包，牵着驮载气象仪器、电台和蒙古包的骡马、牦牛和骆驼，穿过茫茫草原和浩瀚无垠的戈壁沙漠，跋山涉水，到达巍峨的昆仑山脚下，到达江河源头，安家落户，架起了百叶箱、风向杆，开始了气象观测发报工作。他们艰苦奋斗，自力更生，逐步开展了地面观测、日射观测、农牧业气象观测等基本气象业务。

在"文化大革命"时期，青海气象事业遭到严重的干扰和破坏。但是，广大气象技术人员热爱党、热爱气象事业，以高度的革命事业心和责任感，坚守岗位，坚持日常业务工作，保证了基本气象资料的完整性和连续性。预报服务、气象科学考察以及科研活动仍在艰难中继续进行，并先后引进 701 型测风雷达、711 型测雨雷达、极轨气象卫星云图接收设备，建立了无人值守自动气象站。

忽如一夜春风来，千树万树梨花开。党的十一届三中全会以后，青海省气象部门经过拨乱反正，端正业务指导思想，把工作重点转移到发展气象事业现代化建设和提高气象服务效益上来。到 20 世纪 80 年代，青海省的气象台站基本稳定在 50 多个。其中省级气象台 1 个、州级气象台 1 个、国家基准气候站 2 个、国家基本气象站 35 个、一般气象站 21 个、牧业气象试验站 1 个。基本上组成了气象观测网和气象通信网，为国内和国际气象数据交换提供了准确及时的气象资料。观测质量和通报时效、质量都达到了国家要求，得到了世界气象组织的好评。

1980 年 1 月开始，青海省气象部门逐步实行了气象部门和地方政府双重领导、以气象部门为主的管理体制。新的管理体制发挥了部门和地方两方面的积极性，有力地推动了气象事业的发展，气象服务能力明显增强。全省气象部门加快气象事业结构调整步伐，气象现代化建设快速发展，气象服务的经济社会效益显著提高，社会主义精神文明建设获得丰硕成果。特别是西部大开发战略实施以来，青海气象部门始终把"服务人民、奉献社会"作为落脚点，气象现代化建设总体水平不断提高，努力实现决策服务让领导满意、公众服务让群众满意、专业服务让用户满意，科技兴气象取得实效，气象服务领域进一步拓展，大力实施人才强局战略，精神文明建设欣欣向荣，青海气象事业发展进入新时代。

二、气象现代化建设稳步推进

改革开放以后，青海气象现代化建设迈开新的步伐。1987 年 10 月，青海省气象局自主开发的短波单边带数传通信系统通过国家气象局鉴定，建成了由一个主台和 35 个属台组成的单边带数传通信网络，全省 35 个国家基本发报气象台站结束了摩尔斯电码发报的历史。1988 年以后，全省气象部门相继建成海南州和海东地区甚高频（VHF）辅助通信网，极大地提高了气象信息的传输时效。1988年9月6日，我国研制的"风云一号"气象卫星发射成功，省政府从地方财政拿出20万元，支持更新了卫星云图接收设备。1989年6月，经青海省政府同意，由省计委、省财政厅和省气象局联合下发了由地方财政合理分担部分气象经费的通知，进一步完善了现行领导管理体制，对于建立双重计划财务体制打下了良好的基础。全省所有地面站和高空站实现了微机编制气象年、月报表，提高了报表的质量，减轻了劳动强度。

"八五"期间，各级气象部门十分重视气象现代化建设，现代化建设投入资金达1177万元。初步完成了省气象台天气预报业务系统和部分地区气象台天气预报业务系统、气候资料处理与气候分析服务系统以及农牧业气象情报预报服务系统的建设；建成了省农牧业气象服务中心、青海省卫星遥感信息中心，为青海省经济建设发挥了积极作用；开通了西宁—兰州全话路数据通信，实现与兰州气象区域中心的微机联网；建成了省级业务系统的NOVELL局域网络和自动气象站的布点试验；人工影响天气业务系统、气象装备保障系统等均取得了重要进展。

1992年6月，在青海省政府和中国气象局的大力支持下，投资420万元的青海省卫星遥感信息中心开始建设。青海省卫星遥感信息系统的建成，使青海省首次具有了气象卫星遥感资料的接收、多种遥感图像处理和遥感应用产品制作的能力，极大地增强了青海省资源环境与灾害监测的能力，为准确、及时、全面掌握青海省环境资源状况和灾害情况提供了全新手段和方法。卫星遥感监测服务信息及应用研究成果成为青海省各级政府和有关部门进行宏观管理和正确决策所必需的重要依据。

2000年，青海省气象局完成了9210工程建设任务，极大地改善了气象信息的通信能力，解决了下行气象信息传输的"瓶颈"问题，上行资料传输时效和质量也有明显提高。"九五"与"八五"相比，气象数据分发能力提高了200倍，数据收集能力提高了10倍，日传输气象资料总量提高了30倍。信息网络基础设施和支撑能力有了较大进步，通信链路类型、数量、质量从2012年的单链路、低带宽发展到目前的双链路、高带宽。建成了覆盖全省、连接中国气象局的宽带网络系统，建成了基于北斗导航卫星系统的通信传输系统和3G/4G无线应急通信系统，实现了天基、地基、空基的有机结合，形成了稳定、畅通、安全的气象信息网络系统。

2000年9月，由中国气象局投资3000万元，采用当时国际上最先进的自动气象站设备的青海省灾害性天气监测系统建设项目正式启动。在中国气象局和青海省政府的支持下，经过青海气象部门科技人员的艰苦奋战，完成了全省34个自动气象站的建设任务。青海省灾害性天气监测系统在青海高原建成并投入业务试运行，标志着青海省大气监测自动化特别是地面探测自动化跨入了一个新的历史阶段。

青海由于受特殊的地理环境及气候条件的影响,气象灾害频繁且严重。在各类自然灾害中,气象灾害占 70％以上,有的年份甚至达 90％。2002 年 5 月中国气象局正式批准建设西宁新一代天气雷达项目,项目总投资 2320 万元。同年 8 月西宁新一代天气雷达塔楼工程正式破土动工。2003 年 7 月 15 日,雷达主机系统安装调试完毕并收回第一张雷达回波图像,西宁新一代天气雷达的建成标志着青海省气象部门气象现代化建设又上了一个新台阶,为提高青海省天气预报水平和服务能力提供了有力的技术支持。

2014 年,青海省政府办公厅印发了《关于加快推进气象现代化的指导意见》,有力促进了青海省气象现代化建设。在此推动下,全省各级市(州)气象现代化工作取得明显进展。截至 2018 年年底,青海气象部门已初步建成地基、空基、天基一体化综合气象观测系统,地面气象观测站网布局不断优化,全省建成各类地面气象观测站 745 个,其中 3 个乡的高海拔台站实现了无人值守,并获中国气象局 2017 年度创新项目,13 个国家级气象站列入“中国百年气象站”名录。地面天气站、区域站、GNSS/MET 站、空间天气站、雷电、环境气象、农业气象、交通气象等观测站网日趋完善。3 部 C 波段、7 部 X 波段、1 部风廓线 L 波段等天气雷达基本覆盖气象灾害重点防御区域,初步布局建设人工影响天气专业监测网。建成风云三号、风云四号卫星地面接收系统,应对气候变化和保障生态文明建设的监测能力显著提升,基本建成布局科学的具有高原特色的综合气象观测体系。

三、气象综合防灾减灾效益显著

农牧业是青海省的主体经济,农牧业生产的发展对促进全省经济的发展起着重要作用。几十年来,青海省气象部门在为国民经济各行业的气象服务中,坚持以气象为农牧业服务为重点,紧紧围绕乡村振兴战略、扶贫攻坚战略深化服务内容,拓展服务形式,为青海省农牧业发展做出了重大贡献。青海省气象部门短期气候趋势预测和牧区雪灾预测、预报、监测评估等已经成为各级政府安排生产的重要依据;人工增雨、人工防雹作业已经成为农业减灾和保护生态资源的重要手段;农业气象产量预测和牧草长势监测及森林草原防火气象服务能力进一步提高,为青海农牧业服务取得了显著的社会、经济和生态效益。

从 1979 年开始,青海省气象部门用 10 年时间完成了省、州(地、市)、县三级农牧业资源调查及气候区划工作。摸清了气候资源的分布规律,对合理利用气候资源、促进种植结构调整及农作物品种选育等起到了积极的指导作用，为传统的农业耕作制度向科学种田的方向发展和大规模的农业综合开发提供了科学依据。

1981年汛期，黄河上游地区出现百年不遇的特大洪峰，黄河水位急剧上涨，滚滚洪水涌向正在施工的龙羊峡水电站围堰，如果围堰被冲垮，10多亿立方米的洪水将给下游地区造成难以估量的损失。在万分危急关头，省气象局组织预报专家赶赴现场开展气象服务，准确做出雨天即将结束的预报，为抗洪指挥决策提供了可靠依据，保住了围堰，避免了损失，得到国务院和青海省政府的表彰。

1990年6月，省气象局成立了"青海省农牧业气象服务中心"，该中心成立后以开展省级农牧业气象预报工作为主，逐步建立了省级农牧业气象预报业务系统，包括开展作物生育期预报、省级农业气象产量预报、病虫害预报、牲畜疫情预报、土壤水分监测预报等，并负责全省农牧业气象情报的收集、分析工作，及时提供农牧业气象情报服务。

1993年成立的青海省卫星遥感中心承担全省区域卫星遥感信息的接收、处理、服务任务；开展牧草长势、牧草产量、牧区积雪、森林及草场火灾监测，为防灾救灾提供依据。在利用气象高科技开展气象监测服务工作的同时，青海省气象部门还积极开发、利用当地气候资源，研究、推广实用技术，为"两高一优"农业服务，在合理开发利用农业气候资源、改良品种、提高品质、转化增值和高产优质高效种植模式等农业气象适用技术的研究和推广中，取得了很好的成绩。

长期以来，青海省气象部门始终把监测、预报、防御灾害性天气气候、保护人民生命财产和为地方经济建设服务作为气象工作的根本宗旨，把为各级党政领导机关指挥决策防灾减灾服务放在首位。为了加强防灾减灾气象服务工作，气象部门已建成符合青海省实际、服务门类比较齐全、布局合理、自动化程度较高的气象综合探测系统，为监测和研究气象灾害发生发展及其演变提供了可靠的科学依据，气象工作为趋利避害，减轻灾害造成损失做出了积极的贡献。

在2004年扑灭玉树囊谦县森林火灾和阿尼玛卿雪山雪崩的抢险救灾中，气象部门及时提供气象信息，最大限度地减少了灾害损失，得到了青海省委、省政府的充分肯定。2010年，面对"4·14"玉树强烈地震，青海省气象局快速反应、有效应急，全省气象职工上下一心，拧成一股绳，有力、有序、有效地推进了玉树抗震救灾工作。时任青海省委书记强卫感谢气象部门对抗震救灾工作的支持，称赞气象部门为指挥抗震救灾送来了"及时雨"，提供了"科技支撑"。同年，格尔木温泉水库出现严重险情后，气象部门紧急响应，积极开展应急气象保障服务，取得显著效益。

在公众气象服务工作中，青海省各级气象部门不断丰富服务内容，通过新闻媒体和公共通信设施，不断增加公众气象服务产品。2004年7月，青海省省长杨传堂签发第44号省政府令，发布《青海省灾害性天气预警信号发布办法》，气象部门通过新闻媒体、手机短信等方式向社会发布了暴雨、寒潮等灾害性天气预警信号，为防灾减灾发挥了重要作用，引起了社会各方面的广泛关注。通过增加气象公共服务产品，使气象服务更加贴近人民生活，得到了公众的一致好评。2018年公众服务满意度达到93.2%，位列全国第三。

目前，青海气象部门已基本建成省、市、县一体化气象服务业务平台、决策气象服务业务平台、气象灾害风险预警业务平台、青海省生态与农业气象监测评估预警一体化平台等并投入业务运行。不断健全和优化决策气象服务工作机制和流程，强化面向政府及相关部门的决策气象服务。连续多年为青洽会、环湖赛等大型社会活动提供优质的气象保障服务，获组委会表彰。开展面向交通、电力、草原森林防火、能源、水利等有针对性的专业预报和服务。以气象服务产品供给侧改革为抓手，面向公众的气象服务能力不断提升。

20世纪90年代初，青海省气象台开始了专业气象服务，从1996年开始，青海省气象台专业气象在省气象局结构调整政策的鼓励下，进一步解放思想，明确专业气象的任务和发展方向，建立了一套利于专业气象服务发展的管理制度和激励制度，并抽调人员充实专业气象服务队伍，实现了专业气象服务自主管理，专业气象服务的经济效益显著提高。2010年以来，青海气象部门进一步完善"政府主导、部门联动、社会参与"的气象灾害防御体系，坚持气象服务面向决策、面向民生、面向生产，大力推进专业气象服务集约化发展。进一步深化与国土资源厅的合作内容，明确职责，努力提高联合发布全省地质灾害气象预报预警的准确率和信息覆盖面。之后又与省民政厅签署了《关于联合提升青海省防灾减灾能力合作协议》，为各级气象部门与当地相关部门加强合作奠定了坚实基础，起到了积极的引领作用。

青海省气象部门现已与农业、交通、水利、环境、电力、草原森林防火、能源等10余个行业部门进行了深度合作，均已建立对各个部门的服务机制和定量服务指标，并为各个部门建立业务或科研团队提供经常性气象服务产品共计37类，森林防火气象防灾减灾专业气象服务首次纳入政府购买公共气象服务内容，有20余个业务系统和服务网站，增强了专业气象服务的针对性、准确性和及时性。

四、科技兴气象取得实效

气象科学研究是气象事业腾飞的翅膀。2000年以来，青海气象科研工作紧紧结合气象业务、服务和生产的需要，深化科研体制改革，加强内外合作，建立科技创新体系，加强科技创新能力，积极开展应用研究，在灾害性天气预报方法、农牧业气象、人工影响天气、卫星遥感、生态环境监测等方面取得了可喜的成果。

根据《中国气象局科研机构改革实施方案》的要求，省气象局确定了气象科研"完善运行机制，拓展工作领域，提高科技创新能力"的改革目标，明确了"以三江源生态环境变化、空中水资源开发利用、高原气象灾害评估和防御、遥感技术应用开发等内容为主要发展方向，建成以应用技术研究和开发为主的省级气象科技创新基地"的发展方向，基本建立了"开放、流动、竞争、协作"的管理运行机制，全面推行了竞争上岗和全员聘用合同制。

2004年，省气象局对气象科研工作任务重新进行了调整，明确了以天气气候预测、生态环境监测、高原气象灾害评估和防御、遥感技术应用开发为主要内容的科研发展方向，并围绕地方经济建设、社会发展和提高人民生活水平，立足部门，面向社会，广泛开展国际国内、局校局所和部门内外的科研交流与合作。先后与中国气象科学研究院合作开展了国家"十五"攻关课题"人工增雨技术与示范研究"，与中国科学院寒区旱区环境与工程研究所合作开展了"高原冰雹预测与防御研究""青藏铁路沿线气候分区与序列重建"等课题研究，与兰州大学、中国科学院地理科学与资源研究所合作开展了"青海省历史资料的恢复与重建"的课题研究，与北京大学合作开展了"西宁市臭氧探空试验"等方面课题的研究，其中，由国家科技部下达，由中国气象科学研究院和青海省气象局共同承担完成的国家"十五"科技攻关课题"人工增雨技术与示范研究"，投资达2000多万元，整个课题在三年内完成，该课题的完成为我国其他同类地区进行人工增雨起到技术指导和示范作用，进一步提高我国人工增雨综合技术水平，为大规模开发空中云水资源提供了有力的技术支撑。

近年来，青海气象部门坚持新发展理念，积极落实青海省委、省政府和中国气象局关于生态文明建设决策部署，扎实开展生态文明气象保障服务建设。以青海省气象科学研究所为基础，组建青海省生态气象中心和三江源、祁连山两个生态气象分中心，不断夯实"一个生态气象中心、三大生态气象业务平台、六大气象服务保障体系"的"136"青海生态气象保障服务体系。依托卫星遥感技术，优化各类服务产品，已开发形成草地、积雪、干旱等6大类23种生态气象监测、评估、预警业务服务产品。积极向青海省委、省政府以及省林草局、三江源国家公园管理局、祁连山国家公园管理局等部门提供《青海湖解冻封冻期变化监测报告》《可可西里盐湖面积动态变化监测报告》《玉树雪灾监测报告》《木里煤矿植被恢复监测报告》《三江源生态气象监测报告》《祁连山地区生态气象监测报告》等重大专题报告。

2018年6月，青海省政府出台《青海省生态气象保障服务示范省建设方案》，明确到2019年，全省将构建包含一个中心、三大平台、六大体系的青海生态气象保障服务格局，使气象服务在生态保护中的作用持续提升，生态气象监测预警和评估作用更加显著，生态气象综合观测体系进一步优化，生态修复型人工影响天气作业能力进一步增强，生态气象保障标准体系基本确立，总结形成可复制、可推广的模式和做法，为推动生态文明先行区建设奠定保障基础。

五、气象工作领域不断拓展

青海是一个多自然灾害的省份，特别是干旱、冰雹年年都有发生，东部农业区每年仅冰雹就造成五六十万亩农田减产，多时一年竟有七八十万亩遭受冰雹灾害。为了趋利避害，合理利用气候资源，将自然灾害的损失减少到最低程度。从"六五"时期，青海省气象局就开始在海东部分农业县开展人工消雹试验，受到了农民的欢迎。从1992年起，全省进一步加强了防雹工作，增加了一些防雹炮点，防雹面积也进一步扩大。2011年7月，青海省人民政府办公厅下发《青海省人民政府办公厅关于进一步加强人工防雹基础设施建设的通知》，为认真贯彻落实通知精神，青海省气象局制定了"青海省标准化人工影响天气作业点标准"，指导相关部门做好人工防雹基础设施建设，积极推进全省人工防雹标准化作业点建设。到2015年，完成156个基层标准化作业点和作业队伍建设，人工防雹面积达到440万亩，冰雹受灾面积降低至16.5万亩。

为了抗旱救灾，促进农业增产增收，在1992年开始加强防雹工作的同时，青海气象部门还利用地面高炮和飞机在青海东部农业区、环青海湖地区、黄南州和海南州的约5万平方千米的地区开展春季抗旱人工增雨，累计增加降水60多亿立方米，为缓解干旱状况，减少农业损失做出了积极贡献。

青海是长江、黄河、澜沧江的发源地，被誉为"中华水塔"和"三江源"。为了改善黄河上游地区的生态环境，增加黄河径流量，1997年起，青海省气象部门将人工增雨作业扩大到了黄河上游地区，作业面积也由"十五"期间的22万平方千米增加到53万平方千米，人工增雨作业面积位居全国前列。

自2004年青海省气象部门实施三江源人工增雨以来，有效增加了三江源区域的降水量，对改善生态环境、增大湖泊湿地面积、增加流域径流、提高牧草产量和缓解水资源短缺等发挥了重要作用，综合效益明显，有效促进了生态环境趋于良性态势发展。据统计，2006—2017年，三江源地区人工增雨共增加降水量577亿立方米，增加黄河径流量88.8亿立方米，增加发电量142亿千瓦时，直接经济效益31.3亿元。2011年6月25日，"三江源自然保护区人工增雨工程"被国家发展和改革委员会、中国投资协会评为"国家优质投资项目奖"。胡春华副总理在2018年国务院人工影响天气工作座谈会上对青海人工影响天气工作给予了高度认可和充分肯定。

近年来，针对雷电的危害和青海省防雷减灾的实际，气象部门在雷电灾害防御管理工作方面做了大量的工作。目前，青海省各州（地、市）、县气象局都成立了防护雷电管理局和防雷装置检测所；各州（地、市）气象局都取得了防雷装置检测资质证，6 个州（地、市）气象局所属防雷企业取得了丙级防雷工程设计和施工资质证，西宁市气象局所属防雷企业取得了甲级防雷工程设计和施工资质证。

2004 年，青海省人大常委会又先后审议通过了《西宁市防御雷电灾害条例》和《海北藏族自治州防御雷电灾害条例》，使青海省防御雷电灾害管理工作步入法制化管理又迈出了可喜的一步。自 2007 年以来，青海省气象局与省发改委、安监局、建设厅联合下发了《关于进一步完善部门协作机制依法做好防雷减灾工作的通知》，与安监局、教育厅联合进行了全省中小学防雷知识宣传和安全排查鉴定，联合安监局开展防雷减灾安全生产百日督查专项行动。在 2010 年玉树地震重建期间，青海省气象局组织有关单位，印刷《玉树地震灾区气象灾害避险指南》《玉树地震灾区防雷避险手册》等藏汉文对照雷电防御常识材料送往灾区进行防雷减灾知识普及和宣传，为提高灾区群众防御雷电灾害的能力，指导抗震救灾恢复重建及群众日常生产生活起到了积极的作用。

在应对气候变化工作中，由青海省气象局、青海省发改委共同牵头，会同 18 个厅局委办组织编写的《青海省应对气候变化地方方案》，经 2008 年青海省政府第 13 次常务会议审定通过，并于 8 月 1 日召开新闻发布会宣布颁布实施。青海省气象局还加强与高校、科研院所的合作，联合开展气候变化研究工作，先后承担了国家自然科学基金项目《全球气候变化对三江源地区水资源的影响研究》和《青海湖水位变化对青海高原气候变化的响应及其机理研究》，完成了科技部社会公益项目《青海省历史资料的恢复和重建》《三江源湿地的区域气候生态效应监测评估技术》以及中国气象局气候变化专项《气候变化与青海高原冻土的相互作用研究》《利用树木年轮信息研究青海湖地区历史气候变化》，完成了《青海省风能资源详查和评价项目可行性研究报告》。开展了青藏高原气候变化规律的研究，建立了气候变化基础信息数据库等 10 余项气候变化科研项目，为客观认识青海气候及极端天气气候事件演变规律，提高气候变化监测与评估能力提供了有力的科技支撑。

根据《联合国气候变化框架公约》，1994 年 9 月，中国和联合国世界气象组织合作，在青海省海南藏族自治州共和县境内的瓦里关山建立了亚洲大陆腹地的全球第一个大陆型基准观象台——中国大气本底基准观象台。中国大气本底基准观象台是中国政府与联合国世界气象组织及全球环境基金组织及其他有关机构合作开展对全球尺度大气本底污染浓度进行监测的国际合作项目。它的主要任务是向世界提供亚洲内陆大气本底基准基本状况的系统观测资料，是世界气象组织全球大气监测计划的重要组成部分，对未来大气成分的变化起着早期预警、监视作用，将长期、稳定、连续地获取内陆地区基准大气本底监测资料，为研究、评价、预测大气成分变化进而研究对气候影响及环境保护提供科学依据。

中国大气本底基准观象台自正式挂牌运行以来，严格按世界气象组织有关大气本底监测的规范和标准，在全球基准大气本底条件下开展包括温室气体、大气臭氧、气溶胶、太阳辐射、气象和边界层气象、降水化学等几个方面的观测，受到国内外大气科技和环境科技界的极大重视和关注。通过多年大气监测所获取的大量数据证明，中国大气本底基准观象台的地理位置对全球大气本底监测网非常重要，也为全球大气本底监测数据中心提供了可靠的数据，受世界气象组织委派的国外专家多次来观象台考察，对观象台所做的工作给予了很高的评价。

六、大力实施人才强局战略

人才队伍建设是事业发展的根本保证。1949 年青海解放时，全省仅有 10 多名气象职工。中华人民共和国成立后，青海气象事业首先是靠中国人民解放军培养的一批气象技术干部开创的。随着气象事业的迅速发展，具有大、中专学历的气象专业人员相继来青海工作，但仍然满足不了气象工作的需要。1958 年青海省成立了西宁气象中等专业学校，培养了大批气象专业技术人员，直到 1985 年年底，全省气象职工总数达到了 1500 多人，气象职工队伍的业务素质也有了较大的提高。

改革开放以后，青海省气象部门按照干部"四化"方针和德才兼备的原则，不断深化干部人事制度改革，坚持重点突破与整体推进相结合，抓住难点，大胆探索，在引入竞争机制、选拔优秀年轻干部、推进干部交流、深化职称改革、促进事业结构调整等方面下功夫，进一步增强了领导班子和干部队伍的活力，有力地促进了青海省气象事业的发展。从 1995 年开始青海省气象局引入竞争机制，2001 年开始大力推行公开选拔处级领导干部，省气象局机关、直属单位和州（地、市）气象局近 20 个正、副处级岗位进行公开选拔，并实行公示制和任期制。与此同时，青海省气象局积极探索处级干部能上能下的途径，全面推进干部交流，制定了处级干部轮岗办法。

近年来，青海省气象局大力实施人才强局战略，树立"以人为本"和"人人能够成才"的科学人才观，紧紧抓住培养、吸引、使用人才三个环节，构建以人才选拔、培养、评价、激励为主要内容的人才政策体系。制定优惠政策引进人才，在一些直属事业单位设立了首席预报员和首席研究员等关键岗位，鼓励、支持各类人才发挥他们的专业优势；建立促进人才培养的激励机制，通对气象部门优秀中青年人才选拔培养，鼓励中青年专业技术和管理人员争先创优，并享受省气象局特殊津贴，加强高层次人才队伍建设。

青海气象部门专业技术人才队伍不断壮大，素质不断提高，结构不断优化，到 2004 年年底，全省气象部门就有研究生以上学历人员 30 多人，正研级工程师 2 人，副研级高级工程师近 50 人。截至 2018 年年底，青海省各级气象部门气象专业技术人才队伍总量达到 1467 人，大气科学及相关专业人员比例、县局中级职称以上人员比例高于全国平均值 1.44 个百分点和 2.33 个百分点，本科以上人员比例、地方人才工程人员比例接近全国平均值。

青海省气象局以党的十九大精神和习近平新时代中国特色社会主义思想为指导，进一步解放思想，在认真分析人才现状的基础上，制定了《青海气象部门 2018—2020 年人才发展规划》，以高层次人才为重点抓好各类气象人才队伍建设。通过实施首席专家计划、高层次后备人才计划、青年人才培养计划、预报员能力提升计划、业务一线人才培养计划等人才计划，培养造就了一支素质高、能力强的科技人才队伍。

七、精神文明建设硕果累累

青海气象台站偏远，工作辛苦、环境艰苦、生活清苦。建立和稳定一支特别能吃苦、特别能忍耐、特别能战斗的业务技术好、政治素质高的气象队伍，是青海气象事业持续、健康、快速发展的基础。多年来，青海气象人始终坚持把精神文明建设的成果体现在物质文明建设的促进上，把物质文明建设的成果体现在精神文明建设的支持上。两者有机结合，保证了两个文明建设的协调发展，促进了青海气象事业的发展。

根据党的十四届六中全会精神和中国气象局《关于加强精神文明建设的若干意见》要求，青海省气象局党组高度重视、精心安排，结合实际情况，迅速作出了《关于进一步加强精神文明建设的决定》，制定了《创建青海省文明气象系统目标规划》，在全省气象系统广泛、深入、持久地开展了以创建省级文明系统为载体的群众性精神文明创建活动，取得了明显成效。1993 年青海省气象局建成市级"文明单位"，2001 年 11 月被中国气象局和青海省精神文明建设指导委员会联合授予"创建文明行业先进系统"称号，2002 年 10 月又被青海省委、省政府命名为"创建文明行业工作先进行业"。到 2005 年，全省气象行业 44 个应创建单位全部进入"文明单位"行列，创建率达 100%。

为把精神文明建设作为一项长期重要任务，青海省气象局先后制定了《气象系统精神文明建设规划》《青海省气象部门贯彻落实〈公民道德建设实施纲要〉实施方案》。同时，省气象局党组针对气象台站基础设施相对薄弱的实际情况，着重进行了台站综合改善、台站供暖和台站交通汽车"三大工程"以及活动中心建设，大大地改善了气象台站的硬件环境，仅 2011 年和 2012 年两年就投资 4980.4 万元，完成了 28 个基层台站基础设施建设，大大地改善了广大职工的工作生活条件。

"十二五"期间共投资 100 万元，使 15 个基层台站气象文化设施建设得到完善。

随着精神文明创建活动的深入开展，青海气象部门涌现出了一大批双文明建设先进集体和先进个人。2017 年青海省气象局与青海省文明办联合开展"寻找、学习、争做青海'最美气象人'"活动，深入挖掘、评选表彰了 5 名青海"最美气象人"，为大力推动青海省气象部门思想道德建设，培育和践行社会主义核心价值观，为整个行业精神文明建设增添了更加耀眼的光辉。到 2018 年，青海气象部门有 4 个市（州）气象局荣获全国文明单位，15 个单位被命名为省级文明单位或文明单位标兵，25 个单位被命名为市（州）级或县级文明单位，精神文明创建活动取得了累累硕果。

精神文明建设如春风吹拂着气象行业的每一个角落。目前，青海气象部门正在认真实施《中国气象文化建设纲要》，树立与青海气象事业发展相适应的"责任重于泰山，光荣源于服务"的工作理念，铸造"扎根高原能吃苦，钻研业务比奉献，科学管理创一流，拼搏创新谋发展"的青海气象人精神，按照"忠于职守、准确及时、依法行政、创新奉献"的青海气象职业道德规范和"准确、及时、创新、奉献"的气象精神，营造团结和谐、开拓进取的良好氛围。

青海，多少年的潮起潮落，蓝天，多少年的云卷云舒。凭借着自己的满腔热情、聪明才智和务实创新的精神，青海气象人走过无数曲折、无数艰辛，创造了几多灿烂、几多辉煌。今天，青海气象人正昂首站立在这片青色的高原上，指点风雨，挥洒彩虹。

（撰稿人：戴随刚）

栉风沐雨　砥砺奋进　塞上气象谱新篇

宁夏回族自治区气象局

　　70 年栉风沐雨，70 年砥砺奋进，伴随着新中国建设的铿锵步伐，在一代又一代宁夏气象人的不懈努力下，全区气象事业发生了天翻地覆的变化。1950 年，原西北军区司令部在银川建立气象站，正式翻开新中国成立后宁夏气象事业发展建设新篇章。彼时仪器设备简陋，技术人才奇缺，气象事业发展困难重重。直至 20 世纪 70 年代，宁夏在全区气象台站建立了制作天气预报业务新体制，探索开展了人工影响天气试验研究，开展了气象为农服务工作，气象服务的社会效益和经济效益初步显现。改革开放以来，宁夏气象事业进入快速发展时期，气象观测网络不断完善，基本形成了门类齐全、布局合理的地基、空基和天基相结合的综合观测系统；预报准确率稳步提升，预报精细化程度不断提高，预报时间尺度不断延长；气象防灾减灾和气象服务能力明显增强，服务效益显著提升。特别是党的十八以来，宁夏气象现代化建设成效喜人，打造智能化综合气象业务服务管理共享平台，基本实现预警信息、服务产品等发布的自动化和智能化；科技创新和人才体系不断优化，创新活力不断增强；气象法制建设和依法行政管理工作取得新成效；党的建设和精神文明建设取得丰硕成果。

一、奋勇开拓创佳绩

　　风雨兼程七十载，塞上江南气象新。全区气象部门始终坚守人民立场，认真贯彻落实中国气象局和自治区党委、政府安排部署，全面推进气象现代化建设，为自治区经济社会发展提供了有力的气象保障。

（一）气象观测和信息网络建设不断完善

　　气象观测和信息网络是气象业务与科研的基础，是现代气象业务体系的重要组成部分。经过 70 年来的发展建设，宁夏气象观测和信息网络建设实现跨越式发展，构建的立体化气象综合观测体系和现代气象信息网络基本成型，为宁夏特色气象现代化建设提供有力支撑。

1. 气象观测站网布局持续优化

宁夏气象站网建设始于 1935 年设立的宁夏测候所。1958 年成立宁夏气象局，大气探测网络仅有 16 个地面气象台站。1972 年增建监测暴雨、冰雹等强对流天气雷达，和陕西、甘肃组成西北区雷达网。20 世纪 80 年代以来，宁夏气象观测站网建设进入快车道，布局不断优化。目前，已建成 3 个国家基准气候站、9 个国家基本气象站、104 个国家气象观测站、858 个气象观测站（常规），地面气象观测站平均站间距达到 8.4 千米，山洪地质灾害易发区及乡镇实现全覆盖；建成 3 个国家天气雷达站、1 个国家高空气象观测站，实现雷达观测全区覆盖；建成 5 个风云二号卫星中规模利用站、1 个风云三号卫星省级直收站和 1 个风云四号卫星省级直收站等，可接收"风云"系列、"葵花" 8 号等气象卫星数据；建设 164 个应用气象观测站，初步实现优质粮食以及特色作物农业气象观测项目全覆盖、气象要素和生态要素连续自动监测全覆盖、全区特色农业气象自动化观测全覆盖。

2. 气象观测业务能力稳步提升

宁夏气象观测业务经历了人工器测为主、人工与自动观测并行、部分项目取消人工观测以及正在推进的观测自动化改革等阶段。目前，已经实现了气压、风向、风速、降水、气温、地温、土壤水分等观测项目自动观测，取代了沿袭多年的人工观测，地面气象观测业务发生了革命性变化。观测数据传输方式也由文件传输调整为数据流传输，实现了观测数据采集与上传同步进行，提高了数据传输和应用时效。建立了覆盖区、市、县的装备保障业务系统，区级建立了高标准的计量实验室和装备保障维修平台，5 个市气象局均部署了移动计量系统。因地制宜探索开展社会化保障，观测系统稳定运行能力显著提升。2018 年，宁夏气象局参加中国气象局传输考核的 13 类气象数据传输及时率均高于全国平均水平，其中 6 项排名全国第一。参加中国气象局可用性考核的 7 类观测项目装备业务可用性均高于考核值。

3. 气象信息化建设成效显著

气象通信是向各级气象台站传输制作天气预报等所需信息的重要手段。1956 年配有 3 部 7512–B 型 12 灯交流收报机和两部老式支流收报机，气象情报收集依靠报务员手工抄报。随后通过有线电传通信、M7–1540H 型高频电话、X.25 专线、分组交换网络等方式传输信息，保障气象业务服务的顺利开展。"十二五"以来，宁夏气象局以气象信息化推动气象现代化，建成了由气象信息网络、基础设施资源池以及宁夏智能化综合气象业务服务管理共享平台等组成的宁夏气象信息化综合体系，有力支撑了天气监测、预报预警和基本公共气象服务等业务的发展。网络资源方面，建设了核心万兆的区级业务局域网、核心千兆的市县级业务局域网；建成与中国气象局带宽为

40+8 Mb/s 的连接网络；各级气象部门可以实现点到点的互联互通。虚拟化基础设施资源池入池物理服务器 14 台，CPU 核数达 736 核，内存达 3840 GB，核心存储容量 70 TB。在基础设施资源池中，已布设虚拟化服务器 65 台，共集约化部署业务系统 26 个。宁夏气象综合数据库、雷达数据流传输、标准格式（BUFR）数据消息传输、智能网格气象预报等重要业务系统均在基础设施资源池中部署运行。分布式资源池主要分为 MICAPS 4 及天镜省级系统两部分资源，包括 17 台物理服务器，CPU 核数 432 核，内存 4736 GB，存储容量 106.8 TB。

（二）气象预报预测水平不断提升

经过长期的实践和发展，宁夏天气预报业务体系日趋完善，逐步形成从分钟到年的无缝隙、精细化、集约化天气气候一体化业务体系，预报预测技术完成了由传统手工为主的定性分析方式向智能、客观、定量分析方向迈进的重大变革。

1. 天气气候一体化业务体系逐步形成

1956 年 6 月银川气象站扩建为宁夏气象台后，开始制作和发布天气预报，地市级气象台负责制作地区所在地的补充天气预报。20 世纪 90 年代，宁夏天气预报业务调整为区气象台制作城镇指导预报产品，地市级气象台订正并反馈本区域城镇订正预报产品，县级气象台站基于地市级订正预报产品开展实况订正和应用服务工作，形成了区、地、县三级天气预报业务布局。2014 年，天气预报业务向区级集约，形成了区气象台负责制作天气预报产品和预警指导产品，市、县级气象台负责应用区级预报产品，开展天气监测预警、实况订正和应用服务工作。开展了 0 ～ 2 小时临近预报、0 ～ 6 小时短时预报、0 ～ 72 小时短期精细化预报、3 ～ 10 天中期逐日滚动预报、10 ～ 30 天延伸期预报，以及月、季、年预测和精细化预报，实现了分县、分乡镇、定时、定量，逐步形成从分钟到年的无缝隙、精细化、集约化预报预测业务体系。2019 年，天气预报由传统的站点预报转变为 5 千米、1 千米智能网格预报。

2. 智能化预报预测技术体系逐步建立

20 世纪 50 年代末至 60 年代，天气预报主要技术方法为天气图外推法、天气气候学方法和群众看天经验（天气谚语）。80 年代以来，随着气象科学、数值预报技术、气象卫星技术和计算机技术的发展，天气预报业务实现了人机结合的半自动化，技术手段逐渐向以数值预报为基础、各种预报方法综合分析运用的转变。"十五"期间，建立了宁夏区域中尺度数值天气预报业务系统和以数值预报产品解释应用为基础，以 MICAPS 系统为人机交互预报平台，综合应用雷达、卫星和自动站等多种探测资料的气象预报预测业务流程，有效提高了天气预报准确率和精细化预报预测水平。

2004 年，在全国率先建立了省级沙尘暴短期气候预测业务系统。"十一五"期间，WRF、WRF-RUC 等区域中尺度数值预报模式本地化应用取得成效，数值预报解释应用更为深入。开展了区级"833"预报业务系统建设，以 3 个数据库、8 个业务系统为支撑，集成建设短临、中短期和决策三大业务平台。"十二五"期间，建立了宁夏区市县三级集约化预报业务平台、短临灾害性天气监测预警业务平台、宁夏极端气候事件监测预警业务平台、天气预报质量评定系统等业务系统。月内重要过程与趋势预测系统（MAPFS）、多模式解释应用集成预测系统（MODES）、宁夏极端气候事件监测业务系统等投入气候监测预测业务应用，实现了任意时段、任意站点极端高低温、强降温、强降水事件的监测评估。"十三五"以来，宁夏持续打造智能化、众创型的预报预测业务发展平台，研发了宁夏智能化天气预报业务系统和宁夏智能化气候业务系统（一期）并投入业务。

3. 预报预测水平不断提升

随着气象业务现代化水平的提高，预报预测准确率和精细化水平不断提升。到"十二五"末，预报时效从 24 小时提升到 168 小时，预报间隔由 24 小时缩小到 3 小时，预报空间分辨率精细到乡镇并实现全区全覆盖，天气预报精细化程度明显提高。2018 年，建立了全区 0 ~ 2 小时逐 10 分钟、2 ~ 12 小时逐 1 小时、12 ~ 72 小时逐 3 小时、72 ~ 240 小时逐 6 小时的全区 5 千米、1 千米的精细化气象格点预报产品体系。预报准确率不断提升，寒潮、大风、霜冻、高温等灾害性天气预警准确率达 80% 以上，短时暴雨、冰雹等突发灾害性天气预警提前量 15 分钟以上，实现了重大灾害性天气不漏报。2018 年的暴雨、冰雹等突发灾害性天气预警提前量较 2017 年提高了 47 分钟；汛期气候预测气温、降水综合预测质量排名为全国第一。

（三）气象服务保障能力不断提高

据统计，气象灾害及其次生灾害占宁夏自然灾害的 80% 以上，各类极端天气事件导致气象灾害及其次生灾害造成的损失和影响不断加重。宁夏气象人坚持以人民为中心的发展理念，时刻牢记"要把天气常常告诉老百姓"这一要求，通过技术手段创新不断提高气象服务保障能力，服务民生、服务生产、服务决策，为自治区与全国同步建成全面小康社会贡献气象力量。

1. 重大天气灾害预报服务成效显著

宁夏虽地处内陆，但局地突发性暴雨、冰雹、大风、持续高温、持续性干旱等极端性天气频发。各级气象部门以高度的责任心，准确预报，及时预警，优质服务，充分发挥了气象服务在防灾减灾中"第一道防线"的重要作用，有效减轻了气象灾害给宁夏经济发展和生态文明建设带来的危害和影响。党的十八大以来，全区气象人上下齐心，同频共振，准确预报和服务了 2016 年 "8·21" 暴雨、

2017年"2·20"暴雪、2018年"7·22"暴雨等重大灾害性天气过程，为自治区党委、政府及有关部门组织防范应对、保障人民群众生命财产安全提供了及时有效的决策建议，为社会公众和各行各业采取防灾减灾救灾措施提供了信息服务，得到了自治区历任领导的高度肯定。

2. 决策气象服务持续加强

宁夏气象部门始终把决策气象服务作为重中之重，自1999年宁夏气象局决策气象服务领导小组成立以来，不断提高为党政领导和有关部门的决策气象服务水平，丰富和完善决策服务产品。《气象灾情快报》《重要天气情况报告》《气象信息专报》等一系列服务专报为自治区领导决策提供了气象依据，发挥了重要的参谋助手作用。围绕农业、能源、旅游等产业布局和重大工程项目专项规划，提出气候资源开发利用、气象灾害风险评估等对策建议。

3. 专业气象服务日趋完善

随着经济社会发展，对气象服务的需求也愈加多元。全区气象部门主动对接自治区重大战略需求，积极拓展服务领域，将气象工作深度融入农业、水利、环保、工业、建筑、旅游、航空、保险等各领域，逐步开展了农作物病虫害预报、黄河流域面雨量预报、旅游景点天气预报、空气质量预报等专业专项气象服务。先后对宁东能源基地发电厂建设、石嘴山市星海湖工程及新区规划、固原机场和中卫机场建设等进行了气候可行性论证或气象条件论证等专项气象服务。为2008年奥运火炬宁夏传递、自治区成立50周年和60周年大庆、中阿博览会、国际马拉松赛等重大活动提供了优质的气象保障和服务，多次得到自治区政府的表彰奖励。

4. 服务保障自治区重大战略更加有力

全区气象部门始终把气象为"三农"服务作为重中之重来抓，助力乡村振兴和脱贫富民战略，发挥好气象"趋利避害"的独特作用，为宁夏新农村建设、农业产业结构调整和特色优势农业发展提供科技支撑。针对马铃薯、硒砂瓜、枸杞、酿酒葡萄等特色产业开展精细到点的专题服务，通过手机短信、"致富宝"扶贫App等多种渠道靶向发布气象为农服务信息，面向农业合作社、种养殖大户、新型农业经营主体、广大农民开展"直通式"气象服务。积极推动生态文明气象保障工程，服务山水林田湖草一体化生态保护和修复，加强与生态环境部门联合开展空气质量预报预警，助力蓝天行动，打好污染防治攻坚战，推进生态气象监测能力建设。加强生态气象防灾减灾能力建设，开展气候资源开发利用评估工作和国家气候标志认证工作，推动宁夏绿色发展。

5. 人工影响天气作业能力明显提升

宁夏开展人工影响天气始于1958年，采用土炮进行防雹作业。1974年开始在固原地区采用三七高炮进行防雹作业，同时开始了飞机人工增雨作业试验。2002 年开始布设新型增雨防雹火箭；2003 年在全区范围内开展火箭增雨防雹作业；2004 年开始冬季火箭增雪作业试验，全年开展火箭作业。经过多年的发展，全区已基本建成覆盖 5 个市、22 个县（区）和农垦系统的人工影响天气作业体系，现有高炮 72 门、火箭发射架 145 部，其中车载移动火箭架 28 部，对空作业点 172 个，租用飞机 1 架。建立了以政府为主导、相关部门配合的人工影响天气工作领导机制，建成了以地面常规观测网、卫星、雷达及特种观测为主的人工影响天气监测系统，建成了基于云数值模式、雷达及卫星反演产品为支撑的作业条件预测的预警系统。地面火箭年均增雨作业 500 多点次、地面高炮年均防雹作业 200 多点次。每年 3—10 月实施飞机增雨作业，年均飞行作业 30 架次左右，在有效缓和旱情中发挥了重要作用。

6. 公众气象服务领域不断拓展

1956 年 10 月 1 日，宁夏天气预报开始广播。1982 年 3 月，宁夏电视台开始播放全区天气预报。1985 年 10 月天气警报系统建立。2003 年开展手机短信气象服务业务。2005 年开始发布气象灾害预警信号。公众气象服务的深度和广度不断拓展，内容不断丰富，服务产品已由传统的天气预报产品扩展到生活气象、旅游气象等，形成了电视、广播、手机短信等传统媒体和"两微一端"等新媒体相结合的气象服务信息发布渠道，扩大了气象服务的覆盖面，使气象服务产品快速广泛地向公众传播。2018 年，宁夏气象公众服务满意度达 93 分，位居全国第四。

（四）气象科技创新能力不断提升

1. 完善宁夏特色科技创新体系

坚持创新驱动，打破地域、部门和行政层级而组建 3 支气象科技创新团队及若干研究组，加快建设特色农业野外科学试验、六盘山地形云人工增雨（雪）科学试验示范"两个基地"，持续打造气象科技创新众创平台；出台了科技成果认定、成果转化、科技奖励等创新激励办法，进一步激发干部职工干事创业、科技创新的内生动力；围绕气象核心业务、气象服务关键技术，积极组织申报科研项目，大力开展科学研究，攻克了一批科技难题，近年来，科技成果获国家科技进步奖 2 项、省部级奖励 50 余项。

2. 科技交流与合作不断加强

坚持"引进来"与"走出去"相结合，先后与英国、加拿大有关方面就应对气候变化、清洁能源发展机制相关课题进行深入合作研究，是开展气候变化跨国研究最早的省级气象部门之一。与南京信息工程大学、兰州大学、山东农业大学、宁夏农林科学研究院等科研院所（高校）在干旱致灾机理、多源资料应用、臭氧污染成因及控制、葡萄越冬冻害等方面联合开展科研攻关，建立合作机制。以中国气象局旱区特色农业气象灾害监测预警与风险管理重点实验室为平台，邀请国内外专家、学者来宁开展学术讲座，年均交流40余场次，提升了科研素质。

（五）人才培养工作初见成效

宁夏气象局党组始终坚持党管人才，深入贯彻新时期干部和人事人才工作政策，实施人才强局战略，培养造就了一支政治素质高、业务技术精、工作作风好的气象人才队伍。

1. 队伍的整体素质明显提高

宁夏气象部门职工已由成立初期的100多人发展壮大到现在的654人，其中正高级职称人员17人，占职工总数的2.6%；副高级职称人员121人，占职工总数的18.5%；有博士、硕士149人，本科以上学历人员占职工总数的93.6%，在全国气象部门名列前茅。党的十八大以来，先后有8人获评正高级专业技术职称，1人获"全国先进工作者"称号、1人获"全国五一劳动奖章"，10人入选自治区青年拔尖人才培养工程，7人次享受中国气象局西部优秀青年人才津贴。

2. 体制机制逐步完善

制定了鼓励干部改革创新干事创业容错纠错实施办法，完善了专业技术职称评审办法，建立了专业技术人员交流锻炼、异地交流干部生活保障、新入职人员培养导师等制度，制定了一线业务骨干选拔培养办法，进一步规范了人才引进、选拔和管理机制，拓宽了人才流动渠道，鼓励优秀青年人才干事创业、脱颖而出的选人用人政策环境初步形成。成立气象科技创新人才培养专家导师组，聘请区内外高层次专家对创新型高层次人才量身打造发展规划并跟踪指导，为宁夏气象事业可持续发展提供人才储备。

（六）气象法治建设水平不断提升

高度重视气象法治建设工作，努力构建地方气象法规与标准体系，全区各级气象部门依法行政意识明显增强，社会公众气象法律意识稳步提升，气象法治环境明显改善。

1. 地方气象法规和标准体系初步建立

2001年10月1日自治区颁布实施了宁夏第一部气象行政法规——《宁夏回族自治区气象条例》，标志着宁夏气象事业逐步走上依法发展轨道。近年来，在自治区政府和相关部门的支持下，先后出台了《宁夏回族自治区气象灾害防御条例》《宁夏回族自治区防雷减灾管理办法》《宁夏回族自治区人工影响天气管理办法》《宁夏回族自治区气象设施和气象探测环境保护办法》《宁夏回族自治区气象灾害预警信号发布与传播办法》《宁夏回族自治区气候资源开发利用和保护办法》共7部地方性法规及规章，形成了由"两条例、五规章"组成的地方气象法规体系。此外，还有 4 项气象行业标准、7 项气象地方标准正式颁布实施。

2. 气象依法管理水平不断提高

加强依法行政，健全决策程序，规范工作流程，完善各项规章制度，气象行政管理法治化、规范化程度不断提高。深入推进"放管服"改革，取消行政审批 8 项、审批中介服务 4 项，转为受理后技术服务 2 项，取消人员资格认定 3 项、资质年检 2 项，非行政许可审批全部取消，审批中介服务全面规范。大力推进"互联网 + 政务服务"，区、市、县三级审批事项全部纳入"宁夏政务服务网"进行网上办理。积极落实自治区"不见面、马上办"审批改革，90% 的审批服务事项实现"不见面"审批。区、市、县三级制定公布权责清单，19 个县（市、区）将气象职责纳入乡镇权责清单。成立区、市、县三级气象行政执法机构，建立"双随机一公开"检查机制，健全完善行政执法程序及规范，强化执法监督。

（七）党建与文明创建工作硕果累累

以党的政治建设为统领，统筹推进精神文明建设、气象文化建设及群团等各项工作，成绩斐然。

1. 基层党组织建设不断加强

认真贯彻落实《中共中国气象局党组关于加强气象部门党建和党风廉政建设工作组织体系建设的若干意见》，强化党组书记的领导责任、机关党委书记的直接责任、党支部书记的主体责任，逐级建立任务和责任清单。深入实施基层党组织建设"三强九严"工程，连续 5 年开展基层党组织星级评定工作，扎实开展机关党建工作"灯下黑""两张皮"等专项治理。通过一系列扎实有效的工作，部门基层党组织建设标准化、规范化水平明显提升，基层组织力和政治功能凸显，充分凝聚起贯彻落实上级重大决策部署的合力。近 10 年，先后有 17 个基层党组织和党员干部获区直机关及自治区表彰奖励。区局党建工作多年获中央驻宁单位考核优秀，2018 年党建工作得到中国气象局通报表扬。

2. 文明创建与气象文化建设成果丰硕

1998 年宁夏气象部门被评为全国气象部门首批文明系统，同年被评为自治区首批文明行业并保持至今。各级气象部门全部创建成市级以上文明单位，其中部门全国文明单位 2 个、自治区级文明单位 15 个，全国文明台站标兵 4 个、"全国巾帼文明岗" 1 个，先后有职工获"全国先进工作者""全国五一劳动奖章""全国三八红旗手""全国五好家庭"等荣誉称号。群团工作成绩突出。局机关工会先后获区直机关、自治区"先进工会组织""模范职工之家"称号，部门内多个集体和个人先后获自治区"巾帼建功先进集体""最美人物""道德模范""最美家庭"等荣誉称号等。

二、继往开来再出发

70年来，宁夏气象事业发展走过了不平凡的历程，取得了令人瞩目的成绩，积累了丰富的经验。

一是始终坚持把气象服务自治区经济社会发展作为立业之基。气象事业是党和国家的气象事业，是人民的气象事业。全区气象部门始终把气象服务工作作为立业之本，紧紧围绕全区经济社会发展大局和人民群众对气象服务的所需所盼，秉承"以人为本，无微不至，无所不在"的气象服务理念，不断加强决策气象服务、公众气象服务和面向各行各业的专业气象服务，得到自治区党委、政府和各个部门的大力支持，也得到了人民群众的认可，更好地推动气象事业发展。

二是始终坚持把气象现代化建设作为兴业之本。气象事业是科技型、基础性社会公益事业，气象现代化建设是气象业务、服务发展的基础。从宁夏气象事业发展历程来看，正是由于气象现代化的不断发展，气象观测更加全面，气象预报更加准确，使得气象服务的效益不断提升。

三是始终坚持把加强党的建设作为发展之基。党的建设贯穿于全区气象事业发展的全过程，全区气象事业发展取得的成绩也得益于党的建设。要抓好党的政治建设、思想建设、组织建设、作风建设、纪律建设，为气象事业持续发展提供源源不竭的动力。

新时代开启新征程。展望未来，宁夏气象部门将以习近平新时代中国特色社会主义思想为指导，不断增强"四个意识"，坚定"四个自信"，做到"两个维护"，贯彻新发展理念，坚持以人民为中心，不断满足自治区经济社会发展和人民群众对美好生活向往的气象服务需求。坚持气象现代化建设不动摇，不断提升气象业务科技实力，推动宁夏气象事业高质量发展。坚持改革开放，不断激发气象事业发展的动力和活力，为"建设美丽新宁夏 共圆伟大中国梦"做出新的更大的贡献。

（撰稿人：官景得　孙健）

风云激荡七十年　无私奉献映天山

新疆维吾尔自治区气象局

新疆位于我国西北边陲，占国土面积的六分之一，作为向西开放的桥头堡、丝绸之路经济带核心区，战略地位十分特殊。新疆位居我国天气上游，具有三山夹两盆的地形特点，属大陆性温带干旱气候带，光热资源丰富，自然降水少且时空分布不均，气象灾害频繁。

1949 年 9 月 25 日新疆和平解放，中国人民解放军西北军区气象处接管迪化（今乌鲁木齐）气象站，1952 年 8 月 24 日中国人民解放军新疆军区司令部气象科成立，开展各项气象业务工作。1954 年 1 月 1 日起气象部门由军队建制转为地方建制，新疆省成立了气象科。1954 年 11 月升格为气象局。1955 年 10 月 1 日新疆维吾尔自治区成立，新疆省气象局改称为新疆维吾尔自治区气象局。2005 年起中国气象局重新组建八大区域气象中心，增设了乌鲁木齐区域气象中心。

新疆气象事业从新中国成立之初的百废待兴、百事待办的艰苦创业，到迅速进行气象观测、通信、预报、服务等业务的建设，从解放思想、改革开放，加快推进气象现代化建设，大力提高气象服务效益，到建立现代气象业务体系，成功探索出了一条新疆特色发展道路，呈现出昂扬向上的良好发展态势。

一、不断完善气象综合观测系统

1914 年，在迪化东门外农林试验场建立的气象站，是中国人自己在新疆建立的第一个气象站。1949 年开始，新中国第一代新疆气象人在高山、沙漠、戈壁、风口建成国家级观测站 209 个。1953 年 5 月，第一个无线电探空站在乌鲁木齐建成。目前，新疆已建成地基、空基和天基相结合、门类齐全、布局合理的综合气象观测系统，有 105 个国家级台站、7 个酸雨观测站、40 个农业气象观测站、14 个高空气象观测站，全疆建成 1 个国家大气本底站、8 部新一代天气雷达、14 个GPS/MET 水汽站、37 个交通气象站、46 个雷电监测站、100 个自动土壤水分站，区域气象观测站数量达到 1891 个，乡镇覆盖率达到 100%。1988 年 9 月实时接收到中国极轨气象卫星"风云一号"全国第一张云图资料，传送到国家卫星气象中心，从此揭开了我国国产卫星云图资料服务于气象业务的新篇章。现已开展了风云气象卫星的接收测距任务以及卫星遥感资料应用，完成了喀什前端站建设，延伸了气象卫星监测范围。

随着地面观测自动化程度的不断提升，装备保障能力也随之提升，探索出新疆特有的"区—地—县三级保障模式"，新一代天气雷达的远程诊断和维修保障模式在全国推广应用，缩短了雷达故障修复时效。区级建成国内一流省级装备计量检定中心，全疆国家级台站自动站检定从最初的现场检定到现在实现了实验室检定全覆盖，与地级计量检定分中心共同配合完成国家骨干区域站的自动气象站的检定任务。所有备件的流转使用动态物资管理系统进行数字化管理，提升了所有自动气象观测站数据可用率和业务可用性。

新疆气象局信息化程度越来越高，高性能计算机的计算能力不断提升，计算峰值达到 28 万亿次。至中国气象局的网络专线 MPLS VPN 链路带宽由 40 Mb/s 提升至 100 Mb/s。2019 年 1 月起区—地移动专线链路带宽由 10 Mb/s 提升至 100 Mb/s，地—县移动专线链路带宽由 4 Mb/s 提升至 10 Mb/s。通过对全疆气象广域网核心网络设备应用交付网关的建设部署，实现了区局至地州的中国电信和中国移动双链路负载均衡、冗余备份和实时流量可视化等功能，大幅提升气象信息通信传输能力，减少资源浪费。

二、努力发展现代气象预报预测业务

1956 年 1 月 1 日，成立了自治区气象台，通过自治区人民广播电台每天发布两次全疆 48 小时的短期天气预报，通过《新疆日报》每晚发布 1 次乌鲁木齐的 24 小时预报。1958—1963 年新疆天气预报进行革新，在分析大型天气过程的基础上，结合本地区的天气演变特点，进行天气演变客观规律的探索和研究，继承并总结预报经验加以提高和应用。主持了全国寒潮中期预报理论和方法研究，其研制的寒潮中期预报方案和制作方法在各省区级气象台得到了广泛的应用，该项成果获得 1985 年度国家科技进步奖三等奖。1982 之后引进数值预报技术，新疆气象台短期天气预报准确率明显提高，在西北地区位于榜首。1986 年出版的《新疆短期天气预报指导手册》和 1987 年出版的《新疆降水概论》至今仍对一线预报员具有指导意义。1990 年前后，新疆气象台在全国率先实现了手工填写绘制天气图向计算机自动填图和绘制的转变，大大提高了气象信息综合处理分析的总体水平和能力。研制出我国第一个功能齐全的省级气象信息人机交互处理系统，获 1993 年新疆科技进步奖一等奖。该系统全部投入实时业务后使新疆气象台的预报业务自动化水平跃居全国省级气象系统之首。90 年代后期针对中尺度对流系统进行研究，取得了大量有新意的研究成果，"新疆96·7特大暴雨分析研究"获 2000 年新疆科技进步奖三等奖。2002 年之后随着综合分析预报平台和多种资料的业务应用，逐步开始发展精细化气象要素短期预报业务，2004 年完成的新一代天气预报业务系统和 2008 年完成的新疆城镇精细化要素预报系统是这个阶段的主要成果。2015 年新疆区域数值预报模式系统获得业务准入批复，2016 年 1 月起实现业务化运行。气象预报技术和业务平台日益现代化，应用云计算、大数据、互联网＋、智能化等现代信息技术，实现了由传统的人工分析为主的定性分析预报方式向以数值预报产品为基础、以人机交互处理系统为平台、综合应用多种技术方法的自动化、客观化和定量化分析预报的重大变革。

经过 70 年的发展，新疆气象局建立了涵盖短临、短期、中期、延伸期、月、季到年的无缝隙预报预测业务体系。气象预报预测业务由单一天气预报发展为目前的灾害性天气短时临近预报预警、中短期天气预报、延伸期预报、短期气候预测、气候变化监测、农业气象预报预测以及人工影响天气、空气质量等级、地质灾害气象等级、森林草原火险气象等级、山洪地质灾害和城市积涝等潜势预报。近 3 年，短期 24 小时晴雨预报准确率达 91％，24 小时最高最低温度预报准确率为 77％，预报技巧评分稳居全国前列，月温度预测准确率为 75％，月降水预测准确率为 68％。天气预报产品空间分辨率达到 5 千米，时间分辨率大部分到 6 小时，个别地区到 3 小时，强对流天气预警时效提前量达 30 分钟以上。

三、始终坚持服从和服务于新疆经济社会发展大局

1958 年全疆各台站确立了"以农牧业服务为重点"的方针，1959 年开展了农业气象情报预报服务工作。从 1984 年开始，历时 7 年完成了自治区农作物、园艺、畜牧、林业气候区划和综合农业气候区划。1987 年新疆气象局在全国气象部门率先提出了为党政领导进行防灾抗灾和指挥生产趋利避害的决策服务概念。世纪之交，新疆气象部门明确"气象服务是立业之本"服务理念。2006 年，进一步明确"公共气象、安全气象、资源气象"的发展理念。2012 年成立自治区农业气象台。党的十九大以来，遵循"以人民为中心，坚持新发展理念，树立灾害风险管理和综合减灾意识"的思路，以"两个坚持、三个转变"为指导，加强体制机制和能力建设。经过 70 年的发展，已从提供较为单一的公众服务和为农服务，逐步发展形成包括决策服务、公众服务、专业服务和科技服务在内的气象服务体系。农业气象服务领域已由传统农业扩展到包括农、林、牧、渔、现代农业等在内的大农业范畴。兴农网已发展为新疆农业信息门户网站和全国农业百强网站，连续多年荣获中国技术市场金桥奖。同时，面向工业、交通、环保、水利、国土、旅游等行业以及森林防火、应急保障、气候资源开发利用、重大工程建设等领域的专业气象服务蓬勃发展。

努力构建适应需求的"政府主导、部门联动、社会参与"的气象灾害防御机制，区、地、县乡四级均成立气象灾害防御组织机构，实现了各级气象协理员、气象信息员、防灾减灾责任人全覆盖。

与 28 个部门建立了气象灾害应急联动机制，自治区及 86% 的地（州、市）、91% 的县（市）建成了预警信息发布中心。区地县一体化突发事件预警信息发布平台搭建完成，实现了传真、微信、微博、LED 显示屏等多手段一键式发布。不断改进气象服务手段，气象服务信息的发布方式由传统的报纸、电话、广播等，逐步发展到电视、手机、网络、警报系统、电子显示屏等，实现了气象服务信息发布平台和传播手段的多样化。全疆各类电视频道播出的天气预报节目达 150 余套，每天接受气象服务的公众覆盖率超过 95%，公众气象服务满意度 2016 年位居全国第三，2017 年、2018 年连续 2年位列全国第二。

努力提高人工影响天气作业的科技水平，设置人工影响天气作业点 1339 个，拥有人工影响天气雷达 26 部、高炮 157 门、火箭发射系统 627 套、碘化银烟炉 210 套，租用飞机 5 架，形成了以飞机、火箭、高炮、烟炉等作业工具组成的立体联合作业格局。年增雨（雪）作业面积 34 万～57万平方千米，防雹面积约 4 万平方千米。20 世纪 90 年代以来，人工影响天气科技创新能力不断增强，获得国家科技进步奖二等奖 1 项、自治区科技进步奖 3 项、中国技术市场协会金桥奖 2 项，取得发明专利、实用新型专利、软件著作权 50 余项。

通过长期不懈的努力，新疆气象服务的效益越来越显著。为 1987 年、1996 年、2002 年特大洪涝灾害，2003 年巴楚地震，2010 年北疆北部 60 年一遇雪灾，2011 年禾木森林火灾，2015 年公格尔冰川移动及皮山地震抢险救灾，2016 年伊犁河谷强降水、北疆西部特大暴雨、叶城泥石流地质灾害，2018 年哈密 "7·31" 极端强暴雨等重大灾害性天气提供了准确预报和及时服务，为政府科学决策、相关部门高效应对发挥了先导作用。为自治区成立 50 周年、60 周年、亚欧博览会、第十三届全国冬季运动会等重大活动提供了优质的气象服务保障。

四、不断提升气象科技创新能力

新疆维吾尔自治区气象科学研究所成立于 1960 年，2001 年经国家科技部、财政部、中央编办批准成立中国气象局乌鲁木齐沙漠气象研究所，成为新疆唯一的国家级社会公益类专业研究所。获批国家级项目 60 项，其中 "天山山区人工增雨雪关键技术研发与应用" 获批国家科技支撑项目，"中亚极端天气气候演变特征及预报方法研究" 获批国家科技部重点研发专项。获批省部级项目 108 项。获得国家级科技奖励 11 项，其中 1978 年出版的《新疆气候及其与农业的关系》《新疆大型天气过程若干问题研究》等著作，获得全国科学大会优秀成果奖，成为新疆天气预报技术发展进入一个新的历史时期的重要里程碑。获得省部级奖励 91 项，其中 "天山山区人工增雨雪关键技术研发与应用" 研制出集云水探测、决策指挥、催化播撒等功能于一体的智能化无人机增雨作业系统，填补了该领域国内外空白，达到国际领先水平。"新疆气候变化及短期气候预测研究"提出了现代气候观新概念，对干旱区域气候变化进行了深入研究，"新疆北部致灾暴雪成因分析和预报技术研究"首次建立了新疆暖区暴雪的三维天气模型，使暴雪预报准确率在原有基础上提高了15%，成果水平均达到国际先进水平，分别荣获2002年、2018年自治区科学技术进步奖二等奖。

气象科技进步推动气象业务的发展。1982年开发的袖珍计算机观测程序被国家气象局认可，全国推广应用。新疆气象局自主研发的"多种弹型防雹火箭发射装置"专利，成功地在全疆15个地（州、市）推广应用，极大地提高了人工影响天气的作业效率，取得了显著的社会经济效益，荣获2006年自治区科学技术进步奖二等奖。2013年，"DEG-1L电子水平仪在雷达标定中的应用开发"项目成果在全国31个省（区、市）得到应用。"自动启闭式车载火箭弹保险箱"等40余项技术获得实用新型专利。"第十三届全国冬运会新疆气象服务平台"等近百项成果获得计算机软件权登记证书。

气象科技基础条件平台建设取得重大进展，树木年轮理化研究实验室成为自治区和气象部门的重点实验室，主导的树木年轮水文学研究在国内、亚洲乃至世界处于领先地位。1997年"新疆气候年轮水文300～5000年水文、气候序列重建与应用"获国家科技进步奖三等奖，是当时全国树木年轮研究唯一的国家级奖项。2007年引进国内第一台DENDRO2003仪器，为系统分析树木年轮密度提供了基础，树木年轮研究达到国际先进、国内领先水平。

2018年塔克拉玛干沙漠气象野外科学试验基地获批中国气象局首批野外科学试验基地，在塔克拉玛干沙漠、古尔班通古特沙漠、巴丹吉林沙漠、哈密戈壁、帕米尔高原、石河子垦区绿洲、天山和阿尔泰山森林建立了14个野外科学试验基地，科技成果成绩斐然，在国际舞台崭露头角。2018年《CWHF高频新型全自动集沙仪的风动性能测试及野外验证》获WMO第七届维拉·维萨拉博士仪器和观测方法开发和实施奖。阿克达拉区域大气本底站以其独特的区位优势，为发展绿色生态文明和可持续发展战略研究提供准确、可靠的基础性科学数据，为我国陆上丝绸之路发展的战略需求提供科技支撑。

近年来，随着科技成果转化机制的不断完善、科技投入的不断增加，全疆气象科技创新活力迸发。近五年，SCI、EI收录论文103篇，核心期刊发表论文569篇，新疆气象科技的显示度、影响力明显提高，得到国内、国际同行的认可。新疆气象局分别在2007年、2011年被自治区党委、政府评为"科技兴行业"先进厅局。

五、培养造就一批扎根边疆的气象人才队伍

新疆气象队伍逐步壮大，1949年全疆气象部门只有十余人，1987年发展到3448人，目前全

疆在编职工 2489 人。从新中国成立初期建立气象训练队开始，新疆气象部门逐步建立起科学合理的气象人才培养体系。创建于 1956 年的新疆气象学校培养了一批又一批的基层业务骨干，充实了新疆气象队伍。改革开放后的 40 多年里，新疆气象部门致力于开展新业务、新技术、管理人才素质培训、轮训等，加强了高层次领军人才、一线专门人才队伍的引进和培养，形成了一支以大气科学为主体，电子、通信、遥感、农林、环境、生态、经济、管理等多种专业有机融合的气象人才队伍，队伍结构逐步得到优化。2002 年以来，新疆气象局与新疆大学、新疆农业大学、新疆师范大学、中国科学院新疆生态与地理研究所、中国气象科学研究院、南京信息工程大学联合培养硕士、博士研究生 130 余人，14 人担任硕士、博士生导师。2006 年 5 月成立博士后科研工作站，与新疆大学地理学、生态学博士后科研流动站累计联合招收博士后 13 人。

目前新疆气象部门在职职工研究生学历 189 人、本科学历 1527 人；取得博士学位 23 人、硕士学位 210 人、学士学位 816 人。职工队伍的大学本科以上人员比例达到 69%，气象正高级工程师（研究员）29 人，3 人获得专业技术二级岗位任职资格。高级专业技术人员的比例上升到 17.8%。

自新中国成立以来，新疆气象部门共 22 人获全国先进工作者、全国劳动模范、全国五一劳动奖章、国家科学技术进步奖、国务院政府特殊津贴等荣誉待遇，涌现出一批杰出气象人才。荣获世界气象组织青年科学家研究奖 1 人，入选"万人计划"青年拔尖人才 1 人，入选"中青年科技创新领军人才" 1 人，荣获涂长望奖 1 人，荣获谢义炳奖 3 人，入选"全国气象部门青年英才" 4 人，荣获自治区劳动模范和先进工作者称号 14 人，入选"天山英才"计划、"天山雪松"计划、"天山青年"计划各 1 人，入选自治区农牧业科研骨干人才培养计划 26 人，入选"西部人才项目" 4 人。

新疆气象局高度重视和大力选拔优秀年轻干部，一大批德才兼备的干部脱颖而出，走上各级领导岗位。加大少数民族干部培养力度，培养了少数民族博士 4 人、正研级高工 4 人、处级及以上领导干部近 50 人。

六、充分发挥乌鲁木齐区域气象中心作用

新疆气象局发挥区位优势，聚焦中亚大气科学研究，"一带一路"气象保障能力明显提升。成功举办 4 届中亚气象科技国际研讨会，推动中亚区域大气科学及气象防灾减灾技术研究。签署了《中亚气象防灾减灾及应对气候变化乌鲁木齐倡议》，打造互利共赢气象服务共同体。编制《中亚五国和巴基斯坦观测站网援建方案》，联合吉尔吉斯斯坦、哈萨克斯坦等建立自动气象站并实现信息共享。成立中亚大气科学研究中心，启动中亚大气科学研究院组建工作，全力推动中亚大气科学研究计划，推进中亚灾害性天气机理、灾害防御技术、精细化数值预报研究。成立中亚预报中心，实时发布丝

绸之路沿线 180 个城市天气预报，上线运行中、英、俄三种语言的"中亚气象网站"，实时发布丝绸之路沿线重要城市天气预报服务产品。持续推动瓜达尔港气象保障服务中心建设，为中巴经济走廊和瓜达尔港口、海洋提供气象保障服务。联合中亚国家开展树木年轮、冰川遥感领域的考察研究。

新疆气象局探索创新兵地气象事业融合发展机制，乌鲁木齐区域气象中心积极发挥统筹规划、业务指导、科研组织、技术支持、专业培训等作用，努力推进兵地气象现代化同步发展。兵地人工影响天气"六大联防区"建设稳步推进，实现了奎玛流域、博尔塔拉河流域、伊犁河谷、塔额盆地、阿克苏、喀什等地跨流域联防，形成兵地联防的全疆人工影响天气防灾减灾业务体系，成为兵地合作共赢的范例。

自 2010 年 10 月中国气象局召开第一次全国气象部门新疆工作会议以来，来自 7 个国家级气象业务科研单位，23 个东部和中部地区的省（区、市）气象局、计划单列市气象局以及 2 个中国气象局直属企业与全疆 15 个地（州、市）气象局所属的 99 个受援县气象局（站）和直属单位实现整体对接。136 名援疆干部人才先后来疆开展工作，他们认真践行"在维护和谐稳定上作先锋、在保障改善民生上作表率、在促进民族团结上作典范、在推动新疆更好更快发展上作桥梁"要求，把新疆当作第二故乡，做出了突出的贡献。

七、逐步完善气象事业发展的法制环境

新疆气象部门坚持贯彻党的"依法治国"基本方略，推进实施"科学立法、严格执法、公正司法、全民守法"的法治建设方针，坚持运用法治思维和法治方式，将气象业务、服务和管理等各项工作纳入法治化轨道，依法履行气象职责，依法管理气象事务，努力实现新疆气象工作法治化，为全面推进气象现代化和深化气象改革提供有力的法治保障。

1995 年出台的《新疆维吾尔自治区气象条例》是我国第一个地方气象条例。之后，自治区人大、政府和地（州、市）人大相继出台《新疆维吾尔自治区气象探测环境和设施保护规定》《新疆维吾尔自治区雷电灾害防御办法》《新疆维吾尔自治区气象灾害预警信号发布与传播办法》《新疆维吾尔自治区实施〈人工影响天气工作管理条例〉办法》《新疆维吾尔自治区实施〈气象灾害防御条例〉办法》《新疆维吾尔自治区大风暴雨暴雪灾害防御办法》《克拉玛依市大风灾害防御条例》等地方气象法规规章，形成了由地方气象法规、政府规章和部门规范性文件三个层次组成的自治区气象法律规范体系，夯实了气象法制基础，全疆气象部门广大干部职工的气象法治意识也明显增强。

党的十五大"依法治国"基本方略提出以来，新疆气象局从依法发展气象事业的高度，建立区地两级法制工作机构及区地县三级气象执法机构，培养了 400 余人的气象执法、监督队伍。坚持公正执法、廉洁执法、文明执法，依法对破坏气象探测环境、擅自发布气象预报、非法向社会传播气象信息、不依法使用气象资料、未经依法批准擅自移动气象台站和气象设施、违反人工影响天气作业规范或者操作规程、未取得资质从事施放气球、未取得雷电防护装置检测资质从事检测等气象违法行为进行了查处，有效地维护了气象探测、气象预报统一发布、气象资料使用、人工影响天气、施放气球、雷电灾害防御等方面的工作秩序，有力地促进了气象依法行政、气象基本业务、专业气象服务的发展，并为气象服务于自治区的经济社会发展提供了法律保障。

在国务院"简政放权、放管结合、优化服务"改革中，新疆气象局明确部门权力清单和责任清单，规范市场准入管理。深入开展行政审批制度改革和防雷体制改革，推行互联网＋监管。开展"双随机一公开"抽查，加快推进新疆气象部门政务服务"一网通办"和企业群众办事"只进一扇门""最多跑一次"改革工作。落实以人民为中心的发展理念，不断推进政府职能转变，营造公平发展环境。

八、全面推进部门党的建设、气象文化建设

全疆气象部门有区级直属机关党委1个、地级直属机关工委2个、区局直属单位基层党委2个、党总支18个、党支部163个，党员1976名，在职党员1249人。在各项改革和重大气象服务中，共产党员发挥了先锋模范作用。近些年来，开展保持共产党员先进性教育、学习实践科学发展观活动、党的群众路线教育实践、"三严三实"专题教育、"两学一做"学习教育、"不忘初心、牢记使命"主题教育，推动了各级党组织的思想、组织、制度、作风和反腐倡廉建设。新疆气象局设党组纪检监察组，编制8人，15个地（州、市）气象局党组设纪检监察组，112个县局（站）设有纪检监察员，负责全疆气象部门监督执纪问责工作，同时协助党组推进全面从严治党、加强党风建设和组织协调反腐败工作，为气象事业发展提供了坚强的政治保证。新疆气象部门始终保持着优良的作风，98%的单位建成文明单位，取得全国精神文明先进单位、全国百站争优创新奖、全国模范职工之家、全国创建文明示范点、国家级青年文明号、巾帼文明岗、自治区党建工作先进单位等多个荣誉。大力推进气象文化建设，凝练了"励志风云勇开拓，服务兴疆创一流"的新疆气象人精神，创作了《新疆气象人之歌》，打造了新疆气象文化品牌，建设了气象文化场所。新疆气象局始终着眼于增强中华民族共同体意识，广泛深入开展民族团结进步教育宣传活动，广泛组织民族团结活动，把民族团结融入各个领域，各民族群众之间形成互尊、互敬、互信、互帮、互爱、互学的浓厚氛围。利用各种媒体开展气象宣传和科普工作，气象科技期刊、气象展览（科普）馆、气象科普基地、气象门户网站、兴农网、中亚气象网、新媒体等舆论宣传阵地蓬勃发展。始终关注基层气象台站建设，气象台站综合业务能力大幅提升，职工工作生活环境明显改善。

九、弘扬热爱祖国、无私奉献、自强不息的新疆气象人精神

新疆气象事业发展史，是一段新疆气象人许国许疆、艰苦奋斗的历程。20世纪50年代，到新疆去，到祖国最需要的地方去，是祖国的召唤。第一代新疆气象人响应毛主席的号召，天南海北来到新疆，骑着毛驴，驮着器材，日夜兼程到荒漠、戈壁去建站，有的地方甚至带枪建站、带枪值班。历任新疆气象局领导集体肩挑重担、勇往直前，带领几代气象工作者团结奋斗，不断开创新疆气象事业建设改革发展的新局面。老一辈科研工作者呕心沥血、鞠躬尽瘁，为新疆气象事业发展奠定了坚实的科学技术基础。先进模范和先进人物发奋图强、坚忍不拔，创造了新疆气象事业一个又一个光辉业绩。可以说，新疆气象事业的发展，一直伴随着改革创新、甘于奉献，几代气象人自强不息，开拓进取，推动事业发展。新时代新疆气象人，继承和发扬了这种传统，在干好气象主业的同时，很大的精力还要放到维护稳定上。新疆气象部门不折不扣贯彻党中央治疆方略，强化维稳安保人防物防技防等措施，防暴巡逻值班保稳定，开展"访民情、惠民生、聚民心""民族团结一家亲"工作。这是新形势下新疆气象工作者的特殊任务，使命光荣，任务艰巨。新时代气象工作者以高度的政治自觉，克服困难，不断为新疆社会稳定和长治久安贡献部门力量。

回首过去，新疆气象局各族干部职工为新疆气象事业70年的辉煌历程倍感骄傲、倍感自豪。展望未来，新疆气象人更是激情满怀。习近平总书记指出，新疆社会稳定和长治久安关系全国改革发展稳定大局，关系祖国统一、民族团结、国家安全，关系中华民族伟大复兴。新疆气象部门将以习近平新时代中国特色社会主义思想为指导，准确把握稳中求进工作总基调，坚持新发展理念，坚持全面改革开放，坚持在落实中国气象局党组、自治区党委决策部署中发展气象事业，着力推进气象现代化建设，着力加强部门党的建设，着力推动气象事业高质量发展。讲政治、勇担当、转作风，把握机遇、克服短板，坚决把各项工作落到实处。切实把气象工作统一到发挥"两套班子"工作机制上来，统一到自治区党委重大部署、重点工作上来。围绕优化升级经济结构、坚定实施重大战略的要求，发挥丝绸之路经济带核心区气象防灾减灾"第一道防线"作用，助力脱贫攻坚，大力发展气象保障生态文明建设，高度融入旅游兴疆战略。围绕提升科技创新能力的要求，加快破解中亚区域内气象灾害防御难题，将中亚大气科学研究计划做大做强。围绕全面深化改革开放、推进治理能力与治理体系现代化的要求，进一步完善气象体制机制，为增强新疆气象高质量发展提供动力和活力。围绕参与全球治理体系变革、推动经济全球化发展的要求，为共建"一带一路"提供更优质的气象服务。

（撰稿人：闫晓娜）